军事信息管理学

杨清杰　周　正　朱义勇　主编

国防工业出版社

·北京·

内 容 简 介

本书以习近平强军思想为指导,深入贯彻强军目标,着眼向信息管理要信息力、要战斗力,研究军事信息管理特点规律,探索了军事信息管理一系列重大理论和实践问题。本书分 3 篇,共 20 章,其中:第一~六章为"基础篇",系统阐述了军事信息管理的科学内涵、基本内容和主要方法,构建了军事信息资源管理、信息活动管理、信息安全管理、信息人文与环境管理"四位一体"的军事信息管理内容体系;第七~十三章为"技术篇",提出了实现军事信息多元化采集、语义化描述、规范化组织、服务化共享、智能化检索、形象化展示等方法路径和技术路线;第十四~二十章为"应用篇",系统阐述了战场态势、气象水文、测绘导航、作战空域、战场目标、电磁频谱等与作战密切相关的军事信息管什么、如何管等重难点问题。

本书可作为军地相关高校信息管理专业本科生、研究生、教学科研人员的辅导读物,也可作为相关行业部门从事信息管理工作人员的参考用书。

图书在版编目(CIP)数据

军事信息管理学 / 杨清杰,周正,朱义勇主编. —
北京:国防工业出版社,2024.1
ISBN 978-7-118-13076-8

Ⅰ. ①军… Ⅱ. ①杨… ②周… ③朱… Ⅲ. ①军事—信息管理 Ⅳ. ①E919

中国国家版本馆 CIP 数据核字(2023)第 187255 号

※

*国防工业出版社*出版发行
(北京市海淀区紫竹院南路 23 号 邮政编码 100048)
北京虎彩文化传播有限公司印刷
新华书店经售
*
开本 710×1000 1/16 印张 29¼ 字数 523 千字
2024 年 1 月第 1 版第 1 次印刷 印数 1—1200 册 定价 158.00 元

(本书如有印装错误,我社负责调换)

国防书店:(010)88540777 书店传真:(010)88540776
发行业务:(010)88540717 发行传真:(010)88540762

编撰人员

主　　编	杨清杰	周　正	朱义勇		
副 主 编	戴剑伟	张　胜	张洪碧		
编写人员	杨清杰	周　正	朱义勇	戴剑伟	张　胜
	张洪碧	张占田	王　龙	杨丽芬	朱鸿英
	宋　莉	崔　静	冯　欣	李　伟	梁亢骋

序

国防科技大学从 1953 年创办的著名"哈军工"一路走来，到今年正好建校 70 周年，也是习主席亲临学校视察 10 周年。

七十载栉风沐雨，学校初心如炬、使命如磐，始终以强军兴国为己任，奋战在国防和军队现代化建设最前沿，引领我国军事高等教育和国防科技创新发展。坚持为党育人、为国育才、为军铸将，形成了"以工为主、理工军管文结合、加强基础、落实到工"的综合性学科专业体系，培养了一大批高素质新型军事人才。坚持勇攀高峰、攻坚克难、自主创新，突破了一系列关键核心技术，取得了以天河、北斗、高超、激光等为代表的一大批自主创新成果。

新时代的十年间，学校更是踔厉奋发、勇毅前行，不负党中央、中央军委和习主席的亲切关怀和殷切期盼，当好新型军事人才培养的领头骨干、高水平科技自立自强的战略力量、国防和军队现代化建设的改革先锋。

值此之年，学校以"为军向战、奋进一流"为主题，策划举办一系列具有时代特征、军校特色的学术活动。为提升学术品位、扩大学术影响，我们面向全校科技人员征集遴选了一批优秀学术著作，以"国防科技大学迎接建校 70 周年系列学术著作"名义出版。该系列著作成果来源于国防自主创新一线，是紧跟世界军事科技发展潮流取得的原创性、引领性成果，充分体现了学校应用引导的基础研究与基础支撑的技术创新相结合的科研学术特色，希望能为传播先进文化、推动科技创新、促进合作交流提供支撑和贡献力量。

在此，我代表全校师生衷心感谢社会各界人士对学校建设发展的大力支持！期待在世界一流高等教育院校奋斗路上，有您一如既往的关心和帮助！期待在国防和军队现代化建设征程中，与您携手同行、共赴未来！

国防科技大学校长

2023 年 6 月 26 日

前　言

随着信息技术的快速发展和在军事领域的广泛应用，信息已无所不在地融入战争决策和作战实施的各个环节，信息优势决定认知优势、决策优势和行动优势，掌握制信息权成为战争制胜的主导因素。但面对复杂多变的信息化战场，掌握信息优势并非易事，因为随着战场信息呈数量级的上升，一方面导致"信息泛滥"，使人陷入"信息的海洋"中无所适从，另一方面由于不能及时获取有用信息，又导致指挥员在实施决策中"信息缺乏"。可以说，交战双方对战场有用信息提取、处理和分发的速度，直接决定着指挥员做出决策的效率。而军事信息管理，在保障信息安全高效流转和利用，以及战场作战体系高效运转方面都发挥着关键的作用。因此，加强军事信息管理研究，对于夺取战场制信息权，进而掌握战争主动权具有十分重要的意义。

本书以习近平强军思想为指导，认真贯彻强军目标，着眼向信息管理要信息力、要战斗力，着力面向信息能力发展，研究军事信息管理的特点规律，探索军事信息管理的一系列重大理论和实践问题。本书分基础篇、技术篇、应用篇3篇，共20章，对新时代新体制下军事信息管理进行了系统研究。其中第一～六章为"基础篇"：第一章，绪论，主要论述信息与军事信息、信息管理、军事信息管理和军事信息管理学；第二章，军事信息管理基本问题，主要论述军事信息管理原则、军事信息管理体制、军事信息管理职能、军事信息管理方法和军事信息管理发展要求；第三～六章，分别介绍军事信息资源管理、军事信息活动管理、军事信息安全管理、军事信息人文与环境管理的特点、主要内容和基本要求。第七~十三章为"技术篇"：第七章，军事信息管理技术概述，主要阐述军事信息管理技术的概念及分类、演进发展和典型应用；第八~十三章，分别介绍军事信息获取技术、军事信息组织技术、军事信息共享技术、军事信息检索技术、军事信息可视化技术和军事信息安全保密技术的概念内涵、主要方法和关键技术。第十四~二十章为"应用篇"：第十四章，战场信息管理概述，主要阐述战场信息管理特点、内容和要求；第十五~二十章，分别介绍战场态势信息管理、战场气象水文信息管理、战场测绘导航信息管理、战场空域信息管理、战场目标信息管理、战场电磁频谱信息管理的相关概念、主要内容和主要活动。本书是一部全面、系统研究军事信息管理学科的理论专著，对于创建新型且具有我军特色的军事信息管理理论体系，推进我军军事信息管理理论的创新和发展，指导我军军事信息管理实践，促进我军军事信息管理人才培养具有重大学术理论价值。

由于军事信息管理涉及领域广、内容多，理论和实践还在快速发展之中，书中难免存在缺憾，恳请广大读者多提宝贵意见，以便修订完善。

作者

2022 年 10 月

目　录

上篇　基础篇

中篇　技术篇

下篇　应用篇

上篇

基础篇

第一章
绪　论

习主席深刻指出，一流的军队需要一流的军事管理，必须围绕实现强军目标，推进新时代军事管理革命。随着现代科学技术的迅猛发展和广泛应用，大规模的信息交流得以实现，如果不能对信息和信息活动进行全面、准确而有效的管理，就不可能对军事活动进行有效的控制。因此，迫切需要我们加快军事信息管理理论研究，并探讨具有军队特色的军事信息管理学科理论，创建与新型军事学科体系相适应的军事信息管理学科，以适应推动军队信息化智能化复合发展、加快战斗力生成模式转变，提高基于网络信息体系的联合作战能力的迫切需要。

第一节　信息与军事信息

信息是当代社会使用最多、最广、最频繁的词汇之一，在人类社会政治、经济、军事等领域得到越来越广泛的应用。当前，随着社会的发展和科学技术的进步，信息的价值和重要性越来越凸显，信息已经成为与物质和能量并列的三大资源之一。相应地，军事领域的信息应用也愈加得到重视，基于网络信息体系的联合作战能力建设也更加离不开信息的深度开发和应用。

一、信息

对于信息的定义，学术界至今还没有一个统一的观点。本体论层次的信息定义和认识论层次的信息定义是最基本的信息定义。

（一）信息的定义

目前，信息有几十种定义。有人认为信息是消息，有人认为信息是知识，也有人认为信息是运动状态的反映等。"信息"一词在英文、法文、德文、西班牙文中均是"information"，日文中为"情报"，我国台湾称之为"资讯"，我国古代用的是"消息"。作为科学术语，其最早出现在哈特莱（R. V. Hartley）于1928年撰写的《信息传输》一文中。20世纪40年代，信息的奠基人香农（C. E. Shannon）给出了信息的明确定义，此后，许多研究者从各自的研究领域出发，给出了不同的定义。下面列举几种典型的信息定义：①信息论奠基人香农认为"信息是用来消除随机不确定性的东西"[1]，这一定义被人们看作经典性定义并加以引用。②控制论创始人诺伯特·维纳（Norbert Wiener）认为"信息是人们在适应外部世界，并使这种适应反作用于外部世界的过程中，同外部世界进行互相交换的内容和名称"，它也被作为经典性定义加以引用。③经济管理学家认为"信息是提供决策的有效数据"[2]。④电子学家、计算机科学家认为"信息是电子线路中传输的信号"。⑤我国著名的信息学专家钟义信教授认为"信息是事物存在方式或运动状态，以这种方式或状态直接或间接的表述"。⑥美国信息管理专家霍顿（F. W. Horton）给信息下的定义是："信息是为了满足用户决策的需要而经过加工处理的数据。"简单地说，信息是经过加工的数据，或者说，信息是数据处理的结果。⑦有人从哲学的角度进行探讨，认为"信息是一切物质的基本属性"。但对于信息是不是物质，至今也有争论，目前多数人认为信息源于物质，但又不是物质本身。

本书从信息系统，特别是军事信息系统的角度出发来考察信息。亦即，信息是按特定的方式组织在一起的事实的集合，它具有超出事实本身之外的额外价值。它是经过加工后的数据，可对接收者的决策和行为产生影响。数据可以看成原料，而信息则是经过加工后的产品。例如，在墙上挂着的时钟指示的时间刻度仅仅是数据，只有当我们看了时钟做出出发上路或者继续等待的决策时，这个数据才是信息。将数据转化为信息的过程称为处理。

（二）信息的特征

从认识论层次的信息定义来看，信息是为了特定的目的产生、传递、交流并应用于人类社会实践活动，包括一切由人类创造的语言、符号和其他物质载体表达与记录的数据、消息、经验、知识。其基本特征如下：

1. 信息存在的普遍性和客观性

信息是事物存在方式和运动状态的表现，宇宙间的万事万物都有其独特的存在方式和运动状态，就必然存在着反映其存在方式和运动状态的信息。事物

---

① SHANNON C E. The mathematical theory of xommunication［M］. Illinois：University of Illinois Press, 1963.

② 诺伯特·维纳. 控制论［M］. 王文浩，译. 北京：商务印书馆，2020.

的存在和运动状态无时不有、无处不在，因而信息也就如影随形，无时不在、无处不在。客观性表现为，信息不是虚无缥缈的东西，它的存在可以被人感知、获取、存储、处理、传递和利用。

2. 信息产生的广延性和无限性

宇宙时空中的一切事物都有其存在的方式和运动状态，都在不断地产生信息。而宇宙时空中的事物是无限丰富的，在空间上广阔无边，在时间上无限变化。因而信息的产生是无限的，分布也是无限的。即使在有限的空间和时间段中，事物也是无限多样的，信息自然也是无限的。

3. 信息在时间和空间上的传递性

信息产生于事物的存在和运动，并独立于其发生源而相对独立，可由其他物质载体携载在时间或空间中传递。在时间上的传递是信息的存储，在空间中的传递就是通信。信息在时间和空间中的传递性质十分重要，它不仅使人类社会能够进行有效的信息交流和沟通，并能够进行知识和信息的积累与传播。

4. 信息对物质载体的独立性

信息表征事物的存在和运动，但其不是事物本身。这种"表征"可以通过人类创造的各种符号、代码和语言来表达，通过竹、帛、纸、磁盘、光盘等物质来记录和存储，通过光、声、电等能量来承载和传递。离开物质载体，信息就无法存在，这说明，信息对物质载体具有依附性。但信息具体由哪种物质载体来表达、记录和承载都不会改变信息的性质与含义，这说明信息对物质载体具有独立性。

5. 信息对认识主体的相对性

由于人们的观察能力、认知能力、理解能力和目的不同，从同一事物中所获得的信息量也各不相同。即使他们的这些能力和目的完全相同，但他们在观察事物时，选择的角度不同，侧面不一样，其所获得的有关同一事物的信息肯定也不同。

6. 信息对利用者的共享性

信息可以脱离其发生源或独立其物质载体，并且在利用中不被消耗，因而可以在同一时间或不同时间提供给众多的用户利用，这就是信息的共享性。信息能够共享是其区别于物质和能量的重要特征。物质和能量的利用表现为占有和消耗。当物质和能量一定时，利用者在利用上总是存在着明显的竞争关系，即"你多我少"，或者说，在对某一数量的物质和能量加以利用时，一部分人利用多了，其他人就只得少利用甚至不利用。信息的利用不存在这样的竞争关系。

7. 信息产生和利用的时效性

从信息产生的角度看，信息所表征的是特定时刻存在的方式和运动状态，由于所有的事物都在不断变化，过了这一时刻，事物的存在方式和运动状态必然会改变，表征这一"方式"和"状态"的信息也会随之改变，即所谓时过境迁。

（三）信息的功能

信息是决策的依据、是控制的灵魂、是组织的纽带，其功能主要包括以下方面。

1. 提供情况，支持决策功能

无论什么类型的人类社会活动，对管理机构和管理人员来说，核心活动均是决策。信息活动最重要的任务是保障管理人员顺利定下正确的决心，为其提供必需的信息保障。信息的完备程度对决策的结果有着根本性的影响。在农业时代、工业时代，由于信息技术的滞后，管理人员要想掌握完备的信息，几乎是不可能的，管理者做出一些关键性决策往往是风险型决策和不确定型决策，为了应对可能出现的风险，往往只能靠人力资源的密集优势，形成规模效应，以弥补信息的不足，但很容易造成生产生活效率的低下和资源的浪费。无数的案例表明，信息的不足成为影响决策行动的关键因素。

2. 联系要素，系统纽带功能

信息是体系和系统内各单元进行联系的纽带。只有通过信息的联系，各类人员和生产资料之间才能形成整体，才能进行有效的人类社会活动。体系、系统内部各要素之间的配属、隶属、支援、协调关系的作用发挥，都依赖于信息的调节和控制。信息流动的速度对于决策、计划、控制和协同的顺利进行有根本性的影响，并最终影响体系内各组成部分的整体效应。因此，只有信息实现互联、互通、互操作，纵横一体、全维流通，体系和系统效能才能得到充分发挥。

3. 协调沟通，调控行动功能

在信息化发展进程中，信息、信息运动是信息化社会形态的核心要素，在所有信息活动中，都是围绕有利于信息的获取、处理、传输和利用等信息运动环节展开的。准确获取、高效传输信息的最终目的是充分发挥信息的效能，以满足不同用户对信息的需求，管理人员做出正确的决策，部署调控所属人力和物力资源；被管理者接收信息，展开协调有序的社会活动。

4. 信息主导，赋能增效功能

唯物辩证法告诉人们，在复杂事物的矛盾体系中，往往会有一种矛盾，由于它的存在和发展，规定或影响着其他矛盾的存在和发展。这种处于支配地位、对事物的发展过程起着决定性作用的矛盾就是主要矛盾。不论是物质资源还是能源资源，其开发和利用都有赖于信息的支持。信息的这一特性，使得信息在人类生产、生活等各项活动中扮演着特殊的角色，不仅具有不可替代性，更重要的是影响和支配人类物质资源与能源资源作用的发挥，并具有主导作用。

二、军事信息

（一）军事信息的定义

目前，虽然军事信息的概念被广泛使用，但对什么是军事信息，究竟如何界定军事信息，并没有统一权威的说法，从不同的角度，有不同的理解。①从军事信息的获取对象和范围出发，军事信息是以各种侦察手段或其他方法获得的有关敌人的军事、政治、经济、外交、科技等方面的情况，并进行综合分析研究，形成有价值的情报。②从军事信息的载体和形式角度来看，军事信息是军事指挥、军事决策以及执行决策所必需的资料数据，包括数字、文字、符号、图纸、报表、凭证、规章制度和指令等。它是反映军事活动及其发展变化情况的各种情报、命令、消息、资料的统称，并按一定军事活动的需要，通过各种途径所获取，并经过分析、过滤后的各种情报。③从本体论意义来讲，军事信息是指作战空间内与军事活动有关实体的运动状态和变化方式的一种表征。本体论层次的军事信息，是一种客观存在。

事实上，在军事实践中，只有军事人员在感知了作战空间有关实体运动状态和变化方式以后，理解了它的含义，判明了它的价值，才能据此做出正确的判断、决策和行动。因此，军事信息的意义和价值在于，军事信息是军事环境中客观事物运动和发展、联系和作用状态的一种反映，它是军事环境内有关实体运动状态和变化方式的一种表征。按照不同的划分标准和划分方法，军事信息可有不同的种类。按军事业务，可分为军事工作信息、政治工作信息、装备工作信息和后勤工作信息等；按军事专业，可分为军事地理信息、军事地形信息、军事气象信息、军事航海信息、军事航空信息、军事航天信息、军事通信信息、军事交通信息和军事医学信息等；按作战职能，可分为作战决策信息、作战指挥控制信息、作战行动信息和作战保障信息等；按军事行动层次，可分为战略信息、战役信息和战术信息等；按保密等级，可分为公开军事信息与保密军事信息、一般军事信息与重要军事信息、秘密军事信息与机密军事信息及绝密信息等；按军事关系，可分为我方军事信息、友方军事信息、敌方军事信息、本国军事信息和外军军事信息等；按信息表达方式，可分为文字军事信息、符号军事信息、图片军事信息、声音军事信息和影像军事信息等；按信息载体，军事信息可分为实物军事信息、网络军事信息、纸张军事信息、磁带军事信息、磁盘军事信息和光盘军事信息等；按信息属性，可分为原始信息、加工信息、服务信息、保障信息和管理信息等。

（二）军事信息的特征

军事信息具有信息的普遍特征，由于军事行动的对抗性、强制性、风险性、诡诈性和时效性等特点，又决定了军事信息相应的独有特征。

1. 作战实体类型繁多，关系复杂，信息内容数量大

现代作战体系一般都是由多种类型作战实体构成的复杂大系统，具有多层次、多功能的结构。作战体系内部各实体之间的联系广泛紧密，每一个实体变化都会受到其他实体变化的影响，并会引起其他实体的变化，相应地，反映实体和环境运动状态和变化方式的军事信息也具有复杂性，尤其是信息内容数量急剧增加。

2. 作战行动对抗激烈，进程快速，信息流动周期短

作战行动是一种对抗性、动态性都很强的活动，敌我双方都会不断地调整自己的作战行动。因此，反映作战空间有关实体运动状态和变化方式的军事信息也相应地具有动态性。随着信息技术的发展和武器装备性能的更新，信息化战争的作战节奏和作战速度明显加快，持续时间大大缩短，相应地，军事信息流动周期也明显缩短。

3. 战场态势多维一体，瞬息万变，信息价值变化快

作战行动具有快节奏、高效率的特征，各种战机稍纵即逝，军事信息如果不能反映最新的变化状态，它的效用就会降低。某些军事信息的价值有很强的时效性，一条军事信息在某一时刻价值很高，但过了这一时刻，可能一点价值都没有。

4. 信息争夺贯穿全过程，涉及广泛，信息对抗程度高

由于信息依附载体的多样性和信息流动的渗透性，现代作战中的信息争夺已经涉及心理、认知、电磁、网络等领域，并始终贯穿整个作战进程。在作战指挥中，敌我双方都可能会采取各种信息战手段干扰对方的信息获取、传输、处理和分发能力，截取军事信息，使得信息对抗的强度急剧增加。

5. 全维防护手段多样，企图隐蔽，精确信息获取难

克劳塞维茨（Clausewitz）认为，战争是充满不确定性的领域①。在作战中，作战双方都会采取各种战场防护措施，力图隐蔽企图，使得其作战行动往往具有一定的隐蔽性和迷惑性。因此，获取完全精确的军事信息往往非常困难。

---

① 卡尔·冯·克劳塞维茨.战争论［M］.蔡甲福，阮慧山，译.上海：上海文化出版社，2022.

（三）军事信息的功能

军事信息作为军事行动的重要支撑，在军事行动中的功能和作用是全方位的，事关军事行动成败。

1. 信息主导

信息主导代表信息时代特色的重要作战指导思想，反映了人们对信息优势巨大作用的深刻认识。信息主导的核心理念，是通过取得对战场态势信息、指挥控制指令等战场信息的控制权，确保获得信息化智能化战争中的综合信息优势。信息主导对军事行动的作用和影响主要体现在：一是充分利用信息流控制人力流、物质流和能量流。在信息化智能化战争中，信息资源成为军队作战能力的关键因素，拥有信息优势并能转化为决策优势的一方，就能够更多地掌握战略和战场上的主动权。对于信息时代的军队而言，最重要的是确立信息制胜的观念，以信息制约能量，以信息配置物资，以信息沟通指挥，以信息网络建设网络化战场，以对信息的控制和运用来制定战略战术等。二是消除战争迷雾。利用高效率的信息技术手段，将训练有素的战场感知兵力与性能优越的战场感知系统紧密结合，产生人机协同的全维战场感知能力，驱散战争迷雾、消除不确定性，实现战场透明直观，行动实时调控，确保战场对己方保持单向透明。三是确保信息优势。通过全面精确获取、分析和判断各种信息，并实现各作战单元、各作战要素之间的信息共享；依托信息网络系统，通过自适应协同，自同步联动，快速高效地精打要害；把火力硬摧毁与信息软攻击有机结合，实施多空间、多样式、多手段的一体化攻击；通过信息网络的联结和聚合作用，实现作战物资精确筹措、实时支援与按需准确保障等。

2. 综合集成

综合集成是指在军队信息化智能化建设过程中，充分利用和发挥信息的无阻碍流动性与共享性，对信息力量进行聚合，利用信息网系的链接能力和服务功能融合作战体系，从而打破以往注重纵向、垂直领导的指挥关系和相对封闭的指挥协同环境，实现在更加安全、开放、交互和横向转移的过程中形成与提升作战体系的生机活力，不断提升作战体系的整体性和作战能力的联合性。综合集成的作用机理主要体现在：未来基于网络信息体系的联合作战中，信息也是一种战斗力，整个作战体系的战斗力形成不再仅仅依靠各作战武器平台自身的作战能力，而是主要依靠军事信息网系对所有作战资源的综合集成，因此，军事信息成为形成战斗力的基础和核心，通过军事信息流转对陆、海、空、天立体化分散配置的各种作战武器平台的一体化整合，使之成为彼此关联、相互呼应的有机整体，从而可以大幅度地提升整个作战体系的整体作战能力等，为实现主导机动、精确打击、全维防护、聚焦后勤奠定基础。

3. 体系支撑

基于网络信息体系的联合作战能力，是以网络信息体系的支撑能力为基础，把各种作战力量、作战单元和作战要素融合成集综合感知、高效指控、精确打击、快速机动、全维防护、综合保障于一体，所形成的具有倍增效应的体系化作战能力。在这一新的战斗力结构中，军事信息是核心因素，是体系作战能力形成的关键支撑。军事信息对体系作战能力的支撑机理是以军事信息为纽带，通过信息媒介，将军事信息各要素与作战体系各要素，在相关因子的非线性作用下，对体系作战能力形成矩阵式支撑。军事信息对联合作战能力的支撑作用，是通过以下三个步骤来实现的。首先是纵向连接，就是利用军事信息流转把分布于不同层级的同类作战要素、作战力量、作战单元在纵向上连接起来。连接的结果是提高了作战全程的时效。其次是横向集成，通过信息系统把战场情报、指挥控制、作战力量、综合保障等作战要素，集成为一个以一体化行动为基础的整体作战体系，并使各作战能力要素在信息的主导下整体联动。各作战要素通过识别"流向"自动聚合各种力量，通过调整"流量"自动完成战术配合，通过加快"流速"自动形成体系作战能力。横向集成的结果是提高了作战效能，表现形式为"侦、控、打、评"一体化。最后是整体聚合，就是在军事信息流转过程中，运用系统集成的方法和信息化组织规则及运行机制，把空间上高度分散的作战体系聚合为效能高度集中的力量结构。这种聚合，是对各类作战要素及效能进行的实时、动态的一体化聚合，使得物质和能量资源在信息的主导下可以更灵活、更协调、更自如地配置和流动，众多的武器平台、传感器平台和指挥控制平台可以及时获取、交互和共享军事信息，而这些平台又可以在系统内通过共享信息进行自主性协同。这样，信息力发挥了聚合兵力、火力、机动力、防护力和保障效能，形成了具有倍增效应的体系作战能力。

4. 赋能增效

信息时代，信息给武器平台和弹药装上了眼睛、耳朵和大脑，信息与火力的融合极大提高了武器装备的智能化水平，彻底改变了传统战争中作战效能控制和释放的模式，使行动更加精准和高效。精确制导武器之所以命中率高，是因为导弹嵌入了精确制导信息系统，同时有精确的目标、导航、气象等信息保障，可以基于实时制导数据对发射后的导弹进行精确制导。信息链接侦察预警、指挥控制和武器系统，实现从传感器到射手的无缝链接，达成信息火力一体、指挥控制精准、作战空间衔接、综合保障配套，形成整体大于部分之和的倍增效能。赋能增效的作用机理主要体现在指挥流程再造和作战力量重组上。在指挥流程再造上，主要是重新优化体系结构与功能，也就是围绕信息的快速流动和高效利用这一核心指标，从侦察预警、态势感知的源头开始，调整梳理所有信息传递、指令执行的终端和单元排序，重新安排指挥控制各个环节各个部门的运行程序、主要职能、协调关系、体系功能等。在作战力量重组上，主要是利用信息和信息技术改善物质基础。信息和信息技术的运用，可能通过提升武器装备信息化水平、优化作战力量结构、推进军事训练转变、提高官兵科技素质、加快军队管理与保障方式变革等途径，使作战要素、作战单元、作战系统，获得新的能力、提升现有能力、激活潜在能力，实现作战能力整体跃升。

5. 精确释能

随着信息技术的发展，作战能力的作用机理转变为依靠己方作战体系的综合优势，精确打击敌方作战体系要害目标，高效释放整体作战效能，通过瘫体夺志赢得作战胜利，也就是击敌要害、破敌体系、瘫体制胜。在信息化条件下，信息网络遍布战场空间，使信息流主导物质流、控制能量流成为可能。先进的侦察感知技术，可实时准确地掌握战场态势；网络化的作战体系，可快速精准地调集作战资源；多种信息化作战手段，可选择最恰当的打击方式，将作战能量释放于最恰当的目标和部位，从而使精确高效释能成为体系作战能力释放的基本方式。在精确释能的过程中，衡量作战能力的指标也发生了质的变化，更加看重战场目标空间、时间的发现范围和精度，指挥决策的同步范围和精度等。

第二节　信息管理

信息管理既是当今信息科学研究的重点课题，也是一项难点课题。目前，针对信息管理问题，形成了许多不同的理解和认识。

一、信息管理的定义

人们对于信息管理的认识是随着信息活动实践过程不断深化而发展的，目前形成了各具特色的不同观点。

（一）信息管理的定义描述

1. 国外对信息管理的定义

从国外信息管理的主流观点看，更多地使用信息资源管理（Information Resources Management，IRM）的概念。但在 IRM 的实质上，则包括了信息数据管理、信息处理管理、信息安全管理等多方面。20 世纪 70 年代末至 80 年代初，将信息作为一种资源来管理的需求日趋强烈，于是产生了 IRM 概念。

IRM 首先在美国兴起，美国学者霍顿、迪博尔德、马钱德等是 IRM 形成与发展过程中的主要人物。霍顿最早使用了 IRM 这一术语，以迪博尔德为首的研究小组在 1979 年以"信息资源管理"为题发表了论文"IRM：The New Challenge"，从而拉开了 IRM 研究的帷幕，并逐渐扩散和影响到欧洲、亚洲、非洲和中美洲等其他国家。40 多年来，西方的学者和专家围绕 IRM 的有关问题进行了多层次、多角度的探讨。概括来讲，西方 IRM 理论主要包括以下几种学说：一是管理哲学说。其认为"信息资源管理是一种对改进机构的生产率和效率有独特认识的管理哲学"。二是系统方法说。其认为"信息资源管理是为了有效地利用信息资源这一重要的组织资源而实施规划、组织、用人、指挥、控制的系统方法"。三是管理过程说。其认为"信息资源管理是对信息内容及其支持工具的管理，是对信息资源实施规划、组织、预算、决算、审计和评估的过程"。四是管理活动说。其认为"信息资源管理是组织机构各层次管理人员对信息资源的识别、获取、管理，以满足各类信息需求开展的一种活动"。需要值得特别关注的是美军对信息管理的定义。2019 年 7 月，美国国防信息系统局（DISA）发布的《2019—2022 年战略规划》指出，信息管理（Information Management，IM）是指"在信息的整个寿命周期内对信息的规划、预算、使用和控制"，实际上侧重的也是信息资源管理。

2. 我国对信息管理的定义

目前，从国内对信息管理的研究情况看，对信息管理的定义、对象、范围等认识不尽相同，大体可分为以下三类主流观点。①有学者认为，IM 主要是 IRM。认为 IRM 是信息管理的综合，是一种集约化管理，其实质是利用全部信息资源实现自己的战略目标；IRM 既是一种管理思想，又是一种实用的信息管理模式；IRM 有狭义和广义之分，狭义 IRM 是指对信息进行收集、加工、组织，形成信息产品，实现预定目标，广义 IRM 是指对涉及信息活动的各种要素进行合理计划、集成、控制，以实现信息资源的充分开发和有效利用，从而有效地满足社会信息需求；认为信息管理主要是指信息资源管理，包括微观上对信息内容的管理，即为达到预定的目标，合理地运用各种手段，对信息进行组织、控制、加工与规划，对信息流程的各个阶段进行控制，以及宏观上对信息系统的管理。②另有学者认为，信息管理主要是信息活动管理。认为信息管理是对信息社会实践活动过程的管理，是运用计划、组织、指挥、协调、控制等基本职能，对信息搜集、检索、研究、报道、交流和服务的过程进行管理，以期达到实现总体目标的社会活动；信息管理不只是对信息资源的管理，还包括对人类社会信息活动的各种相关因素（主要是人、信息、技术和机构）进行科学的计划、组织、控制和协调，以实现信息资源的合理开发与有效利用的过程；认为信息管理最终应归结为 5 个问题域：存（存储）—处（处理）—传（传输）—找（检索）—用（利用），并认为要管理好这 5 个方面的内容，需要研究"人—信息—技术—社会"相互作用的各个方面。③还有的学者认为，信息管理是一个范围很宽、正在发展的概念，按目前人们的认识，信息管理既包括信息资源管理，又包括信息活动管理，两者都是信息管理的重要内容。这类观点认为，信息管理的根本目的是控制信息流向，实现信息的效用与价值；但与此同时，信息并不都是资源，要使其成为资源并实现其效用和价值，就必须借助"人"的智力和信息技术等手段，围绕信息资源的形成、传递和利用而开展的管理活动与服务活动，即信息活动的过程。因此，信息管理既包括信息资源管理，又包括信息活动管理。综上所述，可以将信息管理的定义概括为：信息管理，是对信息进行组织、控制、加工与规划，对信息流程的各个阶段进行控制，对人类社会信息活动的各种相关因素（主要是人、信息、技术和机构）进行科学的计划、组织、控制和协调，以实现信息资源的合理开发和有效利用，从而有效地满足社会信息需求的管理活动。

（二）信息管理的内涵

纵观国内外对于信息管理的观点可知，信息管理概念具有特定的内涵与外延，其内涵与外延反映了人们对信息管理本质属性的认识，对于创建信息管理学学科理论体系具有重要的意义，主要体现在以下方面：

（1）信息管理的内容既包括信息资源，又包括信息活动。首先，信息资源是信息生产者、信息、信息技术的有机体，是构成任何一个信息系统的基本要素，是信息管理的研究对象之一，对信息资源的管理是一种集成化的多维立体管理模式，它除了要对信息本身进行管理，还包括对信息的技术管理、对信息的人文管理等方面。其次，信息活动是指人类社会围绕信息资源的形成、传递和利用而开展的管理活动与服务活动，其本质是为了生产、传递和利用信息资源，信息资源是信息活动的对象与结果之一，因此，单纯地把信息资源作为信息管理的研究对象而忽略与信息资源紧密联系的信息活动是不全面的。

（2）信息管理是管理活动的一种。管理活动自古就有，而把管理作为一门科学进行研究的，却是近世纪的事情。管理活动的基本职能有计划、组织、领导和控制四项。其中，计划就是探索未来，制定行动方案。组织就是建立单位的物质和社会的双重结构。领导就是寻求从单位拥有的所有资源中获得尽可能大的利益，引导组织达到其目的。控制就是注意是否一切都按已制定的规章和下达的命令进行。当然，在信息管理中，计划、组织、领导、控制仍然是信息管理活动的基本职能，只不过信息管理的基本职能更具有针对性。

（3）信息管理是一种社会规模的活动。这反映了信息管理活动的普遍性和社会性，是涉及广泛的社会个体、群体和国家参与的普遍性的信息获取、控制和利用的活动。

（4）信息管理是一个多要素有机融合的完整体系。信息管理要素是指构成信息管理活动的基本组成部分，具体包括信息机构——信息管理的主导者，信息力量——信息资源的开发利用者和信息活动的执行者，信息政策与法规——确保信息管理活动正常而有效地运转的依据和行动准则，财——信息系统功能结构的价值，物——信息系统功能结构的内容、实质和相对环境，信息流——信息系统功能结构运动变化的特征，时间与空间——信息系统功能结构运动变化的过程区间和位置区间七个方面。

二、信息管理特征

信息管理作为社会个体、群体、国家参与的，具有普遍性的信息获取、控制和利用活动，具有自身的特征和规律。认清信息管理的基本特征，对于深入理解信息管理的本质内涵具有重要的意义。

（一）社会性

随着经济全球化、网络化、知识化的发展与网络通信技术、计算机信息处理技术的发展，这些都对人类活动的组织产生了深刻的影响，信息活动的组织也随之发展。计算机网络及信息处理技术应用于组织中的各项工作，使组织能更好地收集情报，更快地做出决策，增强了组织的适应能力与竞争力，从而使组织信息管理的规模日益增大，信息管理组织成为组织中的重要部门。信息管理部门不仅要承担信息系统组建、保障信息系统运行和对信息系统的维护更新，还要向信息资源使用者提供信息、技术支持等。综合起来，信息管理的社会属性体现在信息管理机构综合运用计划、组织、指挥、协调、控制等职能，开发、调度、利用信息资源，致力于信息系统研发与管理、信息系统运行维护与管理、信息资源服务保障和提高信息管理组织有效性，从而实现信息管理功能的发挥——社会化。

（二）规范性

信息管理是专门的、严密的、有组织的管理活动，其组织实施具有很强的规范性。主要体现在：一是拥有完备的信息收集制度。信息管理机构和信息管理者为准确地、毫无遗漏地收集一切与组织活动有关的信息，通常都要建立相应的制度，安排专人或设立专门的机构从事信息资源的基础性建设和开发利用，并建立一整套有利于提高信息管理效率的规章规则。二是拥有完善的信息渠道。在信息管理中，通常要明确规定上下级之间纵向的信息通道，同时也要明确规定同级之间横向的信息通道。通过建立必要的制度，明确各单位、各部门在对外提供信息方面的职责和义务，在组织内部进行合理的分工，避免重复采集和收集信息。三是拥有灵敏的信息反馈系统。信息反馈是指及时发现计划和决策执行中的偏差，并且对组织进行有效的控制和调节。信息管理机构必须把信息管理中的追踪检查、监督和反馈摆在重要地位，严格规定监督反馈制度，定期对各种数据、信息作深入的分析，通过多种渠道，建立快速而灵敏的信息反馈系统，才能有效避免信息活动过程中的偏差，提高信息管理效能。

（三）精确性

大凡合格的信息管理机构和信息管理者，无不将精确性作为信息管理的根本诉求，并采取多种措施来确保信息管理的精确性。信息管理的精确性，最主要体现在两个方面：一是及时。所谓及时就是要求信息管理系统要灵敏、迅速地发现和提供管理活动所需要的信息，既要及时地发现和收集信息，又要及时地传递信息，必须以最迅速、最有效的手段将有用信息提供给有关部门和人员，使其成为决策、指挥和控制的依据。二是准确。信息管理不仅要求及时，而且必须准确。只有准确地管理信息，才能使信息管理机构和信息管理者做出正确判断。为保证管理信息准确，要求信息管理者在收集和整理原始信息时必须牢牢把握信息的真实性、统一性和准确性，运用精选、精确的信息做出准确的信息管理决策。

（四）适应性

信息管理机构必须适应科技、经济、社会发展的信息需求，从战略全局规划好信息管理，在人才培养、机构设置和资源配置等方面，采取必要的政策措施，增强自身的发展能力和活力，不断适应信息管理面临的时代挑战。同时，信息管理工作应在以创造性劳动适应客观环境不断发展变化的同时，从理论上探索现代信息管理的方向与途径，不断创新信息管理方案、管理计划和管理策略，促进信息产业不断发展。

三、信息管理的产生和发展

当前学术界一般认为，信息管理起源于 20 世纪中期而迅速发展于 70 年代中期以后；作为一种学科理论，信息管理形成于 70 年代末期而成熟于 80 年代中后期和 90 年代。信息管理是现代社会多种因素的综合产物，它的历史虽然比较短，但发展却极为迅速。仅就学科理论而言，现在已形成了信息系统学派、记录管理学派、信息管理学派等多种理论流派，这也反映了信息管理本质上的复杂性和在各特定领域内的特殊性。

（一）信息管理发展的主要阶段

信息管理经过上百年的发展，可分为三个阶段。

1. 第一阶段：文件管理阶段

第一阶段约由 19 世纪末到 20 世纪 50 年代，也就是计算机应用于业务管理以前的阶段。在这一阶段中，企业规模由小到大，由分散在各地到建立集中的总公司，通信活动增加，报表、报告很多，需要进行管理，同时政府部门也加强了对企业的指导和干预，公文和报表来往频繁，企业的公文比过去增加很多，需要进行登记、摘要，送领导批示审阅，送各科室执行和催办，办完后建立档案，定期保存。文件管理成为信息管理的最初形式，形成了一套管理办法。文件管理主要是秘书层次的工作，各部门中层的领导并不介入文件管理，除非出现重大的失误，企业高层领导绝少干预文件管理。此后，由于计算机的应用和企业的发展，文件管理阶段渐告结束。

2. 第二阶段：技术支持阶段

第二阶段通常是指第二次世界大战结束至 20 世纪 70 年代末的人类信息管理活动。这一时期，随着现代信息技术特别是计算机技术的飞速发展，信息管理活动也进入现代信息管理的新的发展时期。这一时期的信息管理以计算机技术为核心，以管理信息系统为主要手段，管理手段计算机化，主要实施以管理信息系统（MIS）经理为主要管理者的、面向技术的信息管理。

3. 第三阶段：信息资源管理阶段

第三阶段约从 20 世纪 80 年代初至今。企业的信息管理经过文件管理、技术支持管理两个阶段以后，在信息管理方面获取了以前的经验，培养了人员，积累了信息资源，掌握了信息技术，开始进入信息资源管理的阶段。同时，由于信息技术也有了很大的发展，微型计算机普遍应用于各方面的业务管理，通信设备飞速发展，光纤通信、卫星通信、大容量存储器、光盘等技术推广极快，这些都促进了企业飞速进入信息资源管理的阶段。信息管理在这一阶段的主要特征：一是信息管理由支持业务部门的作用直接跃升为与人、财、物等资产管理同样重要的地位；二是信息管理工作由完全面向企业内部管理而转向企业外部信息资源开发和利用；三是企业内部信息的使用部门、信息供应部门和信息处理部门的界限与隔阂逐步打破；四是信息管理与企业的战略目标、战略决策紧密地联系起来，企业最高层的领导开始关心信息管理工作，任命高层次的领导来协调各部门之间的矛盾，建立专门的信息管理部门来全面组织企业的信息工作，有计划地推动信息工作的发展。

（二）当前信息管理的主要学派

目前，国内外院校和部门已形成信息管理研究热潮，并逐步成熟，但理论体系繁多，有代表性的包括以下几种：

（1）交流学派。从讨论具有普遍意义的信息交流现象着手，揭示信息流的社会规律，研究社会信息资源分布、分配、加工和利用的社会机制，以寻求信息工作的组织理论。

（2）知识学派。从社会信息的知识属性及其对使用者的作用与价值入手，从信息利用的角度定义信息价值和信息效益，确立信息控制中知识单元的提取与加工模式，以此为基础确立信息业务工作机制和社会化的管理模式。

（3）决策学派。决策学派也称用户学派，主要研究信息对使用者（用户）决策的作用机理，揭示用于决策的信息的定向传递、加工与利用规律，在此基础上，以用户的信息需求与利用为中心，研究信息的搜集、传递、加工、存储、控制与服务问题。

（4）系统学派。从现代通信和计算机信息管理入手，研究信息系统和信息网络的建设问题，从而构建信息系统、网络开发及其运行和管理的系统理论。

（5）信息资源管理学派。围绕信息资源的组织、开发和利用问题，进行信息内容及其支持工具的管理研究（包括对信息资源规划、组织、传播和利用过程研究）。

（三）信息管理的发展趋势

当前，随着信息产业的迅猛发展，信息管理工作也在不断加强。为了进一步提高信息工作的效率、效益和效能，世界各国在加速开发信息应用技术的同时，都在强化信息管理，努力提高信息管理水平。归纳起来，现代信息管理正呈现以下四个方面的发展趋势。

1. 信息管理与科技、经济管理协调同步发展的趋势

目前，科技、经济管理的理论、方法和手段大量向信息管理领域移植，在许多方面，信息管理与科技、经济管理已有机地联系起来，形成了人类社会信息、科技、经济管理系统的巨型网络。科技、经济和社会的每一步发展都离不开信息，同时，科技、经济和社会发展提出更多的信息需求。一方面，为了积极迎接世界新技术革命的严峻挑战，参与国际市场竞争，需要对众多的高新技术领域开展角逐，用新的研究与开发成果促进科技、经济的持续、健康和快速发展；另一方面，又要运用新的思维方式，超前研究科技、经济和社会发展中可能产生的后果，评价行动的意义，确定行动的战略目标，选择最佳的行动方案，并从总体上进行发展战略决策。而这一切，都离不开高效、快速、准确的信息。于是，以科学决策为主体的信息支持系统得到迅速的发展，在各类管理决策中发挥着越来越重大的作用，从而能动地把信息管理与科技、经济管理有机地协调起来。

2. 信息管理理论向完整理论体系发展的趋势

人们经过长期的社会信息实践，特别是信息管理的社会实践，将实践经验

予以系统的、科学的总结和概括，把感性材料加以整理和改造而形成信息管理科学理论，从而对信息管理的客观实践的本质及其规律有了正确的认识，并在信息管理实践过程中被检验和证明了是正确的理论。总的趋势表现在以下三个方面：一是信息管理社会实践和信息管理理论研究中广泛采用数理统计和数学方法；二是信息管理各要素的理论认识日益深化，并逐步向系统化和科学化发展；三是从哲学高度研究信息管理问题，并逐步形成完整的信息管理根本观点与方法论体系。

3. 信息管理的概念、流程、模式和方法向标准化与规范化方向发展的趋势

当今世界，信息管理已普及信息实践活动的各个领域，人们对信息管理使用的语言符号、名词概念，以及管理模式、流程与方法，都做出了科学的规定，并逐步向标准化、统一化和规范化方向发展。目前，我国出台了大量科技信息方面的国家标准，这些标准不仅对信息工作的科学管理和学科研究起到了重大的推动作用，而且大大增强了人们的信息管理意识和观念。例如，在信息管理概念方面，只要讲到信息管理职能，人们就知道指的是计划、组织、指挥、协调和控制；在语言符号方面，TQC 管理指的是全面质量管理；PPBS 管理指的是滚动计划管理等。

4. 信息管理手段向智能化方向发展的趋势

信息管理手段智能化是整个信息工作现代化的一项重要内容。打破陈旧的信息管理模式，采用智能化的技术手段，是信息管理工作的一个革命性的变革过程。信息管理手段智能化是指应用智能时代科学技术手段和理论方法，对整个信息管理系统，包括计划、组织、指挥、协调和控制进行全面的智能化管理过程。近年来，人们在处理综合性、战略性等重大决策问题时，使用了最优化数学模型，充分发挥以大数据、云计算、区块链、人工智能等为核心的智能化信息管理手段的作用，对目标管理、计划管理等主要管理业务均由网云融合的智能计算单元进行系统处理，组织高层次战略决策也借助于人工智能技术对各种数据和材料进行计算、统计、分析、论证，从而促进了信息管理的智能化。

第三节　军事信息管理

随着军事信息技术的不断发展，信息在军事领域所发挥的作用也日益显著。如何有效地获取、传输、存储和利用信息，加强军事信息的有效管理，成为军队建设中的一个十分重要的问题。加强对军事信息管理基本理论问题的研

究，对于推动军队信息管理工作，充分发挥信息资源效益，具有重要的现实意义。

一、军事信息管理定义

军事信息管理是一个范围很广、正在发展的概念。目前，对于军事信息管理的基本概念及其内涵，在国内外、军内外还存在着多种见解。

（一）军事信息管理的定义描述

从不同的视角看，不同学者对于军事信息管理的定义有不同理解。①有的学者认为，军事信息管理就是军事信息资源管理。认为军事信息管理是国家和军队为了有效地开发和利用军事信息资源，以现代信息技术为手段，对军事信息资源进行计划、组织、指挥和控制的军队活动。军事信息管理活动的主要内容有军事信息的获取、传递、输入、加工、整理、储存、输出、反馈和提供给使用者等。其包括微观上对信息内容的管理，即为达到预定的目标，合理地运用各种手段，对信息进行组织、控制、加工与规划。②有的学者认为，军事信息管理的重点是军事信息资源管理，但不仅仅是资源管理，即认为军事信息管理是在信息资源管理的基础上，对信息流程的各个阶段进行控制，以及宏观上对信息系统的管理。他们认为，信息的搜集、加工、检索、传输和保护等是信息管理活动的基本内容。但在现实使用时，军事信息管理的含义往往宽于信息资源管理。军事信息管理包括：为了有效地利用信息而进行搜集、整理、存储、传播服务等工作及这些工作的计划、组织、指导等，显然，它既包含军事信息及其载体等资源管理，也包含工作和事业管理，还包括军事信息技术管理、方法管理和人文管理等。③有的学者认为，军事信息管理包括信息搜集、信息存储、信息评价与信息传递等内容。但是，实际上军事信息管理出现在信息生产、信息流通、信息利用的所有环节。广义上说，军事信息管理是军事管理大系统的一个分系统，负责军事信息活动的组织、指导、控制和协调工作。④还有的学者认为，信息管理主要是对各类态势信息、指挥协同信息、后装保障信息等进行组织协调的活动过程；信息管理的主要任务是拟制信息组织协调计划、信息需求清单和信息引接计划，统一组织信息引接、整编融合与分发等行动，统一归口管理信息组织运用活动。

通观上述观点，军事信息管理可以从狭义和广义两个角度来理解。狭义的军事信息管理就是对军事信息本身的管理，即对军事信息进行收集、传输、引接、编成、整编、处理、存储、分发和利用的过程，也就是军事信息从分散到集中，从无序到有序，从引接到编成，从整编到处理，从存储到分发，从分发到利用的过程。而广义的军事信息管理则不仅仅是对军事信息本身的管理，而且是对涉及军事信息活动的各种要素，如军事信息资源、力量、网系、技术支持、机构组织等进行管理，实现各种资源的合理配置，满足军队对军事信息需求的过程。综合狭义和广义的信息管理两类观点，结合军队信息管理的实际情况，我们更倾向于从广义角度来理解和阐释军事信息管理的定义。亦即，信息化条件下的军事信息管理，就是在现代信息管理科学的基本原理指导下，对军事信息进行收集、传输、引接、编成、整编、处理、存储、分发和利用，对涉及军事信息活动的各种要素如信息资源、力量、网系、技术、机构等进行管理，从而实现军事信息资源的高效利用，达成各种军事信息相关资源的合理配置，有效满足军队对军事信息需求的活动过程。

（二）军事信息管理的内涵

军事信息管理的内涵十分丰富。从不同范围、不同角度、不同层次去认识，对军事信息管理的本质内涵往往会得出不同的理解。

1. 军事信息管理的内容涵盖了军事信息及其活动的众多方面

军事信息管理的内容涵盖了军事信息资源、军事信息活动、军事信息安全、军事信息人文与环境管理等诸多方面。其中，军事信息资源管理，按其军事信息载体的不同，可分为文献管理、数据管理、多媒体管理、信息网络与系统管理等。军事信息活动管理，是指对军事信息获取、传输、处理、存储、利用和安全防护等信息活动进行科学的计划、组织、协调和控制等管理行为的总和。军事信息安全管理，是指综合运用法律法规、管理措施和技术手段，使军事信息资源在采报、管理及应用过程中免遭泄露、篡改和毁坏，确保信息资源的机密性、完整性、可用性、可认证性、不可抵赖性和可控性。军事信息人文与环境管理，是保障军事信息资源高效开发利用、推进军事信息活动科学有序开展的各种人文组织、方式和支撑环境建设与管理的统称，是军事信息管理最富创新活力的组成部分。

2. 军事信息管理是一个流程严密、管理职能明确的活动过程

不论军事信息管理的范围如何，实质都是对信息交流活动各环节的所有信息要素实施决策、计划、组织、协调、控制，从而有效地满足军队对军事信息需要的过程。也就是说，军事信息管理的实质是对军事信息生产、军事信息资源建设与配置、信息整序开发、传递服务、吸收利用等活动全过程各种军事信息要素（包括军事信息、人员、资金、技术设备、机构、环境等）的决策、计划、组织、协调、控制，从而有效地满足军事信息需要的过程。由于军事目的不同，对军事信息的需要在层次、种类等方面是不同的。这种不同层次种类的军事信息需要，推动着不同层次种类军事信息的生产、信息资源建设与配置、信息整序开发、传递服务、吸收利用活动全过程各种信息要素的组织、协

调、控制，推动着军事信息管理活动的发展。

3. 军事信息管理的核心功能是满足军事发展对军事信息的需要

军事发展对军事信息的需要总是特定的、具体的、有一定时间空间条件的，这称为军事适用信息需要。军事适用信息需要，是军事信息管理活动产生发展的原动力。有效地满足军事适用信息的需要，是不同层次、不同性质的军事信息管理的目标。正是这种需要的发展变化增长，不断推动着军事信息的生产。从这一意义上说，军事信息管理的本质就是对信息进行的采集、加工、存储、传播和利用，对信息活动各要素包括信息、人、技术、设备、机构等进行合理的计划、组织、指挥和控制，以实现信息及相关资源的合理配置，从而有效地满足军队组织和国家社会信息需求的全过程。

二、军事信息管理特征

信息具有传递性、时效性、累积性、共享性等诸多特征，军事信息作为信息的特殊部分，又具有保密性、安全性等特殊要求。与此同时，军事信息管理既是一个管理活动，又是一个特殊的管理活动，因此军事信息管理既具有与一般管理活动相同的特征，又具有一些不同的特征。这些特征反映到军事信息管理活动中，使得军事信息管理具有自身鲜明的特征与要求。

(一) 管理目标实战化

军事信息管理在指导思想和目标定位上，必须首要着眼有效支撑作战体系，通过优化信息流程、服务作战指挥等途径，切实发挥信息管理对于作战体系的支撑作用。根据有效支撑作战体系的要求，军事信息管理的目标应定位于实现武器平台信息共享化、系统的信息获取和信息传输全数字化、信息服务多样化。首先，军事信息管理要满足武器平台信息共享化的要求。必须更加有效地发挥军事信息系统的链接功能，实现对信息流程的优化，并提供多种信息服务，达成无障碍和最快捷、最准确的信息传递和信息共享，确保诸军兵种联合作战及其信息作战的协同指挥，充分发挥各种武器、技术手段和系统的整体信息作战效能。其次，军事信息管理要满足战场要素数字化的要求。未来战场上，为了准确地进行信息存储、传递和处理，战场上各类信息，如地理信息资料、文电报告、战场目标，以及各种因素、条件、情况，包括交战双方的军队，都必须进行统一的编码处理，构成以数字方式进行综合处理的信息源和传递的信息。只有实施有效的军事信息管理，才能适应数字化战场情报传递和处理的要求。最后，军事信息管理要满足信息服务多样化的要求。应当通过加强军事信息管理，提高军事信息网络的多层次、分布式、全方位、立体覆盖能力，多网络无缝链接与互联、互通能力，高速、宽带传输与交换能力，声、文、图、像等多业务综合能力，通信与信息资源共享能力，全天候可靠的工作能力，通信与导航、识别定位功能综合能力，信息保障与信息支援能力等诸多能力，以确保信息作战的胜利。

（二）管理过程动态化

军事信息管理是对一系列若干相关而有序环节组成的军事信息活动过程进行计划、组织、指挥、协调、控制的过程，因此军事信息管理过程本身也体现出很强的动态性和统筹性。可以说，军事信息管理的核心内容是计划的分级与组织实施管理，主要包括军事信息活动立项、实施、检查、评估等，贯穿信息管理实践活动的全过程，是信息管理在军事领域实现科学化、时代化、规范化和制度化的重要标志。由于军事信息资源的不确定性和军事信息活动的复杂性，军事信息管理的本质就是要对整个军事信息资源开发利用和军事信息活动可能产生的发展变化进行有目的、有意义的计划、组织、指挥、协调和控制行为，以保证整个信息计划的完成。在整个军事信息活动计划组织实施过程中，如果某个程序、某个环节出现偏差，就需要再进行计划、调整实施策略和实施控制，并根据决策、设计、准备、执行、考核等程序，更换原计划方案，进行新的决策，将计划执行结果与原定目标进行比较分析，使整个军事信息管理系统按照科学程序运转，最大限度地发挥人力、物力、财力资源的效用，提高军事信息资源的开发利用水平和军事信息活动的效率。

（三）管理层次多样化

在物质世界中，宏观与微观相对应。在逻辑层面，军事信息管理涵盖了宏观和微观等多个层次。军事信息管理的宏观层次，主要立足于军事信息活动的总体策略管理和带有全局性、整体性、战略性和关键性的重大问题决策管理，如军事信息机构的设置与人员配备、军事信息活动发展规划与战略决策、重大项目的确定与实施策略，以及整个军事信息活动的保障条件等四个方面的管理实践活动。在军事信息管理的微观层次，主要是具体的、带有局部性的信息管理实践活动，如年度军事信息活动安排，具体设备、人员的配置，以及军事信息资源开发利用项目和具体的军事信息活动项目的实施与经费的筹措和使用等。无论是宏观层次的军事信息管理，还是微观层次的军事信息管理，两者必须有机融合、整体统筹，微观管理应服从宏观管理，在宏观管理的指导下进行，同时，微观管理应确保其管理过程必须适应军事信息活动的特点及军事信息人员优势的发挥，以推动军事信息事业向更高层次发展。

（四）管理手段智能化

科学的军事决策和精确的军事信息管理是建立在对军事信息活动进行科学分析、准确把握和有效调控的基础之上的，而这离不开一体化军事信息管理系统的有效支撑，从而使得军事信息管理的效能更多地取决于军事信息管理系统的协调组织能力。对此，迫切要求构建一体化的军事信息管理系统，综合集成指挥控制、信息聚合、辅助决策等多种功能，使分散存放在不同时空、流转在不同传输通道的军事信息通过"系统集成"这个平台，以实现各类军事信息的共建、共管、共享和共用，从而通过对指挥信息流、协调信息流、控制信息流的掌控，最终实现对军事信息活动的有效掌控。从这个意义上讲，一体化军事信息管理系统的信息聚合、指挥控制、辅助决策的能力，在很大程度上决定了军事信息管理的效能和水平。

（五）管理法规标准化

政策法规的制定与实施是军事信息管理的一项重要内容，也是军事信息管理的基本调控手段。军事信息管理政策是指为实现一定历史时期内军事信息管理战略目标而规定的行动准则；军事信息管理法规是由军事信息主管部门发布的有关军事信息资源开发利用和军事信息活动的法律、法令、条例、规章、规则等的总称。一方面，军事信息管理的计划、组织、指挥、协调和控制功能的实现主要依赖于政策法规调控手段的运用，只有实施政策法规管理，才能确保军事信息管理的方向性、连续性与稳定性。另一方面，军事信息管理的全部内容，就是军事信息管理政策与法规的制定和实施过程，这不仅表现在军事信息管理部门对军事信息活动的统一规划、统一领导的指挥作用，而且成为军事信息管理部门参与处理军事信息领域中各种矛盾的依据，且具有推动作用。因此，可以说，信息时代的军事信息管理，在很大程度上体现为政策法规的管理，军事信息管理政策与法规贯穿军事信息管理活动的方方面面，贯穿于军事信息活动的全过程。

三、军事信息管理的产生与发展

军事信息管理作为军事领域的信息管理活动，其发展的历程与信息管理类似，都经历了一个不断发展的过程。

（一）军事信息管理的产生与成熟

纵观人类信息的历史和世界各国的兴衰，可以看到：军事信息管理伴随着国家的成败乃至大国的兴衰而产生、演变和发展。18—19世纪的英国总财富，按其地理信息要素、人口信息要素和自然资源信息要素情况，在正常的信息系统中，应只占世界总财富的3%左右，但由于该国利用当时的科技系统首先完成了产业革命，在当时强权政治、炮舰外交、殖民统治、掠夺性贸易的世界形势下，竟迅速膨胀到占世界总财富50%的不正常状态。第二次世界大战后，鉴于类似英国的原因，美国凭借科技系统和经济系统的优势，利用"美元红利"

"政治独裁"和"军事霸权",使美国总财富从第二次世界大战爆发前的占世界总财富的17%左右,在1945年膨胀到占世界总财富50%。第二次世界大战结束以后,随着世界科技等信息要素一系列重大变化,科技信息要素的地位持续上升,国际关系的重点转向经济信息要素。在国力和军力信息要素的较量中,军事信息管理成为发挥信息优势、夺取制衡优势的重要筹码。从此,世界各国越来越重视军事信息管理问题,针对军事信息管理的内容、方法、手段、流程等方面开展了一系列的探索和实践。

以美军为例,其高度重视信息管理问题,并随着技术发展、军事战略演变和对数据的认识不断加深,对信息管理的目标、方法和手段进行了迭代改进。迄今为止,美军信息管理策略的演进过程总体上经历了三个阶段。一是统一管理数据元素和代码的早期建设阶段。美军为使指挥控制、后勤、情报、人事和财务管理等自动化数据处理系统之间能进行数据交换,并提高系统间的兼容性,从1964年开始对数据元素和代码实施集中统一的管理。1964年12月7日,美国国防部颁布了国防部指令DoDD 5000.11《数据元素和数据代码标准化大纲》,随后陆续制定了一系列配套文件,以实现数据元素和代码的标准化。该阶段的数据管理主要是明确了统一的管理流程、建立了国防部及其所属各部局两层次的管理机构。二是强调构建体系、规范制度的集中统管的建设阶段。在该阶段,美军在总结以往数据元素标准化经验的基础上,于1991年颁布了新的数据管理文件DoDD 8320.1《国防部数据管理》,并在其后的几年内陆续颁布了相应的配套文件。美国国防部以8320系列文件为核心,提出了数据管理(Data Administration)的思想,实行了集中数据管理模式,建立了更加完善的数据标准化规程,明确了新的数据管理机构及其职责,并确定了相应的数据管理工具。该阶段的数据管理主要是建立了更加完善的数据标准化流程、健全了管理机构并明确相应职责、建立了与集中管理模式相适应的数据标准管理工具。三是强化"以网络为中心"的非集中、自治的数据管理阶段。进入21世纪后,互联网技术快速发展,电子商务取得成功。受到互联网信息共享文化的启示,美军适时提出了"网络中心战"作战模式和"网络中心数据管理思想",并着眼实现从信息资源管理到信息管理的转变拓展,加快了信息管理政策的更迭速度,平均每两年更新一次,主要包括《美国国防部网络中心数据战略》(2003年5月)、《以网络为中心的美国国防部数据共享》(DoDD 8320.2,2004年12月)、《美国国防部信息共享战略》(2007年5月)、《美国国防部网络运维战略》(2008年2月)、《美国国防部信息企业体系结构》(2008年4月、2010年5月、2012年7月)等。2019年,美国国防部又颁布了《国防部云战略》《国防部数字现代化战略》等,明确提出了国防部数字现代化未来四年（2019—2023）的愿景：创建"一个更安全、可协调、无缝的、透明的和具有成本效益的 IT 体系结构，该结构可将数据转换为可操作的信息，并在面对持续的网络威胁时确保可靠的任务执行"。美国国防部 2020 年发布的《数据战略》，为促进美军"以网络为中心"的网络安全架构加速转型提供了理论指导，为推进以人工智能为代表的新兴技术在军事信息管理中的应用提供了现实驱动。

从军队的情况看，对军事信息管理问题虽已引起高度关注，但尚未见诸系统的理论。若以信息管理为主，通过对信息的组织运用，进而对各类军事信息系统的组织运用提出要求，就可为实现一体化管理与运用打下基础。为此，军队许多专家学者纷纷呼吁并开始研究信息在指挥及作战中的管理与运用问题，提出了"联合作战贵在信息联合"等观点。当前，随着军队信息化智能化建设进入复合发展的新阶段，网信前沿技术飞速进步，军队领导指挥体制发生深刻变革，战场信息管理不断演进发展，原军事信息管理工作的领导指挥关系、管理信息流程、管理对象范围、管理技术手段等均发生了较大变化，迫切要求我们加强军事信息管理理论研究，力求形成系统、完善的军事信息管理理论，以实现对军事信息资源和军事信息活动的有效管理。

（二）军事信息管理的发展趋势

需求牵引、技术推动是推进军事信息管理发展的一体之两翼、驱动之双轮。在这两种因素共同作用下，当前世界范围内的军事信息管理正沿着日益综合化、精确化、一体化、融合化的趋势迅速发展。

1. 军事信息管理体系综合化

军事信息管理体系综合化，就是强调必须要用系统的观点实施管理，统筹各种资源、运用多种力量最大限度地实现管理目标。现代科技的发展给包括军事信息管理在内的整个社会生活带来重大影响。一方面，军事领域的专业化程度越来越高，军事信息管理的业务分类随之增多；另一方面，军事领域中呈现出相互交叉、相互渗透、相互融合的态势，军事信息管理在不断分化的基础上向着综合调度的方向发展。综合化是军事信息管理的客观趋势。首先，未来战争是在陆、海、空、天、电一体化战场上，综合应用各种科学技术成果，以多种作战样式进行的多维一体战争。依靠单一手段而取胜的时代已经成为过去，代之而起的是综合化、一体化极强的军事时代。其次，信息管理的渗透性日益加强，军事信息管理全面渗透到军队指挥、军事训练、军队政治工作、后勤和装备建设等管理活动，军事信息管理必须要紧密结合各种具体工作而展开。最后，国际安全与合作成为当代军事的重要内容，联合军演、维和行动等已经成为我国对外军事交流的重要样式。在这些军事活动中搞好信息的组织协调，成为军事信息管理综合化的又一表现。

2. 军事信息管理手段精确化

传统管理理念强调，做事情一定要心中有数，马克思甚至认为，一门科学只有成功地运用到数学时，才算达到了真正完善的地步。这里的"数""数学"，强调的就是管理的精确性。精确化管理是指在军事信息管理过程中要依托现代管理技术，特别是信息技术，运用数学建模等方法，通过人机结合等方式，对管理要素实行精细、准确、快捷的管理。实践证明，精确化管理是一种适应信息时代发展要求和军事信息管理内在需求的全新的管理理念和管理方法，也是提高军事信息管理科学化水平的重要途径。精确管理的实质，就是运用现代信息技术，实现管理效益的最大化。只有积极采用先进、管用的管理技术手段，才能拓宽管理的空间，延伸管理的触角，提高管理的精度，促使军事信息管理工作科学化水平的不断提高。

3. 军事信息管理程度一体化

当前，"一体化"已经成为社会生活中一个广泛使用的术语。在世界新军事变革的潮流中，军事领域的各个方面都呈现出"一体化"的发展趋势，军事信息管理也不例外。在军事信息管理中，"一体化"就是要着眼军事信息管理的综合化特点，在计划、组织、领导和控制等过程中始终保持各部门的密切联系，以协调一致的行动实现组织目标。联合作战中，火力、机动力、信息力综合运用，"硬摧毁""软杀伤"两手并举，作战行动的一体化程度大大提高，这在客观上要求必须打破军事界限，实施一体化军事信息管理。例如，空地海天一体机动作战行动，仅凭单一军种或单一领域的作战行动，难以达成作战目的，而综合运用诸军兵种对敌实施综合打击，就需要对参战的诸军兵种力量，按一定原则进行一体化管理。目前，发达国家军事转型，使传统信息管理方式也从战略调度向一体化发展，从而提高军事信息力量的整体功能。我们应当适应军事信息管理一体化的发展趋势，从国防和军队建设的全局出发，加强集中统一管理，逐步实现诸军兵种、各专业部门所属信息资源和信息力量的统一筹划、合理配置、综合使用，增强军事信息管理的一体化程度。

4. 军事信息管理模式融合化

现在，一种新的社会发展动向正引起人们的广泛关注，那就是军事与政治、经济、文化的融合快速发展。现代军事以其前所未有的包容性显示着"大军事"的风范，而"大军事"也必然预示着"大管理"时代的到来，"大管理"必然要求实行融合式的管理模式，把军事管理纳入国家管理的框架体系内统一考虑。在这方面，外军有许多成功的经验和做法。实践证明，军事信息管理中存在的若干重大问题，像信息化人才培养、信息力量建设、信息资源配置等问题，如果不从国家发展战略上加以考虑，那么单靠军队一家是难以解决好的。因此，应当把军事信息管理纳入国家信息管理的框架内统筹考虑，实行融合式管理模式。

第四节　军事信息管理学

当前，信息和知识已成为军队战斗力的主导因素。世界各主要国家为了谋求"信息优势"，都在加速推进军队信息化建设。相应地，迫切要求加强对军事信息管理理论与实践活动的研究，在总结军队军事信息管理实践、借鉴外军军事信息管理经验的基础上，创建具有军队特色的军事信息管理学理论体系。

一、军事信息管理学的定义及学科定位

目前，在军事学术专著和期刊中很少见到有关军事信息管理学的理论专著和论述，对军事信息管理学定义的研究也不多见。但在自然科学和社会科学领域，"信息管理学"作为专门的名词，已经有 30 年的历史。据此，按照"管理学—信息管理学—军事信息管理学"的学科脉络，开展军事信息管理学的学科定位研究，具有十分重要的现实意义。

（一）军事信息管理学的定义

自 20 世纪 80 年代中期以来，信息资源管理开始逐步演变为广义信息资源管理，把狭义信息资源管理拓宽到信息生产者、信息和信息技术等的综合管理，人们开始利用管理学的基本原理来管理组织的广义信息资源，这就出现了信息管理学这门新兴的学科。一种有代表性的观点认为，信息管理学（Information Management Science）是"研究人类社会信息管理活动的基本规律、普遍原理与一般方法的学科。具体地说，是研究与探讨组成信息系统整体的各个要素及其全部信息活动的规律性，以及信息工作的组织、结构、应用技术与通用方法的科学"。信息管理学不仅是人类社会信息管理实践活动发展的产物，它的产生还与现代社会的日益发展所提供的种种条件有关，如理论条件、方法条件、实践条件、技术条件等，可以说，信息管理学是现代科学技术，特别是高新技术的突飞猛进，社会日趋信息化的产物。信息管理学作为反映和揭示管理信息社会实践活动规律性的科学，随着信息管理科学化的加强而不断地向前发展。

根据对"信息管理学"概念的基本理解，以及对信息管理、军事信息管理本质特征的把握，"军事信息管理学"的定义可以这样表述：军事信息管理

学，是以研究和探讨组成军事信息系统整体的各个要素及其全部军事信息活动的规律性，以及军事信息工作的组织、结构、应用技术与通用方法的军事科学。从这个定义的描述中，可以认为军事信息管理学是一门全新的军事学科，其特点是横跨军事科学、社会科学、自然科学、管理科学、技术科学的多种学科领域，在许多方面都突破了传统军事理论学科和军事管理学科的原有范畴，使原有的诸多军事学科注入了与信息管理相关的科学内容和科学方法。军事信息管理学是信息时代军事信息技术发展和军事管理科学发展的必然产物，是随着军队信息化建设进入跨越式发展的新阶段，随着军事信息技术的广泛应用和军事信息的深度开发，在军事理论与实践、人与武器、人与战法、武器与系统以及各部门、各环节、各作战单元之间深度融合的历史背景下产生的一门独立的新兴学科。军事信息管理学以一种全新的理论视角，研究对军事信息资源、军事信息活动和军事信息安全等诸方面的科学管理，力求为形成快速获取、识别、处理、提供、利用军事信息的能力，为发挥军事信息优势提供理论支撑。因此，从这个意义讲，军事信息管理学研究的理论是当今军事科学中最前沿的理论研究。

（二）军事信息管理学的学科定位

按照"管理学—信息管理学—军事信息管理学"的学科脉络，军事信息管理学既是信息管理学的一门重要领域，又是信息科学的一门重要分支学科，是信息管理学在军事领域的具体体现和应用。将军事信息管理学纳入信息管理学的分支学科进行建设，是信息时代信息管理学学科发展的必然要求和发展趋势，是对信息管理学学科建设的极大丰富和重要拓展。如此对"军事信息管理学"进行定位，主要考虑以下三点：一是信息管理学是研究人类社会信息管理活动的基本规律、普遍原理与一般方法的学科，人类社会信息管理活动也必然包括军事领域的信息管理活动，军事信息管理理论作为一个独立的理论领域，代表着信息时代信息管理的重要领域和方向；二是军事信息管理理论已经形成了一个比较完善的理论体系，军事信息资源管理、军事信息活动管理、军事信息安全管理等理论研究已经比较成熟；三是有一大批军事院校和科研机构的学科专业研究队伍作支撑。

二、军事信息管理学研究对象和研究内容

军事信息管理学研究对象是军事信息管理学定义内涵的基本体现，它决定了军事信息管理学研究内容的总体方向；军事信息管理学研究内容是军事信息管理学定义外延的基本表征，它是对研究对象的具体化和深化的体现。军事信息管理学研究对象与研究内容构成了一个有机整体，两者紧密结合、密不可分、相互作用，共同构成了军事信息管理学的基本内容框架，并为构建军事信息管理学理论体系与学科体系奠定了基础。

（一）军事信息管理学研究对象

军事信息管理学，是对军事信息管理最核心、最本质、最关键要素的研究，它是军事信息管理学定义内涵的本质体现。从军事信息管理学的定义挖掘，其研究对象主要包括军事信息资源和军事信息活动。

1. 军事信息资源

从信息资源本身来看，它有狭义和广义之分。狭义的信息资源是指信息本身的集合，等同于知识、资料和消息，它只是构成信息资源的一个基本要素。广义的信息资源是指数据信息、信息技术手段和信息人才的有机集合，是一个广泛涉及信息的生产、处理、传播和利用等整个信息活动过程的多要素的概念。其中，包括信息活动的对象即数据信息本身、信息活动的工具即计算机和信息传输处理网系等信息技术手段、信息专业人员，这三者相互联系、相互作用，共同构成广义的信息资源。其中，信息专业人员是主体，是信息管理系统的主导者，是信息管理系统中最活跃的、最重要的因素，整个信息管理活动过程都离不开信息专业人员；信息技术手段和数据信息本身，是构成信息管理系统物的要素，是现代信息管理的必备条件。军事信息管理学是研究军事信息工作的组织、结构、应用技术与通用方法的科学，因此，从广义的角度去理解军事信息资源，有利于更全面、更系统地把握军事信息管理的基本对象。

2. 军事信息活动

从信息活动的本质属性来看，它是指对信息资源的开发利用过程，具体地说，与信息的产生、挖掘、记录、收集、传播、加工、存储、检索、传递、选择、处理、分发、分析、评价、利用，以及系统开发、技术更新、运行维护、管理决策等信息行为有关的全部社会活动都可称为信息活动。从军事信息活动的属性看，军事信息活动可以涵盖三个基本层次：一是战术层面的信息活动，是指师旅以下部（分）队对信息资源的开发利用；二是战役层面的信息活动，是指各战区、各军兵种、各军级单位对重要信息资源的开发利用，通常表现为各类专用信息系统；三是战略层面的信息活动，是指军委、军委机关有关部门从战略全局的高度，对涉及全军范围内的重大信息资源的开发利用，主要表现为基于网络信息体系的联合作战体系的构建与完善。军事信息管理学是研究军事信息系统整体的各个要素及其全部军事信息活动的规律性的科学，因此，加强对军事信息活动的理论研究，应是军事信息管理学重要的研究内容。

（二）军事信息管理学研究内容

军事信息管理学研究内容是军事信息管理学定义外延的基本表征，它是对研究对象的具体化和深化的体现。军事信息管理学研究内容的确定，不应脱离研究对象而另成体系，而是要以研究对象为主线，并根据目前军事信息管理的现状与未来发展趋势，以及军事信息管理学与其他相关领域的相互关系，同时借鉴外军军事信息管理建设的历史经验，进行跨学科、宽领域的体系化研究。具体来讲，军事信息管理学研究内容至少应包括以下几个方面。

1. 军事信息管理基础理论

军事信息管理理论是近年来方兴未艾的新兴管理学科，是军事信息学与军事管理学交叉的"结晶"。军事信息管理基础理论主要包括：一是军事信息管理基本问题研究，主要研究信息管理及军事信息管理的定义、特征、产生和发展等内容。二是军事信息管理学基本问题研究，主要研究军事信息管理学的定义、研究对象和研究内容、理论体系与学科体系、研究意义与研究方法等内容。三是军事信息管理基本规律研究，主要研究军事信息管理的指导原则、基本要求、组织体制、主要方法等问题。四是军事信息管理技术手段研究，主要研究军事信息管理基础技术、军事信息管理应用技术和军事信息管理技术手段等问题。

2. 军事信息业务管理理论研究

这是军事信息管理学研究的基础环节，军事信息管理始终着眼信息资源和信息活动来思考管理问题，其业务管理理论主要包括以下几个方面。一是军事信息资源管理研究。军事信息管理内容，首先应是对静态的信息资源的管理，主要研究军事信息数据管理、军事信息网系管理、军事电磁频谱资源管理、军事信息媒体管理、军事文献档案管理的特点、内容与要求等。二是军事信息活动管理研究。军事信息管理内容，除了对静态信息资源的管理，还包括对开发利用信息资源的动态过程，即军事信息活动的管理，主要研究军事信息获取管理、军事信息传输管理、军事信息处理管理、军事信息存储管理、军事信息利用管理等方面内容。三是军事信息安全管理研究。安全管理是新形势下军事信息管理的新课题，必须予以高度重视、重点研究。其主要研究信息保密管理、信息网系安全管理、人员管理的特点、内容与要求等方面内容。四是军事信息人文与环境管理研究。人文与环境管理是信息时代军事信息管理的新课题，是军事信息管理最具创新活力的重要组成部分。其主要研究信息文化建设、信息理论体系研究、信息法规政策建设、信息管理体制机制建设、信息管理人才队伍建设的特点、内容与要求等方面内容。

3. 军事信息运用管理问题研究

军事信息管理学是一门指导实践的军事科学，军事信息运用管理问题研究是军事信息管理学的本质表征和核心环节，主要应包括以下几个方面：一是军事信息平时管理研究，主要研究平时信息管理的特点、组织筹划和组织实施等方面的内容。二是战时信息管理研究，主要研究战时信息管理的特点、要求和各主要作战样式中的信息管理组织实施等内容。三是非战争军事行动信息管理研究，主要研究非战争军事行动信息管理的特点、要求和主要军事行动样式中的信息管理活动等方面的内容。本书重点开展战时信息管理研究。

三、军事信息管理学的理论体系与学科体系

军事信息管理学，是在对军事信息资源和军事信息活动的管理及其基本规律的探索与实践过程中发展起来的一门新兴学科。理论体系与学科体系，是军事信息管理学学科建设的核心内容。其中：军事信息管理学理论体系，是军事信息管理学各个知识单元相互联系、相互制约而构成的理论整体，是建立学科体系的基础和前提；军事信息管理学学科体系，是对军事信息管理学学科结构进行研究的科学区分。创建适应信息时代的军事信息管理学理论体系与学科体系，既是军事信息科学理论建设中一项重要的基础性工作，又是为军队信息化智能化建设与军事斗争准备提供理论支撑和进行军事信息管理人才培养的迫切需要，应着眼军事信息管理的本质和规律，在广泛汲取相关学科研究成果的基础上，科学合理地构建军事信息管理学理论体系与学科体系。

（一）军事信息管理学理论体系

军事信息管理学的理论体系产生于军事信息管理领域的探索和实践，相反，军事信息管理学的理论研究又给军事信息管理实践提供指导，并接受信息化战争实践和军队信息化智能化建设实践的检验。研究构建军事信息管理学理论体系，应明确构建的基本原则，在此基础上进一步确立理论体系的基本构成和框架。

1. 军事信息管理学理论体系构建的原则

构建军事信息管理学理论体系，主要应遵循以下原则：一是实践性原则。军事信息管理理论的形成和发展植根于军事信息管理实践活动的土壤，其建立与发展应突出军队和国防建设的客观需要。军事信息管理学的理论研究必须以指导并服务于军事斗争和军事信息管理的实践活动为根本原则。二是目的性原则。军事信息管理有着明确的目标，即致力于解决军事信息的数量日益激增、内容庞杂、分布零散、提供和利用无序与人们对军事信息需求的资源化、实时化以及呈日益增长的趋势之间的矛盾，实现对军事信息资源的宏观布局、微观匹配、共享铰链、系统融合，以及对军事信息活动的科学计划、组织、指挥、协调和控制。因此，军事信息管理理论研究也必须强调军事信息管理的目的性，相应地，军事信息管理学理论体系的主要组成部分也应突出信息管理的目的性。三是系统性原则。军事信息管理活动本身就是军队和国防大系统的重要组成部分，军事信息的流通只有通过信息系统和军队大系统的循环才能完成。因此，要坚持系统的信息管理观念和方法，立足军事活动的整体和军队建设的全局，从微观、中观和宏观层面上科学地构建军事信息管理学的理论体系。四是发展性原则。要运用先进的理念、技术、方法和手段动态性地研究军事信息管理理论，并随着军事理论的发展、军事技术的进步、军事斗争的变化、军队建设的深入而不断地创新和丰富军事信息管理学理论体系。

2. 军事信息管理学理论体系的构成

军事信息管理学理论体系，是指依据军事信息管理理论的不同性质而进行理论分类与架构。根据军事学术研究领域对理论体系划分的一般原则，军事信息管理学理论体系应包括基础理论、技术理论和应用理论。①军事信息管理学基础理论。基础理论是揭示军事信息管理一般规律与方法的理论。基础理论是从军事信息管理实践中抽象出来，反映军事信息管理实践本质和规律的具有共性的理论，是整个军事信息管理理论体系的核心。军事信息管理学的基础理论是军事信息管理学理论体系赖以产生、存在和发展的最根本的理论依据，它以军事信息管理为研究对象，主要研究解决军事信息管理的基本认识问题，对于军事信息管理实践具有普遍的指导意义。军事信息管理学的基础理论处在军事信息管理学理论体系的最上层，对军事信息管理学的技术理论和应用理论具有指导作用。军事信息管理学的基础理论主要应包括以下几方面内容：一是军事信息管理基本内涵；二是军事信息管理本质特征；三是军事信息管理原则；四是军事信息管理方法；五是军事信息资源管理；六是军事信息活动管理；七是军事信息安全管理；八是军事信息人文与环境管理。②军事信息管理学技术理论。技术理论是从技术支撑角度研究军事信息管理的理论。它处于军事信息管理学理论体系的支撑层次，主要研究军事信息管理技术及其在军事信息管理中的应用。军事信息管理学技术理论所包含的技术主要包括军事信息获取技术、军事信息组织技术、军事信息共享技术、军事信息检索技术、军事信息可视化技术、军事信息安全保密技术等。③军事信息管理学应用理论。应用理论是从实践角度和应用层面，聚焦战场信息来研究信息管理的理论。它处于军事信息管理学理论体系的运用层次，受军事信息管理学基础理论的指导并在军事信息管理实践中不断深化基础理论。应用理论可以按照不同性质和不同类型的军事信息管理应用进行具体区分。从战场信息的不同类型看，军事信息管理学应用理论主要应包括以下方面内容：一是战场态势信息管理；二是指挥信息管理；三是战场侦察监视预警信息管理；四是战场气象水文信息管理；五是战场测绘导航信息管理；六是战场空域信息管理；七是战场目标信息管理；八是战场电磁频谱管理。

　　军事信息管理学理论体系框架结构如图 1-1 所示。

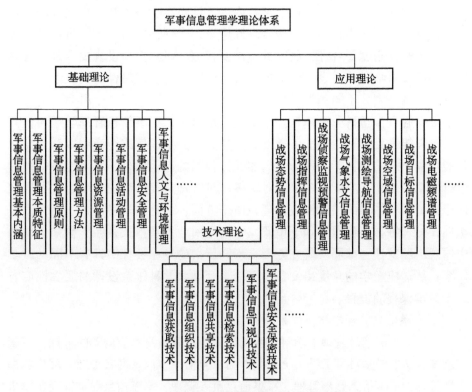

图 1-1　军事信息管理学理论体系框架结构

（二）军事信息管理学学科体系

　　每一门学科，都是人类在某一专业领域认识与改造自然界的经验总结，是在大量科学实验和社会实践经验的基础上建立起来的具有严格逻辑统一性的知识体系。而学科体系，则反映的是某一学科知识单元的结构区分和内在联系。军事信息管理学是信息管理学所属的、内容广泛的一门分支学科，科学构建军事信息管理学学科体系，对于有针对性地开展军事信息管理学理论研究，促进军事信息管理学学科建设的健康发展，具有极其重要的意义。构建军事信息管理学学科体系，涉及三个方面的问题：一是要明确军事信息管理学学科体系的构建原则；二是要明确军事信息管理学在整个信息管理学科体系中处于何种地位，这实际上是要回答军事信息管理学的学科定位问题；三是要明确军事信息管理学应具体设立哪些研究方向。

1. 军事信息管理学学科体系的构建原则

构建军事信息管理学学科体系，应遵循以下基本原则：一是科学性原则。军事信息管理学学科体系建设，应充分反映本学科的特点，有明确的学科知识基础和知识范围，能揭示学科内涵，反映本学科各知识点之间的有机联系，具有严密的逻辑性。二是合理性原则。合理性原则要求军事信息管理学学科的设立角度要合理，研究的方法要合理，研究方向设置要合理。合理性原则还要求学科体系设计应根据学科研究对象的客观属性及上位学科之间的有机联系，划分不同的学科从属关系和并列次序，组成一个科学、有序的军事信息管理学学科分类体系。三是适应性原则。军事信息管理学学科体系设计应以能满足军事斗争准备需要、适应战斗力生成模式转变和军队信息化智能化复合发展为目标。作为一门实践性很强的应用学科，军事信息管理学学科体系的建立，应能反映人们对军事信息管理实践的认识程度。四是层次性原则。学科体系的层次性应体现在两个方面：一是在学科设置上体现出层次性，处理好与上位学科和下位研究方向之间的关系；二是在学科知识结构中体现出层次性，即同一研究方向在不同层次的专业教育中具有不同的教学内容。从适应教学的角度出发，军事信息管理学学科体系设计的层次性应有利于教学课程的设置。

2. 军事信息管理学学科体系的构成

基于对军事信息管理学学科体系构建原则及其自身本质内涵的考虑，军事信息管理学二级学科可下设7个研究方向，包括军事信息网系管理、军事数据资源管理、军事信息频谱管理、军事信息服务管理、军事信息安全管理、军事文献档案信息管理（军用信息检索语言管理、图书情报管理）、军事信息人文与环境管理。确立7个军事信息管理学研究方向主要考虑：一是有利于军事信息管理学理论的系统研究与发展；二是有利于军队军事信息管理领域实践的需要；三是有利于学科的分类指导建设与教学实践。目前的研究方向设想，基本上反映了军队军事信息管理学学科体系理论研究的现状，同时不与信息管理学现有学科设置发生矛盾或重复。应该说，军事信息管理学学科体系是一个开放、动态的体系，随着军事信息管理实践的不断深入，还可能会出现新的军事信息管理研究方向，只要该研究方向要素齐全、理论发展成熟，就可将其纳入军事信息管理学学科体系。

军事信息管理学学科体系框架结构如图 1-2 所示。

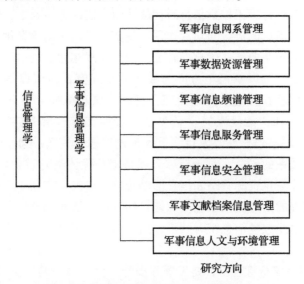

研究方向

图 1-2 军事信息管理学学科体系框架结构

四、军事信息管理学的研究意义与方法

认清军事信息管理学创建的时代背景和意义，准确把握军事信息管理学研究方法，是开展军事信息管理学学科建设的重要前提。

（一）创建军事信息管理学的意义

创建军事信息管理学，对于推进军队信息化智能化建设融合发展、推动战斗力生成模式转变，提高军事信息服务保障能力、形成信息优势，具有重要意义。

1. 创建军事信息管理学，是推进军队信息化智能化融合发展的客观要求

信息管理对于军队信息化智能化建设的作用，体现在通过对信息获取、传输、处理、利用、共享等过程进行科学筹划和组织，能够将"侦、控、打、评"这些过去分离的环节，连接成完整、有序、闭合的信息链路，有效提高信息在作战体系中的流通效率，从而有利于促进基于网络信息体系的作战体系建设。当前，着眼军队信息化智能化建设融合发展的新形势，创建军事信息管理学，有利于更加系统深入地研究信息管理在军事信息系统结构形成中的主导作用、信息的有序流动与交换、信息融合与信息系统融合的统一等军队信息化

智能化建设的机理性问题，必将为军队信息化智能化建设融合发展提供有力的理论支撑。

2. 创建军事信息管理学，是军队战斗力生成方式转变的迫切需要

做好军事信息管理工作是信息时代战斗力生成的客观要求，通过高效的信息管理充分发挥信息的链接与功放作用，是实现机械化向信息化、要素增长向综合集成、规模扩张向体系优化的转变，以达成战斗力倍增的重要途径。创建军事信息管理学，可以从三个方面为战斗力生成模式转变提供理论借鉴：首先，通过强化信息管理基本问题研究，有利于探索解决"信息流"如何精确引导"物质流"和"能量流"，"信息链"如何支持"指挥链"、控制"打击链"，如何确保军事信息高效流转等重大理论课题。其次，通过强化信息管理与信息力相互关系的研究，对于夺取和保持信息优势具有重要理论指导价值。最后，通过强化信息资源管理和信息活动管理的研究，有利于探索解决信息管理如何通过精确的信息流控制物质和能量的流动，从而调整信息资源乃至作战资源的流向，达成战场信息实时共享、指挥与控制相融合等战斗力生成的关键问题。

3. 创建军事信息管理学，是发挥和提升"信息力"的重要保证

军队信息化建设过程中，一些深层次问题值得反思和探讨，信息需求分析不深入、信息编成不落实、信息配置不统一、信息运用不得力的问题时有发生。关键问题在于没有建立起科学的信息管理流程，信息需求分析、信息编成、信息配置、信息运用等环节未能形成一个闭合的环路，难以形成信息管理工作的整体合力。因此，亟须创建军事信息管理学，深化对信息管理组织流程等问题研究，确保信息支援保障能力的有效跃升。

（二）军事信息管理学研究方法

军事信息管理学研究方法，从广义上讲，是军事信息管理实践中一切途径、手段、工具和方法的总和。对军事信息管理学方法的研究有利于经验方法上升为科学方法，感性方法转化为理性方法；有利于一般方法的专门化、专门方法的精细化，为形成军事信息管理方法体系提供丰富的素材；有利于针对具体研究目标和研究环境确定适用性方法；有利于具体研究情况和特定方法的有效配合与特定研究方法对研究对象的有效调控。军事信息管理学研究方法的种类很多，按一般到具体的方式分类，有哲学方法、一般科学方法和专门研究方法等。

1. 哲学方法

哲学方法是一切理论最高层的研究方法。辩证唯物主义哲学是军事信息管理学的理论基础，也是军事信息管理学最基本的研究方法。其根本理论和

方法是辩证唯物主义的世界观、方法论和认识论。运用辩证唯物主义哲学方法研究军事信息管理学的相关理论突出体现在对信息概念和性质的认识上。例如，维纳在对信息下定义时指出："信息就是信息，既不是物质也不是能量。"克劳斯（G. Klaus）在《从哲学看控制论》一书中，认为信息不同于物质，它是物质的普遍属性而不是事物本身，它可以脱离物质独立存在，同时又不影响物质的存在与运动，它所表现的主要是物质的运动状态和相互作用①。因此，物质、能量、信息之间的关系问题是哲学范畴的问题，是从马克思主义观点出发来探讨信息属性的方法。运用马克思主义哲学方法研究军事信息管理问题，有利于从宏观和全局把握军事信息管理最本质、最关键的特点和规律。

2. 一般科学方法

一般科学方法包括以下几种：一是系统科学方法。系统科学方法广泛应用于信息管理中。这些方法主要有专家系统方法、系统模型方法、系统工程方法、可行性分析方法、成本—效益分析评价法、系统决策量化方法等。二是运筹学方法。运筹学是在实行管理的领域运用数学方法，对需要进行管理的问题统筹规划，从而做出决策的一门应用科学。运筹学方法在军事信息管理研究中的应用主要有：运筹学线性规划法用于对军事信息资源的合理配置研究；动态规划法用于计算机检索、网络建设等。三是数学和统计方法。数学和统计方法常用于信息度量，信息度量是指从量的关系上来精确地描述信息。信息量是客观存在的，对信息量的研究与把握，在某种意义上决定着信息科学的成熟与发展。香农在其信息度量里引用了概率理论，创造性地将信息量度量与不确定性的消除联系起来，从而促使了信息度量理论发生质的飞跃。数学和统计学方法在军事信息管理中的典型应用主要有：利用数学模型对信息服务环境中用户与信息记录的交互作用建立一种信息度量方法；建立信息化指标体系；军事信息资源规模度量；军事信息活动精确调控；信息资源的统筹配置等。四是技术实验方法。信息管理学是一门应用性很强的学科，在信息组织与检索技术领域，几乎每一项新理论或新技术的产生都要从技术实验开始。例如，文本词句检索、超文本检索、网络化的 Web 信息检索、借助叙词表的文本检索等均是从技术实验开始的。

3. 专门研究方法

军事信息管理学不仅采用具有普遍意义的研究方法，还有本学科专门的研究方法，主要包括以下两种：一是信息定性研究法。信息定性研究法是运用信

---

① G·克劳斯. 从哲学看控制论［M］. 梁志学，译. 北京：中国社会科学出版社，1981.

息的观点，把研究客体看作信息传递和信息转换的过程，通过对信息流程的分析和处理，获得研究客体运动过程规律性认识的一种研究方法。其特点是用信息概念作为分析和处理问题的基础，不考虑客体的具体结构和运动状态，而将客体的运动抽象为一个信息变换过程，即信息的输入、存储、处理、输出和反馈过程。二是信息定量研究法。信息定量研究法主要是对信息现象、过程、规律等进行定量的研究，以建立一套具有"量"的规定性的科学概念和计量化的途径与方法。目前，该方法不仅应用于文献信息交流规律的定量研究，而且应用于情报检索理论、信息服务效果定量评价以及用户信息需求调查研究等领域。

第二章
军事信息管理基本问题

军事信息管理是对军事信息资源、军事信息活动、军事信息安全和军事信息人文与环境管理的总和，其根本目的在于满足作战指挥的信息需求，提高信息利用的综合效能。军事信息管理，既是维持部队教育训练、战备值班和各项工作正常开展的关键环节，也是提升基于网络信息体系的联合作战能力和建设智能化军队、打赢智能化战争的有力保证。

第一节　军事信息管理原则

信息时代，军事信息管理，不仅牵涉信息系统装备和专业信息管理人员，而且与所有军人都息息相关。军事信息管理，不仅是各级专业信息管理机构的职能要求，而且也是各级领导的重要职责之一。根据军事信息管理活动的特点和规律，做好军事信息管理需要遵循以下原则。

一、需求牵引

军事信息需求是制定军事信息管理计划的依据，进行军事信息需求分析是制定军事信息管理计划的基础。明确军事信息需求不仅是从事军事信息研究和管理人员的基本功，也是一个军事领导者的基本要求。如果没有明确的军事信息需求作牵引，军事信息专业人员在信息日益爆炸增长的形势下，会感到无从下手。有时仅仅根据信息专业人员的主观判断，花费很大人力、物力代价所收集和加工的军事信息，却并不符合国防和军队建设、作战行动的实际需求，既造成大量的宝贵资源浪费，又延误国防和军队现代化建设的宝贵时间。因此，做好军事信息管理工作，必须以明确的军事信息需求为牵引。

坚持需求牵引的原则，应当在领导指挥机关和军事信息专业组织机构之间建立起一种顺畅的协作机制。首先，需求方应当在信息专业组织协助下，提出军事信息需求清单；其次，信息专业组织在开发、利用军事信息资源过程中，及时向需求方领导和管理部门征询意见与建议，及时修正原有的需求计划清单；最后，双方应当定期或不定期召开联席会议，评估军事信息从开发到利用的情况，对需求牵引机制发挥反馈作用。

二、应用主导

军事信息资源的开发利用和军事信息系统的建设管理，是一个由分散到集中的过程，需要大量的资金投入，经过短期努力便可看到显著成效。然而，将这些信息应用于国防和军队建设的各个方面，却是一个由集中到分散的过程，这个过程相当缓慢。由于这些原因，使得军事信息管理实践中经常出现重建设轻应用、重硬件轻软件的现象。因此，搞好军事信息管理，必须以应用为主导，始终把应用作为军事信息管理的出发点和落脚点。

在军事信息管理活动中，坚持应用主导这一原则应注意以下几个方面：一是要贯彻建用结合、平战结合的方针。在投资军事信息项目建设时，不能见物不见人，只见硬件不见软件，防止建用脱节和只重平时应用、忽视战时应用的偏向。二是要平衡资金投向，保障工程后期应用阶段的财力支持。应当避免前期工程建设无节制地投入大量资金，到了真正发挥工程作用时，后续乏力，工程建完了，经费也用完了，致使军事效益和社会效益非常低下。三是要以量化为基础实施精确管理，推进军事信息主导作用的发挥。信息时代提供了精确管理的手段和数据信息，有利于军事信息在各种管理活动中发挥重要作用，促进国防和军队建设由粗放型管理向精确型管理转变。四是开展绩效评估，使军事信息成为检验和评价军队战斗力的重要尺度。各级军事信息管理部门要严格按照评价标准，进行全面体系评估，固强补弱，积极推进军队信息化智能化建设的复合发展。

三、整体筹划

军事信息管理中坚持整体筹划，就是要着眼军事斗争准备全局，将军事信息资源、信息管理力量进行优化整合，统一组织调配，进行一体管理，构建三军一体、军民一体和多维一体的军事信息管理体系。军事信息管理是一项长期、细致的基础性工作，军事信息管理必须以习近平强军思想为指导，认真贯彻"能打仗、打胜仗"核心要求，着眼向信息管理要信息力、要战斗力。各级信息管理部门，加强集中统一管理，要提高宏观调控能力，在依法管理的基础上，强化统筹规划意识，制定切实可行的、动态调整的军事信息规划方案。

坚持整体筹划的原则，应当重点抓好以下几个方面的工作：一是要建立健全资源统筹领导机制。必须自上而下逐级建立职权明确、运行顺畅、权威高效的领导机制，以确保资源统筹的顺利实施。二是科学制定信息管理规划计划。各级信息主管部门要亲自牵头协调，制定科学的近、中、长期信息资源开发、利用、维护的规划和计划。要发挥专家队伍的作用，对规划计划进行评估，防止决策失误。要加强规划计划实施过程中的监督控制，包括法律监督、质量监督、领导监督和社会舆论监督等。三是确保军事信息活动重点。在组织实施军事信息管理活动中，任何一级管理者在处理全局与局部、主要与次要、一般与重点等关系时，都要立足全局，以实现军事信息活动目的为最高利益，权衡利弊，通盘考虑，突出重点，抓住关节，使军事信息活动按照预定管理目标协调有序发展。

四、按级负责

军事信息管理组织体制，是指负责军事信息管理工作的组织领导机构及其相互关系的制度。目前，多数国家军队通常是按照军事行政领导及机关业务分工实施按级管理。如同军事档案、图书、情报的管理，都由其各自上级主管机关负责，相关职能机构依据职责，各自负责对军事信息的管理工作。军事信息系统与上述信息管理机构有关的，归这些机构直接管理，与军队各级政务有关的，通常归各大单位信息管理职能部门负责。

坚持按级负责的原则，应当进一步加强四项工作。一是要任务分工明确。对任务数量上达到什么要求，质量上达到什么程度，时限上什么时候完成，都要进行明确。对应达到目标的各种要求，需要逐条交代清楚，使接受任务的信息业务管理机构、部（分）队或个人，思想上和行动上都很清楚，不致产生误会。二是职责要求分明。主要是对信息管理专业机构进行分工，对信息管理人员职责要区分清楚。同时，领受任务的机构或人员，明确自己负责的工作任务性质，知道如何互相协调。如果一项任务分成几个阶段，应明确哪个时期自己应当负责哪个阶段，前后如何衔接。三是保证措施得力。各项任务都要有完成的措施，并且每项措施都要认真组织实施，做到条条贯彻、件件落实。四是要主动协作。分工协作原则与统筹规划原则是一对矛盾的两个方面，统筹是中高级领导的职责，协作是专业领导的职责，分工是专业人员的职责；统筹离不开协作，协作的基础是分工，科学的分工是统筹与协作的结果。要建立各专业领域、各地区、各空间领域的协作关系，明确各自的业务边界，避免相互交叉造成的重复与浪费。

五、依法管控

军事信息是军队战斗力的重要组成部分，是维系诸军兵种联合作战的神经与血脉。军事信息的一切管理活动都是围绕提高信息保障能力，保证作战指挥信息需求及其他各项军事任务的顺利完成而进行的。因此，军事信息管理活动、管理形式、管理方法和管理手段比其他管理更为严格与规范，表现出鲜明的目的性和强制性，这是信息保障的特殊使命决定的。

坚持依法管理的原则，应做到以下三点：一是建立军事信息管理法规体系。对国家和军队原有的信息与信息网系标准规范进行清理整顿，进一步完善形成军队特色的军事信息管理法规体系，以便于适应军队信息化智能化建设融合发展的要求。二是完善军事信息管理标准制度。修订和调整已经不能适应信息时代要求或新的信息技术要求的旧标准，满足不断发展的科学技术进步的时代要求。针对新出现的军事信息形式和新的信息技术设备，特别是武器装备信息化智能化过程中新的信息控制单元的需要，尽快制定新的标准或技术规范，使军事信息标准体系在动态中不断发展和完善，为军事信息的管理提供有力的技术保障。三是要着力规范信息资源的标准格式。从源头开始，打破军民、各军兵种和各行业的"信息壁垒"，规范信息资源的格式标准，统一信息网络的技术体制，提高军民之间、军兵种之间资源的融合度，用统一的数据规范和技术体制实现资源的共享与网络的互通。

第二节 军事信息管理体制

信息管理组织体制是关系顺畅、编组科学、结构合理、便于信息快速有序流动的组织形式，属于军队制度层范畴。它的核心是信息管理机构的设置、各管理机构职权分配以及各机构间的相互协调。加强信息管理组织体制建设，是联结军事信息活动和军事信息力量的重要保证，是军事信息活动顺利开展的关键环节。

一、军事信息管理机构设置

为确保军事信息资源在平时、战时和非战争军事行动中得到充分的规范建设、有序管理和高效利用，要大力创新军队信息管理体制及其运行机制，基于平时、战时和非战争军事行动信息管理的不同任务建立好相应的信息管理机构，明确其职责，确保实现高效的信息管理组织领导。

（一）平时信息管理机构设置

平时军事活动中，军事信息数量多、种类杂，管理任务重、要求高。应按照军队现行运行体制，由各有关部门分工负责。

1. 领导管理机构

可考虑设立战略、战役、战术三级信息管理机构，规范各级信息资源建设管理部门的工作职能和工作关系，统一管理全军各类信息，规范全军信息服务保障，明确军队各级组织和人员信息活动的权利与义务，使军队信息资源建设管理由无序状态走向有序状态。战略信息管理机构，按照军队现行体制，实施宏观规划和管理。战役层面信息管理机构设置和建立，与战略层面信息管理机构设置相类似。在战术层面，各类部队视情设立专门或兼职的信息管理机构，既可由专门的信息管理机构承担信息管理职责，也可由机关各业务部门分别负责管理本业务领域的信息。

2. 业务管理机构

业务管理通常由数据管理、网络管理、安全管理、频谱管理和技术维护管理等机构组成。数据管理机构是军事信息系统数据管理与服务保障的主体，网络管理机构是军事信息系统管理的核心要素，安全管理机构是军事信息系统安全防护的主体力量，频谱管理机构是军事电磁频谱管理的主体力量，通常都按战略、战役、战术三级进行设置。

（二）非战争军事行动信息管理机构设置

关于非战争军事行动信息管理机构建设，应结合非战争军事行动信息管理涉及面广、协调控制十分复杂的特点，积极探索军地联合的信息管理机构的方法，组织好非战争军事行动信息管理的组织、指挥和控制协调。

1. 领导管理机构

非战争军事行动时，领导管理机构通常按照国家、军队、区域和部队四个层面建立。①在国家层面，通常应建立由国家或地方政府领导及军、警、民相关人员联合组成的信息管理机构，负责组织、计划、控制、协调职责内的信息管理工作。②在军队层面，应成立军队非战争军事行动信息管理机构，负责领导和指挥军队实施非战争军事行动的信息管理活动。③在区域层面，应成立非战争军事行动区域联合信息管理机构，负责领导和组织事发区域所属部队实施非战争军事行动信息管理活动。④在部队层面，应建立非战争军事行动任务部队信息管理机构。

2. 业务管理机构

根据非战争军事行动的规模、样式等实际要求，相应抽调组建数据管理、网络管理、安全管理、频谱管理和技术维护管理等小组，负责非战争军事行动的信息业务管理工作。

（三）战时信息管理机构设置

战时信息管理机构的设置，在指挥层面，应当依据现行联合作战指挥体制，通常按照战略、战役、战术三级，建立战时信息管理机构，为充分发挥战时信息管理效能奠定组织指挥基础。在业务层面，应根据作战规模、作战样式的需求，相应编组建立数据管理、网络管理、安全防护、信息服务、电磁频谱管理、技术维修等力量，负责战时军事信息的业务管理工作。

二、军事信息管理工作职责要求

应当区分平时、非战争军事行动和战时的不同情况，明确各级信息管理工作机构的主要职责，抓好人员调配，细化职责分工，抓好信息资源管理、技术管理等业务工作。

（一）平时信息管理机构职责要求

平时，各级信息管理机构应按照军队信息管理的有关规定，加强对各类公共基础信息资源特别是网络信息资源的管理。网络信息资源实行按级负责、分工管理、责任到人的安全管理体制。具体应加强对网络信息资源的规划、审查、发布、维护和检查等实施安全管理；明确信息发布和使用管理相关要求与规定，按照"谁上网谁负责"的原则，在网络上发布信息的单位和个人对其发布的信息承担责任；根据信息资源的内容、性质的不同，进行定期或不定期的维护，及时更新数据，保持信息资源的准确性和时效性，提高信息资源利用价值；依据军队保密管理的相关法规制度对各类涉密信息资源的制作、传递、使用、复制、保管、移交、销毁等环节加强管理；审批计算机网络入网和信息资源发布，严肃查处未经允许访问使用内部信息资源、对网络信息资源进行删除、修改或者增加以及故意制作、传播计算机病毒等危害网络信息资源安全的活动。

（二）非战争军事行动信息管理机构职责要求

每一种非战争军事行动样式因目的、特点不同，其行动范围和空间并不一致，对信息管理的要求各不相同，军事信息急时管理的内容、程度和方法也不相同。同时，根据政治、外交和军事斗争的需要，各种不同行动样式可能转化，使信息管理活动任务、空间、力量、装备等都呈现出复杂化、多样化和广泛性的趋势。因此，在非战争军事行动中，各级信息管理机构应重点协调组织各方面的信息管理工作，形成规范一致的信息获取管理、信息传输管理、信息处理管理、信息存储管理、信息利用管理和信息安全管理制度，为非战争军事行动提供有力的信息支撑，这也是非战争军事行动信息管理机构的核心职责。

（三）战时信息管理机构职责要求

战时，各级军事信息管理机构必须着眼信息化条件下联合作战的特点，按照联合作战指挥、控制和保障的各种信息服务要求，严密组织筹划，精确实施管理，切实将军事信息资源管理、军事信息活动管理以及军事信息安全管理等贯穿于作战行动的全过程，不断提升联合作战信息服务的效能。各级信息管理机构应在作战行动中对军事信息活动和军事信息运用进行周密的计划、组织、指挥、协调和管控，要在平时信息管理的基础上，通过对军事信息资源的有效配置、管理力量的组织协调和军事信息活动的有效调控，促进军事信息资源的高效利用和军事信息采集、传输、处理的有序进行，以满足指挥员和指挥机构对诸军兵种联合作战实施高效指挥的信息需求。

三、军事信息管理组织流程

流程是事物进行中的次序或顺序的布置和安排，在平时军事活动、执行非战争军事任务和作战军事行动中，确立科学规范的信息管理组织流程，是各级军事信息管理机构的一项核心职能和重要任务，是确保提升信息能力的重要保证。

（一）研透任务构想

军事任务构想，是指指挥员对军事行动的构思和设想，包括对军事行动目的、行动方向、行动方法、行动步骤等的概略设想。筹划组织军事信息管理，必须紧紧围绕军事行动任务构想展开，切实弄清"军事行动需要什么信息"。细化军事行动任务构想是需求研究中非常必要的环节，军事信息管理应由分析军事行动指挥活动开始，只有精细化、标准化地分析军事行动的主要任务、目标要求，指挥机构的结构、职能、关系、活动、程序，以及军事行动力量的行动方式、行动流程、协同保障关系等，切实把军事行动的指挥关系、主要行动、指挥流程、能力目标吃准吃透，把什么人、在什么环境下、干什么事、用什么信息摸清楚，才能为军事行动指挥提供联合、清晰、可操作的信息保障。

（二）深入需求分析

信息需求分析，是指对军事行动指挥的具体信息需求进行详细分析的活动，是信息管理的重要组织环节。开展军事行动信息需求分析，应以梳理军事行动任务活动、分析信息保障关系、优化系统功能配置为主线，切实把"信息怎么组织"的问题搞清楚，用清晰的信息需求约束军事行动信息保障，用顺畅的信息流贯通体系作战能力生成和提高。探索运用科学的信息资源规划方法，通过业务建模、信息建模和系统建模，对军事行动的本质、规律进行可视化抽象，并将相关标准、规范和方法固化到工具软件中，为军事行动指挥和技术开发人员营造紧密合作的需求分析环境，促进军事行动信息需求研究实现科学化、规范化。

（三）统筹资源编配

信息资源编配，是指将军事信息资源在军事行动时间、空间和不同用户之中进行统筹、分配、流动和重组的管理活动。对信息资源进行统筹配置，必须紧贴军种行动任务需求，着重突出信息通信保障职能由单一业务向综合业务转型、由信息传输保障向信息服务保障转型，建立适合转型要求的新型信息资源统筹配置模式。要按照职能集中、业务合一、高效集成的原则，从信息业务流程需要出发，打破隶属关系、业务网系和管理机制，根据军事行动信息需求进行信息资源的统筹配置。要依托信息服务中心，向军事行动各级指挥所和任务部队提供各类行动支持信息与保障信息，并担负军事行动区域信息节点保障和区域信息支援任务。

（四）深化信息运用

信息运用，是指把军事信息资源用于军事行动的某一目的、某一方向、某一环节和某一用户的管理活动。要强化军事信息运用，切实把信息化实践活动的重心从建系统、联网络转到信息编成、信息运用创新上来，把提信息需求、建信息系统、用信息资源有机统一起来。要以形成军事行动综合态势为突破口，引导各级指挥机构和部队准确提出信息需求，信息管理机构要科学设计信息流程，清晰界定信息保障关系，固化信息预置、引接、整编、服务、共享、管理的职责和程序，为军事行动各级指挥机构和部队满足其任务需要的信息资源"配餐"，确保各级指挥员能够得到高效、恰当的信息支援保障。

第三节　军事信息管理职能

军事信息管理是管理活动之一，从管理学观点来看，其管理基本职能包括军事信息管理计划、军事信息管理组织、军事信息管理领导和军事信息管理控制四大职能，如图 2-1 所示。它们之间彼此联系、相互牵制、协同作用，构成一个完整的体系，共同目的是完成和实现预定的信息管理目标。

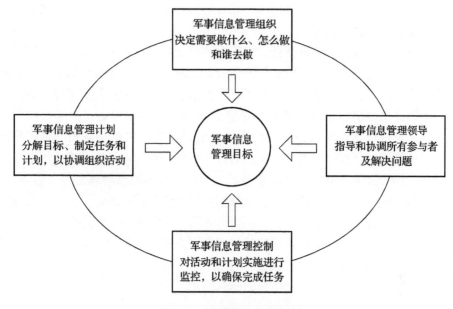

图 2-1　军事信息管理职能

一、军事信息管理的计划职能

计划不仅是管理过程的一个重要阶段，同时又是管理活动的一项重要职能。没有计划就谈不上管理。而且，计划不科学、不周密，也会影响管理的预期效果。因此，搞好计划是实现管理有效性的前提。

军事信息管理的计划职能是指围绕军事信息的生命周期和信息活动的整个管理过程，通过调查研究，预测未来，根据信息战略规划所确定的信息管理目标，分解出子目标和阶段任务，并规定实现这些目标的途径和方法，制定出各种信息管理计划，从而把总体目标转化为全体组织成员在一定时期内的信息行动，指引组织未来的信息行为。军事信息管理内容复杂，其计划也多种多样，主要包括军事信息资源管理计划、军事信息活动管理计划、军事信息安全管理计划和军事信息人文与环境建设管理计划等。军事信息资源管理计划包括军事信息数据资源、网系资源、频谱资源、媒体资源和文献档案等的建设与维护和管理计划，是平时组织军事信息建设、维护的行动安排和纲领性文件。军事信息活动管理计划是指对组织军事活动中所需的信息管理，从信息获取、传输、处理、存储到利用的整个行动保障和服务计划，包括军事信息获取计划、信息传输计划、信息处理计划、信息存储计划和信息利用计划等。军事信息安全管理计划主要包括信息网络、系统和数据，以及人员行为的安全保密计划。军事信息人文与环境管理计划主要包括信息管理的政策法规制定、信息文化创建和信息管理人才培养计划等。

军事信息管理计划普遍存在于组织军事信息管理的每个层次、每个部门和每个环节，是为了保证军事信息战略规划制定的目标能够实现而制定的行动纲领和依据。计划的程序如下：一是了解军事信息需求。了解需求情况，提供详尽的编制计划的信息资料，是制定军事信息管理计划的前提。通常在明确方向、确定目标以后，按编制计划的要求，通过调查、勘察、咨询、查阅等方法，尽可能多地获取需求信息，然后对这些信息进行分析筛选，遴选出有价值的资料，作为决策和制定计划的参考。二是研究军事信息管理对策。将收集、筛选的信息资料，加以分析研究，提取有价值的情况。根据管理目标和任务要求，结合实际情况，提出实现目标的可行方案，再将多种方案进行选优，做出科学决策。三是制定军事信息管理计划。根据决策和任务的要求，结合主、客观条件情况，认真思考，精心设计，巧于安排，预见发展，并对任务区分、力量组织、时间安排、方法步骤等做出具体规定。

二、军事信息管理的组织职能

组织是管理的重要职能，组织可以从组织实体、组织工作和组织职能等方面来理解。组织实体是指具有确定目标、结构和协调活动机制的与一定社会环境相联系的社会系统。组织工作是指为达到一定的目标，以某种形式按任务对做事的人进行系统安排，并形成工作秩序。组织职能是组织工作和组织实体的集合。

在军事信息管理中，军事信息管理的组织职能是为了达到管理目标所必须具备的组织管理措施。军事信息管理组织职能有两个含义：一是按照军事信息管理的目标和计划要求，合理设置机构，科学编组力量，建立管理体制，形成一个有机的信息管理系统；二是把组织作为一种活动，合理地调配军事信息人力、物力、财力，保证各类信息活动环节相互衔接，以取得最佳的效益。军事信息管理的组织职能主要包括划分层次、设置机构、选配人员、明确职责，以及根据不同的信息任务，将信息网络、系统装备、设施设备等信息资源进行排列组合，构成有机的整体等方面。其工作程序如下：一是任务区分，即将整体任务进行分解，划分成具体任务。通常有两种分法：一种是横分法，即把一项整体任务，分解成若干小项，或者把大系统分解为若干小系统，以便分工执行。另一种是纵分法，即把整个任务过程，划分为若干段落，各个段落互相衔接。通过划分任务，做到任务具体，职责分明，分工落实。二是组织力量。任务分解后，就要组织力量去完成。无论是运用建制的信息管理机构或信息保障单位的力量，还是抽组或编组临时的信息管理机构去完成任务，既要注意跨度适当，又要注意结构合理。将参加信息管理和作战保障部（分）队力量聚拢为一个整体，调解和消除内部矛盾，以便集中力量，形成拳头，以最短时间、最少消耗，获得最大的管理效果。三是人员分工。力量组织起来后，要明确分工，明确职责。在分工中，要用人所长，管理者要善于发现个人的长处，放在最能发挥作用的岗位上，做到人尽其才，人尽其用；要授权授责，明确各个管理机构的职责范围，明确各级主管和各项工作负责人的权力与责任，实行岗位责任制；要主管抓总，只有主管者重视，牵头抓总，才能使管理任务落到实处。

三、军事信息管理的领导职能

管理中的领导工作，就是管理者组织成员或群体进行引导、施加影响、解决冲突，使组织更有效、更协调地实现预定的目标。

军事信息管理的领导职能是指信息管理领导者，对组织内所有成员的信息行为进行指导或引导和施加影响，使成员能够自觉自愿地为实现组织的信息管理目标而工作的过程。其主要作用，就是要使信息管理组织成员更有效、更协调地工作，发挥自己的潜力，从而实现信息管理组织的目标。信息管理的领导职能不是独立存在的，它贯穿于信息管理的全过程。

领导职能在于使军事信息系统的所有组织、人员与物资，在发挥信息整体效能中起到各自的作用。按照管理目标的要求，在时间、地点和活动内容上进行有机的配合。在领导中，既要注意纵的方面上下级之间的关系，又要注意横的方面与"左邻右舍"的关系。在不相隶属的众多单位共同执行某一任务时，更需要主动配合，发挥管理者的领导艺术，善于把各种信息力量聚拢起来，增加内聚力、向心力。领导管理的基本方法有：一是任务管理法。任务管理法是先将重大的信息保障任务（如抢险救灾、科学试验、应付突发事件等）分成若干部分，分别由几个部（分）队完成，根据各单位之间的关系，具体规定他们之间的任务与要求，从而形成一个相互配合和相互支援的有机整体。这种管理方式通常以文件形式下发各单位执行。二是时间管理法。时间管理法是在规定的统一时间内，要求各部（分）队完成规定的任务和动作，从而实现协调一致。三是情况管理法。情况管理法规定各部（分）队在不同情况下所采用的不同行动方法，达成行动灵活而又有针对性。例如，规定次要方向服从主要方向，业务指导站服从中央指导站等情况的业务处置原则。四是会议管理法。在部署信息管理工作任务，研究信息管理工作规划，讲评信息管理情况时，一般采取正式会议或电话、视频会议等方法，召集有关管理部门和主管参谋人员参加，直接进行协调，提出具体措施。五是现地管理法。针对信息保障或信息系统工程建设中遇到的重大问题，由上级信息管理机关直接到现场听取情况汇报，弄清问题所在，通过协调找出解决的办法。

四、军事信息管理的控制职能

计划是龙头，组织是保障，领导指方向，控制出效果。信息管理控制就是对信息管理计划制定的方案在实施过程中加以监控、统计分析实施效果，发挥组织和领导作用，使得管理目标得以顺利实现；或者调整管理的目标，使组织管理目标效益达到最大化。

军事信息管理的控制职能是指为了确保组织的信息管理目标，以及为此而制定的信息管理计划能够顺利实现，信息管理者根据事先确定的标准或因发展需要而重新确定标准，对信息管理工作进行衡量、测量和评价，并在出现偏差时进行纠正以防止偏差继续发展或今后再度发生。军事信息管理控制的主要内容是组织控制、信息资源控制、信息力量控制、信息网系装备器材控制、信息工程建设控制、工作方法和信息效能控制等。军事信息管理控制要辅以健全监督反馈组织和系统，及时发现和纠正信息计划执行中的偏差。

在军事信息管理职能中，计划、组织和领导是控制的基础，控制对计划、组织、领导有积极的影响，是计划、组织和领导实施的保证。控制是监督管理的各项活动，就像一艘船上的舵，使组织朝着正确的方向前进。控制也为组织提供了一种有效的机制，在工作偏离了不可接受的范围时调整行进的路线，确保高效、高速地到达目的地。实施控制的方法主要有三种：一是预先控制。军事信息管理活动要按预定目标实行控制，信息管理机构和管理者要事先预计到可能发生的偏差，对信息管理机构、信息保障力量提出防止偏差的要求和措施，把偏差控制在最小范围内。二是现场管理，即面对面的管理，或者称现场控制。一般是上级军事信息管理机构或人员，到下级信息管理机构或部（分）队检查帮助时所采取的方法。现场管理主要是对重大军事信息活动的管理，通常由上级部门派出工作组、检查组、验收组或巡视员等，亲临现场，督促检查，具体指导，参与活动的关键阶段或全过程。一旦发现偏差，就应及时采取措施，加以纠正。三是反馈控制。应用反馈原理，运用信息技术建立信息管理系统，不断收集反馈信息，及时修正执行中产生的偏差。例如，发现计划、方案、措施存在某些缺陷，应及时进行调整。

第四节　军事信息管理方法

在军事信息管理领域，既要认真梳理和发扬军队在长期军事信息管理实践中形成的具有军队特色的信息管理方法，还要充分借鉴当前国际国内信息管理先进方法，从而使军队信息管理方法能够集中体现军事信息管理工作的基本原理和规律特点，不断提高军事信息管理方法的科学性、针对性和实用性。

一、军事信息管理方法的含义

军事信息管理作为一种管理的特殊形态，属于信息管理科学中的应用信息管理范畴，其管理方法也是军事信息管理理论、原理的自然延伸和具体化、实际化，是指导其管理活动的必要中介和桥梁。同时，管理方法受到社会生产力发展水平的制约，一定军事信息管理实践的发展和变革，会促进军事信息管理方法的发展和创新。

"方法"有两层意思：一是已经获得的科学知识和理论，对于认识新的未知对象，起到指导性的方法论作用；二是为了研究和解决某一理论或现实问题所设立的各种认识手段，既有物质工具，也有思想方法，这两方面紧密联系在一起。人们常把方法比作路、桥、车马、舟楫、工具。方法是实践活动的产物，随着实践的深入和发展，人们所掌握和使用的方法会不断丰富与发展。方法体现了人们的认识水平，它来自并指导着人们的行为和活动。

为了研究和解决军事信息管理活动领域的某一理论或现实问题，所引进、创造和采用的各种思维方式、思想方法、物质手段和技术工具等理应包括在军事信息管理方法的范畴之内。同时，军事信息管理活动过程不仅涉及军事信息这一要素，还与一定的人员、资金、技术设备、系统、网络、机构以及政治、经济、法规等环境要素息息相关，对这些要素进行科学管理的基本方法，也应属于军事信息管理方法的范畴。因此，军事信息管理方法是指在军事信息管理活动过程中，为了有效整合各种军事信息资源，保证军事信息管理活动顺利进行，实现既定的军事信息管理目标，而采用的各种理论、原理、方式、手段和工具的统称。

二、军事信息管理方法的分类

军事信息管理方法的种类多样、形态各异，由于划分的原则和标准不同，可以将其分成不同的类别。①按照军事信息管理对象的性质，可分为管理军事信息管理活动全过程的方法和管理军事信息、人员、资金、技术设备、系统、网络、机构以及环境等军事信息管理活动要素的方法。②按照军事信息管理对象的领域范围，可分为宏观管理方法和微观管理方法。③按照军事信息管理方法的普适程度，可分为哲学方法、适用于包含军事信息管理领域在内的各种管理对象范畴的一般方法，以及仅适用于军事信息管理领域的特有的专门方法。④按照军事信息管理方法的量化程度，可分为定性方法、定量方法、定性与定量相结合方法。⑤按照军事信息管理方法的产生和付诸应用的时间顺序，可分为传统的方法和现代的方法。⑥按照军事信息管理的具体方法，可分为目标管理法、性能管理法、动态管理法、流程管理法和"云"管理法等。下面对此种分类方法予以详细介绍：一是目标管理法，是指军事信息管理部门将信息管理目标层层分解，落实到各个单位、各个部门，并从上到下，层层负责，以保证目标得以实现的方法。实施目标管理的目的就是综合运用各种管理功能和手段，达成信息管理过程的整体性、系统性和最优化要求。二是性能管理法，就是对系统运行性能进行监视，及时收集系统运行过程中的相应性能数据（如接通率、可用率、误码率、时延等），并根据这些性能数据对系统运行质量进行分析、评估，找出制约网系运行性能提高的主要因素，通过及时调整系统配置，保证网系正常运行，提高系统服务质量。三是动态管理法，就是按照给定的条件和预定的目标，根据管理对象始终是一个动态系统的特性，适时调整和改进管理手段，对管理的若干过程、若干序列事件施加某种影响，以适应管理机制的变化与管理对象的发展变化所需的管理方法。动态管理法的实质，就是针对管理对象运动变化的特点和要求，不断实施调整控制，实现管理的整体目标。四是流程管理法，是指基于信息管理业务流程进行管理、控制的管理模式。流程管理法的实质是以信息管理的业务流程为导向，从总体管理策略和用户需求出发，以创造更大的信息资源利用效益和更高的用户满意度为最终目标，从而改造信息管理流程，不断提高信息管理能力。五是"云"管理法，即充分运用云理论，将信息资源分布在军事信息网系的网络节点和网络计算机上，用户无须关心信息资源所处的具体位置，只要把用户终端连接到其中，就可享受信息基础设施服务、应用软件服务和网系信道、带宽、地址服务等。它将改变传统的信息资源部署、配置和管理方式，使信息资源逐步实现从存储于终端设备转移到存储于网络设备，从信息资源的分散管控方式发展到集约管控方式，从追求资源数量和信息共享发展到实现服务共享与协同工作，是一种创新性的信息管理方法。

需要说明的是，上述对于军事信息管理方法类型的各种分类方式，都是相对性的和粗线条的。其实，在军事信息管理实践活动之中，各种管理方法都有一定的适用范围和条件，都是相互配合共同发挥作用的。随着科学技术和军事信息管理事业的发展进步，各种新型的管理方法将不断涌现，并对提高军事信息管理实践活动的质量和效益发挥积极的作用。

三、军事信息管理方法的特性

特性是指人或事物所具有的性质。虽然具体的军事信息管理方法操作的程序、依托的载体、采取的手段、运用的工具等都可能存在差异，但从总体上看，现代军事信息管理方法存在其特有的性质，主要包括以下几个方面。

（一）主体性

军事信息管理人员是创造与使用军事信息管理方法的主体，方法发端于主体，也由主体所利用，因此，方法必然体现主体的各种特性。主体性主要是体现于军事信息管理人员的需要、利益、意愿和目的性之中，进而规定着方法所要承担的任务。在许多情况下，一种先进的、独特的方法，往往首先是由某个或极少数军事信息管理人员的创造性工作产生的，然后才逐渐推广开来，成为军事信息管理活动的一部分。目前，各种现代化的侦察设备已经实现了军事信息的搜集、整理、识别、分析、综合和传输的一体化、自动化、实时化，应用计算机模拟军事行动的逼真水平和客观效果已经达到了很高的程度，但是无论设备如何先进，模拟如何逼真，它们和完全的真实毕竟不是一回事，两者之间总是有距离的。国外的系统分析专家就认为："我们把计算机看成士兵，甚至有时看成将军，但从来未把它当成统帅，更不要说把它当成上帝了。"因为"毕竟战争的胜利不是从计算机里算出来的"，而最终只能靠"活人的头脑"。因此，任何方法都是从属于人的，是人来驾驭方法，而不是方法驾驭人。

（二）客观性

人不能创造、消灭和改变客观规律，但是，可以根据客观规律去创造和改进方法。正确、有效、成功的军事信息管理方法，是对客观规律的真实反映和运用。第二次世界大战期间，拉斯韦尔（Lasswell）成功地运用内容分析方法通过对公开出版报纸的分析，获取了德国法西斯的军政机密情报，就是因为这种建立在人类的各种符号行为（语言、文字、动作等）基础上的方法符合客观规律性。然而，只有当军事信息管理人员对客观规律的认识，经过反复实践，逐步形成程式化的功能方式，才会转化为方法。军事信息管理学原理是形成军事信息管理方法的先导，而先进、科学的军事信息管理方法又将进一步开阔军事信息管理人员的视野，使其更深刻地认识客观规律。当然，任何一种方法是否先进、科学，是否符合客观规律，必须通过评估由这种方法得出的方案、结论等效果来检验。任何一种科学的军事信息管理方法都应该是具有可检验性的。

（三）工具性

方法是服务于目的、实现目的、完成任务的手段，在这个意义上说，方法具有工具性。军事信息管理方法是军事信息管理活动的有效工具，它所提供的思考问题的角度、分析问题的程序和解决问题的操作步骤，能够引导军事信息管理人员沿着正确的方向，按照它提供的程序去科学地认识和把握研究课题，能有效地实现一定目的、完成特定任务。军事信息管理人员也正是为了实现一定的军事目的、完成特定的军事任务才去研究、设计、移植、改造和创新方法的，为方法而方法是没有存在意义的。

（四）组合性

方法是认识主体——军事信息管理人员反映分析研究客体——军事信息管理活动中的各种问题的中介，也是必不可少的认识手段。现代军事信息管理方法在具体运用时，往往是软件工具和硬件工具的动态组合，软件工具是方法的智能化、技巧化，硬件工具是方法的物化。人们通过软件工具引领来开动硬件工具，又需要借助于硬件工具实现软件工具的效能，两者动态组合，相辅相成，使方法更好地发挥作用。

（五）多样性

现代军事信息管理活动内容十分丰富，涉及和需要解决的问题种类繁多、性质迥异，不可能只依赖某一种方法或少数几种方法就能解决各种问题。另外，方法多种多样，各有各的适用范围、特点、优势和缺陷，不可能存在一种什么问题都能解决的方法。即便是解决同一个问题、完成同一项任务，可供选择的方法也可能多种多样，但有一种是相对最优的，正确的做法是以应用这种方法为主，辅以其他方法。有时，为了确保完成任务的质量和万无一失，必须同时应用多种方法，相互印证。同时，在军事信息管理方法体系中，任何一种具体方法都不是孤立的、离散的，方法与方法之间既有区别又有联系。有些方法之间存在排斥性，必须分开来用；有些方法之间存在互补性，必须联合起来用；有些方法之间具有相容性，可以同时使用。

四、军事信息管理方法的作用

近代欧洲哲学家霍布斯（Hobbs）在《论物体》中认为方法是"采取的最便捷的道路"[1]。哲学家笛卡儿也把方法比作"遵循正确的道路"。正确的方法将使人的活动取得成功，而错误的方法将导致人的活动走向失败。因此，军事信息管理实践的有效性有赖于方法的科学性。军事信息管理原理必须通过军事

① 霍布斯. 论物体 [M]. 段德智，译. 北京：商务印书馆，2019.

信息管理方法才能在军事信息管理活动中发挥作用。一切军事信息管理活动都必须在一定的方法指导下进行，方法的运用对于丰富军事信息管理原理，提升军事信息管理活动科学化水平具有重要的作用。在推进军事信息管理活动的过程中，应借鉴和运用先进的、科学的管理方法，摒弃一切不科学的方法。学习、研究与应用军事信息管理方法的作用和意义如下。

（一）实现军事信息管理目标的基本手段

军事信息管理方法能够帮助军事管理人员顺利实现既定的目标。俄国生理学家巴甫洛夫说过："有了良好的方法，即使是没有多大才干的人也能做出许多成就。如果方法不好，即使有天才的人也将一事无成。"例如，在军事信息系统内，数据是信息的存在形式。军事信息管理活动的过程就是数据的汇集、存储、处理、传输、集成和发挥作用的过程。然而，原始的军事数据资源，如果不采取科学的方法进行有特定目的的整理、归纳、分析等处理，就只是原生态的、粗糙的观察和测量结果，其本身可能没有多大价值，也不能直接用于作战。只有应用先进的数据资源管理方法，对于各类原始军事数据资源进行汇集、整理、清理、分类、存储、防护等的处理和管理，在此基础上，再进行归纳、融合、更新、挖掘等综合分析等深加工，形成面向主题的、集成的、实时更新的能够直接应用于作战的军事信息数据资源体系，从而产生主导信息化战场的"信息力"，以夺取信息作战的胜利。

一些军事信息管理专家在取得巨大成功的同时，还创造了新颖、别致、高效的方法。对于后人来说，这些全新的方法甚至比其对军事信息管理事业的贡献更为有意义和价值。例如，在完成一项"德尔菲计划"的美国空军委托的军事信息分析任务时，兰德公司发明了德尔菲法。这一军事信息管理方法被誉为"兰德公司的杰作"，在1964年首次公开发表之后迅速推广应用到许多领域，成为全球120多种预测方法中使用比例最高的一种。

（二）完成军事信息管理任务的重要工具

工具是指用以达到目的的事物。军事信息管理方法具有工具价值，是解决军事信息管理活动中出现的各种问题和矛盾、完成军事信息管理任务，从而实现军事信息管理目的强有力的工具。古人说："器欲尽其能，必先得其法。"方法得当，能够顺利完成工作任务；方法择优，能够提高完成任务的质量。军事信息管理人员要想顺利地完成军事信息管理任务，就必须善于择优选用军事信息管理方法，发挥军事信息管理方法的工具作用，了解情况、把握局势、做出决策、完成任务、达成目的。

海湾战争中，以美军为首的多国部队凭借强大的频谱管理力量，依靠先进的频谱管理方法和手段等，每天管理着3.5万多个频率，成功实现了多国部队不同体制的电子设备的相互兼容，确保了超过 1.5 万部电台构成的无线电网正常运作，为战争的最终取胜发挥了关键作用。推而广之，对于其他各种形态的现代军事信息，都必须以科学的方法作为强有力的工具进行系统化的管理。由此可见，只有采用专门的技术手段，才能对各种军事信息做到及时搜集、判断、处理和传递，使军事信息符合及时、准确、灵敏和高效的要求。

（三）规范、调节和促进军事信息管理活动的必备标尺

军事信息管理活动具有很强专业性、程序性和复杂性，其过程包括把握用户信息需求、确定军事信源、搜集军事信息、组织军事信息、开发军事信息、传递军事信息和利用军事信息等多个相互关联的环节。更为重要的是，这一活动过程不仅涉及军事信息这一要素，还与一定的人员、资金、技术设备、系统、网络、机构以及政治、经济、法规等环境要素息息相关。要保证军事信息管理活动过程的环环紧扣，各种相关要素密切协同、各显其能，除了需要必要的制度机制安排和政策法规保障，还必须依赖军事信息管理方法的规范、调节和促进作用。军事信息管理方法对于军事信息管理活动规范、调节和促进作用，是指军事信息管理方法能够使军事信息管理活动过程的程序和步骤有序化、结构化、高效化，使各相关要素之间的关系、职责清晰化，并且能够让全体军事信息管理人员所理解和掌握。这有两方面的含义：一是活动过程的描述性，即军事信息管理人员能够清晰地描述在什么样的条件下，利用什么样的方法获得工作成果的整个活动过程，使得大家可以据此判断工作过程的绩效以及成果的质量；二是工作绩效以及成果质量的重复性，即其他军事信息管理人员在相同条件下应用相同的方法，也能取得同样或近似的工作绩效及成果质量。

五、军事信息管理方法的选用原则

军事信息管理方法的种类繁多，千差万别，各有优长。各级军事信息管理者既需要努力学习中国特色社会主义理论、现代科学技术和人文社会科学知识，又需要研究和掌握现代军事信息管理学的基本原理。军事信息管理方法的运用应遵循以下基本原则。

（一）择优选用

择优选用，即针对军事信息管理的需要和现实可能条件，在系统分析各种适用方法的结构和功能、成本和效益等关系的基础上，择优选择和运用。"一事多法"和"一法多用"，是一种普遍存在的现象，也是选择和运用军事信息管理方法的基本原则。择优选择和运用具体的军事信息管理方法时，应注意以下几点：一是坚持从管理对象特点和实际需求出发；二是考虑各种方法的特性、功能、适用条件及范围；三是考虑方法的可行性、效益性。

（二）综合共用

现代军事信息管理实践活动的种类繁多，面临的实际情况千变万化，以至在综合共用军事信息管理方法时，很难有一个统一的固定模式，必须采取灵活多样的形式。其基本要求：一是因地制宜，即综合运用具体的军事信息管理方法，必须要因人、因事、因条件而制宜，灵活组配、灵活运用；二是整体优化，即不能只关注管理活动各个阶段和层次的方法，而且还要注意各个阶段、各个层次所用方法的相互协调性，杜绝矛盾冲突，达到取长补短、相得益彰、1+1>2 的效果；三是动态平衡，即着眼于新形势下军事信息管理事业的发展变化状况，灵活地调整、优化和综合运用不同的军事信息管理方法，使之保持良好的动态平衡状态。

（三）创新活用

军事信息管理实践是不断向前发展的，新的军事信息管理实践必然产生新的管理问题，新的管理问题则要求采用新的管理方法。创新活用军事信息管理方法，主要有三种表现形式：一是从无到有地进行创新活用，即发明性的原创，就是要从源头上创造研究出从未用过的方法。在现代科学技术的推动和军事信息管理实践的需求牵引下，原创性地发明、使用军事信息管理方法对推动军事信息管理的科学发展具有极为重要的意义。二是引进移植地进行创新活用，即借鉴性的再创。众多管理方法具有很强的通用性，一些社会科学和自然科学的原理、技术和方法都可以运用于军事信息管理领域。因此，在多数情况下，运用军事信息管理方法时并不需要在每个源头都进行原创，而是需要结合军事信息管理的实际情况广泛借鉴其他领域的管理方法。三是综合改造地进行创新活用，即集成性的创新。创新活用军事信息管理方法并不仅仅意味着方法上的革命，其中还包含对现有方法的整合和融合，以形成新的功能更强大的管理方法。

第五节 军事信息管理发展要求

着眼新时代军事信息管理面临的新形势、新情况和新要求，不断创新科学的军事信息管理方法，推进军队信息化智能化建设融合发展。

一、信息管理是军事领域实践的科学基础，必须遵循战略管理发展客观规律

信息时代的军事信息管理，必须遵循战略管理发展客观规律，按照战略管理要求，从战略全局出发，对军事信息管理进行规划、协调、控制、评估，从而更好地服务于军事斗争准备和军队建设实践。

（一）加强信息管理的战略规划

战略规划是把抽象、宏观的战略目标变为具体的、可以实施的行动计划，是实施有效信息管理的重要保证。从军队信息管理的实际看，由于军事信息管理是一项长期、细致的基础性工作，管理人员必须要加强集中统一管理，在依法管理的基础上，强化统筹规划意识，制定切实可行的、动态调整的军事信息规划方案。各级信息主管部门要按照战略管理和战略规划的要求，亲自牵头协调，制定近、中、长期信息资源开发、利用，以及信息系统维护、信息活动管理、信息人文管理等规划和计划；要充分发挥专家队伍的决策咨询作用，组织其对信息管理的规划和计划进行系统评估，促进决策更加科学；各级组织要加强信息管理规划和计划实施过程中的监督控制，包括法律监督、质量监督、领导监督和社会舆论监督等。

（二）强化信息管理的实践主导

做好军队信息数据资源的开发、军事信息网络和系统的建设管理，并将这些信息资源应用于国防和军队建设的各个方面，是军事信息管理实践的重要内容。做好军事信息管理，必须要坚持实践主导的原则，即在军事信息管理活动中，要始终贯彻建管结合、平战结合的方针，在投资军事信息项目建设时，不能见物不见人，只见硬件不见软件，防止建用脱节和只重平时应用、忽视战时应用的偏向；要平衡资金投向，保障工程后期应用阶段的财力支持，保障军事效益和社会效益；要以量化为基础实施精确管理，推进军事信息主导作用的发挥，促进国防和军队建设由粗放型管理向精确型管理转变。

（三）适应世界军事信息管理发展趋势

当前，世界各国军队对信息管理，特别是其规划工作非常重视。美军通过采用信息管理规划的战略管理方式，系统指导和开展了信息管理改革研究，逐步深化了信息管理改革实践，其做法值得借鉴。军队应根据自己的国情和军情，运用现代管理科学的基本原理和方法，妥善处理好近期建设与长远发展的关系，军队现代化建设各项工作间的关系，强化战略评估和战斗力评估手段建设，避免出现大的反复，确保国防和军队现代化建设的全面、协调、可持续发展。

二、信息管理是建设信息化智能化军队的重要方面，必须适应信息化智能化建设融合发展要求

信息管理对于军队信息化智能化建设的作用，体现在通过对信息获取、传输、处理、利用、共享等过程进行科学筹划和组织，能够将"侦、控、打、评"这些过去分离的环节，连接成完整、有序、闭合的信息链路，有效提高

信息在作战体系中的流通效率，从而有利于促进基于网络信息体系的作战体系建设。当前，着眼军队信息化智能化建设融合发展的新形势，信息管理要迎势而上，在军事信息系统综合集成、信息化武器装备建设、信息化支撑环境建设方面发挥更大的作用。

（一）信息系统集成建设应体现信息管理科学理念

从军事信息系统建设和综合集成的角度看，信息管理在军事信息系统结构形成中起着主导作用，信息的有序流动与交换是军事信息系统生命力的根本。因此，军事信息系统集成建设应是信息融合与信息系统融合的统一，其中必须有信息管理作为有力的支撑手段和重要途径。

运用信息管理科学理念指导军事信息系统集成建设，应重点突出信息融合，进而达成信息系统融合。例如，在日常业务信息系统集成建设上，要突出不同业务部门日常业务信息系统的软硬件集成，强化办公资源和办公信息的共享利用，为军队各级机关打造协同工作的综合办公信息平台。

（二）信息管理要融入信息化主战武器装备建设

信息化主战武器装备通过利用传感器网络传输的战场态势信息，有效地完成精确交战和目标打击等各项战斗任务，在这一过程中发挥信息优势具有十分重要的作用。因此，在信息化主战武器装备建设发展过程中，必须格外注重信息管理的作用，确保为提高信息化主战武器装备作战效能奠定基础。

在信息化主战武器装备建设发展中，信息管理要服务于信息化主战武器装备与军事信息系统的融合，要服务于武器装备信息化建设。在军队信息化智能化建设中，必须加强武器装备的信息化改造和创新，要致力于提高武器系统的一体化程度和战场信息的利用效率，充分发挥信息对战斗力的"倍增器"作用，使武器装备依托信息和信息技术真正实现战斗效能的跃升。

（三）信息管理应贯穿军队信息安全和信息资源开发利用

在军队信息化智能化建设中，信息资源是基础资源，通过对信息资源的开发利用，是推进智能化建设、实现军队建设由信息化向智能化转型的前提条件。因此，信息管理必须格外注重适应军队信息安全和信息资源开发利用的特点要求，以保障军事安全为基础，以融入信息资源开发利用为主线，充分发挥信息的主导作用，有力服务信息化智能化建设融合发展。

在军队信息安全管理过程中，要特别注重信息资源安全，综合运用法律法规、管理措施和技术手段，使信息资源在采报、管理及应用过程中免遭泄露、篡改和毁坏，确保信息资源在获取、处理、传递、存储和共享等信息活动中的机密性、完整性、可用性、可认证性、不可抵赖性和可控性；要着力加强信息网系安全管理，确保军事信息网的随时可用性、运行过程中的稳定性、信息对抗环境下的可靠性、管理者对网系的可控性、信息的互操作性和可计算性，以及安全性检测与评估等。在军队信息资源开发利用管理中，要转变信息资源的开发利用方式，既要重视现有的静态资源，又要重视跟踪研究和开发利用动态资源；既要重视信息资源在单一军种、单一系统、单一部门的简单利用，又要重视多军种、多系统、多部门信息资源的深度开发和融合再生。

三、信息管理是军队战斗力发展的客观要求，必须切实保障战斗力生成模式转变

做好军事信息管理工作是信息时代战斗力生成的客观要求，必须紧紧围绕习主席"能打仗、打胜仗"的目标要求，着眼信息技术的快速发展，强化信息力对战斗力的支撑和倍增作用，通过信息化向智能化、要素增长向综合集成、规模扩张向体系优化的转变，充分发挥信息的链接与功放作用，实现战斗力的倍增。

（一）信息管理要着力实现军事信息高效流转

战斗力生成的基本要素，包括人、武器装备、人与武器装备的结合方式三个方面。进入信息时代，战争中信息、物质、能量三者之间的传统关系被根本改变，人的体能和武器装备的物理、化学能量虽然仍是战争的重要资源，但在战斗力生成机理中不再占据主导地位，而信息作为战斗力"倍增器"的功能被空前凸显出来。"信息流"精确引导"物质流"和"能量流"，"信息链"支持"指挥链"，控制"打击链"。因此，确保军事信息高效流转，应是信息管理的一项重要任务。

着眼充分发挥军事信息的聚合作用，在具体的信息管理活动中，一是要实现信息的网络化流转。以满足指挥员的信息使用需求为核心，以整个军事行动空间指挥信息链的形成和指挥信息流的顺畅为主导，通过信息多点处理、多级融合和按需共享，实现对呈几何倍数增长的海量信息去粗取精、去伪存真，保证指挥员和指挥机关及时得到准确的有用信息。二是要促进信息融合。通过对获取的信息进行处理、融合和利用，确保各类信息能在联合作战保障体系内有序流动，使信息资源为计算机辅助决策系统提供强有力的数据支持，推动指挥决策手段由人工向智能转变，从而提高指挥决策的准确度。三是要重视态势信息流的生成。应通过信息流转实现战场态势信息的快速搜集、传递、处理和利用，多重渠道获取的战场部队方位、行动等信息构成战场态势信息流并实时传至指挥机构，最终形成三军通用战场态势图，提高战场环境透明度。

（二）信息管理要有效支撑夺取和保持信息优势

信息时代，信息力成为战斗力的核心要素。信息力是指夺取和保持信息优

势的能力，包括不间断搜集、传输和处理信息的能力，以及削弱和压制对方这种能力的能力。信息管理作为生成和提高信息力的基本途径，必须服务夺取和保持信息优势，为信息力作用发挥奠定基础。

在信息优势夺取和保持过程中，信息管理必须侧重于如何提高军队对战争或战场信息的掌控能力；探索在搜索、获取、处理和利用军事信息方面如何获得绝对优势的方法途径；积极构建将有价值的军事信息实时地分配、传送给相关的我方和友邻方的指挥决策人员、作战部队以及相关军事用户的有效机制；研究如何进行"去粗取精、去伪存真、由此及彼、由表及里"的实时处理，剔除"信息淤泥"，力求实现第一时间筛选、整合出与军事活动和作战进程相同步的高质量的有效信息，为实现信息化条件下互联互通互操作，并实时地支持作战指挥、部队机动、火力打击、军事训练等各类军事活动提供全方位的信息保障。

（三）信息管理要积极服务作战体系融合

信息时代，信息管理通过精确的信息流控制物质和能量的流动，来调整信息资源乃至作战资源的流向，使战场信息实时共享，指挥与控制相融合，最终使作战体系的整体性明显增强，信息化的体系作战能力不断提升。

通过信息管理促进作战体系的融合，要完善信息流程实现主战武器系统作战能力提升，通过完善信息在作战体系内各主战武器系统之间的流通过程，使分散配置的武器装备系统实现网络化运用；要通过信息流向管理实现作战力量的聚合，根据战场态势的发展、作战任务的调整和作战力量的变化适时改变与引导信息流向，实现多元力量的最优组合和按需编配，达成作战要素的高效协同；要通过信息流量管理实现作战资源的集约配置。加强信息流量管理，实现信息流量与战场数据库的同步，使指挥员通过对战场数据库的动态变化，为及时调用和补充战场物资提供辅助决策依据，以实现战场保障的实时、快捷和精确。

四、信息管理是联合作战体系的重要支撑，必须大力加强信息管理体系建设

联合作战体系建设是一个十分庞大的系统工程，涉及情报、通信、作战、装备等众多部门，这就要求信息管理体系要适应作战体系建设需求，全面推进信息管理机构、人才、技术支撑手段、政策法规等多方面建设，以更有效支撑和保障联合作战能力建设。

（一）加强信息管理组织领导

随着军队信息化建设的跨越式发展，为确保军事信息资源在平时、战时和非战争军事行动中得到充分的规范建设、有序管理和高效利用，要大力创新军

队信息管理体制及其运行机制，基于平时、战时和非战争军事行动信息管理的不同任务，建立好相应的信息管理机构，明确其职责，确保实现高效的信息管理组织领导。

（二）强化信息管理工作

在军事信息管理工作中，应把握信息管理对人才队伍建设的要求，着重抓好以下几个方面的工作。一是要着力构建信息管理体系。建设一支领域性专家队伍，为实施正确决策、搞好顶层设计提供信息服务和决策咨询；建设一支高层次人才队伍，为组织筹划、科学管理军事信息活动提供精准的业务指导；建设一支技术型骨干人才队伍，作为各单位军事信息管理的一线力量。二是要不断完善信息管理的素质结构。通过培训，不断增强信息管理的思想素质结构、文化知识结构和军事素养结构等。三是要大力加强信息管理人才培养。必须树立"大人才"观，改革相应的信息管理人才培养制度，进一步完善相关人才培养政策；此外，还必须抓好国防后备力量建设中的军事信息管理建设，强化和完善信息管理人才动员机制，保证在战时和应急时，能够及时将分布在社会上的各类信息专业科技人员迅速征召到行动区域和信息管理岗位上来。

（三）创新信息管理技术支撑手段

加强军事信息管理技术支撑手段建设，一方面，必须积极寻求适合军队特色的军事信息管理技术体系，正确把握信息技术的发展方向，选准关系军事信息活动全局的关键技术和关键领域，重点发展军事信息感知与采集技术、军事信息加工处理技术、军事信息传输与交换技术、军事信息检索服务技术、军事信息安全防护技术等；另一方面，要积极推进军事信息管理的手段建设，构建一体化的军事信息管理系统，优化信息流通环节。

（四）推进信息管理政策法规管理

军事信息管理政策法规对军事信息活动不仅有宏观控制作用，而且有微观调节和制约作用，对于开发利用军事信息资源、促进军队信息化建设，发挥着积极的推进作用。推进军事信息管理政策法规管理，要构建好由法规、规章和技术标准等层次构成的法规体系。一是构建好军事信息管理法规。具体应由中央军委组织制定，主要规范军事信息管理的重大现实问题。二是构建好军事信息管理规章。主要应针对军事信息管理指导、组织体系、方法、手段、任务等进行总体规范，并建立详细、可行的参照标准，制定建设、运行的指导规范。三是构建好军事信息管理技术标准。技术标准应主要规范军事信息管理量化指标，以及军事信息管理系统运行指标等；对一些较新的尚处于探索阶段的军事信息管理领域，因一时难以形成法律规范，则以军事政策的方式来指导这些军事信息管理活动。

第三章
军事信息资源管理

随着云计算、物联网和移动智能终端技术的重大突破，数字化信息资源呈现急剧增长态势，日益成为促进经济社会发展和打赢信息化战争的主导性资源，其管理水平已经成为衡量国家和军队信息化水平的重要标志。做好信息资源的集约化、智能化、数字化、网络化管理，是当前和今后一个时期全球信息化发展中必须面对、必须解决的重大现实问题。军事信息资源是指用以夺取制信息权，从而取得战争主动权的各种信息及其相关要素的集合，具体包括军事信息数据资源、军事信息网系资源、军事频谱资源、军事多媒体资源、军事文献档案资源等。

第一节　军事信息数据管理

在军事信息系统内，数据是信息的存在形式，军事信息活动在本质上就是数据的汇集、存储、处理、传输的过程。无论是军事信息内容管理部门（如情报、水文气象、测绘、机要等部门），还是军事信息系统管理部门（如通信部门），都必须对所拥有的军事信息进行全面加工，从信息特征和内涵出发揭示其内容，将其数据化，并以此为基础进行信息的存储、控制和系统化的服务工作。

一、军事信息数据管理特点

数据管理不仅是一个传统意义上的包括汇集、整理、清理、分类、存储、防护、安全等方面的管理过程，而且是一个包括融合、更新、挖掘等综合分析方面数据的处理过程，有着自身鲜明的特点。

（一）管理目标的指向性

数据管理的根本目标是形成信息资源利用和信息活动效能发挥上的双重优

势，最终为军事用户提供有用的、所需要的信息。在军事领域要加强数据管理，重要的是合理地配置军事适用数据资源，从而有效地满足军事不断增长的数据资源需要。这种数据资源需要的不断发展变化增长与适用数据资源稀缺的矛盾关系正是军事信息管理产生的内部机制，因而数据管理就成为军事信息管理中的一个重要环节。以美军为例，美军认为，随着全球信息栅格（GIG）的建成和完善、"网络中心战"理论的形成和成熟，对美国国防部已有的数据建设和管理提出了挑战，要求围绕 GIG 和网络中心战的特点和要求进行根本性的变革。因此，美军出台了《中心网络数据战略》，提出数据资源管理要由实现"四个任何"（any）向"五个恰当"（correct）转变，必须使信息数据交流由先前专注于标准化、预制和"点对点"的信息交流向"多对多"交流改变，使得更多用户和应用程序平稳建设数据资源，从而使美军各参战部队既能"各尽所能"地为形成共用战场图像提供情报，又能按"各取所需"原则，有目的地筛选、截取其中的信息，这也是美军"五个恰当"数据管理理念与一般信息管理理念的关键区别所在。

（二）数据融合处理的全程性

数据管理是对原始信息数据进行有效的获取、整编、编成、融合、处理、分发的全过程，是一个动态的、完整的闭合环路。数据管理的基本过程包括三个环节：一是归纳整理，即对原始信息数据进行归纳整理，将大量的类型繁杂、含义不明的数据，变成分类存储、含义明确的数据系统，以便于查询访问。二是融合推断，即对数据进行融合推断，审读比较，去粗取精，去伪存真，从而驱散"战场数据迷雾"，以达成全面准确地掌握战场态势的目的。三是综合分析。为保证作战决策的科学性和及时性，必须借助于大量的作战综合数据库和智能分析技术，对大量的数据进行综合分析，通过系统高效的管理、分析、加工、推理，从而为指挥员科学、迅速地做出决策提供帮助。

（三）管理内容的海量性

当前，军事信息数据向"大数据"发展的趋势十分明显。所谓"大数据"，一是指信息量大，也就是信息的指数级增长、获取和使用；二是指数据复杂，也就是非结构化数据，很难用传统的数据处理方式去处理；三是信息处理时效，数据量如此之大，数据又这么复杂，还要得到及时的处理。这三点结合起来，就会发现现有数据处理工具无法处理。为此，美军提出了应对"大数据"挑战的"从数据到决策"基本策略，并在近年来提出从网络中心战向决策中心战转变，凸显出解决数据过载，提高数据分析智能化、自动化水平，提供知识服务，缩短决策周期等问题的重要性和紧迫性。美军"从数据到决策"的基本内涵是，通过科学和应用方案，减少分析、处理和利用"大数据"

的时间周期与人力，首先是解决情报、监视和侦察"大数据"的处理问题；其次是从"大数据"中取得可以形成指令的信息，也就是从数据中高效提炼出决策和执行人员所需要的"知识"；最后是强化基于"大数据"的信息实时融合，各类数据必须与相关背景和态势信息融合，以提供关于威胁、选择和后果的清晰图景。

二、军事信息数据管理内容

数据管理可帮助用户准确及时地进行数据挖掘和利用，维护数据的及时性、完整性和安全性，避免遭受破坏和非法存储。数据管理的主要内容包括数据汇集、数据分类、数据安全等方面。

（一）数据汇集

在信息化战争中实现"知彼知己"的首要前提，就是要连续不断地、实时地获取敌、我、友，特别是敌方的情报信息。做好数据汇集工作，必须明确数据汇集的途径，明确数据汇集的内容。一是明确数据汇集的途径。信息化战争中，数据汇集的途径很多。己方数据的主要来源有：上级的命令、指示；上级和友邻的通报；从栅格化信息基础网络与指挥自动化系统资料库中检索；组织信息化战争侦察；研究兵要地志、地形图和其他已有资料；部队搜集的有关资料等。敌方和第三方数据的主要来源有：侦察情报人员利用全球信息基础设施获取；发现和挖掘出有用的军事、政治、经济、文化等情报；利用部署在空间、空中、陆地、海洋、水下的多种侦察传感设备及时、准确、大量地搜集敌方兵力、武器及其他与战争相关的目标的静态和动态数据；研究缴获的敌军文件和新式装备等。二是明确数据汇集的内容。敌方数据主要包括：敌军企图；电子装备与信息系统的结构、配置、战术技术参数特别是关键站、节点等要害部位的网址；战场侦察监视、电子战、计算机网络战和远程精确打击力量的部署；主要侦察预警雷达网、通信网、电子干扰设备工作的时域、空域、频域；计算机网络的结构及网关、密钥；敌战术数据链、传感器链、宽带数据链的各项参数；实施信息化作战的主要手段等。己方数据主要包括：战略企图、战略侦察预警力量和信息化作战预备力量部署；战役企图、战役阶段划分、主要战法、指挥控制机构配置、参战各军种主要任务、信息系统配置；参战各军种信息化作战力量的军政素质、作战特长、作战能力、兵器性能；各作战集群指挥控制机构、信息系统配置、后勤、技术、保障能力、主要措施及相互协同方法等。战场信息环境数据主要包括战场地形、气象水文、电磁环境数据等。

（二）数据分类

数据分类是对数据进行归纳整理的有效手段，是数据管理的重要内容。按照不同的标准、不同的分类目的，可以有不同的分类方法：按数据的类型，可分为文字、图表、图像、照片、录音等；按信息化作战样式，可分为情报战数据、心理战数据、计算机网络战数据、电子战数据、信息设施摧毁战数据等；按数据的用途，可分为作战指挥数据、武器控制数据、信息传输数据、侦察监视数据、安全保密数据等；按数据来源途径，可分为公开来源数据、秘密来源数据等；按数据的影响范围和重要程度，可分为战略级数据、战役级数据、战术级数据等。

（三）数据安全

未来信息化和智能化战争中，影响数据安全的因素很多，敌方的渗透破坏、软硬打击，己方的管理漏洞，安全技术上的缺陷，都有可能造成数据的安全问题。因此，维护数据安全是数据管理的重要内容，其具体工作包括：一是强化安全技术。技术方法包括的内容很广，典型的数据安全技术有数据加密、防黑客、防病毒、防泄露、安全抗毁等。二是强化组织管理。其核心是加强人员管理，包括对作战人员进行访问控制和人员责任监督。访问控制，是指对什么人员、哪级人员可以访问哪些数据、可以进行什么类型访问的权限进行严格的规定，防止数据被未授权访问。三是加强密钥管理。密钥是确保数据安全的关键要素，加强密钥管理涉及密钥的产生、分配、注入、存储、传送、使用和销毁的全过程，要做到分层保护、分类管理、安全存储、定期更换和可靠注入。四是做好数据备份。数据备份是用来防止作战数据丢失的一种最常用的方法，必须将正确、完整的数据复制到磁带或光盘等介质上，一旦数据的完整性受到不同程度的损坏，可用备份数据进行恢复。

三、军事信息数据管理要求

数据管理在于充分有效地发挥数据的作用，实现数据有效管理的关键在于数据的组织。未来的信息化智能化战争，对数据管理提出了新的更高要求。数据管理应主要做好以下几方面工作。

（一）建立信息化智能化战争数据库

数据库是以一定组织方式合理地存放在一起、具有较小冗余度、较高数据独立性和易扩充性、可为多种应用提供共享数据服务的、相互关联的数据集合。建立信息化智能化战争数据库是实施数据管理的前提条件。其主要包括两个方面：

1. 着眼信息化智能化战争特点进行建立

无论是信息化战争还是智能化战争，都是以大量使用信息技术、信息化武器装备为物质基础和技术基础，以信息与能量相结合为基本的能量释放形态，以信息化网络化智能化战场为其活动舞台而存在的。因此，信息化战争的数据库，必须针对战争形式和特点，进行科学设计，合理构建。一是针对数据源多、信息量大、共享面宽的特点，建立更为直观、准确的数据库。未来信息化智能化战争中，上至指挥员下至基层士兵既是信息源，又是信息用户，他们都将共享数据库中的各种战场信息，不仅要求能便捷地得到其所需的各种信息，而且要求这些信息和数据能以图、文、声、像并茂的多媒体形式提供，使指挥员能更直观、准确地了解战场态势，正确、及时地判断和决策。二是努力提高可靠性、可用性。通常应采用在同一节点或不同节点将相同数据复制多份的技术来提高系统的可靠性和可用性。三是异构数据库的集成。已建成的数据库系统汇聚了大量宝贵的军事信息。但由于时间上、技术上和管理体制上的一系列原因，这些数据库大多是孤立分散的，采用了不同型号、不同版本的数据库管理系统，各成体系，无法互访。为了能实现信息共享和互操作，必须将这些物理上分散的异构数据库系统连接起来，集成为一个互联、互通、互操作的分布式数据库。

2. 做好信息化智能化战争数据库系统开发

在未来信息化智能化战争数据库系统的开发中，除了遵循数据库开发的一般方法和原则，还应特别注意以下几方面：一是实时性。实时性对于军用数据库系统尤为重要。信息化智能化战争的一个突出特点就是作战行动接近"实时化"，即对战场上出现的情况必须迅速做出反应，立即采取对策，使作战决心与作战行动基本上达到同步。因此，在数据库设计和软件编写的各个方面都要充分考虑到实时性。二是同构性。同构性是指在建设大型分布式数据库时应尽可能采用相同的数据库管理系统，使整个数据库系统具有相同的体系结构，为分布在各个节点上的数据库互联、互通、互操作创造条件。三是易使用性。为了帮助各级指挥员、军事业务参谋直至单兵更容易地获取所需的军事信息，必须有针对性地开发出一些功能完善、用户界面友好的信息查询、浏览工具，指挥员只需通过移动鼠标拖曳光标、点击图标来提出查询要求即可，到什么地方查询、如何查询则由查询工具和数据库自动完成。

（二）建立信息化智能化战争数据仓库

为了解决数据库不能有效支持分析型处理的问题，必须建立信息化智能化战争数据仓库，主要用于管理大时间跨度的大量历史数据，以更好地支持作战决策。作为一种数据管理技术，信息化智能化战争数据仓库将分布在不同数据库中的数据按照统一格式，围绕不同的主题重新组织和存储起来，以方便用户对信息的访问，使决策人员可对很长一段时间内的历史数据进行分析，发现有用的知识或规律，预测事物发展趋势。

建立数据仓库应注意以下问题：第一，数据仓库是面向主题的。例如，信息化智能化战争指挥员要了解某个作战方向的发展情况，某种作战样式的作战效能或某个敌方指挥员的思维习惯等，就可以利用大量的相关数据库中的数据建立数据仓库。第二，数据仓库的数据是集成的。信息化智能化战争数据仓库的数据是从各分散的应用数据库中抽取来的，数据存进数据仓库之前，必须对不同源的数据进行变换和集成，统一数据结构和编码，对原始数据进行从面向应用到面向主题的集成和重组。第三，数据仓库的内容是随时间变化的。数据仓库存储的是一段相当长时间内的大量历史数据，数据仓库中数据的主码都包含某一时间项，以标明数据的历史时期，适应决策支持系统的趋势分析。第四，数据仓库中的数据量是巨大的。通常数据仓库的数据量约为一般数据库的100倍，大型数据仓库数据量更大。数据仓库中索引和综合数据约占 2/3，集成后的原始数据约占 1/3。

（三）进行数据挖掘

超大型数据库和数据仓库虽然是一种巨大资源，但是寻找隐藏在其中的有用信息则无异于大海捞针。如果没有高效的数据分析和挖掘工具，大量的数据就被锁入计算机系统的迷宫中，无论是数据库还是数据仓库都将变成数据监狱。数据挖掘正是在这种需求的推动下产生并迅速发展起来的，它是用于开发信息资源的一种新的深层数据处理技术。

数据挖掘是基于人工智能、统计学等技术，高度自动化地分析大量数据，做出归纳性的推理，从中挖掘出隐含的、先前未知的、对决策有潜在价值的知识和规则的高级数据处理过程和决策支持过程。通过数据挖掘，有价值的知识、规则或高层次的信息就能从相关的数据集合中被抽取出来，并从不同角度直观地显示，从而使大型数据库或数据仓库作为一种丰富的、可靠的资源为知识的提供服务。

（四）进行数据融合

数据融合是利用计算机技术在一定准则下，对按时序获得的多传感器的观测数据进行互联、相关、估计以及组合等多层次、多方面的自动分析和综合，以完成所需的决策和估计任务。在未来信息化智能化战争中通过数据融合，可以完整而及时地获取战场态势和威胁估计。

按照数据融合所处理的多传感器信息的抽象层次，数据融合可分为以下三种：一是像素级融合，是直接在采集到的原始数据层上进行的融合。在各种传感器的原始测报未经预处理之前就进行数据的综合和分析，这是最低层次的融合。二是特征级融合，是先对原始信息进行特征提取，然后对特征信息进行综合分析和处理。三是决策级融合，是针对具体决策目标、为指挥控制决策提供依据的一种高层次融合，其结果直接影响决策水平。

第二节　军事信息网系管理

军事信息网系管理包括对军事信息网络和军事信息系统的管理，有效地开展军事信息网络与军事信息系统管理，不仅可提供军事信息资源管理的有效手段，还是开展全面信息服务的基础。

一、军事信息网系管理特点

信息化智能化战争和数字化战场最突出的特征之一就是军事信息网络和军事信息系统飞速发展，与此同时，对军事信息网系的管理提出了很高要求和严峻挑战。从总体上看，军事信息网系管理具有以下特点。

（一）管理活动的基础性

所谓基础性，就是军事信息网系的管理关系到军事活动的正常开展，是维系军事决策、指挥、控制和军事信息交流正常进行的命脉。军事信息网系管理工作的基础性，主要体现在它不仅存在于军事工作的一切活动之中，而且存在于每项活动、工作、任务的各个阶段和全过程中，因此，军事信息网系管理在军事活动中占有独特的重要地位。军事信息网系管理工作的基础性还体现在它对战斗力的生成和提高有着直接的作用。信息化条件下的作战是基于网络信息体系的联合作战，军事信息网系是支撑整个联合作战体系运转、进而提高体系作战能力的重要基础，只有通过对军事信息网系实施严格有序的管理，才能确保为提高体系作战能力提供强有力的支撑。

（二）管理方式的数字性

数字性也称数字化，简单地说，就是将各种复杂多变的信息，如文字、图片、音频、视频等，转变为可以度量的数字、数据，再为这些数据建立适当的模型，最后转变为一系列计算机可以识别的二进制代码，存放在计算机内部。形象地说，军事信息网系管理方式数字化的过程，就是一个从"原子"到"比特"的过程。例如，现实世界中的一朵花，是不可能以原子的形式通过网络传送给各个用户的。但通过数字化，这朵花的影像就被一连串有规律的数字0或1所代替，通过比特的传递，所有的网络用户就能清晰地看到这朵花的影像。因此，在军事信息网系上的各种信息虽然浩如烟海，但所有的信息归根结底都可以统称为"数字信息"，所有军事信息网系用户在网上能够看到、听到的，都是已经数字化了的信息。军事信息网系管理的本质，就是通过数字化的管理手段，将复杂多变的信息进行数字化、标准化并呈现给用户的过程。

(三) 管理质量的高效性

信息网系从诞生之日起，就以不可思议的速度和力量改变着人类生产、生活乃至战争的形态，其发展速度令人瞠目结舌。例如，互联网通过全球的信息资源和 180 多个国家的数千万个网点，向人们提供了浩如烟海、包罗万象，甚至瞬息万变的信息，使人们了解全球最新的科技动态、热点、新闻。在军事领域，各种信息以极快的速度出现，军事对信息的需求日益增加，这种增加不仅表现为数量的剧增，同时也表现为信息种类的不断增多。随着网络的普及和电话线路带宽的改进，多媒体技术在网络上越来越普及，一个有声音的动态页面比静态的只有文字和图片的页面更能引起人们的注意，更具吸引力。

二、军事信息网系管理内容

军事信息网系管理的基本任务是以智能化管理平台为依托，以流程化管理为保证，实时监控网系运行态势，科学评估网系使用效能，动态调整网系资源，确保军事信息网系安全、稳定、高效运行，为用户提供高质量服务保障。据此，军事信息网系主要包括网系运行监视、网系故障管理、网系资源管理、网系用户管理、网系效能评估等五个方面。

(一) 网系运行监视

网系运行监视主要是实时查看军事信息网系布局、组织结构、互联关系；监视各级节点、末端用户及链路全程工作状态，掌握用户终端接入和在线情况；监视空间电磁环境和气象变化；关注业务流量分布；为故障管理、资源调配、性能优化提供直观视图，为指挥决策提供态势呈现。这项工作是军事信息网系管理的基础性工作，其一般性故障和性能劣化事件由值勤维护力量按照预检维护规程处置，重大故障和方向性阻断由军事信息管理机构组织处理，并及时向上级主管部门报告处置情况。

(二) 网系故障管理

网系故障管理主要是制定故障分级标准和运行指标体系，关联分析故障告警根源，准确定位故障网系和单元，综合判定故障影响，迅速启动故障处理流程，并对海量故障数据进行挖掘，建立故障处理经验知识库，为实现智能化管理提供咨询，保证栅格化信息网稳定运行。网系故障管理是确保军事信息网系正常、安全、高效运转的重要基础，因此，军事信息管理机构应与安全管理机构建立通报与协作机制，当安全管理机构发现网系安全事件，应通报军事信息管理机构，由信息管理机构将事件处置建议报上级主管部门审批，然后组织军事信息网系值勤维护力量进行处置，并将处置结果告知安全管理机构。

（三）网系资源管理

网系资源管理主要是对设备、信道、带宽、频率、功率、名录、服务等网系资源实施统一管理，实时掌握资源使用情况；根据网系性能优化和保障任务需求，拟制计划方案，制定调控策略，调整网系结构，配置系统参数，为实施动态精细的资源联动调控提供保证，实现资源高效利用。网系资源管理是确保发挥军事信息网系最大效益的重要保障，因此，应按照管理权限，涉及重大任务、重要用户、重点方向和关键时节保障的资源调整，应由军事信息管理机构审核批准，军事信息网系值勤维护力量组织实施；涉及网系性能优化的资源调整，应由军事信息管理机构拟制方案，报上级主管部门批准后组织实施。

（四）网系用户管理

网系用户管理主要是建立规范的用户诉求受理渠道，按权限和区域受理审批用户申请，开通用户服务，提供技术支持，规范用户行为；对一般用户按照保障标准提供流程化服务，对重要用户、重大任务、重要方向和关键时节，按保障要求提供超常服务，为各类用户提供高质量的用户体验。网系用户管理是建立军事信息网系和用户之间桥梁的重要手段，决定着军事信息网系效能作用的发挥，决定着用户能否及时、准确、高效地获取其所需要的信息。因此，必须针对用户需求和军事信息网系的基本特点进行组织实施，对一般用户的诉求由服务窗口单位统一受理，军事信息管理机构按照保障标准和管理规定办理；重要用户申请、申告和重大任务保障应报上级主管部门受理，军事信息管理机构组织处理。

（五）网系效能评估

网系效能评估主要是对各级军事信息管理机构和军事信息网系值勤维护力量运维管理指标完成情况、保障任务完成情况进行综合评估，对网系整体保障能力实施考评，开展经常性检查和纠察，适时通报讲评，对运维绩效实施量化管理。网系效能评估是提高军事信息网系体系保障效能的重要手段，主要应建立涵盖用户需求满足度、用户体验满意度、网系承载能力、投入产出比等指标的军事信息网系效能评估体系，优化效能评估方法，为用户提供虚拟计费服务，量化评估网系效能，为提高军事信息网系综合效能提供决策依据。

三、军事信息网系管理要求

当前，网系规模更加庞大，网系结构更加科学，网系运行更加复杂，网系资源更加多样化，因此，必须进一步优化军事信息网系管理的管理手段和管理方式，确保达成精确、科学、高效的军事信息网系管理目标。

（一）手段优化，弹性配置

军事信息网系管理是一项内容广泛、相互关联、操作复杂、系统性强的工作，而在执行联合作战任务时，部队机动速度快、方案变化多、信息流量大、网系保障和网系资源管理运用中有大量数据配置、调整、统计需要汇总处理，对网系管理工作提出了更高要求。因此，平时必须建立高度信息化的网系管理手段，以计算机管理替代人员手工操作，利用网系终端搭建网系管理数据库平台，建立快捷、方便、准确、高效的信息化管理模式，进一步提高网系管理效率。此外，还应形成网系资源配置的弹性化布局，综合运用下一代网系技术建立网系资源配置的弹性结构，以应对未来信息化智能化战争信息量激增带来的网系资源不足难题。

（二）全程监视，分层管控

应着眼实现网系管理模式由条块分割、分段管理向统分结合、端到端全程管理转变，实现军事信息网系管理触角向末端延伸，控制策略统一制定，组织实施分级负责。战略层面应具备全军、全网运行状态管控能力，重点管控跨区骨干层网系；战役层面应具备战区范围内网系运行状态管控能力，重点管控战区骨干层网系；战术网系管理机构应能够管控接入层网系和用户网系。

（三）面向服务，体系保障

应充分发挥网系管理的纽带作用，通过网管系统的有效调控，屏蔽军事信息网系结构和功能上的复杂性，实现多网系有机综合、资源动态整合、数据多点融合，以体系保障单元，快速准确地为用户提供简单易用的个性化高质量服务，从而实现管理重心由面向设备为主向面向服务为主转变。

（四）固化流程，闭环管理

当前，世界各国军队特别是发达国家军队在军事信息网系管理手段、管理方式和管理流程方面，重点突出以电子化、程序化、自动化为特征的网系管理系统固化业务处理流程，实现军事信息网系管理业务规范化、标准化。因此，应形成各级军事信息管理机构、军事信息值勤维护力量业务管理闭环回路，加快业务处理速度，提高网系管理效率，从而实现军事信息管理流程由多头发散管理向闭环收敛管理转变。

（五）综合运用，集中托管

应在各级军事信息管理机构和军事信息值勤维护力量集中部署各类专业网管系统，统一网系管理协议，融合网系运行数据，实现军事信息网系运行状态综合呈现、故障告警关联分析、重大任务保障全方位监控，网管设备由值勤维护力量实施专业化维护，保证网管系统正常运行，从而实现管理手段由分立使用向综合运用转变。

（六）动态调控，集约使用

着眼实现军事信息网系管理方式由静态粗放向动态精细转变，可运用实时、精确的管控手段，参照行业资费标准，建立资源度量标准和约束机制，实施虚拟计费管理，实现军事信息网系资源按需分配、动态调控，达成军事信息网系资源的产出可量化，投入产出比可计算，资源使用情况可评估，从而盘活军事信息网系资源，提高使用效益。

第三节　军事频谱资源管理

电磁频谱与土地、矿产资源一样，是国家所有的一种自然资源，既有客观存在、有限、稀缺的共性，又有无形无界、永不耗竭、可复用共享的特性。按照我国《物权法》规定，电磁频谱资源属国家所有，是一种稀缺的自然资源，既有无形无界、永不耗竭、易受干扰的特性，又有国际共用、军民共用、敌我共用的特点，是支撑国民经济建设和国防建设的重要战略资源，也是保障武器装备和信息系统运转的基础载体，更是各个国家、各个行业部门竞相争夺的焦点。

一、军事频谱资源管理特点

电磁频谱资源作为特殊的战略资源和信息资源，其管理呈现出与其他信息资源管理有所不同的特点。

（一）管理任务十分艰巨

当前，全球频谱资源的使用格局已经发生显著变化，呈现新的阶段性特征和要求，频谱资源紧张状况日渐突出。近年来，美国国防事务局组建特别任务组，对国防部频谱管理政策和使用情况进行了全面审查，任务组认为：从当前频谱使用发展趋势来看，美国各行各业对频谱资源的需求剧增，即将引发美军频谱危机，因此必须高度重视美军的频谱资源管理问题。从军队的情况看，大量信息化武器装备和信息系统更新部署带来频谱需求快速增长，对频谱资源优化预置需求迫切。以上种种，都对频谱资源管理提出了更高要求和严峻挑战。

（二）管理方式综合多样

当前，世界各国的频谱资源管理手段发展已普遍从单一的计划管理逐步发展到目前的法律管理、行政管理、经济管理、技术管理手段并重的综合管理阶段。一是法律管理，即从国家层面建立频谱资源管理法律法规，为频谱资源管理机构和部门履行管理职责提供法规依据。二是行政管理，即通过频率划分、规划、分配、指配等行政计划和指令方式，对频谱资源进行"切蛋糕"式的管理，并通过行政执法和监督检查等手段，有效实施频谱资源管理。这也是世界很多国家普遍采取的频谱资源管理手段。三是经济管理。世界各国对无线电频谱资源广泛实施收取频率占用费的有偿使用原则，并采取频谱拍卖、频谱红利等方式体现频谱资源的经济价值。四是技术管理。世界各国普遍加强频谱资源管理技术手段的建设，采用现代科学技术手段对频谱资源的使用情况进行有效的监督和管理。

（三）管理规划更加完善

当前，世界各国及其军队普遍制定了具有前瞻性的频谱资源发展规则，通过规划手段对未来的频谱资源使用进行有效的统筹和计划。美国凭借领先的军事技术和装备，强势推行全球化战略和主宰信息化智能化战争模式，对支撑其战略图谋的电磁频谱资源极为重视，不仅通过 21 世纪总统频谱政策倡议和电磁频谱管理战略规划，将频谱资源管理提升到一个新的战略高度，而且使频谱规划贯穿于武器装备建设和作战运用全过程，以充分的需求预测、严格的认证制度、全面的可支持性分析，实现其全球作战的有效频谱支持。俄罗斯紧跟美国步伐，加紧制定面向未来智能化战争的频谱资源规划管理战略。英国、法国、德国、日本、澳大利亚等国家竞相制定和完善相关法规，最大限度地维护本国的电磁频谱空间利益。可以预见，前瞻、系统的频谱资源规划管理，将成为信息时代确立作战信息优势的关键环节，也将成为军事强国拉大与其他国家军事能力发展代差的又一全新领域。

二、军事频谱资源管理内容

军事频谱资源管理的主要内容包括频率划分、频率规划、频率分配、频率指配、用频认证、效率评估与频谱审计等。

（一）频率划分

频率划分是指以电磁兼容分析结果为主要依据，规定某一频段供一种或多种用频业务在规定的条件下使用。国际上、国家以及军队内部对无线电频率的划分都有严格的规定，无线电频率的使用原则上应严格遵守频率划分的规定，非经批准不允许使用不符合划分规定的频率（即带外频率）。

军队的频率划分是在军队无线电业务划分的基础上，把军队使用的电磁频谱经过详细划分后，指定给军队的某一种无线电业务专用或若干种无线电业务共用，再将共用频段按主要业务和次要业务来区分使用顺序。军队的频率划分，在与国家无线电频率划分规定是相同或接轨的同时，也有许多不同之处。例如，在无线电业务划分上，它是基于军队无线电业务的划分，许多不在军队无线电业务范围内的民用业务，如业余业务、大量的广播业务、射电天文业务等，在军队划分规定中就没有体现。

（二）频率规划

频率规划是制定未来频率管理的目标以及达到这些目标所需步骤的过程。频率规划包括宏观的规划和微观的规划，如对各种无线电业务使用的频率进行规划，就是其中一个宏观规划。

频率规划作为频率管理的重要一环，其作用非常重要，如果不重视频率使用的规划，将面临比较被动的局面。例如，美军的用频装备使用频率的规划就出现过教训。美军的"爱国者"导弹，在国内使用频率都能满足需要，但在20世纪90年代时，当他们把该导弹部署在韩国时，发现其制导频率与当地的移动通信使用频率相同，结果出现了"手机一按，导弹乱飞"的大笑话。在德国，也有相似的情况发生，许多小孩子也能通过家里的无绳电话监听到美国基地的行动。

（三）频率分配

频率分配是指批准某段频率给某一个或多个国家、地区、部门在规定的条件下使用。无线电频率分配是在无线电频率划分基础上进行的，是无线电频率指配和使用的前提，未经分配的频率，任何单位不得自行指配和使用。

军队系统的频率分配是在国家分配的基础上，结合军队自身的特点统一计划、逐级实施的。军队系统的频率分配，除了要依据相关的法规和标准，还要考虑军队的编制体制，军用用频装备的种类、数量（密集度）、战技术性能以及军队当前与未来的任务情况等因素。

（四）频率指配

频率指配是国家或军队电磁频谱管理机构根据审批权限批准某单位或个人的某一用频装备与系统在规定的条件下使用某一个或一组频率。频率指配通常在无线电台站执照的核发过程中或在无线电联络规定的拟制、下发过程中实施，指配结果记录在无线电台执照或无线电联络规定中，使用单位无权擅自更改。

在进行具体的频率指配时，必须使频率得到合理、充分、有效的利用，避免有害干扰的产生，在满足任务的前提下，尽量节省频率。为此，常使用以下基本方法：一是选择合适的工作频段；二是选配合适的频点；三是采取频率、空间、时间分割的方法指配和使用频率，提高频率的利用效率。

（五）用频认证、效益评估与频谱审计

除了上述对频谱资源进行划分、规划、分配、指配等工作，频谱资源管理的一项重要工作内容就是实施用频认证、效益评估与频谱审计，确保提高频谱资源使用效益。一是用频认证，即组织开展武器装备频率范围、占用带宽、频率容限、发射功率、带外杂散等电磁频谱技术参数的检测认证，从源头上保证新研和引进的用频设备与国家和军队现用装备设备的兼容性。二是用频效益评估，即开展频率使用效益和用频安全风险评估，统计频谱资源军地占用比例，评议频谱资源军事应用满足度；关联用频装备效能与频谱资源用量，评估频谱资源对作战训练的支持度；综合频谱监测数据和侦察预警信息，分析武器装备所用频谱资源的安全隐患，指导军事频谱资源配置的调整更新。三是频谱审计，即审查频谱资源使用效益，论证频谱共用、释放、迁移、开发、重置成本，促进频谱资源最大限度复用共享和循环利用；检查频谱资源管理预期目标的落实效果，考察频谱资源管理体制机制效率效益，评价频谱资源管理绩效。

三、军事频谱资源管理要求

为切实提高军队频谱资源管理效益水平，必须明晰频谱资源统筹配置基本思路，积极探索具有我国军队特色的频谱资源管理新路子、新模式。

（一）军民统筹，融合共享

贯彻军民统筹思路，强调统筹协调国防和军队信息化建设用频，全面掌握国际、国内和军队频谱数据资源，形成系统、长期的军事频谱战略规划，具备对国际、国内规则、政策制定的主导优势，从而确保获取和规划好频谱资源，为军队各型各类用频武器装备建设发展提供频谱使用空间。贯彻融合共享思路，进一步统一军民频谱管理的标准协议和数据格式，采用技术体制相同或装备类型相通的频谱检测、环境监测、电离层探测等网络和装备设施，增强兼容性；积极研究和探索将可用于动态调配的国家频谱资源构建军民公共"频谱池"，探索限制型频谱使用、自由型频谱使用等多种动态频谱分配使用的方法，为实现军民频谱资源高度共享和无缝利用提供有力支持。

（二）均衡发展，规划指导

贯彻均衡发展管理理念，应力求做到三个"均衡"：一是均衡保障国家安全与保障国民经济发展频谱资源需求之间的利益，在国际、国家、行业频谱划分中维护国防利益，制定能统筹兼顾国防建设和经济建设用频需求的政策和策略，获取和规划好频谱资源；二是均衡军民职能部门之间的关系，突出"军民共管"体制的权威性，在国家政策中把军队在国家频谱管理体制中的地位作用进一步凸显出来，真正做到与国家主管部门联合管控；三是均衡电磁频谱资源与卫星轨道资源之间的发展，从多方面争取国家和地方相关行业部门的支持。贯彻规划指导模式，应科学实施电磁频谱超前规划和战略预置，全面开展各类武器装备频谱规划设计，不断提高频谱资源规划管理能力，有力促进国家频谱资源统筹配置水平和频谱资源国际竞争力的全面跃升。

（三）按需获取，动态调配

在频谱资源统筹配置过程中充分运用先进的无线电新技术，实现按需获取、动态调配，是提高频谱资源统筹配置效益的重要思路和方法。必须贯彻按需获取理念，打破现行的按部门、按业务、按时段、按区域分配频率和依靠人工干预解决用频冲突的方式，采取嵌入式频谱感知单元、标准化频谱管理协议和智能化管理控制软件等途径，支持用频装备能够实时感知电磁环境、灵活选取可用频率、自动解决用频冲突，逐步实现宽频域、最优化、动态按需使用频谱。必须创新动态调配模式，综合运用频率、时间、空间、信号、功率等多维空间分割方法，适应平时、战时和应急任务的不同要求与电磁环境的剧烈变化，建立多业务多系统共享共用的动态频率保障形式；积极应用动态频谱管理技术、频谱管理辅助决策技术等有利于实现频谱高效共享的关键技术，依托精确量化的技术分析平台，采取统一的分布式频谱管理数据库标准，实时处理海量频谱管理数据，满足研究电磁频谱资源开发利用、多维感知、数据挖掘、动态使用等需要。

（四）精确预测，强化效益

在频谱资源管理模式上，应着眼国内外、军内外无线电新技术新业务应用发展，不断提升频谱使用效益。必须突出频谱资源管理的重点，准确预测未来武器装备及新技术的发展趋势和用频需求，密切跟踪国际宽带移动通信、下一代无线网络等先进技术发展趋势，相关国际行业组织推动无线电规则调整意向，分析其对军队武器装备建设发展影响，提出维护军队频谱利益的应对策略。此外，为切实提高频谱资源管理效益，还应开展新兴业务频谱需求测算、现有业务频谱利用分析、落后技术频谱释放论证，不断拓展有限频谱资源的使用潜力；大力开展电磁频谱资源需求预测、规划论证、量化评估等工作，努力提高频谱利用效率，扩大频谱可用范围。

第四节　军事多媒体管理

多媒体是指信息的感觉媒体、表示媒体、显示媒体、存储介质和传播媒体的综合，它包括信息的文字、图像、图形、动画和活动图像等载体（媒体）。军事多媒体资源同时具有处理、存储、传输、展示多种载体信息的功能，多媒体业务在军事领域得到了日益广泛的应用，其管理也显得日趋重要。

一、军事多媒体管理特点

以多媒体形式组合表述的数字信息资源，具有形式多样、形象生动、表现力丰富、交互性强等特点。由此，军事多媒体资源作为一种特殊的信息资源，其管理具有自身鲜明的特点。

（一）管理对象的多样性

人们通过感觉，即视觉、听觉、触觉、味觉和嗅觉，打开了通向世界的窗口。这些感觉器官把有关环境的数据传递给大脑，由大脑来解释这些数据，同时把当前发生的情况与先前发生的情况加以对比，最终获得信息，认识自然。而媒体正是承载这些信息的载体，是这些信息的表示形式。根据 ITU-T 建议的定义，媒体有感觉媒体、表示媒体、显示媒体、存储媒体和传输媒体五种。而多媒体管理则直接涉及了表示媒体、显示媒体、存储媒体和传输媒体等四类。可以说，这些媒体元素在军事领域得到广泛应用，因此，均是多媒体管理的直接管理对象，必须采取不同的方法进行科学管理。

（二）管理手段的技术性

由于多媒体管理的对象是各种军事媒体，即传播军事信息的载体，具体包括军事信息表示媒体、军事信息显示媒体、军事信息存储媒体和军事信息传输媒体等，因此多媒体管理活动在很大程度上依赖于先进的网络与信息管理技术，才能对管理对象进行有效的管理。军事多媒体管理技术主要有数据压缩技术、多媒体软硬件平台技术、多媒体操作系统技术、多媒体应用系统技术、流媒体技术等。

（三）管理方式的分布性

军事多媒体管理的最终目的是进行军事多媒体网络开发、多媒体业务推广、多媒体应用系统研发等。这些多媒体网络与系统一般来说都是基于网络的分布应用系统，不仅仅是可以支持快速的、高带宽的通信和数据交换，更重要的是可以支持符合多媒体信息特点的通信方式，如实时性要求、同步性要求等。而要想广泛地实现信息共享，计算机网及其在网络上的分布化、协作性操作就不可避免。基于计算机的会议系统、计算机支持的协作工作、视频点播及交互式电视技术的研究，将缩小个体工作与群体工作的差别，缩小地区局部性合作与远程分布性合作的差别，使其能更有效地利用信息，超越时间和空间的限制。因此，在军事多媒体管理过程中，要特别注重分布式、网络化管理手段和技术的应用。

二、军事多媒体管理内容

多媒体在计算机系统中，主要是指组合两种以上媒体的人机交互式信息交流和传播媒体。多媒体管理内容主要包括多媒体网络开发、多媒体业务推广、多媒体应用系统研发等。

（一）多媒体网络开发

多媒体网络开发是多媒体管理的一项基础性工作，主要是依托现有军事信息网络，在宽带网络基础上开发多媒体业务和各类多媒体应用系统。其主要包括以下工作：

1. 确立军事多媒体网络的体系结构

军事多媒体网络的体系结构，是依靠宽带技术为基础构建的网络体系。按其技术结构，可分为宽带传输网、宽带交换网和宽带接入网三个部分。宽带传输网是所有信息元素传输的基础通道，信息单元和数据是通过传输网络实现从源地址到目的地址的转移；宽带交换网通过对信息的接收、分拣和转发，实现信息的相互交换过程；宽带接入网是整个宽带网络中与各通信站点（用户）相连的最后一段，各通信收发站点通过接入网连接到宽带网上。

2. 建立军事信息网络的多媒体业务与协同工作模型

军事信息网络的多媒体业务与协同工作模型，是指能够满足多媒体系统的各种通信及时实性要求的分布式多媒体系统网络模型，能支持大容量、高宽带、低延迟的传输，支持连续媒体的同步与合成，支持多点合作的多媒体应用，支持通信中对服务质量（QoS）的要求等。例如，视频会议系统是多媒体业务与协同工作的一种典型模型，它不仅可以进行点对点通信，也可以实现多点对多点的通信，它以多个不同地点会场的方式展示与会人员的活动情况、会议内容及各种文件，是一种快速高效的多媒体业务工作方式。

3. 实现高速（宽带）技术对多媒体业务的支持

现有的军事信息网络虽然有些能传输实时图像，但因缺少交互性，战术多媒体业务受到一定的限制。基于计算机的宽带（高速）网络的研发，特别是通过计算机网络与其他网络的融合，为满足上述需求提供了基本前提。表3-1给出了目前多媒体应用的几种高速网的有关情况，可作为组建军事信息网络多媒体业务技术体制的参考。

表3-1　几种高速网性能比较

技术标准	数据率	信息类型	应用	等待时间
ATM	25Mb/s 52Mb/s 155Mb/s 622Mb/s 2.488Gb/s	数据、声音 多媒体	桌面 LAN主干网 城域网 广域网	20~30ms 可变

续表

技术标准	数据率	信息类型	应用	等待时间
FDDI-Ⅱ	100Mb/s	数据 多媒体	桌面 LAN 主干网	125ms 固定
FFOL	150Mb/s 2.4Gb/s	数据声音 多媒体	桌面 LAN 主干网 城域网	2~5ms 固定
光纤通道	133Mb/s 266Mb/s 530Mb/s 1Gb/s	数据	桌面 LAN 主干网	10ms 固定
LMDS	64kb/s~2Mb/s 155Mb/s	数据声音 多媒体	无线局域网 骨干网络	
VSAT	64~512kb/s E1/T1 中继	数据 多媒体	卫星通信网 桌面	
WLAN	2~11Mb/s	数据声音 多媒体	移动桌面 移动局域网	

(二) 多媒体业务推广

多媒体业务是各级指挥员和部队直接感受多媒体效能、享受多媒体服务的平台和媒介。多媒体管理必须积极创新和拓展多媒体业务应用领域与范围，确保为各级指挥员和部队提供更好的多媒体业务服务。

当前，从应用形式来看，军事多媒体业务包括的范围很广，有网络指挥、网络监控、可视电话、视频点播式的情报检索、远程视频会议与移动监控、多媒体邮件、广播式电视、可视图文等。这些多媒体业务的特点，要求多媒体信息网络具备较宽的带宽、较强的实时性和较高的服务质量，一般涉及多个通信站点、多种连接方式和多种媒体的组合。因此，在实施多媒体管理时，要格外重视多媒体业务的推广，积极采取多媒体业务平台构建等方式，实现业务的灵活加载、各种业务之间资源共用，并力求实现对各级指挥机构实施有效的业务控制。常用的军事多媒体业务应用如表3-2所示。

表 3-2　常用的军事多媒体业务

业务类型	多媒体业务举例	通信连接方式
语言会话型	可视电话	点到点
情报检索型	视频点播	多点到点

续表

业务类型	多媒体业务举例	通信连接方式
会议、指挥型	远程视频会议、远程移动监控	点到多点或多点到多点
报文型	多媒体报文、邮件	点到点
命令信息分配型	广播式电视、可视图文	点到多点

（三）多媒体应用系统研发

多媒体应用系统研发是多媒体管理的一项重要工作，主要围绕军事需求，研发网上模拟训练工程、远程教育工程和数字图书馆实验工程等多媒体应用系统，开发军事科学、作战指挥、军事训练、院校教育、武器装备、政治工作、后勤保障等多媒体资源数据库，切实为军事用户和行动提供更好的网络服务、应用服务和技术支持。当前，典型的军事多媒体应用系统主要有以下几种：

1. 军事训练信息网

军事训练信息网建设以提高军事训练效益和质量为目的，以军事通信网为依托，逐步覆盖各级军事训练部门、院校的大型计算机网络系统。它能实现军事训练信息传输、远程多媒体教学、远程分布交互式模拟对抗训练、远程计算、远程技术支持以及网上办公自动化，是军事训练实现网络化、基地化、模拟化和院校教育现代化、信息化不可缺少的基础设施。

2. 多媒体网络教学系统

多媒体网络教学系统，是以计算机网络为基础的开放式教学系统。在网络化教学的环境下，课堂将实现对外开放，为教员和学员提供更广泛的交流渠道，学员可以通过网络进行学习，教员则可以通过网络通播方式授课和与其他教员相互联系、相互讨论。同时，借助于多媒体化的计算机网络，教学双方可以从全军乃至全国教育信息网和全球信息网中获取所需资料，一个教员可以在更大范围内指导更多的学员。

3. 网上军事演练系统

军事演练是战前的必要准备，是提高部队战斗力的主要途径。随着计算机网络与信息技术在军事领域的广泛应用，军事演练开始进入到虚拟的作战空间和区域。以计算机多媒体网络为依托的网络化训练，有效地提高了训练质量和效益。近年来，美军多次举行计算机网上联合演习，演习不仅利用军用网络系统将分散在全美各地的指挥中心和基地联为一体，而且还依托互联网把军队与国务院、财政部、能源部、中央情报局，以及国防教育和研究机构等地方部门连接起来。

4. 网络战系统

未来信息化智能化战争，网络战将成为战争的重要形式。应当利用现有的计算机网络，围绕"制网络权"的争夺问题进行研究和训练。一方面是进行网络对抗理论的学习和研究，主要是了解计算机网络的基本结构、运行原理、影响计算机网络安全的主要因素及加强防护的方法，研究与敌进行计算机网络对抗的基本战法和应采取的战略战术；另一方面是组织网络攻防对抗训练，合理构建一个或若干个小范围的计算机网络环境，并依托其进行网络对抗技能和战法训练。

三、军事多媒体管理要求

当前，军事多媒体技术已经广泛应用于军队信息化建设、军事指挥、军事训练的方方面面，我们必须切实重视多媒体管理的重要作用，切实加强多媒体管理，以更好地发挥多媒体管理对于军队建设、军事指挥和军事训练的支撑作用。

（一）完善军事多媒体信息网络的技术体制

多媒体信息网络技术体制涵盖通信网络技术、信源编码、信道编码和调制、加密抗毁、条件发送/接收、系统管理、电子媒体、中间件等多方面技术。一般来说，这些技术都一定要符合统一的技术标准。而条件接收/发送（CA/CS）、用户管理系统（SMS）等通常难以在短时间内在各部队中形成统一的规范。因此，在探讨军事多媒体信息网络技术体制时，必须实现用户管理系统和各级指挥机构的通信。

（二）发挥多媒体网络对于作战指挥的"倍增器"作用

指挥对战争来说最为重要。西方运筹学界曾经对 20 世纪 50 年代之前的160 多个著名战例进行定量分析，得出的结论是：指挥的作用相当于参战部队战斗力总和的 40%。但随着信息技术在军事领域的广泛应用，传统的指挥程式正在发生根本性变化。应着眼实现多媒体网络"倍增器"作用的发挥，运用一张巨大的多媒体网络将军队连成一个整体，使部队的各种行动无不依赖网络进行；同时，应使多媒体网络直接融入指挥控制系统，使信息在网络中实时传递，也使作战联络更加简单，上级指挥员只要发出指令，各作战平台就能够按照上级意图协同作战，以最快速度形成整体战斗力。

（三）利用多媒体网络技术推动军事训练创新

多媒体网络技术不仅对军事训练提出了新的更高的要求，同时也为军事训练注入了新的活力，推动了军事训练的变革。应高度重视多媒体网络技术对于军事训练的创新作用，进一步推进军事训练向网络化、信息化、多媒体化方向发展。一是要将多媒体网络技术融入军事训练，利用计算机网络的资源共享性、操作交互性等特点，使训练手段更加迅捷、高效。二是要使计算机网络、多媒体技术等现代化的训练手段逐步运用到训练第一线，推广普及基地化、模拟化、网络化训练手段，使受训人员通过计算机网络，可以在全时段、全地域对任何种类和数量的信息进行交互使用。三是要创新基于多媒体的训练方法变革，广泛研发网上远程教学、网上联合演练、网上模拟对抗等新的训练手段，使训练的组织形式更加灵活多样，部队可以通过网络组织异地集中训练，也可以通过交互式终端设备，适时运用储存于网络中的各种信息进行自主的学习和训练。

第五节　军事文献档案管理

文献是信息的主要载体之一。人类最早的信息管理是从对甲骨文献、泥版文献的管理开始的，而档案馆、图书馆从古到今则是典型的文献管理机构，近代文献工作才分化出各种科技信息工作机构、经济信息工作机构等。军事文献是指在军事斗争发展过程中积累起来的，用文字、图像、数据、音像等记录方式记录在一定载体上的军事信息，其主要特征是具有以客观形式存在的独立于人的物质载体，具有积累性、稳定性和可靠性。军事文献管理是提高军事文献系统性、时代性的基本手段。

一、军事文献档案管理特点

文献档案管理作为与人类生产与生活密切相关的一种活动，可以说古已有之，人脑本身就是管理信息最原始、最复杂的机器。但由于古代生产力水平低下，需要管理的信息总量不大，人们的知识水平较低，信息载体形式十分单一，管理信息手段也十分落后，因而文献管理活动和物质生产活动集合在一起呈现为一种自发状态。后来，随着信息技术的发展和信息总量的增长，管理信息的工作才逐渐从其他活动中分离出来，并在 20 世纪末形成了一个规模不断扩大的行业和产业，亦即现代意义上的文献档案管理。现代文献档案管理具有以下基本特点：

（一）管理过程的统一连续性

文献档案管理的一项基本原则是应连续及时地对所收藏的文献档案材料以文字材料形式建档保存，以便随时跟踪和提供服务。同时，应全面了解和掌握文献档案信息资源从创建起至目前是否系统连续，若不具备系统连续性，则应通过各种渠道加以补充。此外，还应遵循前沿跟踪原则，广泛开展调查研究，多渠道、有选择、有针对性地收集有关文献信息资源，密切关注并及时了解和掌握必须关注的最新动态与最新研究成果，及时入库收藏最新研究成果。

（二）管理组织的专项集中性

文献档案管理必须遵循专项集中原则，即将所收藏的文献信息资源作为专项资源，确定专门场所集中收藏，并确定专人从事研究、开发、管理与服务。从事此项工作和文献档案信息资源采访的馆员，通常必须在全面了解、掌握历年来文献档案基本内容及其资源入藏情况的基础上，紧密协调配合，广泛开展调查研究，针对不同的用户查询需求，有组织、有计划、有目的地有效开展此项资源的收集、研究、开发、管理与服务等各项工作。

（三）管理方式的虚实结合性

网络环境下的馆藏不仅包括以各种实体形式存在于文献档案管理部门的实体馆藏，还包括存在于文献档案管理部门之外的通过互联网能方便利用的虚拟馆藏。网络环境下，虚拟馆藏在现代文献档案管理体系中的作用越来越重要，它丰富了文献档案管理部门提供文献信息服务所依赖的信息资源基础，拓宽了文献档案管理部门信息资源的层次和结构。近年来，互联网发展迅速，丰富的网络信息资源打破了时空的限制，因此，军事文献档案管理部门不仅要重视现实馆藏建设，更应加强相关虚拟馆藏的采购、二次加工与整合，使之成为适合军事用户阅读的虚拟馆藏，使文献档案管理部门的现实资源与虚拟馆藏逐渐形成相互弥补的有机整体。

（四）管理目的的开发利用性

文献档案管理的根本目的是对馆藏的信息资源进行开发利用，即将馆藏的文献档案信息资源作为重点开发资源，及时将其开发并提供给各级各类军用用户。文献档案管理部门必须对馆藏文献档案信息资源进行搜集、筛选、整序，对其内容和来源作简要的揭示与评价，为用户提供专业信息资源导航，方便用户查询和利用。另外，还需对馆藏的主要文献档案和最新文献档案资源进行全面系统的分析、对比、归纳，形成文献评介、综述等，指导用户充分利用馆藏文献和最新信息。因此，文献档案管理体现出很强的开发利用特性。

二、军事文献档案管理内容

军事文献档案管理，是直接对军事文献和档案信息进行管理并提供利用服务的各项业务工作。按照管理任务和管理对象，军事文献档案管理可分为管理标准建设、纸质文献档案管理、数字化文献档案管理等内容。

（一）管理标准建设

标准文献自 1901 年在英国正式问世以来，一直是人们从事科研生产、设计检验和管理的重要技术依据，也是人们进行科学研究、技术交流及贸易往来需共同遵守的技术依据和准则。离开了标准，文献档案管理就是无本之木、无源之水。及时构建和充分利用各级各类文献档案管理标准，对于提高文献档案管理质量发挥着重要的作用。通常来讲，文献档案管理标准建设具体应构建完善以下几类标准：

1. 采集标准

采集标准是满足用户需求和丰富馆藏的主要途径与标准实施的前提。因此，文献档案管理人员在制定采集标准时，要广泛征集用户的意见，这样做既可提高标准的利用率，也可避免资金浪费。与此同时，对用户的意见也要进行第一次"过滤"，即利用最新的《标准作废代替对照目录》进行核对查新，避免采用作废的、被代替的标准。

2. 入库标准

入库标准的分类、编目质量直接影响文献档案管理和服务质量。因此，第一次分类、排架就必须准确。为了确保分编的准确性，对利用率较大的国家标准和军事标准应尽量套录国家和军队的标准目录采录的分类；对于其他标准要先按《中国标准文献分类法》分类；难以确认的应结合《中国标准文献分类法索引》分类，反复对照，推敲比较。

3. 作废标准

对统一采购的文献档案必须随时进行跟踪监控，过了有效期的文献档案应按照收藏的份数立即回收；同时，在回收作废实体手册的封面上进行醒目的盖章标识，严禁作废文献档案与有效文献档案混用。与此同时，尽管有的文献档案已经作废，但也不是废纸一堆，有相当一部分文献档案对于用户还能发挥参考与技术依据作用，因此具有保留价值。所以，应在明确现行有效标准的基础上，也保留一些有参考和技术依据作用的作废标准。

4. 流通标准

文献档案不仅具有很强的时效性，而且也有正确性和完整配套性。向用户提供的文献档案不仅要现行有效，还必须是准确完整配套的，否则给用户造成的损失也是难以预料的。因此，文献档案管理机构在采购收集文献档案时，除了采集现行的正式文献档案，还要收集与现行文献档案相对应的释义、条文说明、宣贯资料、更改单和补充单等配套材料，充分显示文献档案管理部门全心全意为用户服务的宗旨。

5. 保密标准

文献档案管理过程中对带有密级的文献档案，要严格执行《中华人民共和国保密法》和《中国人民解放军保密条例》等规定，制定严格的文献档案保密标准，定期对用户进行保密知识培训。另外，当用户调离、转业、退休时，文献档案管理员有权回收其个人借阅和密级文献档案，避免涉密文献档案随着用户的变动而泄密失控。

（二）纸质文献档案管理

纸质文档只是相对于电子文档而言的，随着电子技术的发展，纸质文档在人们生活工作中相对弱化，但也有其不可替代的优点。纸质文献档案的管理包括登录、加工、排架、更改和代替与作废、销毁、服务等内容。

（1）登录。登录是为了保护标准文献档案资料的完整，反映馆藏资料的数量和价值，作为清点、注销交的重要凭证。

（2）加工。加工是为了使文献档案有序排架而进行的准备工作，过去一直采用手工方法进行加工，如对文献进行馆藏标识、写卡片等，随着计算机的普及，现在普遍采用计算机对文献进行加工，加工的数据库字段有标准号、标准名称、页数、馆藏标志等。经过加工后，标准文献档案排序上架。

（3）排架。排架是把已经整理好的文献档案按一定次序排列在书架上，使每份文献档案都有一个确定位置，同时也能使工作人员迅速、准确地查找、归架和清点，便于保管。

（4）更改和代替与作废。文献档案具有较强的时效性，因此，对文献档案的更改、代替与作废的处理是文献档案管理的一个重要方面，其处理的依据是各级文献档案主管部门下达的通知、通报等。

（5）销毁。新文献档案购来后，被新文献档案代替的旧文献档案需及时销毁。销毁时，待销毁的文献档案应在原登记账卡上盖上"作废"标记，并进行销毁登记，待销毁的文献档案经主管领导批准后，方可进行销毁。

（6）服务。服务是联系文献档案资源与用户之间的一座桥梁，是利用文献档案管理工作的各种功能和手段，将文献档案提供给用户的过程。

（三）数字化文献档案管理

随着电子版本文献档案的出现，原来的手工管理模式面临挑战，同时，也提出了文献档案收集、检索、开发利用的管理新理念。为加强文献档案的管理，实现文献档案信息资源共享，数字化管理、网络化查询已成为当今文献档案管理的发展趋势。对数字化文献档案进行管理，具体包括以下几项主要工作。

1. 文献档案统一编码

数字化文献档案管理的一项重要工作是进行统一编码。对于纸质文献档案，必须通过扫描转化成电子文档，或者将收集到的电子版标准文献直接存储在服务器的数据库中，并通过建立索引数据库进行管理。对于数字化文献档案，必须制定数字化文献档案标准编号、编写格式、描述内容等方面的统一规定。

2. 动态化管理

数字化文献档案最大的特点是时效性，因此，对其进行管理必须注重适时更新，突出时效性。在数字化文献档案管理工作中，需要不断地对管理内容进行补充、修改和完善。同时，一些旧的数字化文献档案又被废止和代替，文献档案管理员必须根据文献档案更新情况，适时更新、维护计算机中的数据，利用计算机实现动态化管理，保证数据化文献档案的完整性和有效性。

3. 保密管理

数字化文献档案管理应高度注重安全保密。应为用户设置不同权限，使数字化文献档案管理员、查询人员等各级用户对数字化文献档案进行不同级别的查阅。一般用户可根据个人口令作为进入本系统的依据，进行检索、查阅；数字化文献档案管理员将文件加密，可以控制用户打印文件，以达到保护秘密资料的目的。

4. 文献档案管理信息系统建设

文献档案管理信息系统是采用先进的设计思想和开发技术，利用浏览器/服务器和客户机/服务器等体系结构，以网络和安全数据库技术为基础，实现对多门类、多载体的数字化文献档案进行一体化管理的重要手段。构建文献档案管理信息系统，应采用多种手段，强化系统的安全、稳定；应构建安全保密的数据库平台，坚持自主开发，确保系统的安全、稳定；应重点开发完善数据备份、还原、分级分权限的用户管理、便捷查阅、多样查询、多格式输出、自定义统计等功能。

三、军事文献档案管理要求

文献档案管理传统性强，历史悠久，在管理过程中积累了丰富的经验。信息技术的发展，又给传统的文献档案管理注入了创新活力，也带来了新的挑战。做好信息时代的军事文献档案管理，应重点做到以下几个方面的工作：

（一）加强组织领导

首先，应当在各级领导的关心与支持下，将该项工作列入长期工程，在政策、人力、物力及财力上给予扶持。其次，要完善文献档案管理机构职责和人员分工，配备专业管理人员，发挥行政与技术的统筹管理职能，保证文献档案从产出到归档、加工、利用、共享、保存等整个生命周期内，都纳入统一的管控渠道。其主要工作是：制定文献档案管理、征集、保存、数字化加工及文献建设、共享等方面的制度、标准与规划；协调、指导各部门对文献档案的甄选、登录、收集、整理和初加工工作；对收集上来的文献档案进行分类和技术加工，并根据规划要求进行原生文献的数字化加工工作；积极开展各类文献档案的管理、维护、咨询及共享利用工作。

（二）库房馆藏与计算机管理相结合

每一份文献档案都始于收集，终于利用和再利用。将传统的库房馆藏与计算机管理有机结合，是减少文献档案的订购数量，从而减少库房面积，降低采购成本的重要举措；登记、编目、建卡、加工整理、检索查询等利用计算机进行管理，能够长期、安全和完整地保存，并能提高检索效率，为用户节约检索时间。但与此同时，纸制文献档案的上架、更改和代替、作废标准等还是利用手工完成，以充分发挥纸质文献档案易于阅读、更加直观的优势。

（三）做好文献档案的信息服务

文献档案管理的水平不单纯体现在管理设备的现代化上，还体现在人员业务水平上。文献档案管理人员不仅要能对收集到的文献档案熟练上架、入库、输入计算机提供使用，更主要的是熟悉文献档案资源情况，掌握现代信息技术，具有信息收集、分析能力。只有提高文献档案管理人员的业务水平，加强队伍建设，文献档案管理领域才能不断延伸和扩展，才能更好地为各级各类军事用户提供文献档案资源服务。

（四）实行按权限共享

军事文献档案有相当部分带有保密性质，且具有不同的保密等级。因此，文献档案管理者要依据保密条例要求，对所有文献档案资源进行认真的甄别，区分出不同的密级，并针对不同的读者，制定不同的文献使用级别，确保文献资源的保密安全。

第四章
军事信息活动管理

军事信息活动管理是指为满足各级各类用户多元信息需求，对军事信息获取、传输、处理、存储、利用和安全防护等信息活动进行科学的计划、组织、协调和控制等，从而确保信息活动高效顺利地组织和实施的过程。军事信息活动管理流程如图 4-1 所示。

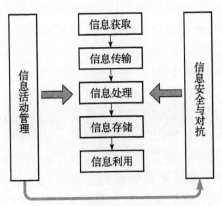

图 4-1　军事信息活动管理流程

第一节　军事信息获取管理

军事信息获取管理，是指通过各种途径对军事相关信息进行搜索、归纳、整理、融合，并最终形成所需有效信息，为指挥者和组织指挥作战行动提供决策依据的活动过程。它是拟制作战计划、完成作战准备的重要依据和基本前提，是作战组织筹划活动的重要内容和首要环节。

一、军事信息获取管理基本程序

军事信息获取管理，通常按照确定情报信息需求、多方搜集情报信息、融合处理情报信息、及时分发情报信息的程序进行组织实施。

（一）确定情报信息需求

明确信息化条件下联合作战对情报信息搜集的需求，是有针对性地搜集、处理和筛选情报信息，保证情报信息搜集时效和质量的重要前提。这些情报需求主要包括：一是与联合作战态势相关并有预见作用的情报信息；二是指挥员为联合作战行动专门囊括的或参谋人员对指挥员的意图和决心的理解所确认的情报信息；三是在定下决心过程中，某些特定决策点所需的情报信息；四是对联合作战行动有重大影响的情报信息；五是通常要在联合作战命令或计划中专门列出的情报信息；六是与联合作战当前行动和未来行动联系紧密的情报信息等。以上这些需求并不能囊括联合作战对关键性情报需求的全部内容。通常情况下，联合作战指挥员可在这些情报信息需求的范围内，为每一特定情况和作战行动提出具体的关键性情报信息需求。在战场情况发生变化时，联合作战指挥员应根据信息作战任务、敌情、地形、部队和时间诸因素的动态变化，及时提出对情报信息的需求。

（二）多方搜集情报信息

情报信息的搜集是指由建制内的、配属和支援的情报搜集力量运用各种手段侦察、探测、获取情报信息的活动。在情报信息搜集活动中，要特别强调明确情报信息搜集目标，确定情报信息搜集方式，指导情报信息搜集活动。搜集情报信息的方法主要有：一是接受上级和友邻的情况通报、下级情况报告；二是利用情报信息网（包括军事情报网、栅格化信息网等），并使陆、海、空、天、电多维空间的侦察平台联为一体进行搜索、查阅；三是查看收缴的敌方文件资料和武器，向当地政府和人民群众进行咨询等；四是组织各种人力侦察和现地勘察。必要时，还可专项向上级或业务部门提出情报信息支援请求。

（三）融合处理情报信息

情报信息融合处理是对所获取的情报信息进行综合分析、评估、验证、处理的活动。利用信息融合技术可以有效地提高信息的使用价值，挖掘出情报信息所隐含的更深层次的本质信息，便于指挥员对情报信息的深入理解和掌握。情报信息融合处理的方法通常有集中式情报信息融合、分布式情报信息融合、现场总线式情报信息融合等。

（四）及时分发情报信息

情报信息的分发是搜集处理情报信息活动的最后一个环节。在组织分发情报信息时：一是确定情报信息分发范围。要严格控制重要情报信息、特殊来源的情报信息和可能暴露我作战企图的情报分发范围。二是选择情报信息分发途径。可靠的传递途径既可确保情报信息传递的速度，又可保证情报信息的安全和有效利用。三是情报信息分发确认。在情报信息分发结束后，要确认情报信息是否以正确的方式，在有效的时间内分发到了用户。分发情报信息的方法主要有点对点分发、一点对多点分发、通播式分发等。

二、军事信息获取管理主要工作

与作战相关的信息需求十分庞杂，涵盖地理信息、水文气象信息、电磁频谱信息、后勤信息和装备信息等方方面面，为尽可能获取真实、全面、有用的信息，在组织信息获取管理时，应注重做好以下两方面的工作内容。

（一）明确信息获取内容

信息获取内容的确立，应当按照"按需获取、资源共享"的思路，充分考虑各级各类用户需求的差异性，基于平时、战时、急时，科学确立"两类"明晰的信息获取内容。一是共用信息获取管理，主要包括对各级指挥机构、作战部队、武器平台和应用系统共同的信息需求获取。二是专用信息获取管理，主要是指着眼不同指挥机构、作战部队、武器平台和应用系统的特殊信息需求，组织专门的信息获取。

（二）明晰信息获取途径

信息获取涉及多种途径、多个领域。从获取手段上区分，除了传统的谍报获取，主要分为太空信息获取管理、空中信息获取管理、陆上信息获取管理、海上信息获取管理、水下信息获取管理和网电信息获取管理等方面。

1. 太空信息获取管理

太空是进行信息获取的理想场所。太空信息获取管理，就是组织利用广泛分布在太空的各种侦察、预警卫星，不间断地获取目标区域的信息。按照所采用的技术手段和实现功能，这些卫星可分为照相侦察卫星、电子侦察卫星、海洋监视卫星、导弹预警卫星、核爆炸探测卫星、导航卫星、气象卫星等多种。伊拉克战争中，美军使用了由数十颗光学成像卫星、雷达成像卫星、通信卫星、电子侦察卫星及导弹预警卫星等组成的卫星网络，为美军提供了约70%的作战信息。

2. 空中信息获取管理

空中信息获取管理是综合运用各种机载平台进行情报信息的获取和搜集，高度远低于卫星，灵活性却远超于卫星。它可以根据需要随时赶往目标地点上空获取信息，由于高度较低，所获取信息的分辨率和准确度也较高。空中信息获取主要由侦察飞机、侦察直升机、侦察预警飞机，以及与之相配套的地面、海上情报中心或指挥所组成。伊拉克战争中，美军在空中部署了 E-3A 预警机、E-8C 对地监视机、EP-3 电子侦察机和"捕食者""全球鹰"无人侦察机等共 240 余架，有力地配合了地面的光学、雷达、无线电、声呐等信息获取方式，有效地弥补了太空信息获取的不足，使伊军的一切行动尽收美军"眼底"。

3. 陆上信息获取管理

陆上信息获取管理也称地面信息获取管理，即在地面综合运行各种信息侦察、获取手段组织情报信息的侦察搜集行动。相比从太空和空中进行信息获取时均为俯视角的情况，陆上信息获取的平视视角可以有效避免信息获取的失真。同时，还能帮助人们发现和辨明一些从太空或空中难以获取的目标信息。陆上信息获取管理主要综合运用装甲侦察车、侦察预警雷达、地面传感器和无人地面侦察车等装备进行。

4. 海上信息获取管理

随着全球化的发展，海洋成为世界各国进行国际交往和交流的重要通道，战略地位十分重要。海上军事行动在未来战争中的地位将得到提升，成为未来战争不可缺少的组成部分，某些时候甚至是主要组成部分。因此，海上信息获取成为军事信息获取的必然选择。海上信息获取管理主要部署运用各种侦察舰船和作战舰艇所配置的无线电侦察设备、雷达侦察机、探测预警雷达以及相应的情报侦察处理设备，对海上、空中、岸上等多维目标进行侦察、监视和情报信息获取。

5. 水下信息获取管理

作为对天、空、陆、海多维获取领域的必要补充，水下信息获取也有其不可取代的重要地位。水下信息获取管理主要部署运用各种声呐，探测敌方在水下活动的潜艇、水雷、鱼雷、潜射导弹等军事目标，为己方水面舰船、水下潜艇及其他相关目标提供情报和预警信息。

6. 网电信息获取管理

在很长的时间里，电子空间是信息获取的重要渠道，通过无线电侦察设备，截取敌方发射的各种无线信号，从中获取军事信息。网电信息获取管理，就是综合组织运用电子和计算机网络技术设备与力量，对网络和电磁空间的军事信息进行获取的活动。

三、军事信息获取管理要求

军事信息获取是一切军事信息活动的前提和基础，只有获取了军事信息之后，才有可能完成军事信息活动的后续工作，即对军事信息进行分析、鉴别、筛选、加工和处理，进而在军事活动中加以运用。现代战争中，应当重点关注信息获取行动的时效性、灵活性等基本要求。

（一）注重信息获取的时效性

随着军事科技尤其是信息技术的迅猛发展，现代战争中信息获取的时效性已经达到了较高水平，基本可以做到迅即发现，实时或者近实时获取。例如，美国的 DSP 预警卫星系统能对洲际导弹提供 25min 的预警时间，对潜射导弹提供 15min 的预警时间，对战术导弹提供 5min 的预警时间。美国空军研制的新一代空军预警系统——"天基红外系统"（SBIRS），采用了比 DSP 快得多的扫描探测器，使扫描速度和灵敏度比 DSP 提高 10 倍以上，加之能"看穿"大气层，因此，几乎在导弹刚一点火时就能探测到，并在其发射后 10~20s 内将警报信息传送给地面部队，基本做到了实时获取。

（二）突出信息获取的灵活性

为提高信息获取的灵活性，通常部署运用无人侦察设备进行抵近侦察。无人侦察机可深入敌方空域，可悬停在目标区上空或附近，能长时间对敌活动进行探测、识别和跟踪，是战时从空中获取信息的重要手段。现在较先进的无人侦察机由于在信息处理和线传送速度上的进步，已经实现了对战场信息的实时获取。伊拉克战争中，美英联军共出动包括"全球鹰"和"捕食者"在内的各类无人侦察机 90 余架次，直接将图像信息实时传递给战场指挥官。

（三）提高信息获取的系统性

军事信息获取的系统性既是军事任务的需要，也是由军事科学发展的共性所决定的。军事信息获取的系统性是指所获取的军事信息，无论从信息门类或信息类型诸方面都要保持系统的完整性。因此，在组织信息获取管理时，必须采取多种方法多方拓展信息来源，进行上下、左右、前后的多方位获取，注重信息的积累，并把搜集对象的相关因素联系起来加以综合考虑，以便找出其中的共性和规律，提高信息质量。

第二节　军事信息传输管理

军事信息传输管理，是指按照信息传递的原理和必须遵循的规律，为高质、大量、快速传输信息所采取的管理活动，其目的是确保准确、迅速、安全、可靠地把有关的信息从信源传输到信宿。

一、军事信息传输管理基本程序

军事信息传输是将军事信息从信源传输到信宿的过程。任何战争都需要搜集和传送信息，只有保持信息流的畅通，才能取得战场上的主动权，进而取得战争的胜利。而在联合作战中信息传输管理，更是直接渗透到信息的获取、使用、防护和管理的各种信息活动中，其基本管理程序包括"组织信源封装加密—按需选择网络—认证分配调度"的完整过程。

（一）组织信源封装加密

将信源量化成指标后再加密封装，以便于计算机自动处理，方便信息的传输和分发，可分三步实施。第一步，确定指标参数。密级区分为7级，0级为无密级信息，1级为军队内部信息，2~3级为秘密级信息，4~5级为机密级信息，6级为绝密级信息。信息时效分为传送时效和解密时效，采用时间量化，量化的指标用m（分钟）/h（小时）/d（天）/y（年）表示。信息的格式区分为T（文本）、P（图像）、L（语音）和V（视频），信息的大小用B（比特）/K（千比特）/M（兆比特）/G（千兆比特）表示。第二步，实施信源加密。通过对称或非对称方式对信源实施加密，对称加密时需要将密钥与信息分开传送。第三步，信息封装标签。就是将信源相应的指标参数制作成标签，在原始文件上加以标注，以便于网络选择和信息分发。例如，要传送压缩为1.5兆比特的战场突击指令信息，密级为6级，传送时效为1小时，解密时效为5小时，标签就可以表示为（T，6，1h，5h，1.5M）。

（二）按需选择网络

在信息传输过程中，只要满足传输条件就可以传输任何等级的信息，打破了传统信息流转对密级信息传递手段的严格限制。例如，战场突击指令信息（T，6，1h，5h，1.5M），按照当前最快的计算机解密能力，只要加密手段能够保证破译时间大于信息有效期即可，即使敌方能够截获信息、破译信息也无碍，因为信息解密期已过。按此模型，即便是绝密信息，也完全可以选择民用网络传输。伊拉克战争中，仅美国电报电话公司就承担了从美国本土到伊拉克约50%的通信业务。

（三）认证分配调度

认证分配调度是指根据用户的权限和信息的敏感度确定相应的信息保护等级，实现信息传输端到端的"管道式"细粒度防护，提高不同安全等级网络之间的互联互通和信息共享水平，需要把握两个环节。第一个环节，进入网络前要经过双重验证：一是登录身份验证，防止非法用户进入网络，可采取与硬件设备的MAC地址绑定方式验证身份；二是数据格式验证，拒绝传送不符合要求的数据格式，以防网络攻击。第二个环节，进入网络后要统一分配调度。统一分配调度是根据信息标签，按照"适用适时"的原则按需分配网络资源，属于"量体定做"方式，不仅可有效保证业务服务质量，而且能够有效提高网络资源利用效益。

二、军事信息传输管理主要工作

信息传输管理，要以满足业务提供者的要求和网络用户的需求为目标，充分运用信息传输管理技术和管理系统，合理分配和控制信息传输资源，其工作主要包括构建综合一体的信息传输平台、组织实施数字化信息传输、组织协调网络系统资源、组织开展综合信息服务保障等。

（一）构建综合一体的信息传输平台

信息传输管理的一项最基础性的工作，是在一体化军事信息系统的基础上，进行多层次、大范围综合连接，构建综合一体的信息传输平台，实现无障碍和快捷、准确的信息传递共享，确保诸军兵种联合作战及其信息作战的协同指挥，充分发挥各种武器、技术手段和系统的整体信息作战效能。未来信息化智能化战争，战场空间日趋扩大，波及陆、海、空乃至太空领域，为了实现一体化联合作战的目的，要求各个战场连为一体，实现信息共享，通过军事信息传输管理获得军事信息潜在价值，力求最大限度地利用信息。这就要求在进行战场信息系统建设时，必须在广阔的空间范围内进行全方位数字化战场建设，建成综合一体的信息传输平台，使分布在战场各个位置的作战力量能够保持作战行动的高度协调性和作战目标的一致性。

（二）组织实施数字化信息传输

信息传输的数字化、群发式，是以网络技术和一体化联合作战体制为基础的。传统的信息基础设施是为支持线性、按级式信息传递而建的，只是确保信息按照编制序列的上下级关系传递，结果是不同部队对上对下的通信尚可应付，但对其他部队则无法实现全面互联互通的要求；从逻辑上看，各部门的信息资源之间相互独立，形成了"烟囱式"的信息"孤岛"，限制了信息的横向流动和共享。运用以计算机为核心的信息网络技术，以一体化联合作战体制为基础，就可以实现系统的集成，就能够进行群发信息，也可以实现信息共享和信息协同处理。对用户来讲，可以在庞大的一体化信息系统中"即插即用"，就像电力网一样，只要插上插头，打开开关就能源源不断地用上电力。

（三）组织协调网络系统资源

为确保信息传输顺畅，在组织信息传输管理过程中具体应做到：一是在网系资源服务上，搭建面向用户的网系资源服务平台，统一向诸军兵种用户提供网系资源拓扑分布、数量质量、在用情况和接口标准等网系资源信息，便于用户接入和利用。二是在信道资源服务上，适时发布网络资源分布和占用情况，根据用户需求，动态优选信息资源，建立端到端的信道连接，为用户接入栅格化信息基础网提供支持。三是在地址资源服务上，统一规划号码和 IP 地址资源，根据用户需求，实现动态优化和调配。

（四）组织开展综合信息服务保障

未来信息化智能化战争中，将按照"依托指挥所构建信息服务中心"的思路，建立各级信息服务中心，对汇集而来的各类情报侦察、预警探测、水文气象、测绘导航、信息作战、指挥控制、作战保障、后装保障等各类信息进行统一的整编、融合、处理和分发，并最终形成指挥信息、协同信息、态势信息、综合保障信息等四类信息产品，按照不同的用户需求，分级分类地提供给各类用户。这也是信息传输管理的一项创新性工作。

三、军事信息传输管理要求

军事信息传输管理贯穿军事信息传输整个流程。信息传输方式多种多样，信息传输管理必须针对信息网络实际和信息业务需求进行综合管控，重点应把握以下几个方面：

（一）对信源、信道、信宿实施综合管理

在未来信息化智能化战争中，应重视和加强信息流转载体环境与网络环境建设，为贯通信息流程、精确信息流向、提高信息流速提供支撑。一是要把住信息源头关。无论是信息安全还是网络安全都应从源头抓起。加密信息在海量信息的传输信道中，即使对方截获到信息，也只能对信息进行初步的过滤和分析处理，筛选加密信息要比明文信息困难得多。二是要把住信息传送关。网络化的信息流转需要规范通用的信息传递格式类型，固定格式类型要坚持"应用普遍、兼容性强、文件量小"的原则。战术层次信息流转，应实施代码指挥，使指挥信息流代码化，减少数据量，增强保密性，提高指挥时效。三是要把住信息使用关。信息化条件下，指挥员对信息的使用是主动的、可选的。例如，态势信息流，从原始"信号"到可用"信息"，再到决策"信息"，要经历多级处置，各级按照级别和权限，分析处理属于本级范围内的信息。四是要把住信息安全关。应实现分布式数据存储，以确保数据存储的安全性。当部分数据库遭破坏时，使重要数据依然保持较高的完整性，同时，要增大数据访问带宽，分散数据访问压力。

（二）控制信息传输过程中的失真

控制信息传输过程中的失真是对信息传输在质的方面的要求，即信息传输不能失真，否则，传输后的信息就变得不可信，甚至在传输过程中把原来的信息完全损失掉。造成信息传输过程中失真的关键是噪声，降低信息传输过程中的噪声的主要方法有：在可能的情况下提高发送信号的功率；采用各种滤波技术，尽可能地滤去噪声，保留需要的信息。

（三）保持军事信息传输的足够容量

保持军事信息传输的足够容量是对信息传输在量的方面提出的要求，即要能够同时传输足够多的信息。在海湾战争中，仅空袭的组织与安排就要处理巨量的信息，统帅部每隔 24h 通过卫星、微波及保密电话线路向各级指挥官发送一次有关飞行计划和说明轰炸目标的密码信息，每天要安排多达 3000 架次以上的作战飞行任务，涉及几十万条行动指令。如此多的信息，如果没有大容量的通信信道，是无法保证信息顺利传输的。这就要求军事信息传输系统必须建立多条信道，并且每条信道都要有一定的容量。

（四）确保军事信息传输迅速及时

军事信息与其他信息不同，通常具有更强的时效性要求。因此，军事信息的传输必须要迅速及时。在信息传输过程中，要明确规定合理的信息流程，减少各种不必要的层次，尽可能减少时间的延误，防止信息流经迂回的路线和来回绕圈子而延误时间。

（五）保证军事信息传输的可靠性

军事信息的重要性决定了军事信息传输必须具有很高的可靠性。所谓可靠性，就是要有较低的故障率，时刻保证信息传输渠道的畅通，使各种信息能及时地传递出去。首先，要提高信道的连续使用时间。信道的任何故障，轻者引进噪声，重者中止信息的传递。因此，必须建立高质量的信道，尽量降低信道的故障率，保证信道连续可靠地工作。其次，有条件时要建立多种备份信道。通信信道可能受到各种因素的影响，从而导致信息传输的受阻。为了确保信息传输的连续可靠，要建立必要的备份信道，在某信道出现问题时，能迅速通过其他信道传输信息。

（六）提高军事信息传输系统生存能力

军事信息传输系统是在战争中常常遭敌火力和电子干扰的，其生存能力与网络结构，系统的配置、加固情况，对网络的管理能力以及装备的技术体制等有关。战时充分利用民用通信资源是提高军事信息传输系统生存能力的一种重要措施。

（七）提高军事信息传输的互通性

互通性是指不同的通信系统之间，军兵种通信系统之间，战略、战役、战术通信系统之间的互通能力。要实现军事信息能传输到任何一个需要的部门和作战单位，就必须提高信息传输系统的互通性。提高通信系统的互通性主要采取加强系统的标准化工作以及在系统间采用必要的接口设备等措施予以实现。

第三节 军事信息处理管理

军事信息处理管理是指对军事信息的鉴别、整理、分析、综合等处理过程进行管理和控制，对相关信息处理业务、技术和手段进行综合管理，以期为信息的使用者或系统的决策者提供所需要的全面、准确、直观的真实信息。

一、军事信息处理管理基本程序

军事信息处理是军事信息获取和搜集的目的，也是军事信息活动管理的核心内容。从一般意义上讲，对军事信息处理的管理包括组织信息评估、组织信息筛选、组织信息整理和组织信息融合等基本程序。

（一）组织信息评估

信息评估主要是指对获取到的各类信息进行分析判断，辨别信息的真伪和价值，是信息筛选的主要依据。首先是判明情报源之间的相关性。情报源之间的相关性，是指各情报源在侦察方法上和侦察条件上所具有的相似性或相关性。相似性或相关性大，则说明这些情报源所获得的情报很难起到互相核实和补充的作用。情报来源之间相互独立、没有依赖关系，利于鉴别情报真伪。其次是要了解情报源的可信度。其主要从三个方面衡量：一是情报源反映情况的范围，即情报源能够有效作用的领域；二是反映情况的完全性，即情报源在其有效作用范围内，全面掌握其中所发生情况的能力；三是反映情况的精确性，即情报源反映情况的详细和精确程度。最后是掌握信道的可靠性。情报信息的可信度与传递情报信道的可靠性有着密切关系。信道的可靠性可以用传递信息情报的完整性、精确性、正确性和及时性等指标来衡量。

（二）组织信息筛选

信息筛选是指根据决策环境的变化和指挥员对信息的偏好要求，按照信息的某些属性，采取基于规则推理和模糊偏好等信息筛选方法，在对信息评估后做出分类。

经过筛选后，信息大致分为淘汰类、重点分析类和保存类等。一般来说，淘汰类主要是指一些来源不可靠、真实性低或过时的信息资料；重点分析类主要是指一些与决策主题相关性高、真实性较高、内容新、时效性强的信息；保存类主要是指有价值但对当前决策问题关联不大的信息。经过筛选的信息应及时存入数据库，以便日后检索与挖掘。精选的信息应该及时送达决策层。

（三）组织信息整理

信息整理主要是对接受的来自各个信息源的原始信息进行分类整理转化为

有用信息。信息分类整理包括分类和归类两个方面。分类是由上而下，由大到小，由整体到部分，由一般到特殊，由总论到专论的划分过程，在进行时需用概念的缩小与限制。归类是由下而上，由小到大，由部分到整体，由特殊到一般，由专论到总论的集合过程。在进行时需用概念的扩大和概括。信息的分类和归类是紧密相连的。将大量的信息资料分门别类地组成一个体系和将每一信息归到相应门类中，是信息分类整理的两个方面。

（1）在整理方式方法上，按两级分类筛选的方法进行整理。首先按时效分类整理，即将搜集到的各个信息源的所有信息按其时效性进行时效等级分类，通常可分为急和普通两种类型等级。"急"类信息情报通常是指战斗行动中的信息情报，如空袭情报、作战行动突变情报等；"普通"类信息情报通常是指时效性较弱，与作战行动时效关联不大的信息情报，如战略形势情报等。其次按性质归类整理，即将搜集到的各个信息源的所有信息情报，在按时效等级分类的基础上，再按其性质进行筛选归类。

（2）在整理手段上，采取人工整理与自动整理相结合。人工整理主要是对非数据化信息进行整理，包括文字、图像、声音、航片、照片等。自动整理，即对按照规定的格式，通过信息系统传输过来的信息，自动进入各分类的原始数据库，完全由自动化技术手段自动完成分类筛选。

（四）组织信息融合

运用先进的数据融合技术，对来自各种保障手段的原始情报信息运用同类源融合、异类源关联的分析方法进行处理，将当前信息与已知信息融为一体，发现新的情况，更新相应参数，为进一步处理提供新的依据，同时根据需要直接输出可用信息。

信息融合是一个信号到信息的抽象过程，从战场环境中搜集各类信号，从信号中得到消息，然后从消息中获取信息。其工作实质是由下至上对多源信息进行综合、逐层抽象的实时信息处理。

信息融合是信息处理的主体，覆盖信息系统的各个业务领域，如指挥控制、情报侦察、预警探测、电子对抗等。主要融合来自雷达、无线电侦察、光电、红外、敌我识别以及战术数据链中的各种信息，取得关于实时战场环境的态势、目标的精确位置、属性、威胁等级，以及由此产生的战术决策、任务分配等。

二、军事信息处理管理主要工作

信息处理管理，就是要按照一定的目标要求，对信息或数据进行整理、加工、变换和再生成的一系列活动进行管理。在对军事信息处理进行管理的过程中，通常应包括以下主要工作内容：

（一）组织各级各类信息的综合处理

组织各级各类信息的综合处理，主要应组织对电子信号、加密信息、指挥信息和综合保障信息、文电信息、图形信息、情报信息等的综合处理。

1. 电子信号处理

电子信号是电磁辐射信号的一种，包括通信信号和非通信信号及雷达信号等，均分别有其各自的特征，如信源特征、调制特征、载波特征、编码特征及其变化特征等，它们被称为"电子指纹"。通过对"电子指纹"的处理，可以获得许多准确的信号情报，这对于识别唯一的信号源和更深入地了解其潜在性能以及相关情况是很重要的。通过"电子指纹"分析，可以将同一类信号源的各个个体区别出来，据此可以进行明确的平台识别、属性识别、部队编制、行动企图及威胁评估。

2. 加密信息处理

加密信息是军事斗争中为了保护己方信息不被敌方所利用或破坏，而对己方信息进行的加扰和隐蔽措施后的信息。加密信息的处理，也称加密信息的还原或脱密，对敌方信息也称解密或破密。

3. 指挥信息和综合保障信息处理

未来信息化智能化战争中，还有需要组织大批量处理的指挥信息、地理信息、气象信息等。其中，指挥信息处理通过汇集来自多个不同渠道的信息，组织过滤选择、筛选提炼和研判整理，由此及彼，由表及里，使各种信息纯净化、有序化和本质化的处理，以供指挥员的决策和作战指挥。地理信息的处理则为指挥员提供地图图形显示和地理信息，为指挥员展现清晰的战场地理环境。它主要进行地形分析、坡度坡向计算、水系和流域分析、最佳路径分析，提供地形信息、水系信息、地貌信息和交通网信息。气象信息的处理主要针对阴晴、雨雪、云雾、日出、日落、风向、风速、水位、水温、流速及冰冻等对于作战的影响，而对它们做出各种预报以及各种气象环境的作战建议。

4. 文电信息处理

文电是作战指挥中使用最多的信息载体，主要是指挥作战所用的文书、电报、信函、通知、命令、资料等。作战指挥中，必须能迅速草拟文电，并自动编辑、审批、发送、查询、应答、签发、接收各类文电，同时对进出文电自动进行格式处理和加密、分类、存储。

5. 图形信息处理

图形是军事行动中常用的信息载体。一幅图形包含着大量的信息，它直观、形象、使指挥员一目了然。图形处理后，应能对态势图自动拼接、分割、漫游、开窗放大、分层显示、进行标绘等；能对地形图进行量化，迅速调整、显示、复制、存储图形；对态势图进行转换、综合储存等。

6. 情报信息处理

情报是指挥员实施指挥决策的依据，高层次指挥机构，其接收和处理的情报种类繁多。对这些真伪并存的大量情报，必须实时地进行识别、筛选、分类、比较、综合，确定信息的可靠程度及重要性，生成并显示总态势图及有关数据，才能辅助指挥员进行目标识别和决策判断。

（二）组织对敌方虚假信息的识别

未来信息化智能化战争实行电子战、谋略战，往往给对方故意制造虚假信息，使对方落入圈套。在信息管理中，往往利用虚假信息，摸清对方意图，将计就计，就能置敌于死地。应当准确甄别敌方可能的欺骗花招，巧妙粉碎敌人企图。

（三）对自身信息严格保密

在军事斗争中，我方搜集敌方情报，敌方搜集我方情报，实际上是进行信息战。要保守我方核心机密，防止敌人窃取，就要采取严格的信息保密措施。保密方法很多，如必要时停止发报，保持静默；故意制造假象，实行佯动，造成敌方错觉。

（四）制造虚假信息迷惑敌人

战争双方施行谋略，往往制造假情况去迷惑敌方，使其丧失警惕，坐失战机。1982年，在英阿马岛之战中，英国以政府名义公开进行军事欺诈，使阿根廷大上其当。当阿根廷攻占马岛后，英国立即组建了特混舰队，并故意公布了其指挥官、力量编成、启航和到达战区日期等，使阿方轻易地获取了这些"颇有价值"的情报，同时相信了英国所谓的"封锁区"以外属于安全区域的声明。阿海军"贝尔格拉诺将军"号巡洋舰在"封锁区"以外30n mile处巡航，突然被英军核潜艇以鱼雷击沉，阿海军损失惨重，从此退出了海战。

三、军事信息处理管理要求

军事信息必须经过处理才能使用，没有经过处理的原始军事信息，在真实性和可靠性方面存在众多疑问，是不安全的和没有保证的。所以，军事信息处理管理的目的性强，时效要求高，处理的技术难度大，在对军事信息处理整个流程的管理中，应重点把握以下几个方面的内容：

（一）周密进行科学分析、研究、判断和提炼

该方面应按照"去伪存真、去粗取精、由此及彼、由表及里"的思路组织信息处理。去伪存真是从浩如烟海的信息中分辨出真正反映军事对象的真实

有用的信息，去除虚假的无效的信息，留下真实的信息；去粗取精是对大量的原始信息进行研究、判断、分析和提炼，找出关键的、有用的信息，力求简洁、准确地提供信息的结果；由此及彼是运用事物普遍联系的观点，用归纳推理的方法，对彼此相互关联的原始军事信息进行分析和研究，从已知中求未知，从比较中推断选择出具有重要价值的军事信息；由表及里是在原始信息的基础上，运用多种技术手段和处理方法，对信息进行再创造，找出反映军事对象本质及其变化的深层信息。

（二）提高军事信息处理结果的直观度和简洁度

军事信息处理的结果必须尽可能做到多方面反映军事对象的真实全貌，避免信息的使用者由于残缺不全或片面的信息而产生误解和做出错误判断。在此基础上，军事信息处理的结果还应直观简洁。这是对军事信息的客观要求。在"时间就是生命"的战场环境中，必须要求军事信息的提供手段和形式要直观简洁，以便信息的使用者在最短的时间内，获得最大量的所需信息。

（三）防止出现信息不一致、残缺等现象

在军事信息处理的过程中，要防止出现以下问题：第一，信息的不一致性问题。若信息不一致，则可能会产生歧义或信息之间的相互干扰，降低信息的使用效益。第二，信息残缺的问题。若信息不完整或有误差，则难以对军事对象做出准确的判断。第三，信息分类不合理、处理方法不科学，就会增加信息检索和处理的时间，影响信息的时效性。为避免这些现象，需要通过扩大原始信息的来源、处理方法的科学化、信息流程的合理配置以及信息处理新技术的广泛使用等来解决，以确保军事信息在军事斗争中发挥其应有的作用。

（四）提高信息处理的效率

高效的信息处理是综合信息保障的一个重要特点，是指对所收集的信息进行处理时，能够采取自动化、智能化的处理方式，力求信息处理结果迅速、高效、精确，它是实现把海量信息变成各要素所需的可用信息的关键环节。从技术层面上讲，应通过统一信息格式、编码方式、存储方式、压缩方式等技术体制，使信息处理的模式更加标准、规范，更便于机器进行自动的、智能的处理。从应用层面上讲，应将分散的信息进行快速融合，从海量的信息中进行数据挖掘，将分组报文变为整体报文，把压缩的文本格式恢复成原来格式，把错误的信息进行更正，通过对多源的战场动态信息进行汇集、分类、比较、筛选、印证、融合，从海量的战场动态信息中提炼出有价值的信息，并组织快速、高效、自动、智能的信息处理，确保向战场用户提供信息检索、信息交流、信息挖掘、信息融合和信息深加工等精确的信息支持。

第四节　军事信息存储管理

军事信息存储管理是对军事信息内容的存储进行计划、组织、协调、控制的过程，是军事信息流程管理中至关重要的环节。军事信息存储管理是信息资源检索、容灾和共享的基础，是确保采取合理、安全、有效的方式将信息保存到存储介质上的重要途径，是军事信息资源实时保障的前提条件。

一、军事信息存储管理基本程序

军事信息必须经过存储才能有效保存，没有军事信息存储，就无法形成丰富的军事信息资源，也就没有军事信息的使用。军事信息存储管理，重点应当按照以下基本程序组织进行：

（一）确定信息存储基本方式

组织信息存储，首先要确定信息存储的基本方式。目前，信息存储的基本方式主要有四类：

1. 手工方式的信息存储

在计算机未发明之前，人们对信息的存储主要依赖于纸和笔，信息存储的表现形式是各种出版物、记录、报表、文件和报告等。这种信息存储方式是人类历史发展长河中一种重要的形式，在现在和将来也一直发挥重要的作用。但这种纸质存储方式随着数据量的增长，难以做到有效的管理和处理。

2. 文件方式的信息存储

文件方式是计算机存储信息的基础方法。计算机对数据的存储主要以文件的方式存储。计算机以文件为独立单元进行数据存储，文件在介质上的存储方式称为文件的物理结构。文件物理存储结构有顺序、链式和随机三种基本方式，表现的形式有顺序文件、索引文件和散列文件等。

3. 数据库方式的信息存储

文件存储方式存在着数据冗余、修改和并发控制困难以及缺少数据与程序之间的独立性等问题。为了解决上述问题，便于对信息的组织和管理，实现对大量数据的有效查询，应进行数据库方式的信息存储。数据库是按照一定的数据模型对数据进行科学组织，使得数据存储最优、操作最方便。

4. 数据仓库方式的信息存储

数据库方式是从信息管理的角度考虑信息存储的科学化，而数据仓库是从决策角度出发，按主题、属性（多维）等进行信息的组织，使得信息能够方便地被高层决策者所利用。按照 W. H. Inmon 的定义："数据仓库就是面向主题的、集成的、稳定的和时变的数据集合,用于支持经营管理中的决策制定过程。"数据仓库对大量用于事务处理的原始数据库中的数据进行清理、抽取和转换,并按决策主题的需要重新组织,形成一个综合的、面向分析的决策支持环境。

(二) 明确信息存储体系结构

信息存储一方面必须面向使用者,方便信息的使用;另一方面必须充分考虑计算机具体存储方法。信息存储的体系结构主要分为三层,具体介绍如下:

第一层是应用层,即用户存储模型层。在信息存储阶段,用户关心存储的信息必须方便处理,必须在一定程度上从语义的角度考虑信息的表示和存储模型,这就是用户存储模型,也是一般意义上所说的面向客观世界的"数据模型"。人们在对数据存储理论和实践进行大量研究的基础上提出了各种数据模型,如 E-R 模型、面向对象模型、关系数据模型、层次数据模型和网状数据模型等。

第二层是逻辑层,即逻辑存储模型层。如果说用户存储模型是从语义的角度出发,那么逻辑存储模型就是从语法的角度,从信息结构的角度进一步研究数据单元之间的逻辑关系,一方面方便信息管理,另一方面有利于计算机存储,这就是逻辑存储模型所要解决的问题。数据单元之间的关系可以是数据元素之间代表某种含义的自然关系,也可以是为处理问题方便而人为定义的关系。这种自然的或人为定义的关系,称为数据之间的逻辑关系。数据之间的逻辑关系通常以结构方式表示,即为数据的逻辑结构。

第三层是物理层,即物理存储模型层。前面的两个层次分别是从语义和语法的角度研究信息的存储表现形式,方便信息的管理和处理。物理存储模型是从具体的存储介质和存储系统的角度研究信息的存储方法。它又分为文件系统、数据库系统和数据仓库系统三个层次。

(三) 组织开展军事信息存储业务工作

军事信息存储是一个动态的工作过程,按照科学化、系统化、规范化的要求,需要进行一系列具体工作,如军事信息资料的存放与排放、登记与编码、检索与提供等。

1. 军事信息资料的登记与编码

为了便于军事信息的存储、检查和使用,在信息管理时要对信息资料进行编码,使客观上存在的各种不同内容的信息资料变成统一的数码。一是信息资料的登记。它应力求准确、有序和易检索。二是信息资料的编码。常用的编码方法有顺序编码法和分组编码法两种。

2. 军事信息资料的存放与排列

军事信息资料进行登记和编码后,要进行存放和排列工作。现在一般采用计算机信息系统，按照科学方法将信息资料有规则地存放在数据库里。军事信息资料的存放和排列，首先要服从军事的实际需要，便于查阅使用，选择合适的存放和排列的方法。其次是排架的方法一经确定，不可轻易变动，否则容易造成资料的混乱和损失。

3. 军事信息资料的检索与提供

军事信息资料的检索与提供是信息存储的重要环节，也是信息管理的重要组成部分。检索和提供工作直接影响为用户服务的质量。必须按照科学管理的规律，组织做好信息资料的检索与提供工作。首先要做好信息资料的检索工作，一般检索有两种：一是计算机检索；二是手工检索。其次是提供信息资料，军事信息管理者要能够有针对性地提供真实、准确的信息资料，为使用者服务。

二、军事信息存储管理主要工作

组织信息存储管理，其主要的管理工作包括组织存储介质研发、组织信息资源数据化、组织海量数据存储与管理、组织数据仓库管理、组织分布式数据管理、组织信息实时更新等方面的内容。

（一）组织存储介质研发

组织存储介质研发，应由各级信息管理机构牵头，由信息管理机构、装备部门、信息企业等联合进行技术攻关，从电存储介质、光存储介质和磁存储介质等多领域进行存储介质的技术研发和应用。

（二）组织信息资源数据化

各级信息管理机构应指导所属信息存储和处理技术机构，对所拥有的军事信息进行全面加工，从信息特征和内涵出发揭示其内容，将其数据化，并以此为基础组织信息的存储、控制和系统化的服务工作，具体包括信息资源的登记与编码、存放与排列、检索与提供等内容。

（三）组织海量数据存储与管理

组织海量数据存储与管理，具体应组织建立军用海量数据存储器、存储虚拟化、容量扩展、数据存储结构优化等工作。

（四）组织数据仓库管理

组织数据仓库管理，具体应组织对原始操作性数据进行提取、净化、重组、存储和分析，构建战例数据仓库、决策模型数据仓库和相关民用信息资源数据仓库等不同层次的数据仓库，为用户提供分门别类的综合性信息以辅助决策。

（五）组织分布式数据管理

组织分布式数据管理，具体应组织建立分布式管理系统、数据管理功能分布与控制、容错管理与预防性维护等工作。

（六）组织信息实时更新

组织信息实时更新，具体应根据保证数据时效、推进作战进展、提升作战效能等不同需求，组织对存储的信息数据进行实时更新，确保提高信息数据的保鲜度，更好地为作战服务。

三、军事信息存储管理要求

军事信息存储是军事信息使用的前提，军事信息存储的优劣，直接关系到军事信息使用的效果和军事信息价值体现。组织军事信息存储管理工作，应贯彻以下基本要求。

（一）拓展存储数据内容

随着军队信息化建设向智能化建设演进，数字化战场逐渐形成，各类信息资源飞速增长，未来信息化智能化战争要求信息系统能够快速准确处理、存储、传输各种与作战指挥相关的各类信息。因此，应丰富完善各类数据库，通过建成支撑作战指挥、武器控制、日常办公、教育训练、部队管理、后勤保障的数据库群，为作战决策提供支持。一是要完善武器装备、物资信息数据库，包括装备物资的种类、数量、型号、战技指标、性能、使用情况、维修动态信息、使用寿命（储存年限）、机动方式、生产厂家及各种动态信息。二是要完善人员数据库，包括编制、数量、性别、年龄、文化水平、所学专业、保障能力等信息。三是要完善外军武器装备与军事技术信息数据库，包括装备的总体情况、先进水平、战技性能、更新情况、装备发展采用的各种先进技术和方法等。四是要完善作战环境信息数据库，内容包括作战地区地形、地貌，自然资源，社会环境，风俗习惯，敌人的作战兵力，作战部署，作战特点，保障情况，可能的进攻方向等。

（二）提供可靠的备份

对于一些重要的数据，为了避免损失，提高军队的抗打击能力和迅速反应能力，除了数据库，还应采用不同的存储方式，并进行安全可靠的备份，确保重要的作战指挥信息、指挥协同信息、战场态势信息等具有可靠的备份手段，确保各级指挥员和指挥机关随时随地取得其所需要的信息。

（三）确保信息存储的安全

做好军事信息存储管理工作，应将信息中心加工好的军事信息存储在比较可靠的载体上，以备用户检索。存储不仅涉及对载体的选择，还应涉及信息存储安全的策略，主要包括：载体介质性能稳定，对存储环境有一定的适应性，即不受存储环境温度、湿度、光照和磁场的影响；载体存储密度高，在单位体积内尽可能存储更多的信息；便于系统进行阅读和检索；便于复制备份，异地存放，提高安全概率；载体重量轻薄，便于携带；载体数据加密手段多样，安全性好等。

第五节　军事信息利用管理

军事信息利用是把军事信息融入部队建设和管理、联合作战指挥等活动之中，为各级领导和机关、指挥员和指挥机构预测、决策活动提供科学依据的工作过程。军事信息利用管理是指军队信息资源开发利用中的管理工作，是确保军事信息资源使用效益的关键因素。

一、军事信息利用管理基本程序

军事信息利用是实现信息使用价值的归宿。军事信息和其他部队建设管理、联合作战指挥和控制等活动相结合，才能提高部队建设、作战指挥能力和水平，提高军事信息的综合效能。军事信息利用管理，要针对军事信息需求，不仅要及时地将信息传递给用户，而且要指导和帮助用户正确利用信息。其基本程序包括以下主要环节：

（一）组织信息资源挖掘

信息挖掘是一种用于开发信息资源的新的深层数据处理技术。它是基于人工智能和统计学等技术，高度自动化地对大量数据进行归纳推理，从中挖掘出隐含的、先前未被发现的、对决策有价值的知识和规则的高级信息处理过程与决策支持过程。通过信息挖掘，可把有价值的知识、规则或更高层次的有用信息，从大量、不完全、有噪声、模糊的随机信息中提取出来，利用各种分析工具，在海量信息数据中发现模式和数据间的关系，使数据库或数据仓库的信息作为一种丰富、可靠的资源，为军队信息资源的开发提供更加有效的支持。

（二）开展信息实时更新

军队信息资源是不断发展变化的，因此实时更新信息，特别是数据信息，是确保作战数据效能和价值的重要条件。一是根据数据时效更新。一般来说，任何作战数据都有一定的时效性，随着时间的推移，数据的重要程度会发生变化。例如，及时的情报数据和过时的情报数据对指挥员的意义是截然不同的。从宏观上讲，敌我态势、作战任务、目的和手段都会随着时间而改变。从微观上讲，武器装备在使用一定时间后，性能会发生改变；随着作战持续时间的延长，人员的心理压力会增加，生理疲劳会加剧。所以，军事信息应根据作战时效及时更新。二是根据作战进展更新。在不同的作战阶段，作战的目的、对象、手段和方式不尽相同，但无论哪个作战阶段，都需要大量的数据资源的支持。三是根据作战效能更新。对每一种作战样式、每一次作战行动，都应该进行认真的效能评估，并得出量化的结果。例如，根据对信息系统精确打击的命中率修正打击诸元，根据心理战的效果改进宣传的内容和方式，根据计算机网络战的效果改变攻击路由和攻击手段，根据电子战的效果修改电子攻击的频率、功率、时间和地域等。

（三）组织信息资源的优化配置

信息资源优化配置的最终目标是有效利用信息资源。在现实工作中，信息资源稀缺与闲置并存的问题比较突出。为了提高信息资源的使用效益，必须建立高效的信息资源优化配置机制。一是改进信息资源配置方式，实现信息资源按需调配，减少信息资源闲置，提高信息资源的利用效率。二是通过信息技术应用，不断提高信息资源开发能力，形成以信息技术应用促进信息资源开发、以信息开发利用促进信息技术应用创新的良性循环机制。三是通过信息资源的优化配置，主导物质和能源资源的配置，使物质资源和能源资源效用得到最大限度的发挥。

二、军事信息利用管理主要工作

组织开展信息资源开发利用管理工作，涉及军队信息资源规划、标准化工作、数据工程建设、信息应用系统开发和信息资源安全保密等方方面面。因此，必须统筹安排，突出重点，推动军队信息化智能化建设全面协调可持续发展，促进军队建设和管理水平的整体提高。

（一）拟制信息资源规划

信息资源规划是实现信息资源开发利用和科学管理的关键。规划必须支持信息资源管理目标，明确信息资源管理需求，健全各级信息资源管理组织，建立科学高效的信息资源管理程序。

信息资源规划在全面反映信息资源管理工作的同时，应特别注重反映各层次信息资源管理需求，准确定位信息资源需求的内容、时限和范围等，反映不同类别、不同层次、不同管理时段的特殊要求。在掌握共性信息资源的基础上，注重掌握特殊信息资源及不同类别、不同使用部门的特殊要求，保证各级能够及时、准确地掌握所需要的资源信息，为军队信息资源建设决策提供可靠的资源保障。

（二）开展标准化建设

军队信息资源开发利用的标准化，主要包括信息的搜集、加工、存储、检索、分类编码、数据库建设、数据传输、信息系统建设、信息检索语言、文件格式，以及信息管理、系统安全与保密等方面的标准化。

军队信息资源开发利用的标准主要包括以下四方面内容：一是基础标准，即涉及信息资源建设、信息开发和全面情况的综合性标准，主要包括名词术语、分类与编码等标准。二是工作标准，即信息生产、采集、处理、存储、检索、交换和传播等方面的标准，主要是信息资源生命周期中需要的标准，包括信息内容创建、信息内容描述、信息长期保存、信息出版和信息发布标准。三是信息技术与信息安全标准，即基于网络环境的信息资源开发利用方面的标准，包括开放系统互联、开放分布式处理、数据库等方面的标准。四是管理标准，即对业务机构绩效和人员素质等进行评价与考核的标准，包括绩效评估和业务统计等。

（三）开展信息内容建设

军队信息内容建设具有很强的目的性，应紧紧围绕军事信息需求，按照知识主题有系统地建设，以提高信息建设的有序性、系统性和实用性。具体应做到：一是按照军队建设需要，创建军队建设理论、军队建设内容及军队建设发展等信息内容。军队建设理论方面的信息主要包括军队建设基本理论信息、应用理论信息和发展理论信息。军队建设内容信息主要包括政治信息、军事信息、后勤信息和装备信息等。军队建设发展的信息主要包括军队信息化和智能化的相关内容，以及可借鉴的各类发达国家军队建设信息。二是按照军事斗争准备需要，建设敌军信息内容、军队信息内容和战场环境信息内容。敌军信息内容主要包括军事战略、军事思想、作战理论、作战力量、武器装备及其战技术性能、兵力部署和可能的作战行动等战略战术情报信息，军事设施情报信息和武装力量装备与组织情报信息，以及与军事活动相关的其他情报信息。军队信息内容主要包括体制编制、作战力量部署、指挥控制机构，以及信息系统的配置、参战各军种的主要任务、作战能力、兵器性能和装备后勤综合保障能力等信息。战场环境信息内容主要包括国家信息资源环境、敌我双方战场信息资源环境、地理环境、天候气象环境、人文社会环境、民用信息设施、高技术人力资源及其动员和利用等。三是按照多元化需要，运用多种方式进行军队信息内容建设。军队信息内容建设的多元化特点，要求将陆基、海基、空基、天基等多维信息系统进行一体化互联，多方位、多视角地建设战场的各种目标信息、战场态势信息和战场变化信息等，为作战决策和智能化控制提供信息保障。

（四）开展数据支撑环境建设

数据支撑环境建设主要包括硬件支撑环境建设和软件支撑环境建设。硬件支撑环境主要是指支撑数据传递、存储和容灾备份等的硬件基础平台；软件支撑环境是指与数据有关的软件基础设施，涉及数据共享环境建设、数据安全环境建设，以及数据处理、分发所需要的软件服务设施等。应当基于可靠网络实现数据资源采集、处理及缓冲共享，构建下一代"全网数据共享环境"。

（五）组织信息应用系统开发

军队信息化的实质是利用信息技术，对军队建设的各个方面和战斗力生成的各个环节进行信息渗透、信息改造、信息融合和信息集成，从而实现军队形态向信息化转变。因此，必须瞄准先进信息技术发展前沿，集世界先进信息技术之长，以当代先进的信息技术群作支撑，把信息技术广泛应用于军队政治、军事、后勤和装备等各个领域，以及作战、值勤、训练与日常工作之中，促进信息应用系统开发，推动军队信息技术应用水平的提高。

（六）组织信息资源共享

推进军队信息资源共享，目的在于使军队组织和个人最大限度地利用信息资源。其实质是通过协调信息资源在时效、空间和数量上的分布，使信息布局更加合理，并在一定的约束条件下，使用户的信息要求得到最大限度的满足。早期的信息资源共享主要是文献资料资源的共享。20世纪下半叶，计算机的广泛联网使用，为军队的信息共享提供了更为方便快捷的手段，并将信息资源共享推进到以网络共享为主的新时代。在网络环境下，军队信息资源开发、利用和共享模式都发生了新的变化，军队信息资源的内容进一步丰富，并赋予信息资源优化配置以新的含义。网络环境中军队信息资源配置的目标是，在由多个信息系统相互连接而成的信息网络中，从网络整体需要出发，进行信息资源配置，通过网络中各信息系统的协调与合作，逐步形成一个互通有无、互相补充、方便用户的信息资源体系，利用群体优势，以尽可能小的投入，发挥网络各类信息资源尽可能大的整体效益。

三、军事信息利用管理要求

军事信息利用管理是军事信息管理活动的出发点和归宿，是直接面向用户的工作环节，其服务质量和效率直接影响用户对军事信息的兴趣、行为和效果。组织开展军事信息利用管理工作，应贯彻以下管理要求：

（一）做好对信息数据资源的科学管理

信息数据资源管理是指运用现代管理手段和方法，对信息数据资源进行组织、规划、协调、配置和控制的活动。其不仅包括对信息数据汇集、整理、清理、分类、存储、防护和安全等方面的管理，而且包括对信息融合、更新、挖掘、综合分析等方面的数据处理。其根本目的是保证信息数据资源的开发利用在统一规划和管理下，协调一致、有条不紊地进行，使各类信息数据资源以更高的效率和更低的成本，在军事活动中发挥应有的作用。

信息数据资源管理因管理目标、管理层次和管理方式的不同，其内容也不尽相同。宏观层次的军队信息数据资源管理是一种战略管理，通常运用经济、法律和行政手段实施，使信息数据资源按照军队建设发展的宏观目标，得到最合理的开发和最有效的利用；中微观层面，通常由军队各级信息数据资源管理部门，通过制定相应的政策法规和管理规章，组织协调各自信息数据资源的开发利用。

(二) 强化对信息资源的综合利用

信息资源的综合利用，应在充分掌握信息资源分布和开发利用情况的基础上，按照军队体系的内在联系及军队信息化发展需要，逐步建立面向不同军事主题的信息资源开发利用网络，通过信息系统和信息资源的整体化建设、规模化开发和综合性利用，打破军兵种及战略、战役、战术层次的界限，使信息资源管理科学合理。

信息资源综合利用应在观念创新、体制创新和机制创新上下功夫。强化信息资源综合利用意识，坚持以作战信息资源综合利用为导向，拓展公用信息服务范围，发挥公用信息服务的作用，提高公用信息服务水平。完善信息资源综合利用的法规和标准，推动军队信息资源总量的增加、质量的提高和结构的优化，增强军队信息资源的综合利用能力，提高信息资源的军事效益和社会效益，确保军队信息化智能化建设的综合效益。优化完善信息资源综合利用的保障环境，推动信息资源的综合利用，促进军队武器装备、军人素质和实战能力的协调发展。

(三) 创新基于任务、面向用户的信息服务方式

应着眼信息的高效流转和有效利用，根据平时、战时、急时不同的军事任务，面向各级指挥机构、作战部队、武器平台和应用系统等用户，针对静态、动态、特殊和自管等信息，创新"自主查询、实时推送、按需订阅、集中托管"的信息服务方式。一是自主查询。对于基础信息等变化相对不大的静态信息，应当利用信息服务平台的索引和转发功能，采取自主查询的方式提供信息服务。二是实时推送。特别是对于时间敏感性强的动态信息，应做好信息的融合，采取实时推送的方式提供信息服务。三是按需订阅。对于具有个性化特殊需求的信息，利用信息服务平台的订阅分发功能，采取按需订阅的方式提供所需的信息服务。用户根据任务和权限提出信息定制需求，信息服务平台适时

将订阅清单转发到相应的专业数据处理中心；专业数据处理中心制作信息产品后，适时将信息产品推送信息服务平台，由信息服务平台转发至定制用户。四是集中托管。对于一些部门和单位信息支撑环境与运行维护管理要求高的业务信息系统和数据，可采取集中托管的方式，利用信息服务平台提供承载和托管服务。

（四）推进信息资源共享机制建设

推进信息资源共享，主要是完善共享机制，抓紧建设全军信息资源共享体系，依据各级、各部门的需求及职能权限，科学确定信息共享的内容、范围等级及共享方式和共享责任，推动跨部门、跨领域的信息资源共享。当前，应根据联合作战军事斗争准备的急需，积极推广网上推演、网上训练和网上办公；建立合理的激励机制，推进重点部门、重点部队的信息共享；开发利用各类门户网站，为官兵提供公共信息服务等。

第五章
军事信息安全管理

未来信息化战争不仅要"知彼知己",更要"已知彼不知,以己之知击彼之不知"。要实现"彼之不知",使战场"单向透明",加强军事信息安全管理是最重要的环节。军事信息安全管理是指综合运用法律法规、管理措施和技术手段,使军事信息资源在获取、采集、传输、处理、管理及应用等环节免遭泄露、篡改和毁坏,为军事信息网络和军事信息系统提供防护支持,确保军事信息资源的机密性、完整性、可用性、可认证性、不可抵赖性和可控性,确保军事信息网系安全运转的管理过程。军事信息安全管理工作涉及信息安全保障体系构建、信息保密管理、信息网系安全管理等多个环节,是信息时代军队建设的一项经常性、基础性、关键性工作。

第一节　军事信息数据保密管理

信息数据保密工作是军队建设经常性、基础性的工作,是巩固战斗力、完成各项任务的重要保证。保密能力的高低,直接影响着战斗力建设的成效,影响着各项使命任务的完成。因此,必须高度重视军事信息保密管理,加紧开展军事信息保密管理的相关理论研究。

一、军事信息数据保密管理特点

信息数据保密工作,应当实施"三个转变",即工作重点从注重抓常规保密,转变到着力抓信息安全保密上来;工作基本思路从单纯地"保",转变到"保防结合,确保重点"上来;工作方式从行政管理为主,转变到行政管理与技术防护相结合上来。对此,军队保密工作应该坚持积极防范、突出重点、技管并举、同步发展的原则,深入扎实地开展军事信息安全工作。

（一）保密管理指导的防范性

"积极防范"一直是军队信息安全保密管理的重要思想。信息保密管理工作，体现出预防为主、动态防护、以攻协防等鲜明的"积极防范"特点。预防为主，重点强调未雨绸缪、防患于未然，即通过广泛、深入的教育活动和严格的规章制度约束，使各类人员树立强烈的保密意识，将各种事故苗头消灭在萌芽状态。动态防护，就是根据新形势下信息保密工作涉及面广、变化节奏快的特点，加强保密检查监控力度，积极检查发现泄密漏洞和泄密隐患，并有针对性地采取应对措施。以攻协防，就是强调综合运用多种进攻性、主动性手段，以攻势行动来保证信息的安全保密，通过加强监测、"软硬"多种手段结合等多种方式方法，确保军事信息安全。

（二）保密管理方式的综合性

信息保密管理方式的综合性，体现在必须综合采取技术手段和行政管理措施，注重运用先进技术提高管理水平，通过科学管理增强技术效能，综合治理，系统防护。信息保密管理是一项技术与管理相结合的综合性工作，技术与管理好似一架马车的两个车轮，仅靠技术或管理都无法做好保密工作，必须统筹协调，运用多种手段、从各个环节、依靠多种力量进行综合防护。同时，技术与管理又具有相辅相成、互相促进的关系。管理是建立在技术基础上的管理，广泛运用先进技术可以大大降低管理的难度、提升管理的效能。同样，通过科学的管理可以有效增强技术的效能，使其发挥最大的作用，并在一定程度上弥补技术方面的缺陷。因此，技术与管理二者不可偏废其一，必须相互结合、综合运用。

（三）保密管理发展的同步性

信息保密管理的同步性体现在保密管理工作必须与信息化智能化建设统筹规划、同步实施，使保密水平与信息化程度相适应，与军队全面建设相协调。信息化条件下，信息保密管理建设既是信息化智能化建设的重要内容，也是信息化智能化建设的重要保障。事实证明，信息保密管理搞不好，必然影响信息化智能化的进程；信息保密管理搞好了，将有力促进信息化智能化建设的发展。可以说，信息化智能化建设和信息保密管理，两者相辅相成，相得益彰。因此，在信息化智能化建设过程中，必须高度重视信息保密管理，坚持统筹规划，正确处理信息化智能化复合发展与信息保密管理的关系，坚持一手抓信息化智能化复合发展，一手抓信息保密管理，以安全保发展，以发展求安全，做到整体筹划，同步建设，协调发展。

二、军事信息数据保密管理内容

军事信息作为社会的重要组成部分，信息保密显得尤为重要。信息保密管理的内容，主要包括密钥与口令管理、信息系统软件的安全管理、存储介质的安全管理、技术文档的安全管理等。

(一) 密钥与口令管理

密钥管理的主要环节包括密钥生成、密钥分配和传送、密钥存储、密钥注入和使用、密钥更换和销毁、密钥联通和分割、数据库密钥管理等。密钥管理通常应遵循以下原则：最少特权、特权分割、最少公用设备、不影响系统正常工作和用户满意、对违约者拒绝执行、完善协调以及经济合理等。为了加强对密钥的安全管理，应建立密钥的层次结构，用密钥来保护密钥。重点保证最高层次密钥的安全，并经常更换各层次的密钥。为了提高工作效率和安全性，除最高层密钥外，其他各层密钥都可由密钥管理系统实行动态的自动维护。口令管理大致包括对口令产生、口令传送、口令使用、口令存储和口令更换等环节的管理。

(二) 信息系统软件的安全管理

软件设施主要包括操作系统、网络操作系统、通用应用软件、网络管理软件以及网络协议等。其主要管理环节有以下几个方面：一是购置管理。购置管理包括选购、安装、检测和登记。二是使用和维护管理。涉及安全的软件都应由专人负责，并对软件运行情况进行严格的记录；发现异常或发生安全事件时，在采取相应措施的同时报主管部门备案；安全管理员不得兼任应用系统管理员和业务员职务；对涉及安全的软件必须定期进行稽核审计，分析安全事件、堵塞安全漏洞；在完成软件更新后须重新审查系统的安全状态，必要时对安全策略进行调整；软件的新旧版本均应登记造册，并由专人保管；旧版本的销毁应严格控制。三是开发管理。应用软件的开发必须根据安全等级，同步进行相应的安全设计，并制定各阶段的安全目标；在开发过程中按目标进行管理，保证安全设计的贯彻实现；开发工作的全过程，必须有安全管理技术人员参加，对系统方案与开发进程进行安全审查和监督，并负责系统安全设计及实施；开发场所和环境应与其他办公环境和工作场所分开；软件设计方案、数据结构、安全管理、操作监控手段、数据加密形式、源代码等，都只能在有关开发人员及有关管理机构中流动，严防散失或外泄；应用软件开发必须符合软件工程规范；应用软件开发人员不得参与应用软件的运行管理和操作等。

(三) 存储介质的安全管理

存储介质主要有纸介质、硬盘、光盘、录音/录像、数据库、数据仓库、可擦写芯片存储器等。其主要管理环节有：一是存储管理。必须建有专门的存储介质库，有时应有异地存储库；介质库应有库管理员负责集中分类管理；库内介质应统一编目，目录清单应有完整的控制信息，如信息类别、文件名称与所有者、文件主要内容与日期、重要性等级与保存期限等。二是使用管理。介质的出入库均由库管理员负责；工作场所保留的介质数量，应是系统有效运行所需的最小数量；内容涉密的存储介质，按其最高密级决定介质密级，并按同密级纸质文件的管理要求进行收发与传递；涉密介质外送维修须经主管领导审批同意后，方可送安全主管部门指定的维修点维修；发现涉密介质遗失，应立即向本单位及上级保密部门报告，并及时将组织查处结果报告上级保密部门；涉密介质失窃后，在规定时限之内查无下落者，按泄密事件处理。三是复制和销毁管理。介质应根据需要定期进行循环复制备份；销毁前须清除所记录的信息；涉密介质销毁必须有两人以上进行现场监督，并做好销毁记录。

（四）技术文档的安全管理

技术文档是对系统开发、运行、维护中所有技术问题的文字描述。它记录了系统各阶段的技术信息，为管理人员、开发人员、操作人员以及用户之间的技术交流提供媒介。技术文档按内容的涉密程度进行密级管理。管理的主要内容有：一是传阅和复制技术文档，必须履行申请、审批、登记、归档等相应的手续，并明确各环节当事人的责任和义务。二是秘密级以上的重要技术文档，应进行双份以上的备份，并存放于异地。三是对报废的技术文档，应有严格的销毁与监视销毁措施。四是各级安全管理机构应制定技术文档的管理制度，并明确执行上述制度的责任人。

三、军事信息数据保密管理要求

信息及信息技术在军事领域的广泛应用，必然导致部队在建设、管理、作战等方面严重依赖信息的客观局面，一旦军事信息安全受到严重威胁，最强大的军队也会变得不堪一击。保信息就是保胜利，信息保密是当前军队面临的一项重大课题，关系着军队现代化建设的全局和未来信息化条件下作战的成败。

（一）完善机制，构建信息数据保密体系

完善信息数据保密的工作机制，构建信息数据保密体系，需要一个由浅到深、由虚到实的过程。当前应着力解决好以下三个方面的问题。一是建立权威性强的职能部门。信息保密工作涉及方方面面，没有集中统一的组织领导，既形不成合力，更难见实效，还容易因此而导致物力、财力的极大浪费。应当建立具有执法职能的权威性工作机构，这是在研究确立信息保密工作机制时首先要注意解决的问题。二是明确各部门在信息保密工作中的权力与职责。确保信息保密，需要采取综合配套的管理与技术措施，需要上下各级和机关各业务部门的共同努力。按照归口管理、分级负责的原则，把相关各部门在保密方面的职责加以明确，区分清楚，使其各司其职、各负其责，是促使保密措施落实的重要环节。

（二）健全法制，规范信息数据保密工作

没有规矩，不成方圆。适应信息化智能化复合发展的进程，及时建立并不断完善各项信息保密的法规、制度，坚持依法治密，既是构建军队信息保密屏障的需要，也是贯彻依法治军、从严治军战略的要求。应当进一步加快立法进程，提高立法质量，加大执法力度，进一步完善军队的信息保密法规体系。

（三）培养人才，建设信息数据保密队伍

信息化条件下的窃密与反窃密斗争，既是技术的较量，又是管理的较量，但归根结底是人才的较量。军队信息保密工作能否搞好，关键在于有没有一支政治强、作风好、懂技术、会管理的骨干队伍。当前，一是要树立新的保密人才培养和使用意识，积极培养军队信息保密人员坚定的理想信念献身精神及扎实的专业基础知识。二是要采取多种途径狠抓信息保密人才队伍的培养。要把信息保密人才培养的着眼点，从适应做好一般条件下的保密工作的需要转到能够胜任做好信息化条件下的保密工作需要上来，切实把培养信息保密人才培养纳入全军人才发展战略规划，依托全军人才培养体系高效地培养一大批政治思想好、保密能力强的信息保密人才队伍。

（四）发展技术，筑牢信息数据保密防线

技术的支撑与相应设备、设施的支持，是做好信息保密工作的关键所在。在军队保密技术相对落后的情况下，下决心加大投入力度，大力自主开发研究并积极推广应用先进的保密技术与设备，对做好军队保密工作显得尤为重要。要理顺技术发展的体制，加强集中攻关，着重就某一方面或某一问题进行专题研究；要对信息保密关键技术研发进行统一的组织领导和规划部署，确保形成信息保密技术攻关的整体合力；要依托国家和军队相关重大专项研究，又好又快地推进军队信息保密技术研究向前发展。

（五）严格督查，强化信息数据保密管理

加强信息保密督查与管理应主要抓好以下几方面工作：一是要加强对各类涉密人员的管理，制定严密完善的制度，最大限度减少泄密的可能性；二是要加强对载有秘密信息的所有系统、单机、设备、设施的管理，建立健全保密法规和技术标准；三是要运用行政、技术手段，对涉及保密的单位和人员、涉密技术系统和涉密场所、相关设施与环境，进行以防泄密、窃密和技术破坏为目的的监督与检查。

第二节　军事信息网络安全管理

军事信息网络是用于作战指挥、战备值班、军事训练、日常办公和业务处理等活动的信息传输、处理和服务平台，传输、存储和处理大量的涉密数据信息，其安全问题至关重要，事关战争胜负和战斗力的发挥，成为军事安全管理的重要组成部分和当前备受关注的重大问题。军事信息网络安全管理是指为防止军事信息网络在传输、存储、处理过程中发生阻塞、中断、瘫痪、数据信息丢失、泄露或被非法控制等情况，在组织、技术和管理上采取一系列保护措施的管理过程。加强对军事信息网络的安全管理，是确保军事信息网络体系支撑保障能力发挥的重要保证，必须深入研究。

一、军事信息网络安全管理特点

军事信息网络是当前开展军事斗争的物质基础，是进行网络作战的主要阵地，在国防安全和军事安全中占据着十分重要的地位。信息时代军事信息网络安全管理，具有自身鲜明的特点。

（一）管理组织的系统性

军事信息网络安全管理涉及军队信息化智能化建设的各个领域，是一项政策性和技术性极强的系统工程，其系统性体现在：一是军事信息网络安全管理涉及安全工作的组织管理、安全法规的制定与落实、安全环境的基础条件、军事信息网络的拓扑结构设计、信息资源配置、网络设备和安全设备配置，以及用户及管理员的技术水平、道德素养和职业习惯等诸多因素，因此必须从系统工程的观点出发，对信息网络安全管理进行全面、综合和系统的研究与组织实施。二是随着军事信息网络综合集成进程的加快，军队信息网络安全管理也必然是一个系统化和一体化的管理体系，因此解决网络安全问题必须是系统性的。

（二）管理实施的攻防一体性

信息时代，敌对军事信息网络的攻击，已成为军事信息网络安全面临的主要威胁。信息攻击与信息安全这对矛盾在对抗中快速发展。因此，必须密切跟踪敌对势力信息攻击技术的发展情况，全面评估我信息网络安全防护水平和抗攻击能力，有针对性地采取防范措施，实现以"攻"促防。

（三）管理目标的相对性

信息网络安全是相对的和暂时的，不存在一劳永逸和百分之百的信息网络安全，只能在被攻击和破坏的情况下尽快恢复信息网络的正常运转。为此，军事信息网络安全应包括安全防护、安全监测和安全恢复等多种机制。安全防护机制是根据具体网络的安全威胁和漏洞而采取的防护措施与制度，以避免非法攻击的危害；安全监测机制是监测网络运行情况的措施与制度，以及时发现和阻止对网络的各种攻击；安全恢复机制是在安全防护机制失效的情况下进行应急处理，及时恢复信息服务，以降低攻击破坏程度的措施与制度。网络安全管理的根本意义不在于防范任何情况下的所有信息攻击和破坏，而在于防范大多数情况下的大多数信息攻击和破坏，更要有对恶意违规或犯罪的探测、记录跟踪、告警和实时反应能力。

（四）管理过程的动态性

在维护军事信息网络安全的具体管理过程中，再完善的安全策略和方案也可能出现意想不到的安全问题，正确的方法不是寻求绝对安全的解决方案，而是能够根据风险的变化进行及时的调整、管理与控制。当信息网络的脆弱性及威胁技术发生变化时，一成不变的静态策略和方案会降低安全作用，甚至变得毫无安全作用。因此，网络安全管理应具有"风险检测—实时响应—策略调整—风险降低"的自适应能力，这就体现为安全管理的动态性。军事信息网络安全管理就要有这种能力，对信息网络的安全环境、安全隐患及安全需求的动态性有清醒的认识，并有足够的动态防范意识。

二、军事信息网络安全管理内容

要确保军事信息网络安全，必须牢固树立网络安全观念，强化网络安全管理，积极采用网络安全防范措施，以预防为主，严阵以待，发现漏洞，及时处理。军事信息网络安全管理，其具体管理内容包括组织网络风险评估、开展网络监测预警、组织网络应急响应、组织网络容灾备份恢复等方面。

（一）组织网络风险评估

军事信息网络安全风险是人为或自然的威胁可能利用军事信息网络系统存在的脆弱性导致安全事件的发生及其造成的影响。军事信息网络安全风险评估是指运用科学的方法和手段，系统地分析军事信息网络系统所面临的威胁及其存在的脆弱性，评估安全事件一旦发生可能造成的危害程度，并提出有针对性的抵御威胁的防护对策和安全措施，防范和化解军事信息网络系统安全风险，将风险控制在可接受的水平，为最大限度地保障军事信息网络系统的安全提供科学依据。

1. 组织网络风险评估的方式

根据评估发起者的不同，可将风险评估的工作方式分为本单位进行的自评估和上级主管部门组织的检查评估。风险评估应以自评估为主，自评估和检查评估相互结合、互为补充。网络应用系统和用户网络入网前、网络升级改造后须进行风险评估；进入等级战备和执行重大保障任务时，应对担负任务的网络进行风险评估。应当根据风险评估结果，及时组织安全策略调整，改进安全防护措施，消除安全漏洞隐患。

2. 开展网络风险评估的主要内容

开展网络风险评估，应主要分析需保护的信息资产、信息资产的脆弱性、信息资产面临的威胁、存在的可能风险、安全防护措施等。一是评估需保护的信息资产。资产是有价值的，资产价值越大，则其面临的风险越大。二是评估信息资源的脆弱性。风险是由威胁引发的，资产面临的威胁越多则风险越大，并可能演变成安全事件。三是评估信息资源面临的威胁。威胁要利用脆弱性来危害资产，从而形成风险。四是评估存在的可能风险，导出安全需求。五是研究制定网络安全防护措施。

3. 网络安全风险评估的组织流程

组织网络安全风险评估，其组织实施流程应具体包括以下环节的工作：一是风险评估的准备，主要包括确定风险评估的目标和内容、组建风险评估小组、对被评估对象进行调研、确定评估依据和方法等。二是进行资产识别，主要根据网络资产的军事影响力、业务价值和可用性三个安全属性，确定资产价值。三是进行威胁识别，威胁是一种对资产构成潜在破坏的可能性因素，可以通过威胁主体、动机、途径等多种属性来描述。威胁识别就是判断威胁出现的频率。四是进行脆弱性识别，主要是针对每项网络资产分别识别其可能被威胁利用的脆弱性，并对脆弱性的严重程度进行评估。五是对已有安全措施进行确认，主要是对有效的安全措施进行保持，对于确认为不适当的安全措施应核实是否应被取消，或者用更合适的安全措施替代。六是开展风险计算，主要工作是采用适当的方法确定威胁，判断安全事件一旦造成损失，其风险值如何。七是进行风险结果判定，主要工作是对风险值进行等级化处理，将风险划分为一定的级别，制定风险处理计划并采取新的安全措施降低、控制风险。八是进行风险处理，应综合采取新的安全措施，并对新的安全措施进行再评估，以判断实施新的安全措施后的残余风险是否已经降低到可接受的水平。

（二）开展网络监测预警

组织网络安全监测预警是网络安全管理的重要内容，其主要内容包括网络安全监察、网络安全审计、网络安全预警等。

1. 网络安全监察

安全监察是指运用全军统一部署的网络异常流量监测、入侵检测、信息审计和接入控制等安全监察系统，按照"广域监察、局域管控"要求，对网络安全策略执行、安全事件处置和违规操作行为等实施的监察管理活动，主要监察安全策略执行、网络入侵、病毒侵害、非法信息、异常流量、越权访问、非法接入或外连、非法扫描、网络和系统运行异常等情况。

2. 网络安全审计

安全审计是为保证网络安全防护工作科学规范，对值勤台站（中心）和用户的网络安全防护情况而进行分析审查的管理活动。安全审计内容包括网络安全防护规章制度落实情况，安全策略执行情况，网络安全防护手段及措施，安全事件处置的流程及方式方法等。

3. 网络安全预警

安全预警是对网络可能发生安全事件的告知活动。其要求包括：一是安全预警须经本级参谋机关批准；二是预警内容包括预警等级、威胁来源、侵害种类、危害程度、发生条件、影响范围和防范措施等；三是预警等级应根据网络威胁程度适时调整；四是确认安全威胁消除后，及时解除预警。

（三）组织网络应急响应

应急响应是指为了应对网络安全事件的发生所做的各项准备工作，以及在安全事件发生后所采取的措施与行动。组织网络安全应急响应的主要措施包括：对突发安全事件进行紧急处理，防止攻击的蔓延或复发，恢复正常业务，并对安全事件进行跟踪、取证，采取必要的反击措施等。

开展应急响应流程和措施主要包括：一是分析判断网络障碍（事故）、安全事件、违规信息和网络失泄密等事件来源、性质、威胁程度及影响范围等；二是及时通报相关情况，并上报上级机关，情况紧急，可边实施边报告；三是启动应急响应预案，必要时启用备份（容灾）系统；四是调查取证，及时向本级机关提交应急响应报告。预警完成后，应针对网络入侵事件、病毒侵袭事件、网络失泄密事件和违规操作事件等进行迅速的处置。

（四）组织网络容灾备份恢复

容灾备份恢复是为保证各类网络系统的抗毁性和顽存性，实现网络系统与数据远程异地存储、切换及恢复等各项保障活动，确保网络在灾难发生后，在确定的时间内可以恢复和继续运行。

组织容灾备份恢复的流程包括：一是进行灾难恢复需求分析，具体包括风险分析、业务影响分析和确定灾难恢复目标等步骤。二是制定灾难恢复策略，主要应明确灾难恢复实施的方式和具体要求等。三是灾难恢复策略的实现，主要工作是根据灾难恢复策略，选择和建设容灾备份中心、实现灾难备份系统技术方案并实现技术支持和维护能力。

三、军事信息网络安全管理要求

军事信息网络安全管理是军队信息安全管理的重点和难点，应统一设计安全架构、统一建设防护手段、统一提供安全服务，严格边界管控御敌侵入，强化密码加密阻敌破译，建立信任机制防敌欺骗，提升监测能力识敌攻击，应用自主产品避敌预植，为各级各部门提供安全可信的基础网络环境。

（一）抓紧构建网络信任体系

网络信任体系是实现网络空间身份可信、行为可控、违规可查的基础设施。应按照"全网统一、实名认证"的要求，由各级信息管理机构负责信任体系建设管理和组织运用，集成改造证书认证系统，形成全网统一的数字证书认证体系，强化证书服务保障，实现密码密钥的全过程、全寿命管理；开展军队人员基础信息管理专项工程建设，构建基于数字化身份证件的网络实名上网管理系统，实现用户接入实名控制和信息访问实名管理；完善设备认证、授权管理和安全审计网络信任服务手段，满足装备、软件安全认证和网络用户访问权限管理需要，为追查网络安全事件、确定安全责任提供支撑。

（二）着力完善监测预警系统

网络监测预警是前移安全关口、确保早期发现、实现主动防御的基本手段。应按照"末端感知、全域发布"的要求，在骨干网络层面统一部署入侵检测、流量监测和安全监察系统，在用户网络布设末端探测设备，强化安全事件原始数据采集，消除监控盲区死角；升级完善网络事件关联分析、态势综合和舆情分析手段，及时判别攻击类型，准确追踪溯源，形成综合态势，掌控网上信息内容，为发布预警通报提供技术支持；建立重大、紧急网络与信息安全事件全网通报制度，提供特定预警信息订阅服务保障，为有关部门有效应对安全威胁，开展情报整编、网上信息管控和失泄密案件查处提供依据。

（三）周密组织网络边界防护

网络边界防护是隔离不同网系、确保安全互联的主要措施。应按照"外部物理隔离、内部受控交互"的要求，军事信息网络与公共互联网实施严格的物理隔离，在军事信息网络中布设外联监控手段，实时监控从内部发起的违规外联行为，阻断与外网的非法连接通路；建设网间交换站点，保证不同承载网系信息受控交互；建设网络接入控制系统，对用户接入骨干网络进行安全管控；设置无线接入站点，严格管控用户依托卫星、短波、集群等无线手段接入固定网络，抵御无线注入和跨网渗透攻击。

（四）积极提供公共安全服务

公共安全服务是为全网用户提供规范权威、集约高效安全基础资源的主要渠道。应按照"统筹资源、统管服务"的要求，提供安全管理、应急响应、安全评估手段，支撑局域联动、广域协同的业务管理和应急响应；丰富病毒库、补丁库、攻击特征库等安全基础资源，向全网用户提供安全工具在线升级和远程技术支援；建立软件黑白名单库，强化合法软件遴选和非法软件甄别，有效阻止非法软件入网运行；采取关键设备和核心数据容灾备份措施，实施传输信道有线无线结合、多路迂回保障的冗余保护，增强重要网络抵御攻击和灾难恢复能力。

第三节　军事信息系统安全管理

军事信息系统是军队现代化建设的重要物质基础和信息依托，是信息系统在军事领域的应用。军事信息系统的建立和发展，使军队开展信息化智能化战争准备有了强有力的信息支撑。军事信息系统的正常和安全运行，在平时，能够保障军队教育训练、战备和日常行政管理工作的开展；在战时，能够保障军队牢牢掌握战场的制信息权，进而夺取信息化智能化战争的胜利。因此，应当加强军事信息系统安全管理的理论研究，有力推进军事信息系统安全管理实践。

一、军事信息系统安全管理特点

当前，军事信息系统建设飞速发展，以信息安全等级保护制度为核心的军事信息系统安全管理建设更加重要。军事信息系统安全管理，具有以下鲜明特点。

（一）管理组织的统一性

组织军事信息系统安全管理，必须适应军队各类信息系统建设应用快速发展需要，区分军事信息系统不同特点，推行信息安全等级保护基本制度和强制性入网审核制度，使信息系统重要程度与安全防护能力相匹配，确保各级各部门组织信息系统建设时公共安全条件明确、配套建设标准明确、安全管理责任明确，为军事作战指挥、业务处理和日常办公提供安全可靠的信息处理环境。必须坚持对军事信息系统安全管理的统一组织领导，统筹协调军事信息系统安全管理工作，建立施行统一的信息系统安全管理法规政策和技术标准，相关部门按照责任分工承担相应的系统建设、管理和监督检查等任务，才能确保军事信息系统安全管理工作的顺利开展。

（二）管理任务的艰巨性

目前，伴随军队信息化智能化建设的加速推进，各类军事网络与信息系统建设应用需求旺盛，军队信息系统安全管理面临严峻挑战。其主要表现在：信息系统建设与安全防护管理不同步、不配套，存在"带病入网"现象，信息系统安全管理严重滞后于信息化智能化建设发展；由于信息安全工作复杂性及人们认识和表达的不一致，信息系统安全防护方案设计水平不同、粗细不均，难以保证达到相应防护需求；信息系统安全防护强度与其重要程度不匹配，存在"弱防护"和"过防护"情况，信息系统安全管理效益发挥不明显；信息系统安全管理目标不明确，定性描述多，定量规范少，缺乏科学的量化指标和装备手段配置规范，可操作性不强等。因此，开展军事信息系统安全管理，面临着极其严峻的挑战，安全管理任务十分艰巨。

（三）管理实施的分级性

军事信息系统的重要性、涉密程度和面临安全风险等因素存在差异，因此，在对军事信息系统实施安全管理时也不能实施简单的"大呼隆""一刀切"，而是必须分等级、有重点地予以实施。对军事信息系统实施分等级安全管理，符合军事信息系统自身发展特点，符合信息安全发展建设特点规律，能够从根本上改变军事信息系统安防体系建设缺乏标准、各行其是的粗放型管理应用模式，是当前和今后一个时期军队信息安全保障工作的主要策略和重要抓手。

二、军事信息系统安全管理内容

适应军队各类信息系统建设应用快速发展，区分指挥信息系统、日常业务信息系统和嵌入主战武器信息系统的不同特点，推行信息安全等级保护基本制度，使信息系统重要程度与安全防护能力相匹配，确保各级各部门组织信息系统建设时公共安全条件明确、配套建设标准明确、安全管理责任明确。具体来讲，军事信息系统安全管理工作主要包括以下八个环节的内容：

（一）分级建立信息安全保护标准

分级建立信息安全保护标准管理主要工作包括：一是制定信息安全等级保护定级指南，按照各类信息系统的功能作用、覆盖范围、涉密程度，以及遭受攻击后的损害程度等区分保护等级，为信息系统安全保护等级评定提供依据。二是拟制信息安全等级保护标准，从技术和管理等方面明确各等级安全防护基本要求，规范和指导各级各部门实施安全防护建设。三是出台信息安全等级保护测评规范，规范信息安全等级测评工作的主要内容、方法手段、工作流程等，为相关部门组织开展安全保护等级测评验收提供依据。

（二）科学确定信息系统安全保护定级

科学确定信息系统安全保护定级管理主要工作包括：根据军事信息系统遭

到破坏后，对军事行动、日常业务的直接损害程度，明确安全保护等级。各单位组织信息系统建设时，应当科学评定安全保护等级，并提交信息管理机构审核。

（三）统一规划信息系统安全备案

统一规划信息系统安全备案管理主要工作包括：各级信息管理机构依托相应网络安全防护中心，组建信息系统安全备案机构，受理备案申请，集中登记、存储军事信息系统名录以及等级保护工作实施情况。信息系统主管部门通过定级审核后，根据信息系统实际情况向相应备案机构申请备案。各级备案机构应当建立管理制度，严格管理备案材料，严格遵守保密制度，未经批准不得提供数据查询。

（四）分类开展信息系统安全防护

根据指挥信息系统、机动指挥信息系统、支援保障信息系统、日常业务信息系统、嵌入主战武器的信息系统等不同类型信息系统的安全防护等级要求，科学确定、开展不同类型信息系统的分级防护工作。

（五）分工实施信息系统安全配套建设

分工实施信息系统安全配套建设管理主要工作包括：信息系统建设主管部门组织信息系统建设时，根据信息系统等级保护定级指南，自行评定信息系统安全保护等级，并提交信息管理机构复评备案；按照核准的保护等级和相应建设标准，组织论证安全防护建设方案，负责相关配套建设。

（六）分步组织信息系统安全审核

分步组织信息系统安全审核管理主要工作包括：一是信息系统建设方案评审时，应当组织立项安全审核，重点对安全防护建设内容是否符合等级保护标准进行审查，未通过审查的系统不得申报立项。二是信息系统竣工验收前，由建设主管部门提出等级测评申请，信息管理机构牵头组织测评专业力量，按照核准的安全保护等级组织测评验收，未通过测评的系统不得投入使用。三是通过等级测评的信息系统，由建设主管部门提出入网申请，信息管理机构组织入网运行。四是装备科研、工程建设等业务部门，在相关建设法规制度中，明确安全审核的工作要求、主要内容和实施步骤，保证系统立项、入网安全审核制度化。

（七）定期组织等级保护检查评估

定期组织等级保护检查评估管理主要工作包括：各级信息管理机构依据信息安全等级保护管理办法，定期组织开展在用信息系统安全保护等级的检查。对信息系统定级情况、安全防护机制规划设计、在用信息安全产品等级、安全防护系统运行管理等进行复查复评，督促落实等级保护管理和技术要求，发现存在安全隐患或未达到等级保护管理和技术要求的，通知信息系统主管部门限期整改，使信息系统安全保护措施更加完善。信息系统主管部门应积极接受信息管理机构的监督、检查、指导，如实提供有关材料。

（八）实施信息系统安全防护建设整改

实施信息系统安全防护建设整改管理主要工作包括：信息系统主管部门根据确定的信息系统安全保护等级或针对测评中暴露的问题，制定整改工作规划计划和实施方案，遵照相关标准规范从管理和技术两个方面确定整改需求，建立各类安全管理制度，开展人员安全管理、系统建设管理和系统运维管理等工作，落实物理安全、网络安全、主机安全、应用安全和数据安全等安全保护技术措施。开展安全自查自评，及时发现信息系统存在的安全隐患，为后续整改奠定基础。

三、军事信息系统安全管理要求

开展信息系统安全管理，必须加强科学统筹和全面保障，又好又快地推进信息系统安全管理工作开展。具体应做到以下几个方面。

（一）切实加强组织领导

各级党委要把组织信息系统安全管理作为单位信息化智能化建设的重要内容和推动信息安全保障工作的着力点，把信息系统安全管理工作列入经常性议事日程。严格执行信息系统安全等级保护法规标准，及时发现和解决存在的问题，并在力量组织等方面予以大力支持。要安排政治坚定、专业精通、素质过硬的人员从事信息系统安全管理工作。

（二）做好同步配套建设和指导监督

组织军事信息系统建设时，应根据等级保护要求，同步设计信息安全防护系统，同步实施系统建设和检查验收，应根据形势变化和工作开展对等级保护相关管理规范和技术标准进行适时修订。应通过定期检查、督促整改等方式，对作战指挥、主战武器装备等重要信息系统的信息安全等级保护工作进行重点业务指导，督促落实信息安全保护制度，确保安全可靠。

（三）强化支撑手段和力量建设

应建立信息系统安全管理监督、检查工作的技术支撑体系，组织研发科学、实用的检查评估工具。依托现有网络安全防护、技术安全检查、密码安全检测、信息安全产品测评等专业力量，设立信息系统安全管理专业测评认证机构，承担信息系统安全管理测评职能。要积极宣传信息系统安全管理的相关法规、标准和政策，组织军事院校开展相关培训，不断提高信息系统安全管理人员能力水平。

（四）加大经费保障措施力度

各级各部门要加强对信息系统安全管理工作的经费保障力度。财务部门要划拨专项经费，为各单位开展信息系统安全管理工作提供固定资金支持。各级各部门要统筹安排，科学决定投向投量，信息系统安全管理工作所需的工程建设费、装备购置费、系统整改费、测评验收费以及等级保护管理费等经费，均应按照保障渠道，分别纳入有关经费预算安排，实行专款专用，提高经费使用效益。

第四节　军事信息行为安全管理

人是军事信息行为安全的最主要因素，一切与军事信息相关的信息行为，都是以人为主体来开展的。因此，加强对人的军事信息行为安全管理，应是军事信息安全管理的重要内容。

一、军事信息行为安全管理特点

在威胁军事信息安全的几大因素中，人的因素是最大也是最主要的威胁。因此，行为管理是军事信息安全管理的重要方面。军事信息行为安全管理，主要有以下特点。

（一）管理对象的多变性

军事人员的信息行为安全管理是安全管理的重要环节，特别是各级关键部门的人员，对网络信息的安全与保密起着重要作用。实际上，大部分安全和保密问题都是由人为差错造成的。人本身就是一个复杂的信息处理系统，而且人还会受到自身生理和心理因素的影响。人员的教育、奖惩、培养、训练和管理技能，对于军事信息安全与保密有很大的影响。因此，实施信息行为安全管理，必须高度重视人这一主体因素可能存在和发生的各种变化，采取多种手段予以预防。

（二）管理实施的原则性

人是军事信息安全管理对象中最活跃的因素，因此对军事信息行为的安全管理必须遵循一定的原则，从严开展管理。军事信息行为安全管理通常应遵守以下原则：多人负责制原则，即两人或多人互相配合、互相制约，从事每项安全活动，都应该至少有两人在场，共同签署工作情况记录，以证明安全工作已经得到保障；任期有限原则，即任何人最好不要长期担任与安全有关的职务；职责分离原则，不要了解职责以外与安全相关的事情；最小权限原则，只授予用户和系统管理员执行任务所需要的最基本的权限，对超级用户的使用权限分散等。

（三）管理教育的经常性

当前，人员的信息安全意识淡薄是一个十分严重的问题：部分人员和部门仍存在"重应用，轻安全"的倾向，认为媒体报道的信息安全事件离自己很遥远，因而处于"居危思安"的心态中。部分人满足于拿来主义，认为现在因特网上有许多加密软件可以下载，随便拿一个来用，都比现在的水平高得多。有些人对密码的使用存在认识误区，认为变换就是密码，有算法就能安全，缺乏密钥管理意识；还有一些人不理解安全的相对性，盲目听信商业广告宣传，真的以为他们吹嘘的全面的安全方案、万能防火墙以及他们推销的密码有多好。殊不知世界上根本不存在能够实现绝对安全的方案、防火墙和不可破译的密码。因此，经常性是军事信息行为安全管理的重要特点，必须抓好经常性的安全意识教育和管理，严格落实建设、使用和维护等安全保密规定，开展常态化的信息安全监督检查，确保人员的军事信息行为时刻处在安全管控之下。

二、军事信息行为安全管理内容

信息行为安全管理从管理内容上看，又分为对信息安全人员的信息行为管理，以及对军队全体人员的信息行为管理等。

（一）对信息安全人员的信息行为安全管理

信息安全人员是指与军队信息安全直接有关的人员，主要包括安全管理员、系统管理员、安全分析员、办公自动化操作人员、安全设备操作员、软硬件维修人员和警卫人员。此类人员直接接触军队的各种信息及信息设备和设施，对他们的信息行为进行管理特别重要，是军事信息行为安全管理的重点。对其进行管理应注重以下几个方面：一是不单独活动。每项与安全有关的活动，原则上都应由领导指定两名或两名以上可靠且胜任的专业人员共同参与，完成任务后作好记录，并由参与者签字，以此达到相互监督、共同负责的目的。二是岗位轮换。一切与安全有关的岗位，工作人员必须定期或不定期地进行轮换。三是权限最小化。所有人员的工作与活动范围以及访问权限，都应限制在完成其自身任务所必需的最小范围之内。四是责任分散。为实现安全功能所必需的各项操作，其相应责任原则上应由每个操作人员各自承担。不同岗位安全人员工作场所之间也需要在物理上加以隔离。五是教育与培训。对安全人员应进行经常性的教育与岗位培训，包括正确的人生观与爱国主义思想教育、安全防护意识和敌情观念教育、军人道德与遵纪守法教育等，保证安全人员在思想上的堤防牢不可破。同时，必须根据安全人员岗位工作的需要和相关领域科技的最新发展，不断进行有关安全业务知识和技能的培训，使其始终具有足以胜任工作的业务能力。

（二）对军队全体人员的信息行为安全管理

军队全体人员既是军事信息的使用者，又共同承担着维护军事信息安全的责任和义务。对军队全体人员进行信息行为安全管理，其管理重点包括：一是开展有关安全意识的教育。随着军事信息系统部署和应用的日益广泛，全军不接触信息系统的人员已越来越少，因此，必须强调全体人员，树立"信息安全，人人有责"的意识。二是做好有关安全法规的贯彻执行。军队全体人员必须切实贯彻执行安全法规，保证信息安全管理制度落到实处。三是做好有关信息安全知识和技能的教育与培训。

三、军事信息行为安全管理要求

军事信息行为安全的管理也是一项系统工程，要从人员的教育、培养等多方面进行科学管理，以防止在信息行为上对军事信息安全造成不必要的危害。开展军事信息行为管理，重点应遵循以下要求。

（一）营造有利于军事信息行为安全的良好氛围

大力提高各级领导干部和专业管理人员的安全保密素质，发挥人在安全管理综合策略中的基石作用，大力增强安全意识，并在全民中，特别是军队内部逐步营造一个有利于军事信息安全的良好氛围。一是要把军事信息行为安全管理纳入各级行政工作。信息行为安全管理决不能只靠专门机构"孤军奋战"。各级党委、领导必须高度重视，无论本单位的性质、任务如何，只要与军事信息相关，就应将其作为本级的重要职责并切实加强组织管理，确保军事信息行为的安全。二是要广泛开展军事信息安全教育。军事信息安全教育是全民国防教育的重要内容，应将其纳入国防教育系统，整体部署，统筹规划，加强指导，确保落实。要明确职责、制定具体的信息安全管理计划，利用各种条件、时机和场合开展教育工作。按照领导、专业骨干教育与群众普遍教育相结合，重点内容与一般内容相结合的方式组织实施。三是要注重军事信息行为安全管理的群众性。军事信息行为安全管理工作必须充分发挥人民群众的重要作用，建立群众性的军事信息安全防护体系。积极培养骨干力量，做到群专结合。

（二）强化信息行为的安全监督检查

监督和检查是确保信息行为安全的重要措施和手段。其意义在于确保各项军事信息活动计划、方案的落实和工作的正常顺利开展，确保内部人员不因思想、意志和利益等方面的原因出现不利于军事信息安全的问题。一是要明确监督检查的内容，主要包括：信息安全机构的建设情况，各类人员执行制度的情况；设施、设备管理维护、使用、更新情况，计划和措施及其落实情况，法规、制度的落实情况，密码、密钥及其他信息载体的生产、保管、使用、销毁情况等。二是要建立监督检查机制。在检查督促中，必须按行政系统逐级开展，分级实施，以保证监督检查及时到位、防止检查的随意性和过于频繁，而对重点部门要坚持监督检查的经常性。三是要坚持灵活多样的方式和方法。在信息行为安全管理工作中，监督检查是一项重要、复杂、经常且难度较大的工作。因此，必须符合权威性、全程性、针对性、缜密性和严肃性的要求，并采取灵活多样的方式和方法。特别应重视运用现代信息技术手段进行监督检查，以保证信息行为的绝对安全和补救措施的可靠。

（三）完善相关法规制度

健全的法规制度是确保军事信息行为安全的法制基础，也是依法进行信息行为安全管理的依据和前提。应当借鉴国内外的立法经验，结合军队实际，加快立法进程，大力健全完善权威性、系统性和可操作性的信息行为安全管理法规制度。在这些法规制度制定过程中，应强调以下几点：一是规范性。全面体现军事信息行为安全管理的基本特点，对一切需要规范的问题都应尽可能给出确定的法律规范。二是兼容性。应与现行的法规制度保持良好的兼容性，使之更加科学和完整。三是可操作性。从维护军事信息行为的绝对安全出发，制定便于操作的法规制度，重点突出信息系统规划、设计、建设、运行和维护，信息资源获取、传输、处理、存储、开发利用等信息行为的安全管理法规制度建设，确保用可操作性强的法规制度来推进信息行为安全管理工作的落实。

第五节　军事信息安全管理体系与流程

未来信息化智能化战场上，需要建立科学合理的军事信息安全管理体系与流程，实施高效的信息服务处理的信息、相关软硬件设施、人员、机构等管理，使各类军事信息资源受到妥善保护，不因自然或人为因素而遭到破坏、更改或者泄露系统中的信息资源，保证信息系统和相关应用系统能够稳定可靠运行。

一、军事信息安全管理体系

信息安全的最终目的是确保信息的保密、完整性、可用性，手段是可审计、抗抵赖以及信息系统对信息资源的控制等。从信息系统安全管理总需求来看，分离的安全服务、安全机制只解决单一方面的安全问题，而系统整体的安全性则类似一只木桶，由最大的短板所决定。要全面地、全方位地实现整个系统的安全防护，需要系统地、完整地构建信息系统的安全管理体系框架。一般来说，可以将信息系统安全管理体系分为技术体系部分、组织机构部分和综合管理部分，如图 5-1 所示。

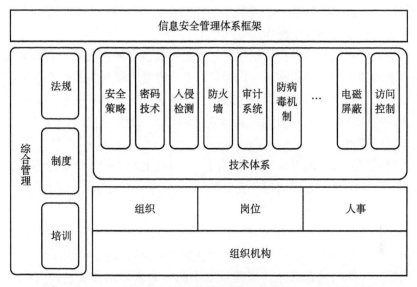

图 5-1　信息安全管理体系框架

（一）技术体系部分

技术体系为信息系统安全保护提供全面的技术保障系统。通过技术管理，将技术机制提供的安全服务部署在 OSI 协议层的单层或多层上，为数据、信息内容和通信连接提供机密性、完整性和可用性保护，为数据获取、存储、处理、存储进程提供身份鉴别、访问控制、审计和抗抵赖保护，这些安全服务分别作用在通信平台、网络平台和应用平台上。各类安全技术包括：通过控制建设标准，使包含信息系统的建筑物、机房条件及硬件设备条件满足信息系统的机械防护安全；通过对电力供应设备以及信息系统组件的抗电磁干扰和电磁泄漏性能的选择性措施，使信息系统组件具有抗击外界电磁辐射或噪声干扰的能力，并控制由电磁辐射造成的信息泄漏；通过对信息系统中安全相关组件的安全性选择安全等级并部署访问控制系统、审计机制、应急响应机制等，使信息系统安全组件的软硬件工作平台达到规划的安全等级。

（二）组织机构部分

组织机构体系是信息安全管理体系的组织和人员保障，由机构、岗位和人事部门三个层次构成。

机构的设置又可以分为三个层次，即决策层、管理层和执行层。决策层是主管单位决定信息安全管理重大事宜的领导机构；管理层是决策的日常管理机构，根据决策机构的决定全面规划并协调各方面力量实施信息系统的安全方案，制定、修改安全策略，处理安全事故，设置安全相关的岗位；执行层是在管理层协调下具体负责某一个或某几个特定安全事务的一个逻辑群体；这个群体分布在信息系统的各个操作层或岗位上。

岗位是信息安全管理机构根据系统安全需要设定的负责某一个或某几个特定安全事务的职位。岗位在系统内部可以是具有垂直领导关系的若干层次构成的一个序列，一个人可以负责一个或几个安全岗位，但通常一个人不得同时兼任安全岗位所对应的系统管理或具体业务岗位。因此，岗位由管理机构设定，由人事部门管理。

人事部门是由管理机构设定的部门，对岗位上的工作人员进行信息安全素质教育、业绩考核、心理辅导和安全监管。

（三）综合管理部分

管理是信息系统安全的灵魂。信息安全的各个"组件"都需要它将其黏合起来，综合管理由法规管理、制度管理和培训管理三个部分组成。

国家和军队的信息安全法规建设是军队打赢未来信息化智能化战争的需要，也是军队信息化智能化建设的重要组成部分。法律法规可以对军队信息系统与外界关联行为提供强制性规范和约束，且具有明确的管理层次性，是军队各类信息系统的最高行为准则。

信息安全制度是依据各机构、团体根据安全需求，在信息系统内部制定的一系列内部规章制度，主要内容包括安全管理和执行机构的行为规范、岗位设定及其操作规范、岗位人员的素质要求及行为规范、内部关系与外部关系的行为规范等。制度管理是法律法规的具体化，是法律法规与管理对象的接口。

教育培训是确保信息系统安全的重要基础。教育培训的内容包括法律法规培训、内部制度培训、岗位操作培训、安全意识培训、业务素质和技能技巧培训、心理素质培训等。培训对象不仅包括从事安全管理和信息业务的人员，而且包括所有与信息系统相关的人员。

二、军事信息安全管理流程

军事信息安全管理关乎军事信息服务是否安全可靠，按照"策略配置、动态防御、安全审计"的防护思路，军事信息安全管理流程一般包括安全策略的制定、预警监测、病毒防范、风险评估、安全审计、安全响应等基本步骤。

（一）安全策略的制定

制定信息安全策略的目的是阐明如何使用信息系统、如何保护敏感信息、如何应用安全技术；阐明用户在使用信息时承担什么样的责任，描述对人员的安全意识和技能要求，列出并限制风险行为。通常，安全策略的制定包括以下内容：①理解军事信息服务业务特征。首先需要充分了解各类军事信息服务的业务特征。只有了解业务特征，才能发现并分析所处的风险环境，并在此基础上提出合理的、与业务目标相一致的安全保障措施，定义出技术与管理相结合的控制方法。同时，还需要充分了解所处组织机构和人员状况，有助于掌握人员的安全意识、心理状况、行为状况，为制定合理的安全策略打下基础。②确定信息安全整体目标。制定策略前需要清晰地认识信息安全宏观需求和预期达到的目标。根据需求制定相应目标，规划所需达到的安全等级，以最小的代价和成本防止信息安全事故发生，为业务的可靠运行提供保障。③确定策略范围。不同的组织机构需要根据自己的实际需求确定安全策略涉及的范围，可以在整个组织或个别部门以及个别领域制定策略。④起草和评估安全策略。根据需求分析，选择安全管理的目标、等级、方式，拟定安全策略。策略制定完成后，要进行充分的专家评估和预先测试，以评审安全策略的完备性和易用性，并确定安全策略能否达到所需的安全目标。⑤实施安全策略。安全策略通过评估测试后，需要有相应的组织机构正式批准实施，使所有成员明确自身的安全责任与义务。

（二）预警监测

军事信息服务中心通常需要部署安全监测系统，针对网络入侵、病毒侵害、有害信息、网络异常、防护设施异常、应用系统异常、非法接入和外网连接等安全事件发出安全预警。安全预警监测工作步骤如下：①及时记录分析网络并监测数据；②准确判断网络入侵、病毒侵害、有害信息、非法接入等安全事件的发生时间、IP地址、性质及危害程度；③根据分析判断结果确定处置方案；④上报网络安全监测情况和处置方案。

（三）病毒防范

病毒防范是军事信息服务中心需要组织的常态工作，遵循"统一组织、预防为主、防治结合"的指导原则，具体内容如下：①及时收集网络病毒信息，跟踪病毒发展趋势，不断更新病毒特征库、漏洞补丁库和病毒清除程序，建立有效的病毒防护系统、病毒特征库分发和升级技术体系；②及时做好网络病毒监测系统的运行维护和防病毒系统的升级更新；③对于用户的计算机软、硬件系统及存储介质，在上网使用或通过网络传递用户存储介质上的信息时，必须经过病毒检测；④结合网络设备的预检维护开展病毒检测工作，建立健全检测记录。

（四）风险评估

在军事信息服务部署完成后，由管理机构对网络安全状况进行安全风险评估。其主要内容包括：①查找、分析网络中存在的系统漏洞、安全隐患；②对网络应用服务进行安全性测试，检查应用服务是否造成安全漏洞和隐患；③分析网络协议、网络流量等网络特征，判断网络的安全状况；④检查安全防护设施工作是否正常；⑤根据网络测评的数据，确定网络安全风险等级；⑥安全风险评估完毕后，需要根据风险评估等级和等级报告反映的网络安全状况，组织相关单位调整安全策略，完善安全管理机制，改进安全防护措施，消除安全漏洞隐患。

（五）安全审计

依据相关安全管理法规和安全策略要求，需要对管理区域的网络交换设备、安全防护设备、信息服务系统设备、用户终端设备以及各类系统和应用软件的安全规则设置、操作记录进行分析与审查。安全审计主要内容包括：①各种网络交换设备的访问控制规则；②防火墙、入侵检测系统等各类网络安全防护、监测设备（系统）的访问、控制、过滤和配置规则；③操作系统日志、历史记录：各类应用服务器的系统配置规则和系统日志；④文电终端以及其他上网终端的防护系统配置规则；⑤各类应用软件的系统日志、历史记录；⑥各种安全管理规定和安全策略的执行情况。

（六）安全响应

安全响应是指各类信息系统发生故障或者遭受打击时，根据安全预案所采取的对应行动。安全预案规定了在各类信息系统出现突发安全事件时的应急处理措施。安全预案通常明确以下三个方面的内容：①针对数据丢失、系统瘫痪、业务中断等情况，按照既定应急响应预案实施处置，应急响应预案中指定了具体应急响应事件等级、处理人员、携带处置装备设备和对应事件的处理方法等方面；②在非常规情况下，可采用终止跨网交换、切断区域网络等物理隔断方式，防止攻击进一步扩散；③依托各级数据中心分布式容灾备份系统，结合军事信息服务中的各类数据资源受损情况，做好数据恢复工作。

第六章
军事信息人文与环境管理

军事信息人文与环境管理是保障军事信息资源高效开发利用、推进军事信息活动科学有序开展的各种人文组织、方式和支撑环境建设与管理的统称，是军事信息管理最富创新活力的组成部分，主要包括信息文化建设、信息理论建设、信息政策法规建设、信息管理人才建设等方面的内容。

第一节 军事信息文化建设管理

在军事信息活动中，积极推广先进的军事信息文化，是贯彻先进军事文化建设思想的迫切要求，是确保军事信息活动科学开展的重要保障。

一、军事信息文化建设管理特点

信息文化建设是军事文化建设的重要组成部分，具有鲜明的信息特征和时代特点。

（一）内涵的继承性

自从有了人类，便有了人类的创造物——文化，自从有了人类的军事实践活动，便有了军事文化，军事文化是军事实践中形成的创造能力、活动方式及其创造的精神成果；军队信息文化是军事信息活动实践中和军队建设发展到信息化时期时，产生的具有信息化特征的军事信息领域的文化，是军队在信息活动实践过程中所形成的军事创新能力、军事活动方式以及创造的精神成果的集合，其建设内涵包含思想理论、价值观念、思维方式、伦理道德、科学技术、教育训练理论与方法，以及各种相关的法律法规制度、文学艺术、行为方式、作风习惯等诸多方面。可以说，军事信息文化与军事文化一脉相承，是军事文化建设的重要内容，继承了先进军事文化的内核和精髓，是对信息时代先进军事文化的继承和发展，反过来又对军事文化建设起着重要的推动作用。

（二）需求的迫切性

当前，战争形态正由信息化战争向智能化战争加速演变，基于网络信息体系的联合作战能力成为战斗力的基本形态，信息化智能化条件下的作战体现为在网络信息体系的联结和聚合下，将各种作战力量、作战单元、作战要素集成融合为一个有机整体，进行整体对整体、系统对系统、体系对体系的对抗，其核心是构建功能强大、结构完善的联合作战体系。而要形成体系支撑能力，人的主体地位及其具有的思想观念和行为方式最具有能动作用，是生成基于网络信息体系联合作战能力的根本动力所在。因此，推进信息文化建设，促进人的思想观念转变和行为方式调整，是发挥网络信息体系的支撑作用，加速生成和提高基于网络信息体系的联合作战能力的重要保证。

（三）内容的针对性

适应时代要求，坚持不懈地用中国特色社会主义理论体系武装官兵，深入持久地培育当代革命军人核心价值观，大力发展先进军事文化，进一步打牢官兵高举旗帜、听党指挥、履行使命的思想政治基础。落实到军事信息文化建设领域，当前信息文化建设的重点包括：一是发扬军队长期实践中形成的战斗意识和职业道德规范，这是根基所在；二是要加强核心价值观教育，着力培养信息力量的"精气神"，凝聚推进信息化智能化复合发展的整体合力，这是基本要求；三是要紧贴职能任务，把制度规范、行为准则、工作方法等创新成果纳入信息文化范畴，始终保持先进性和创造性，这是时代课题。与此相适应，必须将军事信息文化建设落到实处，切实将信息文化建设的基本指导落到凝聚官兵的革命意志和战斗精神上来，将信息文化建设的重点落到加强军事信息理论创新、加快军事信息人才培养、加速推进信息化智能化复合发展上来，确保提高军事信息文化建设的创造性和针对性。

二、军事信息文化建设管理主要内容

当前，在军事信息文化建设上重点任务是聚焦新的职能，充实新的内涵，反映新的特点，把信仰追求、思想教育、业务创新、服务保障和安全管理等在文化层面上衔接起来，通过文化的内化外化作用，培育官兵政治上的坚定、思想上的认同和行动上的自觉，激发干事创业的精神动力。具体来讲，军事信息文化建设的内容应主要包括"六个观念"和"四种精神"。

（一）培育信息主导的核心理念

信息主导是军队信息文化的核心理念和根本价值取向。信息文化作为信息时代先进军队文化的重要组成部分和突出代表，既具有先进军事文化的共有属性，又必须体现军事信息活动和军事信息运用的鲜明特色。因此，信息主导应是信息文化的核心理念。必须充分认识军事信息活动和军事信息运用在军队建设与未来战争中的重要地位和作用，保持对信息的敏锐感觉和自觉利用。这是以"建设智能化军队、打赢智能化战争"为军队发展方向的价值观和认识论的充分体现。

（二）坚持集中统管的工作原则

集中统管的核心思想是以作战需求为前提，以顶层设计为核心，以法规标准为关键，按照远近衔接、统分结合的原则和治乱、补弱、集优的思路，统住共性、兼顾个性，建立与信息时代相适应的信息系统集中统管模式，带动和促进信息化智能化建设的整体推进。这就要求信息管理机构在工作思路和工作指导上，以对军队信息化智能化复合发展负责的态度，以对建设智能化军队、打赢智能化战争负责的使命感和责任感，坚定不移地贯彻集中统管原则，始终坚持以集中统管的理论指导工作，用集中统管的精髓指导实践。

（三）倡导全维全域的服务意识

支撑体系、支撑作战是军事信息活动和军事信息运用的根本目的，把握住这一根本目的就找准了军事信息活动和军事信息运用的出发点和落脚点。全维全域的服务意识体现着对这一根本目的的深刻认识，就是各级信息支援保障力量要在全频域、全时域、全空域、全地域对指挥控制、导航定位、预警探测、情报侦察、电子对抗、气象测绘以及通信、雷达和天基信息系统、精确制导武器等提供全方位的服务和保障，这是军事信息活动和军事信息运用在整个信息化智能化建设内容体系和联合作战体系中的定位所在与价值体现。

（四）树立军民融合的思维方式

军事信息领域的军民融合发展，体现了对军事信息活动和军事信息运用特点规律的认识，反映了军事信息活动和军事信息运用科学发展的要求，也是维护国家和军队共同利益的需要。树立军民融合发展的思维方式，对于进一步推动军事信息活动和军事信息运用的全面、协调、可持续发展具有重要意义。通过建立军民融合的军事信息领域建设体制和管理体制，完善军民融合的各项信息活动和信息运用机制，建设军民融合的信息支援保障力量，发展军民融合的信息支援保障手段，制定军民融合的信息支援保障预案，构建军民融合的信息支援保障体系。

（五）形成体系管控的行为模式

体系是系统的系统，是由两个或两个以上能够独立行动实现自己意图的系统或集成的具有整体功能的系统集合，具有1+1>2的特殊功效。信息化智能化条件下的作战是体系与体系的对抗，构建联合作战信息支援保障体系，是提高军事信息活动和军事信息运用能力，适应未来智能化作战的必然要求。构建联合作战信息支援保障体系，不但要在器物层面、制度层面构建，更要在文化层面构建，要培养和形成体系管控的思想观念与行为模式，为确保提升体系作战支撑保障能力提供思想基础和行为保障。

（六）营造人才辈出的文化环境

无论战争如何发展，战斗力形态如何演进，人是战斗力构成第一要素的规律不会变。在军事信息活动和军事信息运用过程中，人是最具能动作用的决定性因素。将营造人才辈出的文化环境作为信息文化的重要内容，是对人才队伍在信息文化建设中地位作用的深刻认识。营造人才辈出的文化环境，就是要重视人才队伍建设，完善人才培养机制，优化人才培养方法，构建人才成长环境，为人才培育成长的沃土，浇灌发展的营养，提供温暖的气候，全面提高他们的思想政治素质、科学文化素质、军事专业素质和身体心理素质，使一大批人才茁壮成长，使人才群体不断壮大，成为军事信息活动和军事信息运用的支柱与栋梁。

（七）凝练"科学、开放、务实、创新"的信息文化精神

精神是人们在改造世界的社会实践中通过人脑产生的意识、观念、思想上的成果。信息文化精神是在军事信息活动实践中对军事信息运用特点规律的本质认识和高度概括。"科学、开放、务实、创新"的信息文化精神，是信息文化的精髓所在。"科学"是信息文化精神的核心，就是要以科学的思想、科学的方法、科学的手段，开展军事信息活动和军事信息运用；"开放"是信息文化精神的关键，就是要以发展的眼光，开放的态度，对管理对象实施有效管理，为服务对象提供全维全域服务；"务实"是信息文化精神的本质，就是要为联合作战体系提供有力的支撑保障；"创新"是信息文化精神的体现，就是要将创新的理论、创新的方法和创新实践作为军事信息活动和军事信息运用实践的推动力，使军事信息文化建设发展始终保持不竭动力。

三、军事信息文化建设管理要求

信息管理是人类最基本的管理活动之一，在漫长的人类历史发展过程中，人们一直在进行着信息的收集和管理工作。军事信息文化建设管理是一项内容丰富、涉及面广、持续时间长的全局性工作，如何转变观念、创新思维、整体规划、有效推进，实现信息文化的发展和繁荣，是摆在我们面前的一个重要课题。推进信息文化建设，应落实以下基本要求。

（一）把握前进方向，搞好信息文化建设战略规划

要以党的创新理论为指导，始终保持信息文化建设的正确方向。党中央、

中央军委指出，要充分认识推进文化改革发展的重要性和紧迫性，更加自觉、更加主动地推动社会主义文化和先进军事文化大发展大繁荣，将文化建设的地位提高到一个新的高度。必须充分认识信息文化建设的重要性紧迫性，自觉地将信息文化建设作为一项重要工作抓紧抓好。应当搞好信息文化建设的战略规划。信息文化建设是一项系统工程，必须采取需求分析、体系结构和路线图等科学方法进行战略规划和顶层设计，要分析现实情况，明确建设目标，确定建设阶段，选好发展路径，制定信息文化的发展规划和计划，为信息文化建设打下坚实的发展基础。

（二）聚焦建设内容，推动信息文化行为观念养成

信息文化建设的关键在于观念文化的建设和文化精神的培育，要调整建设视角聚焦建设重点，将总结和提炼的信息文化重点内容推行开来，采取多种方法深植于各级官兵的头脑中，形成自觉的思维观念和行为养成。一是加强宣传，编印宣传手册和行为规范指南，使全体官兵掌握信息文化内容；二是推进制度文化建设，在信息制度和信息政策法规建设中反映观念文化的理念和精神，引导官兵的思想认识和言行举止，使信息文化的观念入脑入心，成为官兵的自觉行动。

（三）着眼长远发展，加强信息文化思想理论创新

全面协调可持续发展是辩证唯物主义的基本要求。因此，在军事信息活动和军事信息运用实践中丰富信息文化，在信息文化建设中推动军事信息活动和军事信息运用实践发展，是科学的方法论，是在信息文化建设领域落实科学发展观的具体体现。一是要充分认识信息文化的地位作用和发展规律，自觉用信息文化指导军事信息活动和军事信息运用实践；同时，激发广大官兵的创造热情，培养在军事信息活动和军事信息运用实践中不断丰富与发展信息文化的意识。二是要组织力量进行专题研究，及时将军事信息活动和军事信息运用实践的最新思想成果总结提炼出来，上升到文化层面，不断丰富信息文化内容。

第二节　军事信息理论建设管理

先进的军事理论，历来是推动军队建设科学发展的必要条件，是克敌制胜的重要因素。信息理论建设管理是军事信息人文与环境管理的重要内容和基础支撑，必须紧紧围绕"有效支撑作战体系、推进军队信息化智能化复合发展"等重大理论问题创新信息理论，不断创新完善军事信息理论体系。

一、军事信息理论建设管理特点

军事信息是军队信息化智能化复合发展和基于网络信息体系的联合作战能力生成的关键性要素，深入研究信息运用规律，发挥军事信息的主导作用，是军事信息理论建设的重要任务。因此，要准确把握军事信息理论建设管理的特点，不断深化军事信息理论建设管理。

（一）指导性

军事信息理论是以军事技术变革为基础，根据未来智能化战争需求，对原有的机械化军事理论进行改造和创新，从而逐步形成的信息化军事理论体系。必须紧紧围绕"未来要打什么仗，怎么打仗以及军队应如何建"等重大理论问题，创新军事信息理论，构建全新的军事信息理论体系，指导军队信息化智能化复合发展的实践。必须把构建科学的军事信息理论体系作为军队信息化理论创新发展的方向，当务之急是确立科学合理的军事信息理论框架，以此指导和推进军事信息理论创新。

（二）针对性

军队信息理论研究虽然起步较早，但较之地方高校而言，在研究内容上，一般叙述的多，深入研究的少；介绍外军的多，分析己方的少；理论探讨多，联系实际少。对此，军队信息理论研究的重点，应当放在满足智能化战争需要的智能化军队设计上，在提高整体作战能力前提下，有针对性地解决军队规模、体制编制、武器装备、人才队伍等一系列重大理论问题。

（三）科学性

军事信息理论研究必须采取科学的方法。军事信息理论是一个复杂的、动态发展的理论体系，它随着科学技术特别是信息技术的进步、信息化主战武器和军事信息系统装备的发展、新的作战需求和新的作战样式的出现、作战对象等的变化而不断发展、变化和完善。与此相对应，要搞好军事信息理论研究，必须掌握科学的、系统的研究方法。

二、军事信息理论建设管理主要内容

军事信息具有专门的知识性，其不同于普通信息，也不是一般信息，其专门性主要体现在军事信息领域中。军事信息领域是信息世界的一个特殊领域，当前，军事信息理论建设管理，其内容主要包括信息化智能化战争理论和信息化智能化复合发展理论。

（一）信息化智能化战争理论

信息化智能化战争理论是从战争全局对信息化智能化战争特点和规律及战

略指导进行系统研究的理论，主要包括以下内容。

（1）信息时代国防安全理论。主要研究：①信息安全对信息时代国防安全的基础性作用；②霸权主义和恐怖主义的新特点，国防安全形势发展的新变化及其发展趋势；③我国周边安全环境，国家可持续发展面临的主要威胁和潜在威胁；④信息边疆的界定及加强国家信息安全的各项对策措施等。

（2）信息时代军事威慑理论。主要研究：①信息时代核威慑的意义和作用；②信息威慑的特点、内容和方式；③空间力量和其他信息化作战武器的威慑作用和使用方式等。

（3）信息化智能化战争战略理论。主要研究：①信息化智能化战争的实质、特点和规律；②信息化智能化战争与机械化战争及核战争的联系和区别；③信息化智能化战争的战略原则和战争指导；④信息化智能化战争的战略阶段和战争控制；⑤信息化智能化战争的战争准备与战争保障；⑥信息化条件下人民战争的发展等。

（4）一体化联合作战理论。主要研究：①一体化联合作战的实质、特点和规律，一体化联合作战与协同性联合作战的主要区别；②一体化联合作战的指导思想和基本原则；③一体化联合作战的力量编成、运用及协同；④一体化联合作战的主要方法及作战保障等。

（5）信息作战理论。主要研究：①信息化智能化战争中信息作战的新发展，制信息权与制天权、制空权、制海权及战场综合控制权之间的联系；②信息化智能化战争中情报战、电子战、计算机网络战、心理战、信息设施摧毁战及太空信息作战的地位、作用、特点、相互关系及表现形式；③信息作战力量编成、力量使用原则及与其他作战行动的关系等。

（二）信息化智能化复合发展理论

信息化智能化复合发展理论是指导国防和军队建设由信息化向智能化转型的理论，主要包括以下内容。

（1）信息化智能化国防建设理论。主要研究：①信息化智能化国防建设实质、特点和规律；②信息化智能化国防建设的重点，以及与国家信息化、军队信息化智能化复合发展的关系；③信息化智能化国防建设的指导思想和基本原则等。

（2）军队信息化智能化复合发展理论。主要研究：①军队信息化智能化复合发展的实质与内涵、特点与规律；②军队信息化智能化复合发展的指导思想、基本原则、顶层设计和综合集成；③军队信息化智能化复合发展各个领域的建设方法和步骤等。

（3）信息时代的国防动员理论。主要研究：①信息化智能化战争中的国防动员机制和国防动员法规；②民兵预备役建设理论研究和兵役制度改革等。

三、军事信息理论建设管理要求

为加强军事信息理论建设管理，积极推进军事信息理论体系的创新和发展，应重点在以下三个方面下功夫。

（一）推进军队发展战略理论创新

在军事信息理论体系中，军队发展战略理论主要包括信息时代国防安全理论、信息时代军事威慑理论和信息化智能化战争战略理论。军队发展战略理论应着重把握好三大创新点：一是国家安全战略理论创新。应密切关注和跟踪国际战略形势和大国关系的新发展，分析预测信息安全面临的主要威胁，研究国家安全政策，提出应对重大危机、保持战略主动的对策。二是军事战略理论创新。应围绕军事斗争准备，提出国家层面的威慑战略和实战战略，进一步丰富和发展积极防御的军事战略思想。三是国防和军队信息化智能化发展战略理论创新。应着眼国防建设与经济建设的关系，研究军队信息化智能化复合发展的新思路、新目标和新任务，以及军兵种发展战略、武器装备发展战略、军事人才发展战略等问题，为滚动式地搞好军队建设顶层设计和发展战略规划提供理论依据。

（二）推进信息化智能化作战理论创新

信息化作战理论是军事信息理论中内容最丰富、研究最活跃、成果最显著的部分，是揭示信息化智能化作战的特点和规律、研究探讨信息化智能化作战战法、指导军队建设的重要思想。随着军事变革的迅猛推进和局部战争实践的检验，信息化智能化作战理论应努力实现四个创新：一是创新一体化联合作战理论。积极探索信息化智能化条件下诸军兵种联合作战指挥、体制、训练、战法及保障等问题，逐步完善具有军队特色的联合作战理论体系。二是创新分布式、网络化、马赛克战等作战理论。积极研究这些作战理论及其在近期几场局部战争中的实际经验，探索军队在未来信息化智能化作战中的有效战法。三是创新信息作战、特种作战和心理战理论。研究信息战、特种作战和心理战的特点和规律，以及基本手段、主要样式和指导原则，寻求克敌制胜之策。四是创新信息化智能化条件下人民战争理论。适应信息化智能化条件下局部战争的要求，研究实行人民战争面临的新情况和新问题，探索人民群众参战支前和快速动员的新途径与新办法，创新发展人民战争的战略战术。

（三）推进军队信息化智能化复合发展理论创新

军队信息化智能化复合发展理论是军队信息化智能化复合发展的重要指导和重要保障，是军事信息理论创新必须解决的重大问题。一是积极创新军队信息化智能化复合发展指导理论。其包括针对军队信息化智能化建设的阶段特征，研究创新信息化与智能化复合发展理论；充分利用国家信息资源，军民融合发展的军队信息化智能化理论；军队信息化智能化顶层设计和战略规划指导理论；新世纪新阶段军队历史使命对军队信息化智能化建设的需求指导理论等。二是积极创新军队信息化智能化复合发展应用理论。围绕信息化智能化战争需求和军队建设模式的转变，研究创新信息化条件下军事训练向智能化条件下军事训练转变的理论；信息化武器装备和军事信息系统建设发展理论；具有中国特色的军制理论和管理理论等。三是积极创新军队文化转型发展理论。只有实现军队文化全面彻底的转型，才能最终实现军队的全面转型。

第三节　军事信息政策法规建设管理

军事信息政策法规是军队为实现与军事信息领域相关的各种活动目标而确定的行为准则，主要包括用于规范与军事信息领域相关的各种活动的各项政策、法规、章程、标准与规范，属于制度层范畴。军事信息政策法规主要用于规范和协调军事信息领域各相关要素之间的关系，是各级各类军事信息系统和信息化主战武器装备效能发挥的政策法规保证，是军事信息管理工作有效履行管理职能的重要手段，必须切实抓好其建设管理。

一、军事信息政策法规建设管理特点

军队军事信息政策法规建设管理，具有以下突出特点。

（一）建设需求的迫切性

当前，军队已经进入信息化智能化复合发展的新阶段，信息化智能化建设内容全面，参与主体广泛，新旧体制交织，制约因素多样，在顶层设计、组织管理和思想观念等方面，都面临着很多新情况、新问题。为此，在新的起点上推进军队信息化智能化复合发展，使军队信息化智能化水平与履行使命任务的要求相适应，迫切要求加强立法，强化军事信息政策法规建设，构建结构合理、层次分明、覆盖全面、针对性强的军事信息政策法规体系，从而对军队信息化智能化复合发展与作战的一系列重大问题进行全面系统的规范，这对于依法指导和统筹协调军队信息化智能化复合发展，具有重要的时代意义。

（二）体系设计的层次性

军事信息政策法规，主要包括三个层次：一是国家层面的信息基本法、信息法律和法规，为军事领域中的信息活动提供法律依据和社会环境；二是由军事领率机关制定全局或局部的军事信息条令、条例、标准规范和手册等，对军

事信息活动和军事信息运用提供行为规范；三是对一些新的尚处于探索阶段的军事信息活动领域，因一时难以形成法律规范，就以军事政策的方式来指导军事信息活动。这些法律法规和政策，对于开发和利用军事信息资源，促进军队的信息化建设，发挥着积极的推进作用。因此，军事信息政策法规在体系设计上应注重其层次性。

（三）建设实施的长期性

军事信息政策法规不是一成不变、一劳永逸的，其建设过程是一个长期的、滚动的、螺旋式发展的过程。因此，在进行军事信息政策法规建设时，应充分发挥军事信息管理机构的作用，统筹兼顾、牵头修订完善军事信息政策法规，协调制定各类配套管理制度和规定，以期为军事信息活动和军事信息运用提供可操作依据。此外，军事信息政策法规建设还应确立动态开放的发展思路，始终着眼军事需求的变化与时俱进、滚动发展，注重现行法规的更新、修订和优化，在实践中根据客观情况的发展变化不断修改、推陈出新，及时适时地拓展新领域、充实新内容，不断完善军事信息政策法规体系。

二、军事信息政策法规建设管理主要内容

随着军队信息化智能化复合发展，需要法规标准规范的活动越来越多，军事信息政策法规体系中的空白也越来越多。为了与信息化体系配套，与军队信息化智能化复合发展同步，军事信息政策法规建设应朝着不断创新和完善军事信息政策法规体系的方向努力。根据军队信息化智能化复合发展的特征和军事斗争准备急需，当前军事信息政策法规建设管理的重点包括以下方面内容。

（一）信息化智能化条件下作战行动的条令条例

未来的军事斗争将是带有智能化特征的信息化局部战争。之前的单纯信息化条件下的作战条令已不适应作战实际，必须根据信息化智能化条件下诸军兵种联合作战的特点，抓紧制定相关作战纲要和作战条令，为部队作战行动提供依据。

（二）信息化智能化战争国防动员法规

未来智能化战争必将动员大批民用力量支前或参战。为保证战时动员的顺利进行，必须制定相关的动员法规。应抓紧制定战时信息动员法规、战时武装力量动员法规、战时电磁频谱管理法规、战时交通战备管理法规、战时信息安全保密法规、战时新闻报道管理法规、战时民用物资征用法规等，为军事斗争动员实施提供可靠的法律依据。

（三）信息化武器装备系统组织运用与维护管理法规

为了充分做好军事斗争准备，军队加紧研发了一大批信息化武器装备系统。这些武器装备系统已经或正在逐步下发部队。为了保证部队合理组织运用、正确操作使用和科学管理维护这些武器装备系统，应当抓紧制定、配套完善并颁发相关法规。

（四）信息化武器装备技术研发标准规范

一体化、网络化和模块化，是信息化武器装备的基本特征。为使其能够自由组合、联网互通、一体运行，就必须实现技术标准规范的统一。应加强基础设施相关网系和设备的技术体制及技术接口的标准规范建设，确保实现互联互通互操作；加强信息化武器装备系统智能化改造技术标准规范建设，确保信息化武器装备系统改造的顺利进行；加强信息资源开发利用数据格式的标准规范建设，确保信息资源开发利用的顺利进行。

（五）信息化智能化条件下军事训练、部队管理、战备值勤和日常办公的规章制度

应紧贴军事训练、部队管理和日常工作模式的信息化转变实践，研究制定相应的信息化法规制度，以加快军事训练、部队管理、战备值勤和日常办公模式向智能化转变的进程。

（六）信息安全法律规范

应重点完善信息资源安全综合管控、基础网络安全体系防护、信息系统分级分类防护、信息安全保障支撑条件等方面的政策法规。

总之，军事信息政策法规体系建设既要符合国家有关政策法规的要求，又要充分反映信息化智能化复合发展的实际，尤其要适应信息化智能化战争的需求；既要与国际、国家的技术标准相衔接，准确体现新技术的发展，又要充分考虑军队信息化智能化技术基础的现状，以及如何综合利用各种在用系统，以最佳的效费比搞好各种信息系统和武器系统的改造等问题。

三、军事信息政策法规建设管理要求

加强军事信息政策法规建设，构建军队军事信息政策法规体系，对于适应当代科学技术和新军事变革加速发展的形势，加快推进军队信息化智能化各项改革和建设，充分发挥军事信息管理机构职能作用，全面提高部队的实战能力，推动军队信息化智能化复合发展，具有重大而深远的理论及现实意义。当前应重点抓好以下五个方面的主要工作。

（一）强化军事信息政策法规建设的组织领导

推进信息化智能化综合管理法规体系建设，必须建立强有力的组织领导机构，通过建立专门的军事信息政策法规建设领导小组，全面统筹和领导军事信息政策法规制定工作。军事信息政策法规建设领导小组主要职责是负责制定军

事信息政策法规建设规划和计划，组织军队信息化领域专家队伍研究论证，就军队信息化智能化复合发展加速发展重难点问题提出指导，研究解决有关事项。

（二）创新军事信息政策法规建设机制

构建科学合理、操作性强的军事信息政策法规体系，建立高效的政策法规建设机制是关键。一要创新法规建设协作机制。应采取联合确立需求、分头指导起草的方式，分析研究军事信息政策法规的具体内容，联合协商解决法规建设过程中的重点、难点问题。二要创新法规建设研究机制。在法规研究制定过程中，应采取集中攻关及分散研究相结合的方法，先抽集专家队伍集中攻关，进行军事信息政策法规建设顶层设计，再科学分工由不同单位的专家承担部分研究论证任务。三要创新法规建设运行机制。法规建设的运行机制问题是一个难点问题，需要综合运用法学、管理学、系统科学等理论成果，研究法规建设的运行机理，分析影响法规建设的制约因素，探索保障法规建设正常运行的对策措施。当前，尤其要注重发挥军事信息管理机构的决策作用和专家咨询委员会的论证咨询作用，以切实推进军事信息政策法规建设的有效开展。

（三）完善军事信息政策法规建设的保障措施

推进军事信息政策法规建设，必须确立强有力的相关保障措施，从理论研究、人才队伍等方面予以全面保障，以确保法规体系建设的顺利开展。一是要深化相关理论攻关。亟须从军队信息化智能化复合发展全局进行分析论证，从理论与实践的结合上探索军队信息化智能化复合发展的特点规律，力争通过系统理论研究，形成完善的军事信息理论体系，从而为军事信息政策法规建设提供更为有效的借鉴和指导。二是要加大法规建设人才培养力度。应依托机关、部队、院校、研究机构等方面力量，采取岗位专职研究、抽组建立课题组等方式，通过法规建设实践、参与课题攻关等活动，培养高素质、多层次、精干高效的军事信息政策法规建设人才队伍，为军事信息政策法规建设提供强有力的人才支撑。

第四节　军事信息管理人才建设管理

人才在军事信息管理活动中处于决定性的地位，直接影响和制约着军事信息管理工作的落实。军事信息管理人才是指精通军事信息的传输、处理、分发及其组织、计划、决策、控制与协调等管理工作的专门人才的统称。必须大力加强信息管理人才队伍建设，切实为军事信息管理工作提供有力的支撑。

一、军事信息管理人才结构

军事信息管理人才是指精通军事信息的传输、处理、分发及其组织、计划、决策、控制与协调等管理工作的专门人才的统称。军事信息管理人才的构成，主要包括行政领导人才、行政管理人才、专业技术人才三类。

（一）行政领导人才

行政领导人才，即部队负责军事信息管理的领导或领导机构成员，主要负责军事信息人员的选拔、培养，对军事信息管理做出计划、决策、管理与控制，是军事信息管理工作或军事信息管理人员的最高首长。

（二）行政管理人才

行政管理人才，是军事信息管理人才队伍的行政主体，具体包括各级信息管理机构的参谋人员，负责军事信息管理的日常筹划与组织工作，是履行军事信息管理计划、组织、协调、控制等职能的基本依托。

（三）专业技术人才

专业技术人才，是具体负责军事信息收集、传输、处理和设施设备的维护人员，是军事信息管理的技术主体，主要包括各级各类信息资源管理技术人才、信息安全管理技术人才、信息活动管理技术人才等。

二、军事信息管理人才能力素质结构

人才在军事信息管理活动中处于决定性的地位，直接影响和制约着军事信息管理工作的落实。军事信息管理除要求具有一定的政治、思想、技术、行为、身体等方面的能力，还要具备相应的专业技术知识，才能适应军事信息发展的需要。因此，必须加强学习和锻炼，提高自身的基本素质。通常应具备下列知识和能力。

（一）信息管理人才队伍知识结构

科学技术的高速发展，军事信息的不断更新，官兵文化水平的日益提高，要求各级军事信息管理人员具有良好的文化素养和合理的知识结构。信息管理人员的职务越高，要求掌握的知识就越多。根据军队的具体情况和现代战争的需要，各级军事信息管理人员必须具备以下四大类知识。

1. 文化基础知识

军事信息管理者必须掌握本科以上的文化基础知识。这些最基础的知识，大部分内容是相对稳定的，可以在较长时间内起作用。具有较强的文化基础知识是掌握其他知识的基础，没有较高的文化水平，政治、军事、专业修养都将受到较大的限制。

2. 网络技术知识

列宁说："要管理就要内行。"军事信息管理人员除了要具备基本的信息资源、信息网络和信息安全等专业技术知识，还必须熟练掌握军事信息的软件开发知识，并力求成为本专业的专家。

3. 管理科学知识

没有正确的理论，就没有正确的行动。一个没有管理科学知识的管理者，他的水平终究要受到限制。管理科学是一门综合性学科，它的研究对象不仅涉及社会科学领域，也涉及自然科学和思维科学领域。所以，军事信息管理人才要提高工作质量和领导效能，还必须懂得社会学、法学、逻辑学、管理学、伦理学、心理学、美学、人才学、未来学等方面的知识。精文韬，通武略，来源于知识的广博。在信息技术迅速发展的今天，吸取丰富的科学营养，不断更新知识，对军事信息管理者显得格外迫切和重要。

4. 军事基础知识

军事信息管理人员只有具备良好的军事素养，才能担负起组织军事信息管理的重任。良好的军事素养要求军事信息管理人员，要掌握以习近平强军思想为指导的先进军事理论及军队的战略方针和作战指挥原则，具有一定的谋略水平；严格执行有关的条令条例和规章制度，有良好的军人风貌，优良的战斗作风和勇敢、坚定、沉着、果断、顽强的品质。

（二）军事信息管理人才能力结构

由于军事信息管理人才需求的多样化，决定了军事信息管理人才能力结构的复杂性，军事信息管理人才应具备以下几方面的能力。

1. 运筹决断的能力

军事信息管理者应具有战略头脑，能够对复杂的现象进行科学分析、综合、概括和判断；善于深谋远虑，运筹全局；处理事情点子多、办法多、善于做出决断；能够在错综复杂的情况下认清事物的本质，抓住主要矛盾和矛盾的主要方面，从多种方案中选出最佳方案，不为一时一事的得失所困惑，善于排除干扰，控制局势，使其向着有利于目标实现的方向发展。

2. 组织指挥的能力

部队无论是平时训练、重大任务的保障还是遂行战时保障任务都要求军事信息管理人员精于组织、善于协调，能够根据不同时期的不同任务，合理地组织军事信息、物资器材的筹措、保养，形成有机的管理整体，协调而有序地运转，以取得最佳工作效果。在未来智能化战争中，军事信息管理人才组织指挥能力的重要标志是：善于领会军事指挥员的意图和上级赋予本单位的任务，运用自己所掌握的专业技术、战术，积极主动、协调一致地组织和带领所属部

（分）队完成军事信息的管理、保障任务。

3. 做思想政治工作的能力

做思想政治工作，是动员所属军事信息管理人员实现军事信息管理目标的基本保证，是军事信息管理人才的共同任务。每个信息管理人才都应在实践中不断提高做思想政治工作的能力。军队的思想政治工作除了要用中国特色社会主义理论体系中关于军队建设的一系列重要论述教育官兵，树立正确的世界观、人生观、价值观，还要紧密联系实际，解决好各种思想问题，鼓舞官兵的士气，以饱满的政治热情完成军事信息的管理保障任务。思想政治工作应遵循其自身的规律，要依靠群众，因人制宜，耐心说服，坚持疏导，实事求是，讲求实效。

4. 灵活应变的能力

战争具有偶然性和不确定性，特别是科学技术高度发展的今天，战场情况更是复杂多变，军事信息管理人才必须具有审时度势、随机应变的能力。在情况发生变化或遇到突发事件时，军事信息管理人员应当沉着冷静，灵活果断地相机处置。但是，灵活果断决非草率从事，不论情况如何紧急，都必须按军事信息管理的科学规律办事。

5. 开拓创新的能力

军事信息管理人才的创新能力，表现在能适应环境和自身条件的变化，思想活跃，具有开拓精神。军事信息管理人才应对新环境、新事物、新问题有敏锐的洞察能力，善于捕获信息，加工出新观念、新设想，不为过时的旧观念、老框框所束缚，敢想、敢说、敢做，在工作中有所发现，有所创新，有所突破。

三、军事信息管理人才建设管理要求

加强军事信息管理人才队伍建设，必须适应军事信息管理建设和发展的需要，遵循人才生长的客观规律，牢牢把握正确的方向。重点应做好以几方面工作：

（一）创新信息管理人才教育训练方式方法

信息管理领域是一个知识密集、技术密集的领域，无论是军事信息管理与发展，还是技术管理与操作，都对军事信息管理人员的素质提出了很高的要求。军事信息的普遍性和广泛性，决定了军事信息管理人员构成的多样性。因此，要保证平时和战时军事信息管理任务的顺利完成，就必须以适应社会主义市场经济和信息化智能化战争需要，胜任平时、非战争军事行动和战时军事信息管理为目标，不断改进教育训练的方式方法，增加科技含量，突出称职训练，提高军事信息管理人员的理论水平和实际能力。特别要加强对军事信息管

理人员的军事政治知识培养和心理训练的力度，使其精通本职业务和通晓相关领域知识，对本专业"新、高、尖"的知识与技术了如指掌，并能准确地预测其发展趋势，成为知识渊博、技术精湛的专家，成为真正合格的军事信息管理人才。

（二）制定科学的信息管理人才培养规划

军事信息管理人才的培养，必须符合新时代军事战略方针对军事信息管理人才队伍建设的整体要求，根据构成军事信息管理诸要素的需求状况，不仅要在行业区分上适应本行业对科技人员的要求，在时间跨度上也要满足平时和战时相互衔接的需要。在这个基础上，从平时与战时、局部与全局、需要与可能、眼前与长远等主客观条件出发，认真从战略高度把握好军事信息管理人才建设的整体规划。以个体素质高、群体结构优、人才数量足为目标，做到合理规划，有序组合，突出重点，分段实施，有机衔接。

（三）做好信息管理人才配置储备

军事信息管理人才建设是一项系统工程，在选拔、培养、管理、使用上都要体现出鲜明的层次性。一是在信息管理人才的配置上，要根据不同专业、不同岗位的不同情况，对管理人才提出不同要求，使素质层次和位置层次相适应。就专业结构而言，要根据军事信息管理需要并在编制员额许可的前提下，合理地确定和增加军事信息管理人才编配数量，对重点系统、重点单位和重点专业给予重点倾斜。二是在信息管理人才的储备上，要讲求开放性，做到需求与可能相统一。必须树立"大人才"观，强化信息意识，改革相应的管理体制和制度，进一步完善相关政策，在挖掘自身潜力、充分发挥军队院校作用的基础上，借助地方院校、科研机构和武器生产厂家的优势，采取在职学习、脱产培训、"送出去请进来"等多种形式，为信息管理人才培养创造更多的学习深造机会，不断提高他们的知识水平；应抓好国防后备力量建设中的军事信息管理人才队伍建设，强化和完善社会上的信息管理人才动员机制，保证在战时，能够及时将分布在社会上的信息专业科技人员迅速征召到作战区域和管理保障岗位上来。

（四）营造信息管理人才管理与使用的良好环境

首先，要建立健全法规制度，优化人才成长的政策环境。要根据国家和军队有关制度与法规，依据军事信息管理人员体制结构的实际情况，按照人才生长变化的规律，借鉴地方人才制度改革的成功经验，进一步拟制完善配套的军事信息管理人才进、出、升、调计划。其次，要强化服务意识，优化军事信息管理人才成长的工作和生活环境，使信息管理人才全心投入工作，自觉为军事信息管理建设做贡献。

中篇

技术篇

第七章
军事信息管理技术概述

信息管理是在吸收当代最先进信息科学技术的基础上，借助现代信息技术手段和系统而开展的管理活动。随着信息管理活动的广泛深入开展，形成了以信息获取技术、信息组织技术、信息共享技术、信息检索技术、信息可视化技术等为代表的一系列现代信息管理技术。军事信息管理也应当充分运用这些现代信息管理技术，促进军事信息管理工作效率提升。

第一节　军事信息管理技术的概念及分类

基于先进的信息管理技术，是军事信息管理学区别于其他管理科学的重要特征。运用高性能的计算机技术、快捷的通信技术、完善的数据管理技术，以及面向多种典型场景的应用技术，是军事信息管理赖以存在的基础。研究、开发和应用好信息管理技术，对于军事信息管理具有十分重要的意义。

一、军事信息管理技术的基本概念

从一般意义上看，军事信息管理技术是指：凡是涉及信息的产生、获取、检测、识别、发送、传输、接收、变换、存储和控制等与军事信息活动有关的，以增强军事信息功能为目的的应用技术的总称，是在信息科学的基本原理和方法的指导下扩展军事信息处理功能的技术。其具体包括信息基础技术（微电子技术、光子技术和光电技术等）、信息处理技术（信息获取技术、信息传播技术、信息加工技术、信息控制技术等）、信息应用技术（管理信息系统技术、计算机集成制造系统技术等）和信息安全技术（加密技术、防火墙技术等）。

从军事信息管理功能上看，军事信息管理技术是扩展人类信息器官功能的一类技术的总称。综合军事信息管理技术的本质和功能，可以定义为：军事信息管理技术是指能够扩展人的信息器官功能，完成军事信息获取、传递、处理、利用等功能的一种技术。

根据上述军事信息管理技术定义可以看出：①军事信息管理技术贯穿于信息管理活动的全过程，包括信息采集、传输、处理、存储、检索、分析、服务等。②军事信息管理技术应用的目标和基本任务是研究解决由"信息爆炸"带来的信息积累与利用之间的尖锐矛盾，运用现代军事信息管理技术等手段与方法组织知识信息，使之有序化，并以最快速度满足用户的信息需求，促进科学技术和经济的发展。③军事信息技术对军事信息管理工作的意义在于：信息的记录方式不再是模拟式和线性的，而是数字化的、非线性的。军事信息管理研究范式的多元化，拓展了军事信息管理研究视野和研究内容，使军事信息管理研究带有时代特征，同信息科学群的其他学科协调、融合、互补，进入了一个军事信息管理整体更新的发展阶段。

二、军事信息管理技术的分类构成

军事信息管理技术种类多种多样，根据其在军事信息管理活动中的地位、管理流程中的应用等不同角度，军事信息管理技术具有不同的分类构成，至少可以从以下三个角度进行划分。

（一）从军事信息管理活动视角划分

从军事信息管理的感知、传递、处理等整个信息管理活动视角看，军事信息管理技术主要包括信息感知技术、信息传输技术、信息处理技术等。

1. 信息感知技术

实时感知战场信息是指挥决策的基础。信息感知是通过各类光学、电学、热学、力学、运动学的传感器来感知一定空间中目标信息的活动。信息感知技术主要包括传感器技术、网络侦察技术、雷达侦察技术、通信侦察技术、导航定位技术、光学侦察技术等。其中，军事传感器是将平时和战时感受到的一定时空中的物理量、化学量等信息，按照一定规律转换成便于测量和传输的信号装置，通过对运动目标所引起的电磁、声、震动和红外辐射等物理量的变化进行探测，并转化成电信号后对目标进行侦察识别的侦察设备。因此，传感器作为军事上重要的信源，其性能直接影响获取信息的质量，从一定意义上讲，传感器就是战斗力。传感器的种类很多，主要包括震动传感器、声响传感器、磁性传感器、红外传感器、压力传感器、扰动传感器和智能微尘等。军事上常用的传感器有雷达、红外和夜视等侦察器材。光电探测利用光电、电光转换，实现从紫外、可见光到红外波段的信息感知，具有分辨率高、抗干扰能力强的特点。而数据流信号截获也是信号情报获取的基础，特别是以电缆信号截获、电子邮件信号截获为主要手段的计算机网络侦察技术在计算机网络战中的地位越来越重要。信息感知技术将向全天候、全信息影像、多信源综合、微型化、智能化、强生存能力方向发展，形成无处不在的战场感知。

2. 信息传输技术

信息传输是战场信息实现互通和共享的纽带与桥梁，在未来信息化智能化战争中具有特殊的地位。信息传输技术主要包括短波与超短波通信技术、微波通信技术、卫星通信技术、移动通信技术、光纤通信技术、计算机网络技术等。电磁波是信息传输的载体，从长波、短波、超短波、微波到红外线、可见光的整个频谱都是无形而有限的宝贵资源。合理有效地利用频谱是现代战场管理的重要内容。频谱资源除用于信息传输外，还用于传感、测控、导航和电子对抗等，甚至可以直接作为武器，如高功率微波武器等；光通信具有传输容量大、质量高、损耗小等特点，世界上约有90%以上的通信业务经光纤传输。光纤和光电子器件是光通信的核心，由于采用了密集波分复用技术，扩大了光纤传输容量；卫星通信的最大优点是覆盖区域广，通信距离远，广泛应用于军事领域。目前，小卫星技术受到各国军队的重视，由于它体积小、成本低、重量轻、研制周期短，更多地应用于局部战争中的战场通信联络、电子侦察、监视跟踪、导航定位等；数据链是利用无线信道机，在各种飞机、水面舰艇、陆基武器及不同战术平台之间，实时、自动、保密地传输、分发和交换格式化战术数据的特殊数据通信系统。

3. 信息处理技术

信息处理技术是指应用电子计算机硬件和软件，对信息进行综合、转换、整理加工、存储和表示的技术，其核心是计算机技术。其中的计算技术是信息分析与处理技术的基础，计算机的运算速度和处理能力成为人们关注的重点；推理技术的核心是要让计算机具备与人类思维相类似的推理能力，如专家系统等；存储技术是计算机系统中存储程序和数据的技术，可分为主存储器（即内存）和辅存储器（即外存）。内存用来存放当前正在运行的程序和数据，外存用来存放当前暂不执行的程序和数据；显示技术是通过人的视觉感受表示信息的技术，常用的信息显示方式主要有文字、数字、表格、图形和图像等；多媒体技术是利用计算机对存储于不同载体上的各种形式的信息进行合理处理的一种技术。其技术核心是数字化转换、数字压缩和解压缩技术等；软件技术是驱动计算机硬件的思想和知识，即计算机能够在不同的环境中具备相应的灵活性和适应性，主要依靠软件技术和软件；模拟仿真技术是利用数学或物理模型对客观事物和系统的功能、结构及其行为进行模仿，以求近似地反映客观事物和系统本质属性与主要特征，即是以控制论、相似原理和计算机技术为基础，以计算机和多种物理效应为工具，借助系统模型对某一具体系统进行试验研究的一门综合性技术，通常由作战模拟技术和系统仿真技术两大分支组成。

（二）从军事信息管理对象视角划分

军事信息管理对象非常广泛，除了狭义的信息数据管理，还包括信息网络管理、电磁频谱管理、信息安全管理等。相应地，军事信息数据管理技术、军事信息网络管理技术、军事电磁频谱管理技术、军事信息安全管理技术等也得到广泛应用和持续发展，形成了军事信息管理独有的应用技术。

1. 信息数据管理技术

信息数据管理技术是指对数据的组织、编目、定位、存储、检索和维护的技术，它是实施数据处理的基础，是确保从大量原始的数据中抽取、推导出对军事指挥员有价值的信息，然后利用信息作为行动和决策依据的关键。

2. 信息网络管理技术

信息网络管理技术是用于对军事信息网络进行规划、设计、运维等管理活动的技术。近年来，随着我军信息化建设的深入发展和向智能化的不断演进，以信息技术为核心的各种网络应用迅速发展，并广泛应用在部队作战训练、政治教育、后装管理等各个领域，且网络规模越来越大，网络结构日趋复杂，作为保障网络运行的技术手段，以网络规划与设计技术、网络管理协议技术等为代表的信息网络管理技术受到广泛关注，得到更加深入的运用。

3. 电磁频谱管理技术

电磁频谱管理技术是指对电磁频谱进行监测、探测、电磁兼容分析的技术。它是电磁频谱管理的主要组成部分。其主要包括电磁兼容分析技术、监测测向定位技术、电离层探测技术、无线电设备检测技术、电磁态势分析与显示技术等。

4. 信息安全管理技术

信息安全管理技术是通过采取和运用一系列技术手段，对军事信息网系进行安全管理。其管理技术能够实现对军事信息网系中各个方面的安全技术、产品进行统一的管理和协调，进而从整体上提高军事信息网系安全防护能力。军事信息安全的根本保证和主要焦点在于其管理技术的先进性、稳定性、成熟性等性能。在军事信息网系安全建设的过程中，为了从多个方面保护网系的安全，往往采用多种不同的安全措施。因此，军事信息安全的管理技术种类众多，包括网络安全管理技术、防计算机病毒技术、密码技术、权限管理技术、防侦察技术、电磁和声屏蔽技术等。

（三）从军事信息管理流程视角划分

军事信息管理本质是对军事信息活动全流程的管理，涉及信息的产生、获取、识别、发送、传输、组织、检索、接收、共享、存储和控制等各个环节。相应地，军事信息活动流程中各阶段的信息管理技术也不断得到发展应用。本篇重点遴选军事信息获取技术、军事信息组织技术、军事信息共享技术、军事信息检索技术、军事信息可视化技术进行重点介绍。

1. 军事信息获取技术

信息获取技术是通过获取某一目标的"信息特征"来确定其存在形态、时空位置、真伪情况等属性的技术总称。简单地说，信息获取技术就是把有关事物或目标的运动状态和运动方式以声音、数据、图像、代码等形式表示出来，表现为可采样、可理解、可传输的一种信息感知过程。一是无线电探测技术。无线电探测技术是指以无线电波为媒介的信息获取技术。雷达探测技术是最重要的无线电探测技术，其基本原理是向空间发射一定频率的电磁波，通过接收反射波发现目标，属主动感知技术，主要用于对空警戒、海面监测以及大气探测以获取相关数据。二是光电信息获取技术。光电信息获取技术是指以光波为媒介的信息获取技术，也就是通过对目标反射或辐射的可见光、红外线或紫外线能量的感测，将其转换成电信号，从而获得目标信息的技术。其主要包括可见光、红外线、多光谱、紫外线等信息获取技术。三是声波信息获取技术。声波信息获取技术是指利用声波作为媒介获取目标相关信息的一类感知技术。其主要包括两类，即通过向目标发出声波，再接收并检测其回波来获取目标信息的有源声波感知技术，以及直接接收目标变化或运动中发出的声波来获取目标信息的无源声波感知技术。四是定位导航技术。定位导航技术是指全球定位系统所采用的集定位、导航、报时功能为一体的高精度卫星定位导航技术。其典型代表为美国全球定位系统（GPS）。美国全球定位系统应用非常广泛，大量应用在火控与制导、支援与保障等导航和定位方面。其应用与发展将大大提高全面掌握战场态势，引导、拦截、攻击、控制与制导的能力。

2. 军事信息组织技术

未来的信息化智能化战争将在陆、海、空、天、网、电、认知等多维空间展开，作战指挥信息系统采用大量同质或异质传感器采集军事信息。如何将这些多样化的信息进行综合处理，给战场指挥员提供一个完整、实时、准确的目标数据，以便指挥员能够快速准确地做出决策，这个处理过程就是信息组织。在军事领域，一般把信息组织定义为：利用计算机技术，对按时序获得的多个传感器的观测信息，按照一定的准则进行检测、互联、相关、估计和组合的自动分析、优化综合的信息处理过程。其目的是获得更准确的状态和身份估计、完整而及时的战场态势和威胁估计。信息组织是一种多层次、多方位的处理过程，需要对多种来源数据进行检测、相关和综合，以进行更精确的态势评估。信息组织的根本目标是将传感器得到的数据（如信号、图像、数量和矢量信息等）、人的输入信息以及已有的原始信息转化成关于某种状态和威胁的知识。

3. 军事信息共享技术

军事信息共享是指不同层次、不同部门的军事信息系统间，信息和信息产品的交流与共用，就是把信息这一种在互联网时代中重要性越趋明显的资源与其他信息使用者共同分享，以便更加合理地达到资源配置，节约社会成本，创造更多的财富，是提高信息资源利用率，避免在信息采集、存储和管理上重复浪费的一个重要手段。军事信息共享的关键技术主要有电子数据交换技术（Electronic Data Interchange，EDI）、可标记语言技术（Extensible Markup Language，XML）、计算机网络技术、消息分发技术、数据仓库技术等。

4. 军事信息检索技术

信息检索技术是一种专门对文献资料进行存储、标引、管理并提供信息查询服务的技术，能够有效提高人们利用信息的效率。按照检索手段的不同，可将检索系统分为手工检索系统和计算机检索系统。军事信息检索技术是信息检索技术的重要应用领域，是根据军事信息用户的信息检索需求而催生的信息检索技术，是军事信息管理的重要组成部分，其检索和提供工作直接影响为指挥员与全体官兵服务的质量。军事信息检索技术经过分组式索引检索、穿孔卡片检索、缩微胶卷检索、脱机批处理检索发展到今天的联机检索、光盘检索、网络检索等，其发展经历了由低级到高级、传统的线性检索到超文本支持的非线性检索、普通的文本检索到图像检索和视频检索等演进阶段。

5. 军事信息可视化技术

军事信息可视化技术，即采用直观的图形方式来将信息模式、数据的关联或趋势呈现给决策者，这样决策者就可以通过可视化技术来交互地分析数据关系。军事信息可视化技术主要包括数据、模型和过程三方面的可视化，其中，数据可视化主要有直方图、箱线图和散点图，模型可视化的具体方法则与数据挖掘采用的算法有关。

第二节　军事信息管理技术的演进发展

军事信息管理技术在军事信息管理中的运用主要体现在计算机技术的发展和应用方面，如计算机存储和计算机信息检索等方面。以计算机技术在军事信息管理领域的应用为标志，以军事信息管理的产生为起点，军事信息管理技术的演进发展大致经历了以下几个阶段。

一、前计算机阶段

前计算机阶段是指军事信息管理产生至计算机在军事信息管理领域的应用之前这一阶段，背景是科学技术的高速发展和信息传递技术的迅速进步，军事信息管理技术主要体现在各类纸质文献及感光胶片、化学介质等文献的手工组织与半自动检索阶段。各种情报机构的大量出现，开辟了人类进入信息、知识广泛交流的新时代。例如，1939 年法国建立了军事信息文化中心，集中搜集、报道国内外、军内外科技成就。它是军事信息管理的技术启蒙阶段，为军事信息管理的发展奠定了基础。

得益于信息管理技术的进步，军事信息科学的产生和发展也在不断地呈现出崭新的面貌。从 20 世纪 20—30 年代开始，特别是第二次世界大战以后，现代科学技术进入高速发展的时期，现代化"大科学"的出现导致了"信息爆炸"的局面。在这种形势下，军事信息管理工作不但作为一种独立的社会职业，而且作为国家科学技术事业不可分割的重要组成部分进入了崭新的计算机信息管理发展阶段。

二、单机检索技术阶段

信息的机器自动查找在这一阶段产生。它源于 1945 年美国的一位杰出科研领导者和组织者 V·布什发表的一篇非常重要的论文 *Aswemaythink*。他在这篇论文中，提出了用"机器"来实现信息的存储、编码、查找乃至智能检索处理等功能的设想。布什这一思想鼓动和吸引了一大批优秀人才投身于解决信息"找"的问题。在机器自动检索信息方面展开的大量工作及其成果，促使了信息检索机械化和自动化的产生。进入 20 世纪 60 年代，世界各国无论在科学技术还是政治经济方面都发生了深刻的变革。以电子信息、生物技术和新材料为支柱的一系列高新技术飞速发展，并且日益渗透到经济和社会生活的各个领域，成为推动现代生产力发展的最活跃因素。这一阶段的主要特征是以计算机单机检索为手段，把信息的新型介质如 CD-ROM 等置于计算机中应用，从而极大地提高了信息的检索效率，推进了军事信息管理的理论研究。

三、联机检索技术阶段

20 世纪 70 年代以来，计算机、通信技术特别是微处理机的大量生产和广泛应用，揭开了扩大人脑能力的新篇章，军事信息管理技术成为推动军事管理活动的重要标志。正是在这种背景下，信息与物质、能源一样被誉为社会发展的三大支柱。以数据库的出现和计算机的联网应用为基础，联机检索系统诞生，实现了军事信息的联机检索，军事信息科学向网络化迈出了重大一步，军事信息管理专家在信息检索机械化和自动化工作基础上迅速扩大战果，使得在联机条件下"找"信息的问题已经得到了普遍解决。至此，军事信息管理已经进入了一个高级阶段——系统管理阶段。很明显，信息科学的系统化管理已经为军事活动的升级做出了重大贡献，并且产生了极为深远的军事影响。

四、网络环境下的信息检索技术阶段

以计算机技术为基础，整合了网络通信技术与多媒体应用技术的互联网的广泛应用，使得信息的组织、存储、传递和利用等发生了根本性的变化，这种变化体现在信息资源的知识单元组织与智能检索正在逐步替代传统的文献单元组织和检索。由此迫使信息管理技术在互联网技术的影响下不断深化和发展，出现了智能搜索引擎技术、信息检索的可视化技术、多媒体技术及信息组织的智能技术等初步研究成果。例如，20 世纪 90 年代后期 Internet（互联网）上"WWW"的普及，世界四大联机检索系统（美国的 DIALOG、ORBIT，德国的 STN，欧洲的 ESA）纷纷实现网页（Web）化，将信息检索带进一个全新的时代。同时，以搜索引擎为代表的现代 Web 化检索技术应运而生，也使信息检索与军事信息管理技术更加紧密地联系在一起。这些研究成果在新的层面上推动着军事信息管理的发展。在新的网络环境下，如何不失时机地开发、利用现代军事信息管理技术，并从国情出发，加速军事信息管理学科建设，不断改善信息服务条件，也已成为军事信息管理者普遍关注的重大问题。

五、Web2.0 技术环境下的 UGC 阶段

随着通信技术的飞速发展，以用户主动创作作为主要特征的 Web2.0 环境逐渐形成。Web2.0 时代中用户既是网络信息资源的消费者，同时也是网络信息资源的生产者和传播者。用户生成内容即 UGC（User Generated Content），又称 UCC（User Created Content）或 CGM（Consumer Generated Media），作为新一代互联网环境下一种新兴的网络信息资源创作与组织模式，倡导为用户创建一个参与表达、创造、沟通和分享的环境：用户可以在网上开辟信息空间，并进行信息共享、内容创作以及贡献等行为，包括任何形式在互联网上发表的由用户创作的文字、图片以及音频和视频内容。Web2.0 理念的兴起和相关技术的蔓延本质上激活了 UGC 的灵魂，即每一个人都是互联网的创作者。

当前，各类"去中心化"的社会信息系统如雨后春笋般出现在人们的生活中，用户从被动接受信息到主动发布信息，如撰写博客日志、上传图片、创

作共享视频等。常见的 UGC 平台类型包括社交网站类，如微博、微信、QQ、豆瓣网等；百科网站类，如维基百科、百度百科、互动百科等；问答社区类，如百度知道、知乎、天涯问答等；视频网站类，如优酷、腾讯视频等；网络论坛类，如百度贴吧、天涯论坛、人大经济论坛等；博客类网站，如新浪博客、网易博客、科学网博客等。如果将 UGC 上升到虚拟社区或网络社区的高度，就可以从功能上对内容进行分类。UGC 中的内容可分为娱乐型、社交型、商业型、兴趣型和舆论型。UGC 这个术语在 2005 年由网络出版和新媒体出版界最先提出，现在关于 UGC 还没有一个公认的定义，其中较有影响力的界定是由世界经济合作与发展组织（DECD，2007）在 2007 年的报告中提出的。该定义描述了 UGC 的三个特征：①Internet 上公开可用的内容；②此内容具有一定程度的创新性；③由非专业人员或非权威人士创作。

在军事信息管理领域，随着 Web2.0 的发展，对于 UGC 内容的组织和检索就建立于这类新的网络信息组织方式上。Web2.0 环境下 UGC 的产生极大地丰富了军事信息资源的内容，同时也给军事信息的管理带来了巨大的挑战，使军事信息资源的产生趋于碎片化和分散化。因此，在 Web2.0 环境下的军事信息资源管理，不仅要注重对军事信息的组织、使用、创新，还要不断完善对于 UGC 内容的信息检索技术。

第三节　军事信息管理技术的典型应用

军事信息管理技术是一种特殊的信息管理技术。它既具有信息管理技术的一般性、通用性，又有鲜明的军事应用特征。目前，军事信息管理在军事指挥、人力资源管理、装备信息管理、信息支援保障等领域都得到了广泛深入的应用，值得深入探究。

一、在虚拟战场构建中的应用

近年来，随着虚拟现实技术的发展和应用，军事演习和指挥决策在概念与方法上有了一个新的飞跃，即通过建立虚拟战场环境来进行军事训练和军事研究。虚拟战场环境旨在利用场景建模技术以及图形图像处理技术，通过计算机生成关于某一特定战场区域真实而全面的虚拟自然环境，并提供敌我双方兵力与态势的真实表现和描述，从而使指挥人员获得身临其境的体验。

（一）虚拟战场的建模技术应用

战场信息的最大特点体现在数据的多维性上，这种多维性又表现在纵、横两个方向上。因此，要充分运用数据建模技术，从纵、横两个维度加强虚拟战场建模。在横向上，存在不同性质、不同种类的数据，它们的来源和形式也是多样的。有些数据是通过对目标的遥测得到的，有些可以通过实地侦察而获取，或者从计算机辅助设计（CAD）等处理系统中得到。因而有图形矢量形式、图像栅格形式或属性图表等多种形式。在纵向上，战场模型需要保存和管理同一对象在不同历史时期的同一类数据。对于千变万化的战场，这种多源的、多时相的、动态的数据常常交错融合，大大增加了虚拟战场建模管理的难度，需要综合运用智能体仿真、深度神经网络等方法加强战场信息获取管理。

（二）战场信息的组织与处理技术应用

虚拟战场环境中的战场信息主要包括以下几类数据：用于构造虚拟环境的三维地形数据（主要是数字高程模型（Digital Elevation Model，DEM）数据）和地表影像数据，用于反映战场态势变化的战场属性数据，关于某一环境区域的历史、人文、地理、气候等各种地理属性数据等。

DEM 数据、地表影像数据、战场属性数据、地理属性数据可以单独建库，采用分布式管理，统一调度。在实际应用中，随时可能会有新的 DEM 数据加入，可能出现影像数据的更新和增加，还可能出现军标位置的变化以及战场态势的变化，新的情况需要在虚拟战场环境中得到及时的反映和表现。用数据库管理多维数据的优点在于能高效地更新和增加数据，能管理更庞大的数据量，便于操作和查询，适合于虚拟战场环境的实际应用。

虚拟战场环境中的属性信息包含战场属性信息和地理属性信息两大类。①战场属性信息，主要包括反映虚拟战场环境中各类军标及战场态势的基本信息，如作战单元的友好度、位置、角色、规模、行进方向、行进速度，整个作战区域中的敌我兵力部署等。战场属性信息种类多、差异大，因此需要进行分类管理。另外，大多数战场属性信息都会随时间而变化，因此需要提供数据库的实时更新能力，使得库中的数据能反映最新的战场信息。用数据库管理战场属性信息，其优点体现为：便于为各分布节点提供全局一致的视图；便于对战场信息进行实时查询和统计分析；便于记录和管理历史数据，为作战过程的回放、战后分析与统计提供依据。②地理属性信息，其包含的内容非常广泛，包括海拔高度、降雨量、平均气温等地理气象条件以及行政区划、历史信息等人文特征信息。这些信息可以各种文字、图像、声音和视频等多媒体信息的形式组织，通常表现得杂乱无章，如何对它们进行分类、组织与管理，是构造战场信息数据库时不容忽视的一个重要问题。

二、在战场态势信息管理中的应用

目前，信息管理技术在战场态势信息管理活动中得到越来越深入的应用。

战场态势信息管理的技术要点主要包括两个方面：态势信息交换数据模型构建与态势数据存储和分发。

（一）态势信息交换数据模型构建

为了解决由于各国独立研制并装备的指控信息系统，在数据格式和表现方式上的不同，从而难以实现系统间的互联互通和信息共享的问题，北约成立了多边协作项目组（Multilateral Interoperability Program，MIP）。由该组织耗费数年建立的战场指挥控制信息交换数据模型，得到了各成员国的认可和采用。目前，该模型已经发展成为最新的 JC3IEDM 数据模型。它是信息交互的中间标准，规范了战场态势信息分类及表示方法，为指控信息系统间的互操作提供了语义互通的基础，从而把战争态势信息提高到语义互操作的层次。JC3IEDM 数据模型主要包括概念、逻辑、物理三个层次。

1. 概念数据模型

概念数据模型表示的是高层的信息结构，它由一些通用的概念组成，如行动、对象、军需品、类型和地点等。这种层次模型是针对高层指挥员的，希望确定信息结构的范围。概念数据模型可以分为如下部分：一是对象（objects）：战场环境中的相关对象及它们的内在属性；二是态势（situation）：用对象的具体情况表示战场的过去、现在和将来的形势；三是行动（activities）：对象在过去、现在的行动及未来规划的行动；四是信息包（information packages）：将信息组合成为信息包集合的机制。概念数据模型定义了 9 个顶层、独立的实体及其相互关系。

2. 逻辑数据模型

逻辑数据模型表示的是 JC3IEDM 数据模型的所有信息，它是把高层的概念数据模型分解为特定的常规信息，如坦克划分为一种装甲作战车辆，同时可以作为一类材料的设备，但也是一种军需品。这些高层的概念首先被连接成为集合关系，然后通过互相交叉引用连接起来（如行动、部队单位/组织、执行军事行动）。这种分解方式符合人类的推理逻辑且允许 C2IS 系统来识别，如识别坦克为一种设备。逻辑数据模型通过实体属性表示了 JC3IEDM 数据模型中的所有子实体及其相互关系，是技术研究人员和参谋人员进行数据与行动分析的主要研究对象。

3. 物理数据模型

物理数据模型提供了详细的规范，如参数、关键字、数据长度和类型等详细信息，这些规范是生成定义数据库结构的物理方案所必需的。它是在建设 JC3IEDM 系统时由 C2IS 系统的开发人员考虑的主要内容。服务对象主要是军事工程设计人员和软件开发人员。

（二）态势数据存储和分发

战场态势数据存储服务提供对战场态势数据进行持久化存储的功能。战场态势数据既需要实时快速的提供，也需要对历史数据进行存储，从而能够提供对态势历史数据的分析和对态势发展趋势的判断。有了态势历史数据的存储，便可以更好地支持作战计划的编制和仿真数据的重演与分析评估。

1. 态势数据存储

战场态势数据存储方法是以数据模型为基础的数据库存储。相比传统以文件方式存储战场态势数据的方法，可以更好地支持态势数据的表示和管理，如作战单位的聚合显示、不同领域标号的按需风格转换、复杂的态势图层表示和态势信息的筛选等。

2. 态势数据分发

战场态势数据分发服务提供对其他系统的战场态势数据服务。在军事指挥控制系统中，态势信息系统是作为其他指挥控制应用分系统的支持模块而存在的，许多分系统，如后勤管理系统，需要了解目前的态势来进行实际方案的制定，提高方案的有效性。因此，态势数据分发服务可以为其他系统提供服务接口，其他分系统可以采取发布/订阅的方式，来订阅所需的态势信息，在所需态势信息到达态势管理模块时及时得到所需信息。态势数据分发服务包括两种信息交换机制：消息交换机制（MEM）和数据交换机制（DEM）。MEM 是以态势报的方式实现信息的交换；DEM 是通过对数据库的访问来实现信息的交换。

3. 态势数据可视化表示

战场态势数据可视化表示为作战人员、军事参谋和指挥人员提供获得态势数据交互的手段和终端。军事指挥员、参谋或其他军事人员可以在态势显示终端上定制需要进行图形显示的态势信息，然后对数据进行查询和分析，从而更加准确地了解战场态势的发展趋势，辅助军事指挥人员做出正确的军事行动和决策。态势可视化，要求跨国界、跨战区、跨领域的复杂作战同步一致。应当对战场的共享理解以增强作战响应，同时还能提供决策控制。可视化技术能够帮助指挥员在战略、战场和战术不同层次间实现信息的转换。其最终目标是实现一个指挥员和参谋都能够对变化的战场态势获得共享理解的、一致的可视化战场信息环境。对北约 JC3IEDM 数据模型而言，为了更好地实现战场态势数据的可视化，把军标属性信息集成到 JC3IEDM 模型库中，军标符号与其所表示的对象状态直接关联，实现对象的数据表示和显示表示一致更新。北约的不同成员组织可能给同一个对象赋予不同的状态信息，一个对象的状态也会随着时间的变化而改变。由于集成后的 JC3IEDM 模型库可以存储对象显示表示的变化信息，所以军事参谋在态势数据的显示终端可以看到对象的历史变化过程，并据此推断出对象的未来变化趋势，做出及时、正确的战场决策。

三、在军事情报智能采集中的应用

军事情报采集，历来是信息管理技术的应用重点。当前，随着智能化技术的不断发展，智能化的情报采集技术及手段得到更加广泛的运用。其中，走在全球前列的是美军新一代数据情报系统。

近期，美军新一代数据情报原型系统"主动情景规划情报采集与监控"（COMPASS）在其印度-太平洋司令部通过测试并投入使用。该系统可针对目标区域内的部队调动、网络入侵和内部动乱等各类事件，利用先进的人工智能和其他技术分析情报数据，生成各参与势力的战略或战术意图假设，并诠释每个假设的支持证据和产生结果，协助决策部门在对抗行动中洞悉局势并及时做出反应。该系统是美军"下一代人工智能"战略重要组成部分，反映了美军正在加速构建新一代数据情报体系。美军特别注重新一代数据情报体系的三个方面技术运用：一是成体系开展新一代数据情报智能处理关键技术研究，全面提升人工智能系统的可靠性、灵活性和不同语境的自适应能力，使计算机能够自主理解数据情报中的事件知识，自动辨识不同事件之间的内在关联。二是探索开展人机深度合作途径，使计算机提供易于理解的、可信的数据化辅助决策信息，并提供交互式的决策信息诠释和验证方法，让指挥官能够迅速理解并信任计算机的分析结果。三是推进新一代智能数据情报处理系统研制，实现对全球政治、军事、经济、社会等各领域数据情报的全面智能分析处理能力，在海量数据中及时了解各方势力的可能意图或可能行动，提供有效的决策支持信息。

四、在军事网络信息安全中的应用

随着军事网络和军事系统的更加广泛运用，军事网系安全也更加得到重视。充分运用现代信息安全技术，提升军事信息网系安全，已经成为世界各国军队的共识。

（一）5G 军事安全中的技术应用

在 5G 建设走上快车道的同时，5G 军事系统的核心网、接入网、边缘计算等都易受攻击威胁。对此：一是设计 5G 军事网络多层多域安全架构。建立涵盖用户域、应用域、物理域的可扩展、可重构安全架构，设计模块化、服务化安全接口，实现受控访问、隐私保护。构建高度隔离的 5G 军事应用切片，防止非法接入和跨切片攻击。将军队专用认证协议、空口加密算法等封装并虚拟化，提供定制化安全服务。运用区块链技术组织差异化分层防御，解决连接成本高、过度集中等问题。二是定制5G军事应用场景安全协议。为增强移动带宽应用定制高速加解密处理协议，基于信道"指纹"、生物特征等实现安全认证。为超高可靠低时延应用定制高安全、低时延算法，支持边缘计算数据保护，确保无人机集群等快速认证。为海量机器通信应用定制低功耗、低时延安全协议，设计轻量级密码算法，通过群组认证解决海量设备信令风暴问题。三是加强自主可控设备研发。推动供应链核心部件国产替代，开发军事专用5G芯片、定制操作系统、军事APP商店，确保设备安全。开发5G军事网络安全监控系统，利用机器学习检测高危漏洞，实时评估安全风险。四是完善技术标准。制定5G安全规范，建立5G安全评估体系，实施军用5G软硬件生产质量管理和准入检测。制定5G手机使用管理技术标准，细化安全责任。细化5G安全应急响应流程，建立安全事件通报和服务快速到位机制。

（二）电子信息装备自主可控技术应用

2020年4月，美国芯片巨头赛灵思（Xilinx）公司某主流FPGA芯片被曝出存在一个名为"StarBleed"的安全漏洞，通过该漏洞，攻击者在能接触到芯片的情况下，可在18min~30h内窃取或篡改芯片中加载的软件。对此，应当大力加强国产替代芯片安全保护手段。在推动国产替代芯片发展的同时，高度重视芯片安全防护，采用密码芯片嵌入、冗余安全设计、身份鉴权认证等技术，加强芯片软硬件协同安全防护架构设计，确保安全可靠、风险可控。要加强芯片全寿命周期的安全管理，强化风险识别、漏洞检测、知识产权保护，建立健全芯片安全管理机制，护航装备芯片生态链健康发展。

（三）量子保密通信技术应用

量子保密通信（QKD）通过在通信双方之间建立实时的、可保证安全的密钥，结合"一次一密"能实现无条件安全的保密通信，克服了经典加密技术内在的安全隐患，在有高安全需求的国防、金融、政务、能源、商业等应用领域可以从根本上解决其信息保密传输问题。当前，量子保密通信紧迫现实需求和核心关键技术突破的矛盾仍较突出。一方面，政务、金融、国防和关键基础设施等领域，提高网络空间安全保障能力的需求日益紧迫，对量子保密通信带来的信息安全保障能力跃升具有客观需求和应用前景；另一方面，国产化、高性能光量子核心器件仍有瓶颈，研制超远距离、高码率、高稳定、高安全的QKD系统仍具挑战，抗量子攻击密码算法等核心技术有待优化。对此，量子保密通信建设运用的生态圈构建刻不容缓。

目前，国内外的量子保密通信技术都已进入实用化工程研究和应用推广阶段，2020年8月，美国白宫科学技术政策办公室、能源部宣布投入约7亿美元启动量子互联网建设，我国近年来先后启动了"京沪量子干线""宁苏量子干线"等项目，推动量子保密通信实践实战运用的时机已经成熟。但量子保密通信技术的军事化应用仍需党政军、产学研各方从设备升级、产业链建设、标准完善和商用化探索等方面持续用力，共同构建量子保密通信良性发展的生态圈。

五、在装备信息管理中的应用

装备信息管理是对于装备管理全系统、全过程的信息获取、传输、处理等活动，是装备管理的纽带与核心。条码技术是目前最成熟、应用领域最广泛的自动识别技术之一。将条码技术引入装备信息管理工作，能够对加强装备信息管理、提高装备管理水平发挥重要作用。

条码技术是集条码理论、光电技术、计算机技术、通信技术、条码印制技术等于一体的自动识别技术。与其他识别技术相比，条码技术具有采集和输入数据快、准确率高、可靠性强、寿命长、成本低廉等特点，还可以和有关设备组成识别系统实现自动化识别和自动化管理。条码技术的研究对象主要包括编码规则、符号表示技术、识读技术、生成与印刷技术和应用系统设计。

一维条码是由一组按照一定编码规则排列的条（黑色）和空（白色）组成的，用以表达一定信息的图形标识符。一维条码只能在一个方向上表达信息，信息量的大小是由条码的宽度和印刷的精度决定的。它需要通过数据库建立条码与物品信息的对应关系，由软件对数据进行操作和处理。因此，一维条码在使用过程中仅作为识别信息，不能直接表示汉字或图像信息。一维条码常见的码制包括 EAN-13 码、Code39 码、Codabar 码、Code93 码等。

二维条码是用按一定规律在二维平面上分布的黑白相间的图形记录数据符号信息的，能够在水平和垂直方向上均表示信息。在代码编制上它利用比特流的概念，使用若干个与二进制相对应的几何形体来表示文字数值信息，通过图像输入设备或光电扫描设备自动识读并自动处理。二维条码主要分为行排式和矩阵式两大类，包括 PDF417 码、QR Code 码、Code49 码、Data Matrix 码等。二维条码除了具有一维条码的优点，同时还具有信息容量大、容错能力强、具有纠错功能、可表示文字及图像信息等优点。

第八章
军事信息获取技术

信息获取技术是运用信息科学原理和方法，实现并扩展人的感觉器官的功能，增强人的感知和认识事物的能力。其具体任务就是把有关事物或目标的运动状态和运动方式加以记录，并以适当的形式表示出来。信息获取技术又称为传感技术，运用此类技术组成的系统或装备称为传感器。

第一节 军事信息获取概述

"人过留痕，雁过留声"。任何物体在其所处的环境中，都会以其独特的"信息特征"表现出它的存在。信息获取技术是指通过获取某一目标的"信息特征"来确定其存在形状、时空位置和真伪等属性的技术手段。

一、军事信息获取的基本概念

信息获取是感知周围态势的过程，这个过程通过各种类型的传感器实现。在古代，主要依靠人的感官感知周围世界，眼看与耳闻是获得信息的基本手段，眼睛、耳朵是人类感知世界最主要的传感器。在现代，借助于电子技术、光电技术，人们发明了众多的传感器，以延伸人的眼睛和耳朵功能，获取仅凭人的眼睛、耳朵所无法获取的信息。基于这些技术的军用传感器及传感器网络是获得军事信息的利器，从感知周围环境状态直到敌方态势都是必不可少的，可以称得上是指挥员的"千里眼"和"顺风耳"。

不同的领域信息获取的目的各不相同，在军事领域，信息获取的目的主要包括三个方面：一是获取敌方信息。在战略范围内，主要是有关国家、地区、集团的军队数量、部署、作战方针、作战方向，战备措施、战争潜力等情况；重点查明战争直接准备程度、重兵集团集结地区、主要作战方向，以及作战行动可能开始的时间、方式等最为关键和急需的情况。在战役、战术范围内，要查明敌方企图、行动方向、作战编成、兵力部署、主要装备、工事、保障、作战能力、作战特点、指挥官、指挥机构、通信枢纽等情况。二是熟知我方信息。其主要包括上级的作战意图，友邻的番号、任务和地域，所属部队的配置位置，各部队作战特点，部队士气，武器装备的数量和质量，弹药、油料、给养等储备情况，各种保障能力，战区社情、人文情况；群众条件，支前能力，地方武装和民兵的数量及作战能力等。三是掌握战区的信息。其主要是作战地域的自然地理条件（地形、河流、植被等）、交通条件（道路的数量、质量和分布情况，桥梁和渡口情况）、通信设施情况、水文和气象情况、时空环境等。这些信息通常是以文字、语音、数据、图形、图像为载体，通过显示设备或音响设备表现出来，供指挥员了解情况、掌握动态、分析预测和做出判断。

二、军事信息获取技术的军事应用领域

在现代战争中，仅用传统侦察手段已不能满足作战指挥的需要，必须强调使用技术侦察手段获取信息情报。因此，在军事领域，通常采用各种侦察技术手段建立航空侦察、电子侦察、雷达侦察和卫星侦察等信息侦察系统。信息侦察系统主要包括陆基探测系统、机载探测系统、天基探测系统和夜视探测系统等。不同的探测系统，获取信息的手段不同。

（一）陆基探测系统

陆基探测系统由地面电子侦察站、雷达站、水面电子侦察船等组成。它是信息情报的重要来源，主要任务是对敌实施无线电通信侦察、雷达对抗侦察、空情信息侦察等。

1. 通过无线电通信侦察获取信息

通过无线电通信侦察获取信息的具体做法：一是截获敌无线电通信信号，进行分析破译，并通过分析信息的形式和特点，判别敌无线电通信性质，通过破译，了解敌无线电通信的内容。二是查明敌无线电通信设备的位置。由于这些设备通常配置在各级指挥所及其附近地区，因此，测定其位置，就可以掌握敌指挥所的位置。同时，从敌无线电通信设备的数量和配置密度还能分析出敌人的作战规模。三是掌握敌无线电通信的特征。通常，部队作战行动的命令主要靠无线电通信传递。因此，从无线电通信的异常情况，可分析出其作战行动的变化。例如，美国通过分布在世界各地的监听站，窃取地球上每个国家和地区发出的电传、电报、电话等各种通信信号。这些大大小小的监听站，都装备有先进的电子侦察装置，隐蔽在美国国内外的军事基地、舰艇和飞机上，形成了一个世界范围内的情报监听网。

2. 通过雷达侦察获取信息

利用雷达侦察设备对敌方各种雷达设备发射的无线电波进行侦收、检测、识别、分析、定位和处理，从而获得敌方雷达的类型、数量、配置地点及敌方武器系统的编制、火力配系和行动企图等战役战术情报；还可利用雷达侦察设备进行技术侦察，获得敌方各种雷达和雷达干扰设备的某些技术参数，弄清其性能，判断其动向及对己方威胁的程度，为己方实施电磁干扰提供目标信息。

3. 通过空情侦察获取信息

利用对空警戒雷达设备实施远距离对空监视，用以发现远距离的敌机、导弹，并测定其位置和飞行方向。发现空情目标信息后，经分析、判断，上报指挥中心，或直接将空情动态图像在大屏幕上显示出来，提供给指挥员使用。

(二) 机载探测系统

机载探测系统装载在有人驾驶与无人驾驶飞机上，完成照相侦察、电子侦察、预警等任务。

1. 有人驾驶飞机

各国军队实施侦察时多使用有人驾驶飞机。专门用于侦察的飞机通常称为侦察飞机。美军主要的侦察飞机就有 10 多种型号。侦察飞机装有多种遥感设备，常用的有红外照相机、多光谱照相机、红外扫描装置、合成孔径雷达等。有人驾驶侦察机反应灵活，机动性好，能及时、准确地完成战场情况侦察，能为各级指挥员提供作战所需的大面积、远纵深的情报，它是主要的战役战术情报侦察工具。

2. 无人侦察机

无人侦察机可遂行照相侦察和电子侦察等战役战术侦察任务，获取有关情报信息。无人侦察机能携带可见光照相机、电视摄像机、红外遥感器及侧视雷达等。其优点是成本低、机身小，目标的雷达截面积小。它的主要缺点是指挥控制、通信和数据传输信道易受干扰。因此它与有人驾驶侦察机互为补充。

3. 侦察直升机

侦察直升机侦察有其独特的优势，因为直升机能在狭小的场地（如林中空地、市内广场、舰艇甲板）起降，能紧靠指挥员及司令部驻扎，便于根据需要进行侦察；能在很低的高度（距地面 10～15m、距海面 1m）实施侦察，且飞行速度较慢，有利于对地面进行更细致、更准确的观察，从而可提高所获情报的可靠性；能悬停于空中，便于使用从己方区域对敌整个战术纵深内的活动目标进行跟踪。用直升机进行空中侦察的主要方法有目视观察、航空摄影和借助无线电电子器材（电视设备、红外设备、雷达设备及无线电技术侦察设备）进行侦察。

4. 预警机

预警机是空中预警和控制系统飞机的简称，是空中侦察与监视系统的一个重要组成部分。预警机通常由载机以及监视雷达、数据处理、数据显示与控制、敌我识别、通信、导航和无源探测 7 个电子系统组成，具有低空性能好、监视范围大、生存能力强、指挥控制能力强和灵活机动等特点，能够集预警和指挥、控制、通信功能于一体，起到活动雷达站和空中指挥中心的作用。

（三）天基探测系统

天基探测系统由各种侦察卫星及地面站设备组成。其主要任务是进行战略侦察、搜集战略情报，如搜集敌方战争准备的情报、重要军事设施分布的情报、战前人员和武器装备集结的情报，并对导弹核武器进攻进行探测和预警等。天基探测系统中的卫星包括侦察卫星、预警卫星、导航卫星等。天基探测的基本方式如下：

1. 照相侦察

在各种侦察卫星中，照相侦察卫星发展最早、发射最多。其侦察设备与方式包括可见光照相、红外照相、多光谱照相、微波照相以及电视摄像机等。照相侦察卫星将摄入的地面景物转变成电信号发回地面站。在海湾战争中，美国动用了"锁眼"照相侦察卫星，每天飞经海湾地区 1~2 次，所获取的成像数据，再通过中继卫星实时转发到美国本土或有关地球接收站，为美国提供了大量的战略、战术情报。照相侦察已广泛用于全球，特别是热点地区和局部区域的侦察。

2. 电子侦察

电子侦察卫星上装有侦察接收机和磁带记录器，当卫星飞经敌方上空时，将各种频率的无线电波信号记录在磁带上，在卫星飞经本国地球站上空时，再回放磁带，以快速通信方式将信息传回。其任务：一是侦察敌方雷达的位置、使用频率等性能参数，为战略轰炸机、弹道导弹的突防和实施电子干扰提供数据；二是探测敌方军用电台和发信设施的位置，以便于对敌实施窃听和破坏。

3. 导弹预警

导弹预警卫星的任务是监视地面弹道导弹的发射情况。它是把红外探测器装在地球同步卫星上，有这样一颗卫星，就可以昼夜监视地球上大约 1/3 的地面，只要导弹一发射，卫星上的红外探测器在 90s 内就能测出导弹尾焰产生的红外辐射信号，并将预警信息传到指挥中心。对洲际弹道导弹可取得 25min 的预警时间，对潜射导弹可取得 15min 的预警时间。

4. 导航信息

人造卫星在空间轨道运行是有规律的。利用其这一特点，可随时计算卫星在空间的坐标，把卫星作为一个导航信标，从而可指挥控制舰船或飞机的航向。美国 1994 年建成的 GPS 全球定位系统，由 24 颗卫星组成，定位精度为 10m。

5. 海洋监视

海洋监视卫星主要用来对海上舰船和潜艇进行探测、跟踪、定位、识别，并监视其行动，以获取军事情报。由于要覆盖的地域广阔，探测的目标又多是活动目标，因此海洋监视卫星的轨道比较高，并采用多颗卫星组网的侦察体系，以达到连续监视、提高探测概率和定位精度的目的。

（四）夜视探测系统

在现代战争中，夜间获取信息的能力已成为战斗力的重要组成部分。在夜间低照度下进行观察的技术，称为夜视技术。用夜视技术制成的各种夜视仪器统称为夜视器材。美国、英国、法国、俄罗斯等国已将先进的微光夜视技术和红外热成像技术广泛应用于军事领域，研制了大量的夜视器材，装备其部队。

目前，世界各国军队装备的夜视器材主要是主动红外夜视仪、微光夜视仪和红外热像仪。夜视器材在军事上可以用于夜间观测和侦察、夜间驾驶、夜间瞄准射击。美军飞行员配备的"猫眼"夜视眼镜，是综合运用平视显示器技术和像增强器技术研制的，它可以安装在飞行员的头盔上。来自外界景物的光通过一对像增强器增强，增强的图像投影在飞行员眼前的塑料组合器上，产生一个与外界场景相重合的清晰图像，供飞行员的双目观察。如需要，还可以显示各种侦察信息。美军使用的导弹系统大都配有先进的夜视器材，能在夜间和恶劣气象条件下发现与跟踪目标，并及时发射导弹。美军各种坦克上也都配有先进的夜视器材，驾驶员配有潜望式红外热成像驾驶仪，可以在夜间观察道路和地形，也可以在不开车灯的情况下进行夜间驾驶；车长配有红外热成像观察仪，可以在夜间观察目标、指挥车辆；炮长配有红外热成像瞄准镜，可以在夜间瞄准目标，进行射击。

第二节　军事信息获取主要方法

信息获取技术的种类繁多，不胜枚举。因此，信息获取技术分类方法很多，这里按对目标信息的认知过程来划分，可分为感知技术、定位技术和识别技术三类。

一、感知技术

感知技术是用于发现目标并获取目标所表现出来的外在特征信息的技术。

这里，"发现"是指把目标与其背景作比较，或者依据周围背景的某些不连续性，将潜在的目标从背景中提取出来。由于人们可以通过搜索和探测获得目标的外在特征信息，如目标的几何特性和声、光、电、磁、热、力等物理特性及化学特性等，所以可以将搜索与探测过程中所用的技术称为感知技术。

二、定位技术

定位技术是测量目标的位置参数、时间参数、运动参数等时空信息的技术。由于跟踪是对目标的时空信息进行连续的测量，所以跟踪所采用的技术也归属于定位技术。定位技术是信息化战争中了解和掌握敌我态势的基本技术。

三、识别技术

识别技术是将感知到的目标的外在特征信息转换成属性信息的技术，是将目标的语法信息转换成语义信息和语用信息的技术。在信息化战争中，运用识别技术确定目标的敌我属性，辨别目标的真假，区分目标的类型及其功能作用，为实施攻击或防御奠定基础。

信息获取技术物化在实际的信息装备及其系统中，如各种雷达、声呐、红外成像仪等，一般都兼有感知、定位、识别三类功能中的一种以上的功能。相应地，也可以认为信息获取技术由雷达技术、光电信息获取技术、声呐技术和传感器技术等组成。

第三节　军事信息获取关键技术

军事信息获取关键技术包括以下几种：

一、雷达技术

雷达是英文 Radar 的译音，其原意为无线电探测与测距。雷达在工作时发射某种特殊波形的无线电波，接收并检测其回波信号的性质，从而发现与测定目标。雷达作为感知手段，可以发现数百以至数千千米以外的目标，可以不分昼夜地工作，从而为军队提供全天候预警能力。随着反辐射武器、目标隐身、低空及超低空突防和先进的综合电子干扰等威胁的增大，促使雷达技术发展迅速，种类越来越多，技术越来越高，是各国大力发展的最重要的武器装备之一。

（一）雷达技术基本原理

1. 雷达的基本构成

雷达工作方式通常分为两大类：一类发射的雷达波是连续的，称为连续波雷达;另一类发射的雷达波是间歇的，称为脉冲雷达。现代雷达大多采用脉冲制工作方式。它们主要由发射机、天线、接收机、天线收发转换开关、显示器、定时器、天线控制设备和电源设备等八个部分组成，如图8-1所示。

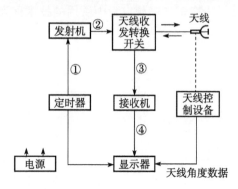

图 8-1　脉冲雷达的基本构成

2. 雷达的工作原理

雷达工作时，定时器不断产生连续的定时脉冲，用来触发发射机和显示器同时开始工作。发射机产生强功率高频振荡脉冲电流，经天线收发开关送到天线，天线将其转换成高频电磁波，并聚集成波束向空间发射出去。在天线控制设备的驱动下，天线转动并搜索目标。电磁波在空间传播、搜索的过程中，遇到目标时有一小部分电磁波反射回来，被雷达天线接收，称为回波信号。接收机将回波信号放大和变换后，送到显示器，显示器上就会出现一个回波信号或亮点，从而探测到目标的存在。定时器的作用是用于控制雷达各个部分保持同步工作。收发转换开关可使雷达发射和接收时共用一副天线，这样可以减小雷达体积和降低造价。

（二）雷达技术典型军事应用

1. 多普勒雷达

如上所述，电磁波遇到运动目标产生反射时，电磁波的频率会发生变化，这种变化的频率称为多普勒频率。对于飞行速度为 200m/s 的飞机，当雷达工作波长为 10cm 时，多普勒频率为 4000Hz。利用多普勒频移检测运动目标的雷达称为多普勒雷达。要实现对运动目标的检测，要求雷达发射频率的稳定度非常高，同时要求发射信号与接收机本振信号频率和相位完全一致。由于多普勒雷达具有运动目标检测能力和运动目标显示能力，可以配置于飞机和卫星上，能检测并显示出地面人员和车辆的运动情况，不仅具有探测空中目标的能力，而且增加了检测地面运动目标的下视能力，从而成为战场监视和侦察的重要感知手段。

2. 相控阵雷达

大家知道，蜻蜓的每只眼睛由许许多多个小眼组成，每个小眼都能成完整的像，这样就使得蜻蜓所看到的范围要比人眼大得多。与此类似，相控阵雷达的天线阵面也由许多个辐射单元和接收单元（称为阵元）组成，单元数目和雷达的功能有关，可以从几百个到几万个。这些单元有规则地排列在平面上，构成阵列天线。利用电磁波相干原理，通过计算机控制馈往各辐射单元电流的相位，就可以改变波束的方向进行扫描，故称为电扫描。辐射单元把接收到的回波信号送入主机，完成雷达对目标的搜索、跟踪和测量。每个天线单元除了有天线振子，还有移相器等必需的器件。不同的振子通过移相器可以被馈入不同相位的电流，从而在空间辐射出不同方向性的波束。天线的单元数目越多，则波束在空间可能的方位就越多。这种雷达的工作基础是相位可控的阵列天线，"相控阵"由此得名。相控阵雷达的优点如下：波束指向灵活，能实现无惯性快速扫描，数据率高；一个雷达可同时形成多个独立波束，分别实现搜索、识别、跟踪、制导、无源探测等多种功能；目标容量大，可在空域内同时监视、跟踪数百个目标；对复杂目标环境的适应能力强；抗干扰性能好。全固态相控阵雷达的可靠性高，即使少量组件失效仍能正常工作。

多功能相控阵雷达已广泛用于地面远程预警系统、机载和舰载防空系统、炮位测量、靶场测量等。例如，美国"爱国者"防空系统的 AN/MPQ-53 雷达、舰载"宙斯盾"指挥控制系统中的雷达、B-1B 轰炸机上的 APQ-164 雷达、俄罗斯 C-300 防空武器系统的多功能雷达等都是典型的相控阵雷达。随着微电子技术的发展，固体有源相控阵雷达得到了广泛应用，是新一代的战术防空、监视、火控雷达。

3. 超视距雷达

雷达波是直线传播的，受地球表面曲率的影响，探测距离有限。一般地面（海面）直视距离为 80km 左右。超视距雷达是一种能探测地平线以下的空中和海上运动目标的地面雷达。按电磁波传播途径，超视距雷达可分为地波超视距雷达和天波超视距雷达。①地波超视距雷达是利用电磁波在地球表面的绕射效应进行工作的，其工作频段为短波和超短波范围，通常应用于海岸监视，对低空飞行飞机的作用距离为 200~400km。天波超视距雷达利用大气的电离层对短波的反射特性，使电磁波在电离层和地面之间多次反射传播，接收目标的反射回波，从而可发现目标。在正常情况下，电磁波经过电离层一次反射的作用距离可达 3000km，经多次反射，能探测到 6000km 远的目标。②天波超视距雷达主要用于预警，对超低空飞行的飞机、导弹的作用距离远，预警时间长，是低空防御的一种有效的目标感知手段。它还具有感知隐身目标的能力。其缺点是设备庞大复杂，抗干扰能力差，盲区大，精度低。

4. 双基地、多基地雷达

雷达主机由发射机和接收机两大部分组成，一般设置在一起。若把雷达的发射机和接收机分别置于两个地方，则称为双基地雷达。若一部发射机和多部接收机，或者多部发射机和多部接收机都分开设置，则称为多基地雷达。这些发射机和接收机可设置在地面，也可安装在飞机或卫星上，可以地发/地收、空发/地收或空发/空收。多基地雷达的主要特点：一是抗摧毁能力强。可将针对高空目标的雷达发射基地设立在远离作战前沿的后方，也可设立在飞机或卫星上，构成空间多基地雷达，以避免被攻击。二是可对抗隐身飞行器。隐身技术通过改变飞行器外形设计，变电磁波后向散射为非后向散射，采用具有吸波、透波的复合材料等多种途径，使雷达反射截面缩小 2~3 个数量级。而多基地雷达则可充分利用非后向散射能量来增加雷达反射截面。三是可提高抗有源干扰的能力。因接收基地隐蔽，敌人无法侦察，并可通过两个以上接收基地的交叉测向，对干扰源定位而适时避开干扰源。多基地雷达对空间、时间和信号关系要求很严格。当有多个目标时，需要解决消除假目标问题，使信号处理等有关技术的复杂程度增大。

5. 合成孔径与逆合成孔径成像雷达

在光学仪器中，孔径是指物镜的直径，它的大小决定透过光量的多少和分辨率的高低。雷达波是通过天线辐射和接收的，天线就相当于光学仪器的物镜，孔径越大，辐射和接收的电磁波能量越大，雷达的作用距离越远，分辨率越高。利用雷达与目标的相对运动，把雷达在不同位置接收的目标回波信号进行相干处理，可使小孔径天线起到大孔径天线的作用，获得较高的目标方位分辨率，这就是合成孔径的含义。采用合成孔径技术的雷达称为合成孔径雷达。合成孔径雷达的分辨率理论上为 0.2λ，同时利用脉冲压缩技术获得较高距离分辨率，其二维分辨率可达 $0.3\text{m}\times0.3\text{m}$，可以显示目标的形状。当目标不动而雷达平台运动时，称为合成孔径雷达。当雷达平台不动而目标运动时，称为逆合成孔径雷达。如果将合成孔径雷达和逆合成孔径雷达两种技术结合起来，便可在运动的雷达平台上，既对不运动目标成像，又对运动目标成像。常规雷达的方位分辨率与雷达波束有关，且分辨率数值随距离的增加而增加，使得雷达的距离分辨率一般在几十米到几百米，方位分辨率在几十米到几千米，雷达只能发现目标，根本不能获得目标的几何形状图像。由于合成孔径技术在雷达中的应用，使雷达在方位上的分辨率与距离无关，这为雷达成像提供了技术支撑，也为雷达的应用展现了广阔的前景。

从目前的应用看，合成孔径雷达主要装在飞行器上，如飞机、卫星等。机载和星载合成孔径雷达具有观测面大、提供信息快、目标图像较清晰、能全天候工作、能从地面杂波中分辨出固定目标和运动目标、能有效识别伪装和穿透掩盖物等特点，广泛应用于战场侦察、资源勘测、地图测绘、海洋监视、环境遥感遥测等领域，它是战场实时感知的最好的技术手段。例如，美国的联合监视与目标攻击雷达系统飞机安装了 AN/APY3 型 X 波段多功能合成孔径雷达，英国、德国、意大利联合研制的"旋风"攻击机也测试了合成孔径雷达。

6. 激光雷达

激光雷达的基本原理与微波雷达相同，只是用激光代替了一般雷达的微波。工作于红外波段的激光雷达通常又称为红外激光雷达。激光雷达按发射波形或数据处理方式，可分为脉冲激光雷达、连续波激光雷达、脉冲压缩激光雷达、动目标显示激光雷达、脉冲多普勒激光雷达和成像激光雷达等。与微波雷达相比，激光的波长比微波短 $3 \sim 4$ 个数量级，激光雷达波束窄，方向性好，相干性强。因此，激光雷达测量精度高，比一般微波雷达用作感知手段的分辨率高，可获得目标的清晰图像，通过采用距离多普勒成像技术，可获得运动目标图像。由于光波不受无线电波的干扰，激光雷达可以在电磁环境较差的战场上正常工作。

二、光电信息获取技术

光电信息获取技术是以光波为媒介的信息获取技术。具体来讲，就是通过对目标反射或辐射的可见光、红外线或紫外线能量的感测，将其转换成电信号，从而获得目标信息的技术。一般都属于无源信息获取技术，隐蔽性好，战场生存能力强，而且分辨率高，抗干扰能力强，因此，在军事上的应用十分普遍。光电信息获取技术主要包括可见光信息获取技术、红外信息获取技术、多光谱信息获取技术和紫外信息获取技术等。

（一）光电信息获取技术原理

1. 可见光信息获取技术的基本原理

可见光在本质上是一种电磁波，波长范围为 $0.4 \sim 0.76 \mu m$。可见光信息获取技术就是以可见光作为媒质的感知技术。例如，最常见的情况：目标在太阳发出的可见光照射下产生反射，由光学系统采集反射的光波，其中就携带着目标的信息。对于采集到的可见光信息，有两类处理方式：一类是让可见光作用于感光胶片，然后冲洗，得到照片，这就是人们最熟悉的普通可见光照相；另一类是进行光电转换，把携带信息的可见光转换成为电信号，经过进一步处理，再进行电光转换，可以最终得到照片，也可以在显示屏幕上显示出来。如果用后一类方式连续地获取活动目标的信息并在屏幕上显示，就是电视摄像。

到了夜间，照射到一般目标上的可见光只有月光、星光这样一类的微弱光线，为了有效地获取信息，就需采用微光夜视技术。其主要特点是在"处理"这个环节上使入射信号得到极高倍数的放大，也称为增强处理。

2. 红外信息获取技术的基本原理

红外信息获取技术是以红外线为媒质实现感知的技术，红外线是指波长为 $0.76 \sim 1000 \mu m$ 的电磁波。首先通过光学系统采集目标辐射或反射的红外线，使之作用于对红外线敏感的专用红外胶片，由此可以得到黑白的或假彩色的照片。也可以把红外信号通过光电变换变成电信号，再通过处理得到相片，或者在显示装置上显示出来。这些都称为红外成像技术。如果采集的红外线是目标自身辐射的，称为被动式红外成像技术；如果先向目标发出红外线，再采集目标反射的红外线，就称为主动式红外成像技术。此外，还可不直接使光电变换后含有目标信息的电信号成像，而以波形或数据的形式输出，称为红外非成像信息获取技术。

3. 多光谱信息获取技术的基本原理

多光谱信息获取技术是在同一时间、对同一目标、以多种不同波长范围的电磁波作为媒质来获取信息，再将所得结果进行综合处理，以达到充分获取信息效果的技术。采用此类技术，可以利用胶片得到照片，称为多光谱照相；还可以对采集的多光谱信息用半导体敏感器件实现光电转换再进一步处理，称为多光谱扫描。不同波段获得的图像信息，除了可以分别得到照片，也可以在屏幕上显示。如果将这一技术与电视技术结合，就形成多光谱电视。

(二) 光电信息获取技术典型军事应用

1. 可见光信息获取技术的主要应用

可见光信息获取技术主要包括三个方面：①可见光照相用于军事侦察最初是在地面。随着飞机的发明而后多用于空中。1960 年第一颗侦察卫星上天，其主要手段仍然是可见光照相。1976 年以前，卫星对地面拍照都用胶片。对胶片的处理有两种方式：一种是送回地面冲洗，这种方式分辨率较高，但时间上延迟很多。另一种是在星上自动冲洗、再以传真通信方式传回地面。这种方式时间上延迟减少了，但分辨率比较低。1976 年第 5 代照相侦察卫星"锁眼-11"（KH-11）入轨运行，采用了一种称为电荷耦合器件（CCD）的新型光电子器件用于可见光照相，无需感光胶片，可直接获得和光学影像相对应的电信号，然后通过专用的数字通信系统，把图像信号传回地面，这样既保证了及时性，分辨率也达到了此前回收胶卷方式的水平。该卫星照相高度 160km，地面分辨率最高可达 0.15m。1989 年以来，陆续入轨运行的第 6 代照相侦察卫星"锁眼-12"（KH-12），其所装备的 CCD 可见光照相机采用了先进的自适应光学成像技术，拍摄的图像地面分辨率可达 0.1m 左右。②电视摄像。电视摄像的优点是能够实时地获得目标区域情况的活动图像。例如，我军陆军师编配了电视摄像机，用于侦察地面战场情况；再如外军的"锁眼-11"侦察卫星，以及许多类型的侦察机，也都装配了电视摄像机。③微光夜视。微光夜视器材能够在 10^{-4}lm 甚至更低的照度环境下获取目标图像信息。目标反射的微光通过光学系统在它的光电阴极上成像，所激发的光电子在管内受到进一步作用，使图像的亮度得到增强。微光夜视仪诞生于 20 世纪 60 年代，其关键部件是像增强器，它可以使图像的亮度增强 5 万~10 万倍。微光夜视仪按用途可分为微光观察仪、微光驾驶仪和微光瞄准具。其中微光观察仪可用于夜间在前沿阵地对敌观察和监视，也可安装在侦察机、直升机上侦察地面目标；微光驾驶仪供坦克、车辆驾驶员戴在头盔上，夜暗中不开灯高速行驶；微光瞄准具可装配于单兵武器及各种火炮上，进行夜间瞄准射击。微光电视，就是微光夜视和电视摄像技术结合的产物。微光夜视仪的优点：一是图像清晰，对于1000m 距离之内的目标效果尤其良好；二是被动方式工作，即工作中本身不辐射任何电磁波，敌人难以发现；三是价格较为低廉。因此，它成为当前全世界应用最广、数量最多的军用夜视装备。

2. 红外信息获取技术的主要应用

红外信息获取技术主要包括两个方面：①主动式红外夜视仪。主动式红外夜视仪诞生于 20 世纪 40 年代，并在第二次世界大战后期为美军和德军使用。这种夜视仪工作时必须打开红外探照灯去照射目标，再利用目标反射回来的红外线成像来观察目标，因而有个重要缺点，容易被敌方发现，成为被摧毁对象。1973 年中东战争中，埃以双方许多坦克都因装有此种夜视仪而遭击毁。之后，这种夜视仪就逐渐呈现被淘汰的趋势。②被动式红外夜视仪（热像仪）。任何温度高于绝对零度（-273.15℃）的物体，总是不间断地以电磁波的形式向外辐射能量，称为热辐射。温度不同，物体热辐射的波长和强度不同。一般军事目标热辐射的主要成分属于红外线范围，因此即使在黑夜，仍然不停地发出红外线；只要借助于红外敏感器件，将其接收再加以处理，就可以获得目标的有关信息。在此原理基础上发展起来的被动式红外热像仪，20 世纪 70 年代后期开始大量运用。当时的产品属于第一代光机扫描型热像仪。20世纪 80 年代初研制成功第二代凝视型热像仪，采用红外电荷耦合器件（CCD）焦平面阵列（FPA）芯片，成像质量和实时性都大有提高。

3. 多光谱信息获取技术的主要应用

由于可见光遥感存在无法在夜间和恶劣气候条件下进行侦察及难以识别伪装的缺点，所以在 20 世纪 60 年代开始又发展了多光谱遥感技术。多光谱遥感

（即多光谱信息获取）是将目标辐射或反射的各种电磁波划分成若干个窄的波段（光谱带），在同一时间内用几台遥感装置分别在各个不同光谱带上对同一目标进行照相或扫描，所得的信息可以是图像形式的，也可以是数字形式的。对这些图像信息或数字信息进行加工处理，再与预先获得的各种目标辐射或反射的光谱信息进行对比，即可鉴别出目标的类型。例如，绿色植物反射太阳的红外辐射的能力很强，但砍伐后用作伪装的植物反射红外辐射的能力就大大减弱了，而一般的绿色油漆对红外辐射的反射作用就更弱了。如果用几台遥感装置同时对目标分别拍摄红外线、红色和绿色光谱带的照片，对它们进行处理叠放，形成"假彩色合成图像"，把它与真实彩色图像对比，就会看出：生长旺盛的植物呈红色，伪装用的植物呈灰蓝色，金属物体呈黑色。这样，就可将经过伪装的目标识别出来了。若用多个遥感成像装置分别感测不同波长的红外辐射，经过对比和处理，则识别效果更好。多光谱遥感装置具有以上特点，因此在军事领域有很大的应用价值。多光谱遥感装置是现代军队有效的侦察手段。但它的分辨率低于可见光遥感装置。所以，多光谱遥感装置通常与可见光遥感侦察装置配合使用，互相补充，同时装载在侦察飞机和侦察卫星平台上，执行战略、战术侦察任务。目前，常用的多光谱遥感装置主要有多光谱照相、多光谱电视和多光谱扫描。

（1）多光谱照相。多光谱照相是多光谱遥感技术中诞生最早的一种，它是由普通航空照相机发展而来的。多光谱照相与普通照相的不同之处在于：普通照相接收的是可见光信息；而多光谱照相是在可见光的基础上向红外光和紫外光两个方向发展，并通过各种滤光片或分光器与多种感光胶片组合，使其同时分别接收同一目标在不同较窄光谱带上所辐射或反射的信息。这样就可得到目标的几张不同光谱带的照片。多光谱照相技术主要有以下几种：一是多镜头多光谱照相技术，就是在一台照相机上装有 4~9 个分镜头，每个分镜头各有一个滤光片，分别让一种较窄光谱的光通过，多个镜头同时拍摄同一景物，用一张胶片同时记录几个不同光谱带的图像信息。二是多相机型多光谱照相技术，就是将几台照相机组合在一起，各台照相机分别带有不同的滤光片，分别接收景物的不同光谱带上的信息，同时对同一景物进行拍摄，各获得一套特定光谱带的胶片。三是光束分离型多光谱照相技术，就是采用一个镜头拍摄景物，用多个三棱镜分光器将来自景物的光线分离为若干波段的光束，用多套胶片分别将各波段的光信息记录下来。因而又称为单镜头多胶片型多光谱照相。在上述三种多光谱照相技术中，光束分离型照相技术的优点是结构简单、图像重叠精度高，但光束经过几次分光，对蓝色光的透射能量影响较大，降低了成像质量；多镜头和多相机型照相机也存在着很难非常准确地对准同一地区、重叠精度差,对成像质量也有影响的缺点,但多相机型多光谱照相机灵活性较好,可适应多种需要,因而使用较多。目前,用于侦察卫星的多光谱照相,对地面景物的分辨率为 5~10m;机载的航空多光谱照相的分辨率就更高了。多光谱照相,由于受到感光胶片光谱能力的限制,只能感应部分可见光和 0.35~0.9μm(最多不超过 1.35μm)波段的近红外光。

(2)多光谱电视。多光谱电视的工作原理与多镜头型及多相机型的多光谱照相机相同,采用的也是滤光片分光方式。但它得到的是电视图像。在美国地球资源卫星上安装的是采用三台返束光导管电视摄像机的多光谱电视,它们分别拍摄蓝、绿、红三种颜色的地物图像,并将图像及时传回地面接收站。它与可见光电视摄像机相结合,具有很高的军事应用价值。目前,采用电荷耦合器件(CCD)的多光谱电视是重点发展方向。

(3)多光谱扫描。多光谱扫描是利用光学和机械扫描的方法接收地面目标景物辐射与反射的电磁波,通过多个分光片将这些电磁波按不同的波长分成若干波谱段(通道),并分别聚焦在能够敏感不同波长半导体探测器件上,转换成电信号,用磁带记录下来或直接传输给地面接收站。多光谱扫描与多光谱照相的根本区别,在于多光谱扫描用半导体敏感探测器件代替了感光胶片。感光胶片只能感应可见光和近红外光,而多光谱扫描仪所使用的半导体敏感探测器件却可覆盖从近紫外光、可见光、近红外光、中红外光到远红外光的大范围光波段。例如,砷化铟元件能敏感 1.1~1.8μm 波长的近红外光,锑化铟元件能敏感 3~5μm 波长的中红外光,等等。多光谱扫描仪不仅工作波段的范围比多光谱照相机大大拓宽,而且它可把波段分得很窄、很多。目前,多光谱照相机可拍摄 9 个波段的照片;而多光谱扫描仪已能提高到 24 个波段以上的照片。也就是说多光谱扫描仪把来自同一个目标的光波,分离成 24 个乃至更多个光谱波段记录下来,这就大大提高了识别伪装的能力。但是,多光谱扫描仪对地面目标的分辨能力低于多光谱照相机。目前,卫星用的多光谱照相机的分辨率已达 5~10m,而多光谱扫描仪的分辨率仅有 20m 左右。

三、声波信息获取技术

以电磁波为媒介是获得信息的重要途径,但不是唯一途径。而且有的情况下如在水中,电磁波几乎是寸步难行,因为海水会强烈地吸收电磁波的能量。可是,声波就大不相同了,它一到海水中,每秒钟可传播 1500m,几乎是它在空气中传播速度的 5 倍。声波在空气中损耗很快,可是在海水中却损耗小、传得远。同样强度的声波,在空气中传播时,强度减弱到原来一半所走的路程,与它在海水中传播时,强度减弱一半所走的路程相比,要小 1000 倍。可见,声波在海水里具有广阔的活动范围。人们可以借助于声波获取信息，这种技术就是声波信息获取技术，最典型的装置是声呐。

（一）声呐技术原理

声呐，是英语 Sound Navigation and Ranging 的缩写 SONAR 的音译，其原意是"声音导航和测距"。声呐是利用声波进行水中探测、定位和通信的电子设备，其任务包括对水中目标进行搜索、警戒、识别、跟踪、监视和运动参数的测定，以及进行水下通信和导航等。声呐按工作方式，可分为主动式声呐和被动式声呐；按装备场合，可分为水面舰艇声呐、潜艇声呐、航空声呐及海岸声呐等；按战术用途，可分为搜索警戒声呐、识别声呐、探雷声呐等；按基阵携带方式，又可分为舰壳声呐、拖曳声呐、吊放声呐、浮标声呐等。

1. 主动式声呐技术原理

主动式声呐由发射系统、基阵、接收系统、显示装置组成，如图 8-2 所示。它向水中发射声波，通过接收水下物体反射回波发现目标。蝙蝠在夜间飞行，就是通过发出超声波并接收回波来判断前方是否有障碍物存在。主动式声呐通过发射脉冲和回波到达的时间差来计算目标的距离，通过测量接收声阵中两子阵间的相位差来测定目标的方位。与被动式声呐相比，主动式声呐多了一个发射单元。主动式声呐一般工作在超声频段，其发射机中的电路单元产生超声频段的电振荡，然后经发射声阵的换能单元转换成超声波并发送出去。控制发射电路，使得馈入各个换能元件信号的相位等参数产生相应变化，即可实现对发射声波的聚束及转向。

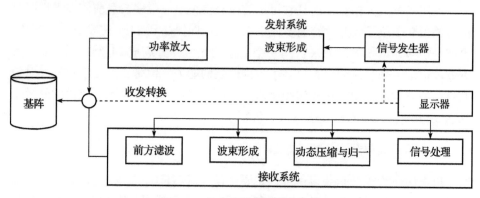

图 8-2　主动式声呐的基本组成

主动式声呐大多采用脉冲波体制，工作频率从较早期的超声频段，即 20～30kHz 范围向低频段发展，目前一般为 3～5kHz；发射功率为 100～150kW，最高可达 1MW。其工作过程大致如下：由控制分系统定时触发发射机的信号发生器，产生脉冲信号，经波束形成矩阵和多路功率放大，再经收发转换网络，输入发射基阵，形成单个或多个具有一定扇面的指向性波束，向水中辐射声脉冲信号，也可能辐射无方向性的水波声脉冲信号。在发射基阵向水中辐射声脉冲信号的同时，有部分信号能量被耦合到接收机，作为计时起点信号，也就是距离零点信号。声呐发射的水波声脉冲信号遇到目标就形成反射回波，回传到声呐的接收基阵，被转换为电信号，经过放大、滤波等处理，形成单个或多个指向性接收波束，在背景噪声中提取有用信号；基于与雷达定位类似的原理，可以测定水中目标的距离和方位。测得的目标有关信息，最后在终端设备输出。终端设备可以是显示器、耳机、扬声器、记录器等。

2. 被动式声呐技术原理

被动式声呐或称无源声呐，又称噪声声呐，其基本组成和工作过程，都大体相当于主动式声呐的接收部分。它通过被动接收舰船等目标在水中产生的噪声和目标水声设备发射的信号，测定目标方位。通常同时采用多波束和单波束两种波束体制，宽带和窄带两种信号处理方式。多波束接收和宽带处理有利于对目标的搜索和监视，单波束接收和窄带处理有利于对目标的精确跟踪和识别等。将若干水听器按适当间距配置，可同时测定目标的方位和距离。

（二）声呐技术典型军事应用

1. 主动式声呐技术的主要应用

主动式声呐的功能特点：一是可以探测静止无声的目标；二是既可测定目标的方位，又可测定目标的距离。20世纪90年代初期主动探测距离可达十至数十海里；利用数字多波束和单波束电子扫描技术，可以实现对目标的水平全向或三维空间搜索，可以搜索和跟踪多个目标。主动式声呐的主要缺点是隐蔽性差，增加了受敌干扰和攻击的可能。主动式声呐是水面舰艇声呐的主要体制，完成对水下目标的探测定位等任务。例如，法国大型水面舰艇装备的 SS-48 型声呐，在良好水文条件下，目标为中型潜艇，航速为 $19\sim20\mathrm{kn}(1\mathrm{kn}=1.852\mathrm{km/h})$，其主动探测距离全向发射时为 15n mile，定向发射时为 20n mile。

2. 被动式声呐技术的主要应用

被动式声呐的优缺点恰与主动式声呐相反：它不能探测静止无声的目标，一般只能测定目标的方位，不能测距。其最主要的优点是隐蔽性好。因此，潜艇声呐在大多数情况下都以被动方式工作，对水中目标进行警戒、探测、跟踪和识别。海岸声呐工作通常也以被动方式为主。

四、军用传感器技术

传感器是军事信息系统的神经末梢，其基本功能是感知周围环境的变化。

任何种类的单一传感器的感知范围都是有限的。为了在大范围内获取多种信息，需要将多个同类传感器甚至是不同种类的众多传感器联网使用。这就是近年来发展极为迅速的传感器网络。

（一）军用传感器技术原理

传感器是指可以感知周围环境变化的各类感知器件和系统的总称，而军用传感器则是用于获取军事信息的专用传感器。传感器通常由探测器、信号处理电路、发射机和电源四部分组成，如图8-3所示。

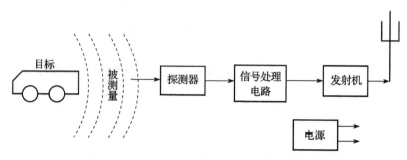

图8-3 地面传感器组成框图

不同类型的传感器主要区别在探测器上，探测器根据侦察探测的物理量不同有不同的设计，传感器的工作过程是：运动目标所产生的振动波、声响、红外辐射、电磁或磁能等被测量，由探测器接收并转换成电信号，由信号处理电路放大和处理，送入发射机进行调制后发射出去。大部分传感器不仅能感知周围环境的变化，还要完成能量形态的转换。通常，传感器需要将感知到的环境变化信息转化为与之相应的电信号，或者说将各种形式的能量转换成电能，以匹配基于现代电子技术的信息处理系统。

（二）军用传感器技术典型军事应用

1. 震动传感器

震动传感器是使用最普遍的一种地面传感器（也称为拾震器），它通过震动探头拾取地面震动波来探测目标。拾震器被埋设在地表层，运动目标经过时所引起的地面震动传至拾震器时将使其中的电磁线圈上下震动，切割永久磁铁形成的磁场磁力线，在线圈上就会产生感应电动势，即形成一个电信号。这个电信号经由线圈引出线输出，经信号处理电路放大、处理后送入传感器发射机，再由天线发送出去。震动传感器可以探测小至下雨、大如地震等所引起的地面震动波。对战场侦察和监视来说，主要是探测运动的人员和车辆。

震动传感器使用方便，灵敏度较高。通常可探测到300m以内的车辆和30m以内的人员。但其探测距离也受地面土质和地形变化影响。坚硬土质吸收震动波较小，探测距离较远；松软土质对震动波吸收较大，探测距离较近。空气和对震动波吸收更大的洼地、沟域水溪几乎可以阻止震动波的传播。震动传感器还具有一定的目标分类能力，不仅可区分人为震动与自然扰动，还能区分人员或车辆。

2. 声响传感器

声响传感器使用也很普遍，它的探测器是一个传声器，俗称话筒，是一种声电转换器。传声器的种类很多，声电转换原理也不完全相同。来自目标的声波迫使传声器的膜片发生震动，从而改变了由膜片与后极板组成的电容器的电容量。电容量的变化状况与声波强度、频率——对应，因而输出一个与声响的频率、强度相应的电信号，经放大、处理后发送出去，从而实现对运动目标的探测。

声响传感器能鉴别目标性质。因为它发出的目标信号为一个电模拟信号，被接收处理后能重现目标运动时所发出的声响特征。例如，运动目标是人员则不仅可以直接听到其响动，若有讲话声，还能判断其国籍。当运动目标是车辆时，还可以判定车辆的种类等。同时，它还能清楚地区别出是人为的还是自然的声响，从而排除自然干扰。声响传感器的探测范围对人的正常对话可达40m，对运动车辆可达数百米。声响传感器耗电量大，为延长使用寿命，通常以人工指令控制其工作，或与震动传感器连用，即先由震动传感器探测到目标后再启动声响传感器进行探测。例如，美军现装备的一种声响传感器就是在小型传感器连续发送三个震动信号后，启动声响传感器开始工作的。为使两者有机组合，通常制成震动-声响传感器，使之兼有两者的优点，又弥补了两者的不足。

3. 磁性传感器

磁性传感器的探测器为一个磁性探头。磁性探头工作时在其周围建立一个静磁场，当铁磁金属进入时，就会扰动原来的静磁场。由于目标在运动，所产生的干扰磁场也在变化，引起磁强计指针的偏转及摆动，产生电信号，从而实现对目标的探测。磁性传感器鉴别目标性质的能力较强，同时，它对目标探测的响应速度也较快，比前述几种传感器都快得多，能探测快速运动目标。但由于受能源和体积限制，磁性传感器所建立的静磁场不可能很大，故其探测范围较小。通常对携带武器的运动人员的探测距离为3~4m，对运动车辆为20~25m。

4. 应变电缆传感器

应变电缆传感器的探测器为一根极细的应变金属丝，由镍铬合金、铁铬合金或康铜等金属材料拉制而成，封装入应变电缆。当运动目标通过浅埋在地下的应变电缆时，电缆因受挤压，使其中的应变金属丝变形（伸长或缩短）引起电阻值变化，从而产生一个电信号。应变电缆传感器只有在运动目标直接碾压应变电缆时才能探测，故其探测距离也很小，通常为30m左右，也就是应变电缆的长度，而且只能人工埋设，野战使用上受限制较多。但在边防、海防及公安、特殊设施的预警工作中使用却很方便，效果也很好，其传感响应速度很快。

5. 红外传感器

红外传感器是利用钽酸锂（LiTaO$_3$）材料制成的热释电探测器，利用热释电效应进行探测，可在常温下工作。其原理是钽酸锂被电极化后，当吸收目标辐射红外线时，其表面温度升高，引起表面电荷减少，释放出一部分电荷被放大器变成电流信号输出，从而实现对目标的探测，如图8-4所示。红外传感器的主要优点是体积小、重量轻、无源探测、隐蔽性好、响应速度快，能探测快速运动的目标，并能测定目标的方位。

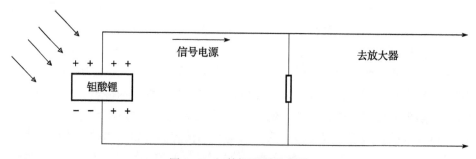

图8-4 红外探测器示意图

运用地面传感器进行战场侦察，通常都有一定数量的各类传感器和监视器组成的传感器系统。当要进行远距离战场侦察与监视时，还需要在中间加设地面或空中中继器，负责转发信号和指令。传感器串由三个或三个以上的传感器组成，布设在敌人可能活动的地域。传感器区由两个或两个以上的传感器串组成，用来完成特定的任务。要发挥传感器的优越性，就需要将不同类型和不同发射频率的传感器混合使用。例如，震动传感器和磁性传感器一起使用就是一种较好的混合使用方法。在这种情况下，震动传感器探测到地表面的震动后，再由磁性传感器探测到该区域内铁磁金属物体的运动，可起到进一步证明目标性质的作用。一种好的混合式传感器系统能探测和确定入侵的车辆或人员，并能确定车辆或人员的大致数量、纵队的长径、行进方向和运动速度等。

第九章
军事信息组织技术

由于军事信息的剧增、流速加快、分布散乱、优劣混杂等现象日益严重，需要将分散的军事信息进行收集、评价、选择、组织、存储，使之有序化，才能保证用户对军事信息资源的有效获取和利用。因此，军事信息组织是军事信息管理活动的基本环节，是军事信息资源开发利用的基础，同时也是军事信息管理研究的核心内容。

第一节　军事信息组织概述

美国未来学家约翰·奈斯比特（John Naisbitt）在《大趋势》（Mega Trends）一书中指出："我们淹没在信息中，但是却渴求知识。"为什么当信息像洪水一样向人们涌来时，人们仍然缺乏所需的信息呢？这种矛盾现象突出地表现在两个方面：一是知识和信息的海量性与人的精力、时间的有限性形成了尖锐的对立；二是知识与信息的无序性和污染性与人类使用的选择性也形成尖锐的矛盾。解决这两个矛盾的根本途径是进行信息组织。

一、军事信息组织的概念

理解军事信息组织的概念，非常有必要辨析军事信息组织的基本定义、基本过程和主要作用。

（一）军事信息组织的基本定义

军事信息组织即军事信息的序化，是按照一定的科学规则和方法，通过对军事信息的外在特征和内容特征的描述与序化，实现无序信息向有序信息的转化。

序是事物的一种结构形式，是指事物或系统的各个结构要素之间的相互关系，以及这种关系在时间和空间中的表现。当事物结构要素具有某种约束性且在时间序列和空间序列呈现某种规律性时，这一事物就处于有序状态；反之，则处于无序状态。

信息的外在特征是指信息的物质载体所直接反映的特征，它们构成信息载体外在的、形式的特征，如信息的物理形态、题名、责任者、信息的类型、信息生产和流通等方面的特征。信息的内容特征是对信息具体内容的规范化概括。信息组织的基本对象和依据就是信息的外在特征和内容特征。

（二）军事信息组织的基本过程

军事信息组织的基本过程包括信息选择、分析、描述与揭示、存储等。具体过程和内容包括[1]：①信息选择：从采集到的、处于无序状态的信息流中甄别出有用的信息，剔除无用的信息；②信息分析：按照一定的逻辑关系，从语法、语义和语用上对选择过的信息内、外特征进行细化、挖掘、加工整理并归类；③信息描述与揭示：根据信息组织和检索的需要，对信息资源的主题内容、形式特征、物质形态等进行分析、选择、记录；④信息存储：将经过加工整理序化后的数据按照一定的格式和顺序存储在特定的载体中。

（三）军事信息组织的主要作用

信息组织可以帮助用户有效获取和利用信息，实现信息的有效流通和组合。信息组织的作用主要体现在以下几个方面。

1. 降低信息的混乱程度

杂乱无序的信息不但不能带来便利，相反，还可能妨碍对信息资源的开发利用，干扰人们正常的决策活动。因此，需要对信息内容有序化。从各类信息源采集到的信息大部分属于零散的、孤立的数据，为此需要对数据内容进行有序化整理。首先，将内容相关的数据集中起来；其次，集中在一起的信息要系统化、条理化，按一定的标识呈现出某种秩序，并能表达某种意义；最后，相关信息单元之间的关系明确化，并能产生某种关联效应，或能给人以某种新的启示。

2. 提高信息产品的质量和价值

由于信息污染现象日益严重，从信息源中采集到的数据常常是新旧并存、真假混杂、优劣兼有，要优化数据的质量，提高数据的精确度，就必须对数据进行鉴别、分析和评价，剔除陈旧过时、修正错误无用甚至自相矛盾的信息，提高信息产品的可靠性和先进性。信息资源的组织过程就是数据产品的开发与加工过程，通过组织活动不但能够生成新的信息产品，还能够使原有的信息产品的质量进一步提高，从而使信息产品大大增值。

---

① 马费成，宋恩梅. 信息管理学基础 [M]. 2 版. 武汉：武汉大学出版社，2013：173-178.

3. 建立信息产品与用户的联系

信息化战争信息数量浩如烟海，超过了人们的吸收能力。信息资源组织应达到内容精练、简明扼要的要求，为此必须认真选择加工，尽量降低信息的冗余度，在解决问题的前提下筛选整理出最精约化的数据产品，方便人们吸收和利用。信息资源的组织是按用户的要求进行的，因此，信息资源组织工作必须根据用户的需要排除信息障碍，疏通信息渠道，在用户和信息产品之间铺路架桥，最终形成面向用户问题的信息产品，提高信息资源开发的针对性。

4. 节约信息流动的总成本

信息资源的组织需要通过专门的信息管理和服务机构来开展，通过建立信息管理服务机构，实现信息产品开发的分工协作，节省了用户查询、吸收和利用的时间与精力。

二、军事信息组织的原则

由于军事信息体量大、种类多、结构复杂和增速快等特征，军事信息组织必须在一定的科学原则指导下，避免信息组织工作的随意性、无计划性和盲目性等现象的出现，从而使信息组织真正发挥整序信息、科学分流、保证利用的功能和作用，形成健全完善的信息组织体系和顺畅通达的信息组织流程。因此，在信息组织中，坚持客观性、目的性、系统性、先进性的原则①。

（一）客观性原则

信息组织描述和揭示的基本依据是信息本身，因此在描述和揭示信息内容特征时必须客观准确，要根据信息本身所反映的各种特征科学地反映和整序化，形成信息组织的成果；同时，客观性原则也要求在信息组织中，不能损害信息的本来效用，不能歪曲信息本身，不能毫无根据地、人为地添加一些不准确的思想和观点，要完整地、全面地、精确地反映信息的客观性。

（二）目的性原则

信息组织具有鲜明的目的性，必须紧紧围绕用户的信息需求开展工作。必须充分了解用户需求，使信息产品方便用户选择和使用，采用用户的认可习惯和方式进行组织。

（三）系统性原则

信息组织按照系统科学的要求，将所有信息形成一个相互联系、相互作用的体系，即形成一个上下畅通、纵横交错，既有分工、又有协作，互惠互利的整体，才能最大限度地发挥信息的作用。要真正"整合"所有信息资源，就

---

① 马费成，宋恩梅. 信息管理学基础［M］. 2 版. 武汉：武汉大学出版社，2013：177-179.

必须打破相互封锁、条块分割、各自为政的局面，只有这样才能使数据组织达到"整体大于部分之和"的效果。

（四）先进性原则

信息组织需要采用规范的方法和先进的技术手段，严格遵循已有的相关信息组织标准，或者制定新的相关信息组织标准，充分运用现代化的信息技术，构建先进的信息组织环境，满足用户多样化的信息需求。

三、军事信息组织的内容

军事信息组织的主要内容包括业务数据库组织、通用基础数据库组织、共享数据库组织和专题数据库组织。①业务数据库组织是对各军兵种业务数据进行编目、赋予唯一编码，并注册到资源目录中，满足用户从分类、主题、应用等多个角度对业务数据资源进行导航、识别、定位、发现、评估与选择的需要。②通用基础数据库组织主要解决各军兵种信息系统常用共性的一组基础内容提供高质量和规范的表达，以及数据统一采集、维护管理和发布等问题，保证数据内容完整、属性完备、权威可靠，避免"一数多源，一数多义"，有利于提高各业务数据库之间的关联性。③共享数据库组织主要是将各军兵种共同使用的数据，按照联合作战数据知识体系进行整合，保证概念树同一节点下的共享数据资源在跨越不同生产者、所有者、管理者或信息系统间的无缝集成，避免数据重复采集、重复存放和重复加工，有效提高数据的利用率。④专题数据库组织是针对具体的作战任务需求，对所需数据资源进行采集、整理和整合，使得相关单元的数据资源得到汇集、相关资源得到规范化处理、内容得以按需组装并与应用工具无缝衔接，支持数据资源按作战任务和需求纵深整合或进行跨领域的集成，提高数据保障的针对性，实现数据按需服务。

第二节　军事信息组织方法

军事信息组织方法具体如下。

一、业务数据库组织方法

（一）基本要求

各军兵种业务领域数据仍然按原有的存储状态分布在各业务信息处理中心。业务数据库组织是各业务信息处理中心将所属数据资源，按照联合作战数据集元数据规范进行编目，依据资源唯一标识符规范，赋予数据资源的一个可以在信息服务保障中心范围内唯一标识数据资源的唯一编码，并注册到信息服务保障中心资源目录中，满足数据用户从分类、主题、应用等多个角度对联合作战数据资源进行导航、识别、定位、发现、评估与选择的需要。

（二）总体架构

业务数据库组织是将跨部门、跨业务、跨层级的各类业务数据资源，按照作战数据描述方法及相关标准，完成业务数据的编目、注册，并为每个数据资源赋予唯一标识符。各业务数据资源将业务数据资源的元数据经过编码，在本地目录服务器进行注册，采用分布式目录服务提供的目录数据同步功能将目录数据同步到信息服务保障中心的目录服务器。人员、军事信息系统、武器平台通过信息服务保障中心的目录服务系统，实现对各种资源的发现和访问，如图9-1所示。

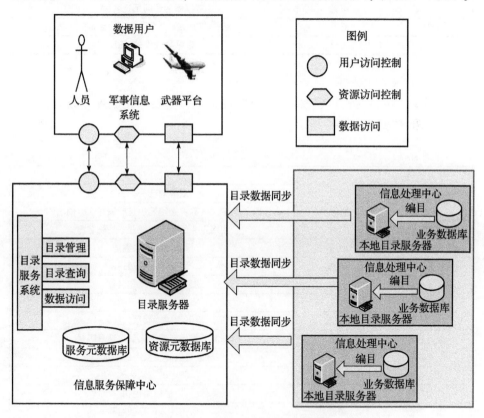

图9-1　业务数据库组织总体架构

（三）业务数据资源元数据

1. 非关系型数据集元数据

对于非关系型数据集，按照数据集信息描述方法建立元数据库，元数据除了有揭示其内容特征的元数据元素，还必须包含唯一标识符、访问地址和访问方法。

2. 关系型数据集元数据

对于关系型数据集，需要按照联合作战数据集描述的方法，除了对数据集本身、数据集内的实体、属性及实体关系进行描述，还要对数据访问接口信息进行描述，数据访问接口元数据如表9-1所示。

表9-1 数据访问接口元数据

描述项目	约束	属性定义
主机 IP	必选	数据库所在主机的 IP 地址
端口号	可选	数据库连接的端口号
数据库名	必选	数据库的访问名或服务名
用户名	必选	数据库的访问用户名称
用户口令	必选	数据库的访问口令，与用户名绑定
URL	可选	数据集文件的 URL

3. Web 服务元数据

对于以 Web 服务方式提供的各类数据资源，需要采用服务元数据进行描述，服务元数据如表9-2所示。

表9-2 服务元数据

描述项目	约束	属性定义
服务标识符	必选	服务的唯一标识
服务名	必选	服务的中文名称；必须简短且能表述服务的名称
服务使用者	必选	使用服务的参与者或业务系统名称
关键词	必选	服务内容的关键词
服务描述	必选	服务的功能描述
联系单位	必选	服务提供者单位名称
单位地址	可选	服务提供者通讯地址
联系人	必选	服务提供者联系人姓名
电话号码	必选	服务提供者联系人的电话号码
电子邮件	可选	服务提供者联系人的 E-mail
方法名称	必选	服务的方法名称
方法功能	必选	方法概要说明
输入参数	必选	所需传入的参数名称
输入参数类型	必选	所需传入的参数类型
输出格式	必选	服务输出信息格式

（四）数据资源唯一标识

资源标识对于资源的描述和发现具有重要意义，用以实现数据资源在网络环境下的唯一识别。联合作战数据资源唯一标识符规范包括三部分：第一部分为资源类型标识码，第二部分为数据集标识码，第三部分为数据标识码。三部分之间通过 ASCII 字符"/"隔开。联合作战数据资源唯一标识符的基本编码格式如图 9-2 所示。

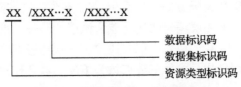

图 9-2　数据资源唯一标识符构成

资源类型标识符是指对某一相同特性的资源统一标识的代码，主要包括数据集、数据和服务三种类型，其具体的标识码和含义如表 9-3 所示。

表 9-3　资源类型标识码和含义

标识码	含义	备注
UDBSet	数据集的资源类型标识码	包括各业务领域的数据集
UDBData	数据的资源类型标识码	包括文件、数据实体
UDBSrv	服务的资源类型标识码	

1. 数据集唯一标识符

数据集唯一标识符包括两部分：第一部分为数据集资源类型标识码，即 UDBSet，第二部分为数据集标识码，其编码格式如图 9-3 所示。

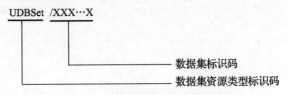

图 9-3　数据集唯一标识符构成

为了便于用户运用联合作战数据分类标准查找所需数据资源，联合作战数据集标识码以树状形式组织，如图 9-4 所示。

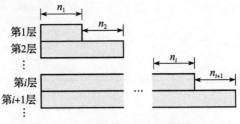

图 9-4　联合作战数据集标识码编码方式

联合作战数据集标识码的编码规则如下：①采用阿拉伯数字进行不定长度编码，编码的长度反映编码对象的层次，编码越长，层次越低，同一层次的对象编码长度相同；②层次码在逻辑上是树型结构，每一个编码对应树中的一个节点，层次高的对象在树根方向，层次低的对象在树枝方向；③除第一层外，每一层的编码长度与上一层编码的长度差为该层的码长，第一层的码长为其编码长度，图中 n_i 为第 i 层的码长，码长决定了该层能够拥有的最多兄弟节点数量，若码长为 n_i，则该层最多兄弟节点数为 $10n_i$。联合作战数据资源的三级分类及编码如表 9-4 所示。

表 9-4　联合作战数据集标识码

一级分类（编码）	二级分类（编码）	三级分类（编码）
按内容分（01）	敌情数据（0101）	美军数据（010101）
		日本自卫队数据（010102）
		……
	我情数据（0102）	联合参谋部数据（010201）
		政治工作部数据（010202）
		后勤保障部数据（010203）
		……
	战场环境数据（0103）	电磁环境数据（010301）
		社会人文环境数据（010302）
		地理环境数据（010303）
		……
按应用范围分（02）	联合共享数据（0201）	作战力量数据（020101）
		指挥控制数据（020102）
		战场环境数据（020103）
		战备工程数据（020104）
		作战目标数据（020105）
		……
	专业数据（0202）	通信数据（020201）
		情报数据（020202）
		军务数据（020203）
		……

2. 数据唯一标识符

数据唯一标识符包括三部分：第一部分为数据的资源类型标识码，即 UD-

BData；第二部分为数据集标识码；第三部分为数据标识码。其编码格式如图 9-5 所示。

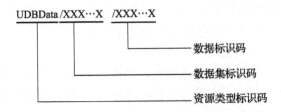

图 9-5 数据唯一标识符的构成

数据标识码用来对同一数据集标识码下，或者同一业务领域内部所管理或拥有的数据进行唯一标识，编码字符集为 GB 18030—2022《信息技术 中文编码字符集》中规定的任意字符，编码的长度和编制规则由各个业务领域规定。数据标识码包括序列码或名称，"序列码"是为了实现对数据资源的标识而采用计算机生成的顺序码。

3. 服务唯一标识符

服务唯一标识符包括三部分：第一部分为服务类型资源标识码，即 UDB-Srv；第二部分为数据集标识码；第三部分为服务标识码。其编码格式如图 9-6 所示。服务标识符编码规则与数据标识符编码规则相同。

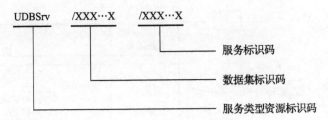

图 9-6 服务唯一标识符的构成

二、通用基础数据库组织

（一）基本要求

通用基础数据库组织是将支持跨部门、跨业务、跨层级联合作业的数据，如数据应用字典、数据编码等基础性数据，按照数据相关标准，完成数据规范的构建、数据的采集、处理、审核和发布，保证在整个范围内保持一致性、完整性、可控性，避免重复采集和存储。具体的要求如下：①按照"一数一源"原则，对通用基础数据组织采集、维护、管理和发布；②通用基础数据库组织过程中执行全面的质量措施，建立严格的面向数据资源全生命周期的质量控制和管理、审核与发布等制度；③通用基础型数据库内容完全公开共享，构建统一的通用基础数据库服务平台，服务于各类数据用户；④数据用户开放符合规范的接口，以支持数据用户对基础数据资源的访问。

（二）总体架构

通用基础数据库面向军事领域中的基础性数据，按照严格的数据规范建立数据存储和应用环境，在严格的质量控制要求下，通过通用基础数据库服务系统、Web 服务或其他服务形式，为人员、军事信息系统、武器平台等数据用户提供查询或数据调用服务。通用基础数据组织总体架构如图 9-7 所示。

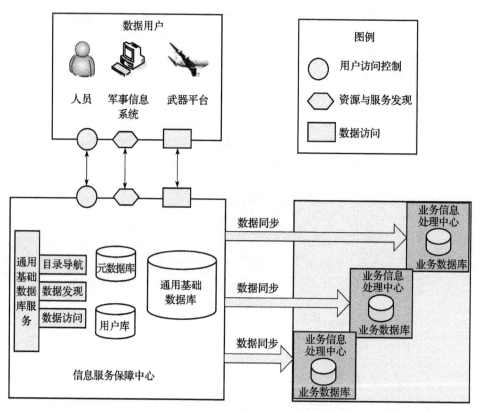

图 9-7 通用基础数据组织总体架构

（三）内容组织

通用基础数据库按照统一的数据规范组织数据内容，在内容组织方面的工作主要包括通用基础数据库建立和元数据建立两个方面。

1. 通用基础数据库建立

通用基础数据库的建设必须建立或参照已有的权威数据规范，如"作战数据应用字典"，保证数据库内容具有正确、统一的结构，数据元素具有明确的含义和规范的表达；如"作战数据应用字典"中代码数据表的数据结构一般由编码、序号和名称组成，如表9-5所示。数据规范主要确定数据模型、数据的定义、描述、表示以及生成规则，从而实现通用基础数据的规范性和可共享性。通用基础数据库的主要要求有：①通用基础数据库数据模型一般不应针对具体应用而设计，使用较小的粒度表达并保持简洁，便于被各种数据用户使用；②通用基础数据库应具有良好的结构，应满足第三范式的要求；③数据元素的命名应遵循统一的风格；④具有统一的数据编码标准，统一的数据录入、存储、输出标准。

表9-5　光缆敷设形式编码表

编码（BM）	序号（XH）	名称（MC）
1	1	架空
2	2	直埋
3	3	管道
4	4	海底

2. 元数据建立

元数据在数据的组织管理、发现、理解、评价、利用等方面起着重要的作用。在通用基础数据库系统中，元数据主要描述通用基础数据库的内容，以及所采用编码方法和规则。

三、共享数据库组织

（一）基本要求

共享数据库组织是将各领域或业务需要向其他领域或业务提供共享的数据，依据数据资源所论述的主要对象，将若干逻辑相关的共享数据资源按照统一的标准规范整合的过程。通过共享数据库组织，避免数据重复采集、重复存放和重复加工，各种数据用户可以方便地访问和获取共享数据。共享数据库组织的主要工作包括数据资源体系的规划、概念体系的构建、数据库公共模式的确定，以及数据资源的加工、整理或增建等。具体的基本要求包括：①共享数据库具有合理的概念体系，能够正确反映该业务领域内数据的有关知识及知识之间的关系，并基于该体系形成结构合理、层次清晰的多级

（两级以上）概念树。②根据数据资源内容特征及其之间的关系，将业务数据库合理地重新组织成若干逻辑数据库，基于逻辑数据库的公共数据模型，实现资源的加工、整合和增建，并组织为相应概念树叶子节点的内容。基于逻辑数据库检索字段及其内容建立集中的索引库，同时建立包括系统元数据、核心元数据和领域元数据的元数据库，并注册到信息服务保障中心。③建立统一的共享数据库服务系统，以共享数据库内容为基础，为用户提供丰富的应用。共享数据库面向各类人员和数据库应用提供共享服务。④共享数据库服务系统具有与概念树结构一致的资源导航目录，并为用户提供目录浏览式数据资源查询服务。⑤共享数据库服务系统基于元数据提供对数据资源的直接访问，关系型数据库数据查询、下载服务；非关系型数据库基于元数据查询、下载服务，Web 服务基于元数据查询和调用。⑥提供用户多种直接进入数据库的途径，包括通过概念体系进入方式、通过元数据进入方式、通过搜索分类体系进入等。

（二）总体架构

共享数据库是基于业务共享数据资源的相关性，通过从分布式物理层数据到集中式逻辑层数据的映射转换和内容组织，实现各种业务基础数据的有机整合，并为数据用户提供一站式资源发现和访问服务，支持数据用户对共享数据的利用。共享数据库组织总体架构如图9-8所示。

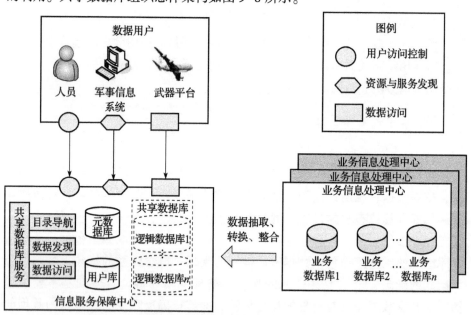

图 9-8 共享数据库组织总体架构

信息服务保障中心与业务信息处理中心的接口关系如图9-9所示。业务信息处理中心和信息服务保障中心之间接口功能如表9-6所示。

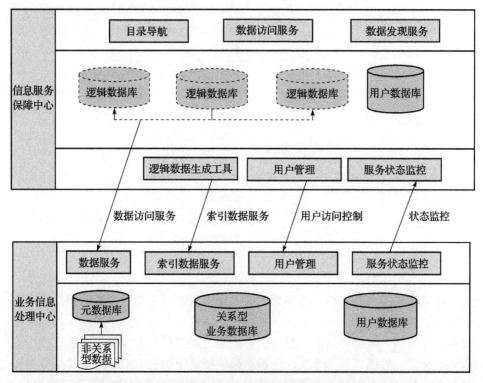

图9-9 信息服务保障中心与业务信息处理中心的接口关系

表9-6 业务信息处理中心和信息服务保障中心之间接口功能

中心类型	功能	说明
业务信息处理中心	开放数据访问接口	业务信息处理中心各业务数据库向信息服务保障中心提供访问完整数据记录的接口，使共享数据库可以根据索引数据访问到原始数据
	开放索引数据收割接口	业务信息处理中心各业务数据库需要按照逻辑数据库的统一数据模式将各自的索引数据封装成Web服务，供共享数据库调用
	开放服务状态监控接口	业务信息处理中心各业务数据库向信息服务保障中心开放服务状态监控接口，使信息服务保障中心对业务数据库的站点连接状态进行监控

中心类型	功能	说明
信息服务保障中心	数据分类导航	信息服务保障中心按照概念树提供数据导航功能
	数据访问	提供数据的简单、高级等检索方式和数据浏览下载功能
	逻辑数据库的生成和管理	调用业务信息处理中心各业务数据库提供的索引数据收割接口，实现业务数据库向逻辑数据库的封装和集成。索引库在物理上统一存储和管理
	业务数据库应用服务的注册	信息服务保障中心向业务数据库提供 Web 服务注册功能，统一管理业务数据库开放的各类 Web 服务
	共享数据库概念树的生成	按照联合作战数据资源元数据规范建立概念树的描述信息
	共享数据库元数据的生成	按照联合作战数据资源核心元数据规范建立逻辑数据库的元数据

（三）内容组织

共享数据库内容组织包括概念组织、逻辑数据和物理数据三个层次。①概念组织层。按照联合作战领域知识构建概念体系，实现对共享数据库内数据资源的顶层组织。概念体系由一组概念和概念之间的关系组成，每个概念表达明确的含义。一般而言，基于概念体系构建的概念树的根节点对应于共享数据库的一个主题概念，而叶子节点对应于逻辑数据库粒度的概念。②逻辑数据层。每个逻辑数据库整合共享数据库内的同类数据资源，无论它们原本以什么形式保存在什么地方。逻辑数据库根据业务数据库的共性内容（对于非关系型数据库而言，应为其元数据的共性内容）建立公共模型，并基于映射关系实现业务数据库内容的获取，从而达成不同来源的数据资源的集成。③物理数据层。物理数据层承担存储与提供实际数据的职能，由一系列内容相关的业务数据库构成，这组资源可能根据内容要求进行了规范化加工整理，并通过与逻辑数据库的映射转换规则建立联系。

四、专题数据库组织

（一）基本要求

专题数据库组织是为了满足数据用户需求，按照规范对数据进行加工、整理和入库，同时构建必要的数据应用环境，不仅提供统一的数据访问服务，而且满足数据分析、计算与可视化需求。专题数据库组织的具体要求如下：①针对数据用户需求，实现对所需要数据的收集、整理、保存、管理和集成。②根据数据资源的内容特征及数据资源之间的关系，确定合理的内容框架和数据模型，构建若干专题子库，并将数据资源组织进去，进行保存和管理。③根据专题子库的内容特征，提出合理的数据分类目录，并将各专题子库归入相应的类目。④建立元数据库，保存和管理专题数据子库的元数据；若存在文件型数据集，必须通过元数据对它们进行揭示和管理，保证作战数据用户能够通过元数据查找到相应的资源。⑤不仅提供数据，而且提供数据应用的必要环境和工具，使得数据能够直接在有关模型中进行分析和计算，实现数据与模型的结合。⑥建立统一的专题数据库服务系统，为用户提供一站式服务。一是专题数据库服务系统具有与数据分类目录一致的资源导航目录，为用户提供目录浏览式数据资源查询服务。二是专题数据库服务系统为每个专题提供数据子库的检索入口，使用户能够对专题数据子库中的数据进行检索。三是采用信息服务保障中心统一的用户管理、认证和访问控制，保证用户在登录后，能够在整个系统内自由获取与其身份一致的服务，无需再次登录或身份认证。

（二）总体架构

专题数据库是面向某一任务需求，对数据库中各种类型数据重新进行组织和存储，使相关单元的数据资源得到汇集、相关资源得到规范化处理、内容得以按需组装并与应用工具无缝衔接，支持数据资源按照需求纵深整合或进行跨领域集成。专题子库是专题数据库进行数据保存、组织和管理的最基本单元，是指原始数据经过清洗、转换、映射等加工整理整合过程后形成的规范化数据库。专题子库中各数据元素具有明确的含义、规范化的表示，并符合数据规范。通过信息服务保障中心为数据用户提供一站式资源发现和访问服务，支持人员、军事信息系统、武器平台等数据用户对专题数据库的应用需求。其总体架构如图 9-10 所示①。

（三）内容组织

专题数据库的内容组织工作主要包括：针对作战任务需求，进行数据收集；在对数据特征进行分析的基础上，构建专题数据库的内容框架和专题子库的数据模型；结合有关数据规范的要求，对收集的原始数据进行加工整理，并通过程序自动转换和导入，或者以人工录入方式将其保存到专题子库中；建立数据资源分类目录及专题子库的元数据，实现对专题子库的揭示和管理；在专题子库的基础上，为具体作战应用提供数据和应用环境支持。如图 9-11 所示，专题数据库的内容组织涉及原始数据层、组织层和应用层三个层次。

---

① 中国科学院数据应用环境建设与服务项目组. 专题数据库建设规范：TR-REC-002 [S]. 中国科学院数据应用环境建设与服务, 2009.

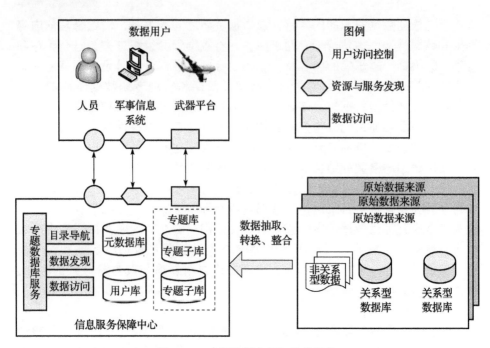

图 9-10　专题数据库组织总体架构

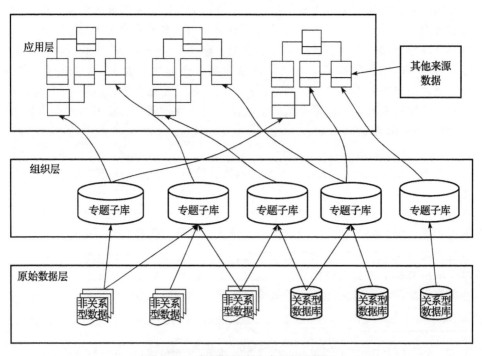

图 9-11　专题数据库内容组织示意图

原始数据层指的是专题数据库的来源数据。在原始数据层，数据可能是数字化的，也可能是非数字化的；可能是已通过数据管理系统管理的，也可能是尚处于离散状态未以有效方式管理的。对于专题数据库来说，这一层是基础。这一层上的内容组织工作主要包括：数据收集；按照组织层定义的数据模型和数据规范对数据进行加工整理；建立有关数据与组织层专题子库中有关数据的映射和转换关系。原始数据层的数据经程序自动转换和导入或者人工录入，进入组织层的专题子库。

组织层是专题数据库的核心，是专题数据库中保存、管理和提供服务的数据层。在组织层，数据通过专题子库保存和管理，符合有关的数据规范，并通过专题数据库服务系统供用户发现和访问，以及通过 Web 服务或其他方式提供给军事信息系统利用。对于专题数据库建设而言，这一层上的内容组织工作主要包括：确定专题数据库内容框架和专题子库数据模型；确定有关的数据规范；为专题子库录入数据；建立数据分类目录；创建专题子库、应用服务系统等的元数据等。

应用层指的是具体作战任务对专题数据库中数据的再组织和利用层。对一个具体的任务来说，其所需要的数据通常不止来自一个专题子库，而且还有部分数据可能来自专题数据库之外的其他来源。

第三节　军事信息组织关键技术

一、数据描述技术

为了确保军事信息组织的质量，提高军事信息检索的效率，促进军事信息语义的统一，需要对军事信息进行描述和揭示，正确表达数据的特征和内容。数据描述模型为各种信息资源提供统一的建模方法和技术路线，为各种业务需求提供全面、一致、完整的高质量共享数据，且为明确数据引用关系、定义交换需求提供依据，促进横向（军兵种业务领域之间）和纵向（军兵种内部上下级之间）的信息交换与共享。数据描述模型从数据资源本身、数据资源之间的关系和共享方法三个角度对军事信息进行描述，包括数据模式描述模型、数据环境描述模型和数据共享描述模型三部分[1]。①数据模式描述模型：主要

① FEA Program Management Office of the OMB of the United States. The Data Reference Model [EB/OL]. http://www. whitehouse. gov/sites/default/files/omb/assets/egov_ docs/DRM_2_0_Final. pdf, 2022 - 11 - 17.

描述各个业务领域数据的语法和语义，解决信息使用者如何理解数据的问题，描述的主要概念包括实体、数据类型、数据属性、数据关系、数据资源等。②数据环境描述模型：主要解决对数据资源的查询定位问题，描述概念包括分类方法、数据资源、数据管理者等。数据资源是一个容器，包含数据、文件知识库、相关数据库或者网络资源等。数据管理者指的是负责管理数据资源的人或者组织。③数据共享描述模型：主要描述实现信息共享的方法，包括查询点与交换包。查询点指的是访问或者查询数据资源的工具或手段。交换包是按照交换双方协商的格式封装的交换数据。

军事信息资源描述模型为各领域进行信息集成、互操作、发现和共享的数据架构的优化提供了一套架构模式。为了达到这个目标，该模型对数据架构概念元素以及它们之间的关系进行了明确定义，并且针对每个概念元素分别定义了一系列的通用属性。军事信息资源描述模型按照数据模式描述、数据环境描述、数据共享描述三部分，描述了各个部分相关的概念元素及其关系。军事信息描述模型三个组成部分的关系及作用如图9-12所示。

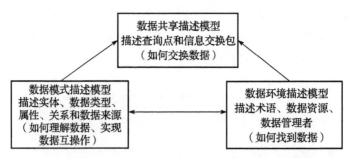

图9-12　军事信息描述模型三个组成部分的关系及作用

军事信息资源描述模型的结构组成如图9-13所示。需要注意的是，为了表述清晰，图9-13所示的一些概念元素会出现多次，实线边框中的概念元素才是真正的定义，而虚线边框中的概念元素只是从其他部分"借用"来的。

（一）数据模式描述模型

数据模式是数据的概念、组成、结构、相互关系的总称。本质上，数据模式反映的是军事领域这一客观世界的主观认知，而不同的人群对军事领域这一客观世界的主观认知会有所不同，这就造成了在军事领域有不同的数据模式存在。这种差异对军事信息的交换与共享、组织与运用形成了障碍。为了保证能够顺畅进行数据交换与共享，需要一个统一的数据模式作为数据共享与交换的基础。同时也保证军事领域的相关人员对统一的数据模型有准确的、无歧义的理解。

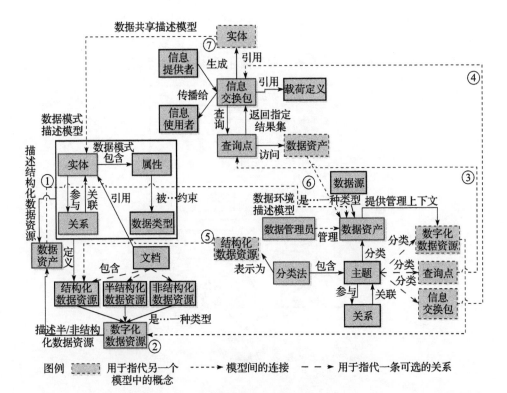

图 9-13　军事信息资源描述模型的结构组成

　　但在物理和技术层面，各类军事数据资源的数据格式、存储方式等各不相同，因此需要采用跨越物理和技术层面的方法来进行描述，也就是从数据的逻辑层面对军事数据资源的内容、组成及其结构信息，进行合理的、规范的说明和描述。通过数据模式的标准化，一方面，对数据的内容、组成、结构以及各部分的相互关系进行统一规范，相关领域、部门或者数据集制作者都可以根据数据模式制作出标准化的数据。另一方面，数据集按照数据库理论对数据进行了规范化处理，有利于减少数据冗余。

　　数据模式描述的目标是提供关于信息资源数据结构（语法）和意义（语义）的描述。存储在计算机中的数据资源，可分为结构化数据、半结构化数据和结构化数据，如图 9-14 所示。结构化数据通过数据模式（Data Schema）来描述。数据模式为结构化数据资源的语法和语义进行了定义，可以说是结构化数据的元数据（Meta Data）。数据模式通过实体（Entity）、属性（Attribute）、数据类型（Data Type）和关系（Relationship）这四个概念以及它们之间的关系来定义的。①实体：针对现实世界中客观事物的抽象。实体包含若干属性，实体通过"关系"与其他实体建立关联。②属性：针对实体某一特性的抽象。一个属性的取值受约束于一个数据类型。③数据类型：对于一个属性的物理表述的类型约束。④关系：用于描述实体间的关系。

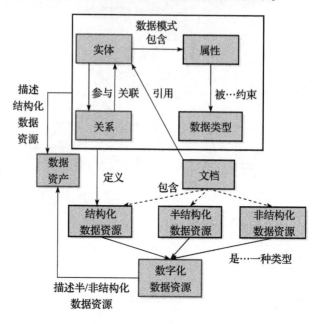

图9-14 数据模式描述模型

1. 结构化数据资源描述

结构化数据资源的描述方式包括数据实体关系图，以及数据集、实体与属性摘要信息描述，表达样式如图9-15所示。

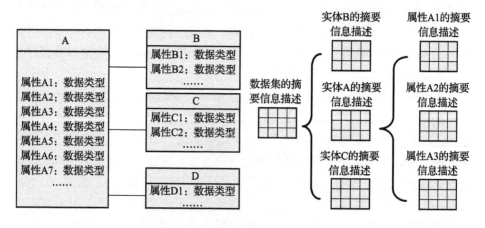

图9-15 数据集模式表达样式

（1）数据集信息描述。从数据集元数据标准中，选择其中关于数据集本身属性的内容，描述数据集的属性信息。具体按照表9-7所列的属性来表示数据集的摘要信息，表9-8所示为数据集信息描述实例。

表9-7 对数据集信息描述

描述项目		约束	属性定义
数据集中文名称		必选	能够简要描述数据集主题与内容的标题
数据集标识符		必选	数据集的唯一标识符
数据集摘要		必选	数据集内容的简单说明
数据集提交或发布方	负责单位名称	必选	提交或发布数据集，并对数据集的真实性、正确性负责的单位或部门的名称
	联系人姓名	可选	联系人姓名
	联系电话	可选	可以与负责人或负责单位联系的电话号码
	通讯地址	可选	能够进行邮政联系的详细地址
	邮政编码	可选	进行邮政联系的邮政编码
	电子邮件地址	可选	联系人或负责单位的电子邮件地址
关键词说明	关键词	必选	用于描述数据集主题的通用词、形式化词或短语
	词典名称	可选	正式注册的词典名，或者类似的权威关键词资料名称
数据集语种		必选	数据集采用的语言
数据集特征数据元		可选	能够表达数据集核心内容与特征资源的数据元列举
数据集发布日期		可选	信息数据集进行提交或发布的日期
数据集发布格式	发布格式名称	可选	数据集发布格式名称
	版本	可选	数据集发布格式所对应的软件版本（日期、版本号等）
在线访问地址		可选	可以对数据集进行在线访问或获取的信息
数据集分类	类别名称	可选	对应于所使用的某种分类方法得到的具体类目名称
	类别编码	可选	类别名称对应的编码
	分类标准	可选	所依据的分类标准名称
相关环境说明		可选	说明数据集生产的处理环境，包括软件、计算机操作系统、文件名和数据量等

表 9-8　数据集信息描述实例

描述项目		属性值
数据集名称		短波通信网台站基本信息数据集
数据集标识符		
数据集摘要		广州军区所属短波通信网台站基本信息数据集，包括台站基本信息、台站设备信息、台站天线等方面的信息
数据集提交或发布方	负责单位名称	广州军区信息化部网管中心
	联系人姓名	李刚
	联系电话	0712-778123
	通讯地址	
	邮政编码	
	电子邮件	ligang@ gz. mil
关键词说明	关键词	广州军区短波通信网台站
	词典名称	
数据集语种		
特征数据元		台站名称、地名、经度、纬度、天线场面积
数据集发布日期		
数据集发布格式	发布格式名称	Oracle 8.17
	版本	V1.0
在线访问地址		
数据集分类	类别名称	通信中心-短波通信网
	类别编码	0001
	分类标准	作战数据标准
相关环境说明		本数据是教学管理系统中教学管理和学籍管理的基本数据

（2）实体关系描述。实体关系描述方法常用的有 IDEF1X 方法、IE 标记方法和 UML 图方法，主要用来描述数据集中实体和实体之间的相互关系。在作战数据中采用 IE 标记方法，本书主要介绍该方法。IE 标记方法中，实体用分层矩形表示，上层中列出实体的名称，下层中列出实体的所有属性，其中主键属性用下划线和<pi>标记，外键属性用<fk>标记。IE 标记方法中联系用带"鱼尾纹"的线来表示，并将两个实体连接起来，在线旁写明联系的名称，根据联系种类和基数通过鱼尾纹体现出来，如表 9-9 所示。

图 9-16 所示为短波通信网台站数据集实体关系描述。

表 9-9 实体关系图符号表

名称	符号	说明
实体	实体名	实体对象
一对多关系	实体A —○<—< 实体B	1个A对应0或n个B 1个B对应0或1个A
	实体A —○—< 实体B	1个A对应1或n个B 1个B对应0或1个A
	实体A —|—< 实体B	1个A对应0或n个B 1个B对应1个A
	实体A —|—< 实体B	1个A对应1或n个B 1个B对应1个A
	实体A —|—○<= 实体B	1个A对应0或n个B 1个B对应1个A B依赖于A
	实体A —|—< 实体B	1个A对应1或n个B 1个B对应1个A B依赖于A
一对一关系	实体A —○—○ 实体B	1个A对应0或1个B 1个B对应0或1个A
	实体A —○—| 实体B	1个A对应1个B 1个B对应0或1个A
	实体A —|—○ 实体B	1个A对应0或1个B 1个B对应1个A
多对多关系	实体A >○—○< 实体B	1个A对应0或n个B 1个B对应0或n个A
	实体A —○—< 实体B	1个A对应1或n个B 1个B对应0或n个A
	实体A >—○ 实体B	1个A对应0或n个B 1个B对应1或n个A
	实体A >—< 实体B	1个A对应1或n个B 1个B对应1或n个A
注释		对实体对象的注释性描述

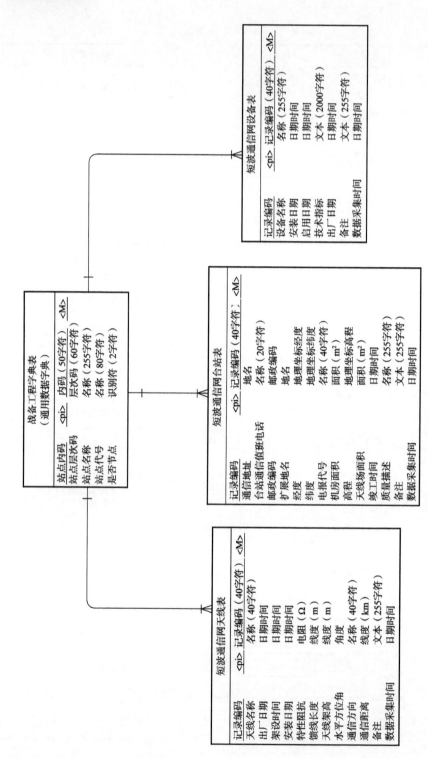

图 9-16 短波通信网台站数据集实体关系描述

（3）实体信息描述。通过中文名称、中文别名、拼音名称、定义、注释、版本标识、状态、来源、安全说明等几个方面对实体的摘要信息做出详细的描述，如表9-10所示。表9-11所示为短波通信网台站实体信息描述。

表9-10　对实体进行摘要描述的数据字典内容

描述项目	约束	属性定义
中文名称	必选	实体的标识，一般使用名词表达，通常名称都能反映出实体的属性和特征
中文别名	可选	实体的别名，一般使用名词表达
拼音名称	必选	实体的拼音简写
定义	必选	实体定义的详细描述
注释	可选	和实体相关的其他信息
版本标识	必选	用于实体的配置管理和控制
状态	必选	0：讨论版本；1：正式版本
来源	可选	说明实体定义的来源，来源包括已有的数据模式标准、已有的信息系统以及其他来源
安全说明	必选	说明该属性的安全限制信息，包括访问和使用限制等

表9-11　短波通信网台站实体信息描述

描述项目	填写信息
实体名称	短波通信网台站实体
别名	短波台站实体
拼音名称	DBTZ
定义	短波通信网台站基本信息
备注	
版本标识	0.1
状态	0
实体来源	通信资源管理系统

（4）属性信息描述。通过中文名称、中文别名、拼音名称、定义、数据类型、SQL数据类型、注释、版本标识、状态、来源、值域、安全说明几个方面对属性的摘要信息做出详细的描述，如表9-12所示。表9-13所示的是短波通信网台站实体天线场面积属性说明。

表 9-12　对属性进行摘要描述的数据字典内容

描述项目	约束	属性定义
中文名称	必选	属性的标识，一般使用名词表达，通常名称都能反映出其属性和特征
中文别名	可选	属性的别名，一般使用名词表达
拼音名称	必选	属性的拼音全称
定义	必选	属性定义的详细描述
SQL 数据类型	可选	该属性在关系型数据库中的数据类型，按照结构化查询语言的数据类型表达方式进行描述，如 char（100），代表可变长字符串，最大长度单位 100 字符
键	必选	是否为主键、外键等，若是，则详细说明
注释	可选	和属性相关的其他信息
版本标识	必选	用于属性的配置管理和控制
状态	必选	0：讨论版本；1：正式版本
来源	可选	说明属性定义的来源，包括已有的数据模式标准、已有的信息系统、数据元及其他来源
值域	必选	属性的取值范围
安全说明	必选	说明该属性的安全限制信息，包括访问和使用限制等

表 9-13　天线场面积属性描述

描述项目	填写信息
属性名称	天线场面积
别名	天线场面积
拼音名称	TXCMJ
定义	短波台站天线场地面积的大小，单位为平方米
备注	
版本标识	0.1
状态	0
属性来源	短波通信网台站实体
SQL 数据类型	Number（12，3）
值域	具体的数字
安全说明	内部使用

2. 半结构化/非结构化数据资源描述

半结构化/非结构化数据资源是除结构化数据以外的数据资源，如要图、无人机侦察得到的视频、图像等，一般通过采用元数据对其进行描述。在图书情报领域，一般采用都柏林核心元数据标准（DC 元数据标准）。大部分信息资源元数据在 DC 元数据标准的基础上进行扩展得到。

（二）数据环境描述模型

数据环境描述用于为数据添加与其使用和创建的目标相关的信息，从而便于不同视角的数据使用者发现和使用数据。数据可以根据不同的方式进行分类，而针对分类方式的描述和定义就构成了"数据环境"。除了关于数据的分类划分这一核心概念，数据环境还描述数据资源的主题、数据资源维护管理机构以及访问数据资源的服务方式，如图 9-17 所示。

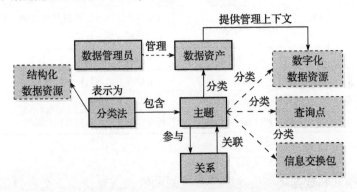

图例 ⌐⌐⌐⌐ 用于指代另一个模型中的概念

图 9-17　数据环境描述模型

数据环境的定义实际上是针对数据使用背景分类法的定义。虽然用来进行分类的角度纷繁复杂，但从本质上来讲，不论何种分类法都可以通过结构化方式进行表述，这也为不同业务领域之间对于分类法的语义和语法达成共识提供了基础。经过结构化表述的分类法定义，数据使用者可以识别符合自己要求的数据资源是否存在，并检测其包含的数据是否符合他对信息的要求。数据环境的主要概念之间的关系如下：①数据环境的分类法（Taxonomy）包含若干主题（Topic），而且主题之间是相互联系的。分类法被描述为结构化数据并存放于结构化数据资源中。②每个分类法的主题用于对数据资产进行分类，同时也可以对各种数据资源、查询点和信息交换包进行分类。③可以为数据资产指定一个管理数据的负责人或机构。数据环境描述内容如表 9-14 所示。

表 9-14 数据环境描述内容

概念	概念的描述属性	说明
分类法	标识（Identifier）	在特定的范围内给予分类的一个明确的标识
	名称（Name）	分类法名称
	描述（Description）	分类法的说明
主题	名称（Name）	主题名称
	描述（Description）	主题说明
关系	名称（Name）	关系的名称
	关系源实体（Origin）	关系中一个源实体
	关系目标实体（Destination）	关系中一个目标实体
数据资产	标识（Identifier）	在特定的范围内给予数据资产的一个明确标识
	类型（Type）	数据资产的类型，可以是数据库、网址、注册库、数据服务、目录库
	是合为地理数据	是否为地理空间数据
数据管理者	人员标识（Employee ID）	数据管理者的人员标识
	所属机构（Department）	数据管理者所属机构
	初始日期（Initial Date）	数据管理者实施数据管理的时间

（三）数据共享描述模型

数据模式和数据环境描述模型为规划和实现信息访问及交换提供了基础。信息交换通常是指在信息生产者和信息使用者之间所存在的相对固定且时常发生的信息交互过程，而针对信息的使用除了这种交换的方式，作为信息源的信息生产者往往还需要对外提供各种信息访问接口，从而为各种不确定的外界信息使用者提供信息访问的能力，这种通过各种信息访问接口而获取信息的能力就是信息访问能力。信息交换包（Information Exchange Package）用于表述产生于信息提供者和信息使用者之间的经常性的信息交换。交换包中包含了与交换过程相关的各种信息（如数据提供者 ID、数据使用者 ID、数据有效期等），以及数据载荷的引用。交换包还可以用来定义在一次信息交换中某个查询点（Query Point）接受与处理的查询结果的格式。交换包与其他概念元素之间有如下关系：一是信息交换包引用了业务领域的实体；二是信息交换包被传播给信息使用者；三是信息交换包对查询点进行查询获取数据；四是信息交换包引用了针对交换数据载体的定义。

信息提供者与其他概念元素之间具有如下关系：信息提供者生成交换包，信息使用者（Consumer）是使用数据的实体，数据载荷定义（Payload Definition）表示针对数据交换需求而制定的格式化定义。查询点是为了访问和查询数据资产而提供接口的端点，一个查询点的具体表达可以是 Web 服务的 URL。数据共享描述模型用来描述信息访问和交换的方法，如图 9-18 所示。

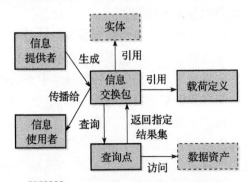

图 9-18　数据共享描述模型

数据共享描述内容如表 9-15 所示。

表 9-15　数据共享描述内容

概念	概念的描述属性	说明
信息交换包	标识（Identifier）	信息交换包唯一标识
	名称（Name）	信息交换包名称
	描述（Description）	信息交换包说明
	安全等级（Classification）	信息交换包的安全等级
	交换频率（Frequency）	信息交换发生的频率
信息提供者	标识（Identifier）	信息提供者唯一标识
	名称（Name）	信息提供者名称
	主要联系方式（Primary Contact）	信息提供者联系名称和联系方式
信息使用者	标识（Identifier）	信息使用者唯一标识
	名称（Name）	信息使用者名称
	主要联系方式（Primary Contact）	信息使用者联系名称和联系方式
载荷定义	标识（Identifier）	载荷定义唯一标识
	名称（Name）	载荷定义名称
查询点	标识（Identifier）	查询点唯一标识
	名称（Name）	查询点名称
	描述（Description）	查询点说明
	查询语言（Query Languages）	查询点采用的查询语言标准，如 SQL-92、CQL（Z39.50）、XQuery、HTTP GET 等

二、数据集成技术

数据集成是将多个分散的、异构的数据源统一起来，给用户提供统一的数据访问接口，简化用户对数据的访问。

随着信息化建设的逐步深入，各类信息系统纷纷涌现出来，对信息系统起支撑作用的数据也存放在各部门的数据库中，由各部门自行管理，形成数据分散存储的客观现实。如果希望从这些分散的数据库中查找数据，用户就必须逐个连接到各个数据库，得到数据后再进行汇总和甄选，如图 9-19 所示。在使用过程中，用户会面临以下突出问题：一是用户不明确数据存放的位置；二是用户不了解各类数据库访问的方法；三是用户不具备直接访问数据库的权限；四是用户不熟悉各数据库的数据结构；五是用户无精力去汇总和甄选繁杂的数据。

针对数据分散存储的客观事实和用户访问数据面临的困难，应当有一个中间系统去替用户来解决困难，该系统接收用户的查询请求，然后将处理后的查询结果返回给用户。使用过程中，用户不需要了解各个数据库的位置、访问方法、权限、数据结构等细节问题，也不需要进行烦琐的数据汇总和甄选，它们都交给中间系统去完成，这个中间系统就是数据集成系统①，如图 9-20 所示。

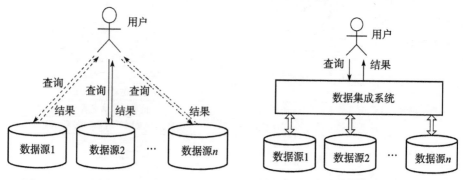

图 9-19　分散数据的访问方式示意图　　　图 9-20　数据集成的数据访问方式示意图

数据集成是将驻留在不同数据源中的数据进行整合，向用户提供统一的数据视图（一般称为全局模式），使得用户能以透明的方式访问数据。其中"数据源"主要是指 DBMS，广义上也包括各类 XML 文档、HTML 文档、电子邮件、普通文件等结构化、半结构化和非结构化数据。这些数据源存储位置分散，数据类型异构，数据库管理系统多样，数据源高度自治。实现数据集成的

① 刘晶炜，闫健卓，朱青．IBM 信息集成技术原理及应用［M］．北京：电子工业出版社，2004.

系统称为数据集成系统，它是用户与各数据源之间的中间系统，它为用户提供了统一的数据访问接口，对用户屏蔽了各个数据源的技术细节，并将处理好的查询数据返回给用户。

下面对数据集成给出形式化的描述，一个数据集成系统可用形式化定义为一个三元组：

$$I = \{G,\ S,\ M\}$$

其中，G 是全局模式，S 是数据源模式，M 是全局模式和数据源模式的映射关系。

数据集成的理想目标是在分布式环境下给用户提供一个单一的系统映象，用户把各个数据源看成一个无缝的集成系统，具体来说，数据集成应达到两个目标，即分布的透明性和异构数据源的透明性。分布的透明性包括两个方面：一是位置的透明性，即用户不必知道各个数据源的具体位置，就好像所有的数据存储在本地一样；二是数据存取方式透明，即用户不必了解各种网络资源的访问方法，就好像存取本地数据一样。异构数据源的透明性主要是指用户不必了解每个数据源采用了什么样的 DBMS，也不需要了解每个 DBMS 的连接方法和数据存取方法，只需要掌握全局模式的数据方法即可，就像访问本地 DBMS 一样。

实现数据集成的理想目标，关键是建立全局模式与数据源模式之间的映射，通过映射关系，数据集成屏蔽了异构数据源的差异，集成后的数据集对用户来说是统一的、无差异的。根据数据集成的形式化定义中 M 的不同，即全局模式和数据源模式映射关系的不同，数据集成可以分为两种主要方法：以全局模式为中心的方法，也称为 Global-as-View（GAV）；以数据源为中心的方法，也称 Local-as-View（LAV）。

LAV 是以数据源为中心，全局模式的设计独立于各个数据源，$M = \{s \in S \mid s \rightarrow Q_g\}$，$Q_g$ 是全局模式上的查询，即对于数据源模式 S 中每一个元素 s，都有 $s \rightarrow Q_g$。LAV 的特点是具有高度的模块化和良好的可扩展性，如果全局模式设计已经完成，当数据源改变时，只会影响该数据源 M 的定义，对于整个集成系统没有影响，当新的数据源加入时，可以比较容易地扩展到数据集成系统中。LAV 主要的缺点是可能产生不完全的查询结果，查询过程需要进行推理，即查询重组比较复杂。

GAV 是以全局模式为中心的方法，$M = \{g \in G \mid g \rightarrow Q_g\}$，$Q_g$ 是数据源模式上的查询，即对于全局模式 G 中每一个元素 g，都有 $g \rightarrow Q_g$。GAV 的缺点是缺乏扩展性，若有新的数据源需要集成，则需要修改全局模式的定义。

三、数据存储管理技术

军事数据体量大、结构类型多、来源广泛、实时性高，需要根据军事数据的特点，采用不同的数据存储管理技术。目前，主要的数据存储管理技术主要分为关系型数据、非关系型数据、多模态数据存储管理技术。

（一）关系型数据存储管理技术

关系型数据管理技术是目前应用最为广泛，且实现技术最为成熟的数据存储管理技术。例如，IBM 的 DB2、Oracle、微软的 SQL Server，以及国产达梦数据库、人大金仓等关系数据库管理系统，都具有较高的存储效率、数据一致性、易用性等关键特点，仍然是关系型数据存储管理的主要工具。关系型数据库的主要特点包括以下几个方面：

（1）完整的模式定义。关系数据库需要预先定义模式，将数据标准化为由行和列组成的表，支撑定义表中的主键、索引、外键、约束、触发器等对象，规范化数据组织，提供索引性能优化技术，并且通过主键、外键、约束等严格定义数据内部的逻辑关系，保证了数据的完整性。

（2）完善的 ACID 特性。关系数据支持事务处理中 ACID 特性，即原子性、一致性、隔离性和持久性，保证了关系数据库在任何时候都保持数据的一致性，在发生意外系统故障或断电情况时能够快速地恢复到上一个一致状态。

（3）较高的存储效率。关系数据库通过第二范式（2NF）、第三范式（3NF）等规范化策略优化了关系数据库的组织，尽可能地减少数据冗余和数据异常。存储模型包括行存储和列存储。列存储模型将各列独立存储，保证在访问特定列时不会产生额外的数据访问代价，而且列存储模型将相同类型的数据连续存储，能够通过数据压缩技术极大地提高存储效率。

（4）较高的查询性能。关系数据库提供了丰富的数据类型，支持连接操作、嵌套查询等复杂查询处理任务，能够表述复杂的查询逻辑，并通过索引、查询优化等技术，提高关系数据库的查询性能。

（5）易用性。数据库应用程序通过 SQL 标准对不同厂商数据库产品兼容访问，还可以通过 ODBC、JDBC 等标准接口访问数据，关系数据库提供了丰富的开发工具，简化了关系数据库应用开发流程。

（二）非关系型数据存储管理技术

随着信息化建设的深入发展，产生了大量的文档、语音、图像、视频等非关系型数据，但关系数据管理系统存在存储管理能力不足的问题。为了解决大规模数据集合和多种数据类型带来的挑战，NoSQL 数据库应运而生。NoSQL 数据库是指分布式存储的非关系型数据库，主要包括键值对 Key/Value 数据库、列存储数据库、文档数据库、图数据库等。NoSQL 数据库的主要特点包括[①]：

（1）无模式设计。NoSQL 数据库是一种无模式结构，数据不需要预先定义模式，可以随时自定义数据存储格式并在运行中更改数据格式。

（2）弱一致性。为了获得更为灵活且可水平扩展的数据模型，NoSQL 数据库通常采用最终一致性的方案，放松了关系数据库 ACID 强一致性要求。

（3）易扩展性。NoSQL 数据库采用无共享（shared-nothing）结构的分布式存储架构，相对于依赖高性能节点关系数据库，可以使用大规模廉价服务器集群，进行水平扩展。

（4）高并发读写性能。NoSQL 数据库结构简单，无须保证 ACID，简单的存储结构在写入数据时操作效率更高，因此具有非常高的读写性能。

代表性的 NoSQL 数据库主要有：

（1）键值对（Key-value）数据库。通过 Key 来添加、查询或删除数据，使用主键访问，具有良好的性能和可扩展性，主要应用于读取密集型应用，主要系统有 Memcached、Oracle NoSQL Database、Dynamo、Redis 等。

（2）列存储数据库。面向海量数据分布式存储，主键对应多个列，列以列簇方式组织存储，主要应用于分析查询处理，主要系统有 Amazon Dynamodb、Bigtable、Hbase 等。

（3）文档数据库。将半结构化数据存储为文档，存储格式主要采用 JSON、XML、HTML 等，主要系统有 MongoDB、CouchDB 等。

（4）图数据库。图数据可以主要存储基于图模型的顶点和边数据，主要系统有 Neo4j、OrientDB 等。

（三）多模态数据存储管理技术

数据结构越来越灵活多样，应用程序对不同数据提出了不同存储要求，数据的多样性成为数据库管理系统面临的一大挑战。为了适应多类型数据管理的需求，产生了多模态数据存储管理技术。多模态数据存储管理技术支持灵活的数据存储类型，将各种类型的数据进行集中存储、查询和处理，可以同时满足应用程序对于结构化、半结构化和非结构化数据的统一管理需求。目前，典型的系统包括 Azure Cosmos DB、ArangoDB、SequoiaDB 和星环 Transwarp Data Hub 等。

---

① SADAGE P J, FOOLOR M. NoSQL 精粹 [M]. 爱飞翔，译. 北京：电子工业出版社，2013.

第十章
军事信息共享技术

信息的最大优势就是便于共享，只有在充分共享中才能发挥最大效益。随着信息技术的高速发展，其已渗透到人类社会活动的各个领域，各行各业广泛应用信息系统来提高生产、管理和服务效率，因社会分工和组织管理的关系，形成了大量"信息孤岛"。从军事领域来看，"信息孤岛"现象难以适应基于信息系统体系作战对跨军兵种信息共享、获取信息优势的作战需求，难以适应联合作战、执行多样化军事任务对军兵种协同、军地协同的客观需求。因此，"信息孤岛"日益成为制约军队信息化建设的主要瓶颈，信息共享是打通"信息孤岛"，实现业务协同的有效手段。本章将研究信息共享服务模式及体系结构，分析目录服务体系和信息交换体系组成及工作原理，介绍信息共享的关键技术及应用。

第一节　军事信息共享概述

信息是一种共同财富，它不会因一方有所得而使另一方有所失，是一种可以共享的资源。因此，在某种程度上信息不受恒定律的约束，充分体现了信息的可共享性。由于信息技术发展的阶段性和社会分工的原因，不可避免会产生大量的"信息孤岛"，需要通过构建统一的信息共享系统，实现"信息孤岛"的互联互通和信息无缝流动，最大范围提高信息的利用率。

一、军事信息共享服务模式

由于军事信息共享需求的复杂性，需要通过不同的共享方式适应多种应用的需求。目前，主要的共享方式包括集中共享模式、分布共享模式和混合共享模式三类①。

（一）集中共享模式

数据信息资源集中存储于共享信息库中，数据信息资源提供者或使用者通过访问共享信息库实现数据信息资源共享，集中共享模式是信息共享常用的一种模式，也是大型应用系统的首选，目前，也常常用于应用系统整合。这种模式的优点是：①能彻底避免同一数据的"多头采集、重复存放、分散管理、各自维护"，有效避免"信息孤岛"的产生，同时节约大量的人力、物力。②可实现公共数据的"统一采集、集中存放、统一维护"，确保数据的一致性。③可直接实现协同作业、协同指挥。④各部门通过共享信息库就可获取自己所需要的数据，避免或减少各部门之间的相互交替、错综复杂的数据交换。集中共享模式是基于数据整合的一种系统集成方式，主要适合于信息共享程度高、信息一致性要求高的跨部门应用，如基础数据、联合共享数据库。

（1）基于共享数据库的方式。通过应用终端访问共享数据，实现部门之间的信息共享方式，如图 10-1 所示。

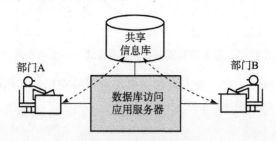

图 10-1　基于共享数据库的数据信息资源集中共享模式

（2）基于电子邮件的数据信息资源集中共享模式。通过电子邮件，实现部门之间的信息共享方式，如图 10-2 所示。

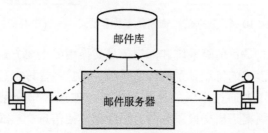

图 10-2　基于电子邮件的数据信息资源集中共享模式

① 中华人民共和国国家质量监督检验检疫总局. 政务信息资源交换体系　第 1 部分：总体架构：GB/T 21062.1—2007 [S]. 北京：中国标准出版社，2007.

（二）分布共享模式

数据信息资源分布存储于各业务信息库中，即需要共享的信息存储于信息提供者和信息使用者各自的数据库中，系统间通过信息交换协议将信息从提供者系统定向传输到使用者系统中。分布式交换模式实际上是一种"物理分布，逻辑集中"的数据管理模式。"物理分布"是数据仍然按原有的存储状态分布在各职能部门；"逻辑集中"是在全面的数据调查和分析的基础上，仔细分析各职能数据共享需求，建立数据信息资源目录体系，从而实现数据信息资源共享。分布共享模式可划分为有中心交换和无中心交换两种。

在无中心交换模式中，前置交换系统之间直接交换数据信息，没有中心交换系统，数据信息由一个部门的前置交换系统直接传递给另一个部门的前置交换系统，如图 10-3 所示。

图 10-3　数据信息资源分布共享模式——无中心交换

在有中心交换模式中，所有前置交换系统对外交换的数据信息均由中心交换系统进行传送。如图 10-4 所示。

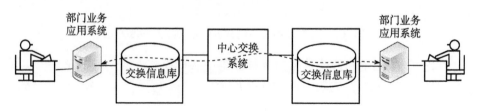

图 10-4　数据信息资源分布共享模式——有中心交换

分布共享模式是目前跨系统和部门信息交换中的主要方式，多用于异构系统的互联。这种模式的特点是系统构建灵活，可扩展性好，可以将数据信息资源的提供者和使用者通过不同的通信方式进行连接，充分保护以往系统的投资；还可以有效隔离下层交换服务与上层应用，使信息交换成为公共服务，可为多个应用共享。例如，实力统计系统。这些系统的信息来自不同业务部门的应用系统数据库，通过分布交换模式可以很好地解决信息实时交换、信息适配和信息安全等问题，提高了跨部门应用的有效性和可用性。

（三）混合共享模式

集中共享模式和分布共享模式的组合，既可通过共享信息库实现信息交换，又可通过直接互相访问或通过中心交换节点实现信息交换，如图 10-5 所示。

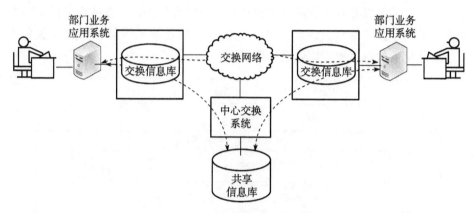

图 10-5 混合共享模式的一种实现方式

混合模式是集中共享模式和分布共享模式的综合运用。由于各部门间信息化发展水平的差异和信息交换支持的应用需求的差异，不会是单一的交换模式，而是多种模式的组合。在建设规划时，要根据应用需求特点进行合理布局，充分发挥两种共享模式的特点解决特定的问题。例如，对于信息一致性要求高，共享程度也高的部队编制、武器装备等基础信息可以集中存储，对于特定部门间需要的一些业务信息可以分散存储，实时交换。

二、军事信息共享服务体系结构

军事信息共享在不同的需求层次上，共享的主要内容和目的各不相同，因此需要根据不同层次的需求制定合理的目标和策略，按照不同类型的数据，合理地确定共享交换目标和方法。根据上一节的比较分析可知，混合式共享模式，即"逻辑集中、适度分布"模式，兼有集中共享模式和分布共享模式的优点，又弥补了各自的缺点，是军事信息共享的优选方案。其主要思路是建立军事信息资源目录体系和交换体系，实现信息资源的共享。一是建立军事信息资源目录体系，以军事信息资源和服务元数据为核心，以作战数据分类表和主题词表为控制词表，对军事信息资源和服务进行网状组织，满足从分类、主题、应用等多个角度对军事信息资源和交换服务进行导航、识别、定位、发现、评估与选择。二是建立军事信息交换体系，按照军事需求，采用多种交换方式，实现跨军兵种、地域间、层级间共享。

军事信息共享服务体系以军事信息资源为核心，以信息技术为支撑，以标准体系、安全保障体系和运维保障体系为保障，实现信息资源从拥有者向使用者的有序流动和共享，最大限度地发挥信息资源价值。军事信息资源共享服务体系主要包括信息资源共享支撑体系、信息资源内容体系和信息资源应用体系。其中，信息资源共享支撑体系包括基于云计算的基础设施体系、标准体系和安全保障体系，信息资源应用体系包括统一的信息资源目录与交换服务体系、服务化的信息资源应用体系，如图 10-6 所示。

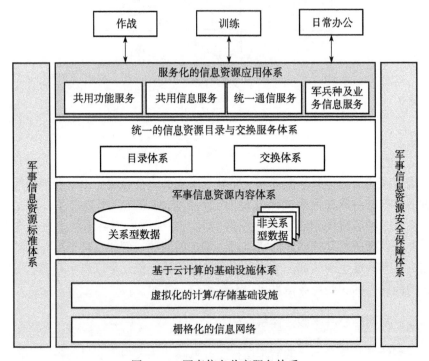

图 10-6　军事信息共享服务体系

（一）内容体系

军事信息资源内容体系是指各个领域所产生和使用的有价值的各种作战数据的集合，包括指挥控制、侦察情报、战场环境、政治工作、后勤保障、装备保障等各个领域，涉及"侦、控、打、评"各个环节。它是具有主题的、可标识的、能被计算机处理的数据集合，主要指关系型数据库、文件系统和从数据库返回记录的 Web 服务，文件系统可以是图像、音频、视频、软件等。数据集的具体含义如下。①主题：围绕某一项特定任务或活动进行数据规划和设计，对其内容进行的系统归纳和描述。将相同属性的主题归并在一起形成相同的类，将不同属性的主题区分开，形成不同的类；主题还可被划分成若干子主题。②可标识：能通过规范的名称和标识符等对数据集进行标记，以供识别。标识与名称的取值需要通过具体的命名或编码规则来规范。③能被计算机处理：可以通过计算机技术（软硬件、网络）对数据集内容进行发布、交换、管理和查询应用。这些数据可以由不同的物理存储格式来实现，按照数据元的定义，在计算机系统中以数值、日期、字符、图像等不同的类型表示。④数据集合：由数据元所形成的若干数据记录所构成的集合。例如，部队情况数据集由部队基本信息、部队组成。

军事信息资源可以按照不同的角度进行划分，一般可从军事信息资源的主题内涵、产生的业务部门、提供的服务和资源的物理形态等四个角度进行刻画，形成以主题分类为核心，以服务分类、行业分类和资源形态分类为辅助的分类体系，体现军事信息资源的产生、处理、使用、维护和管理过程中的不同视角，以满足对军事信息资源组织、查找和管理的需求。

（二）支撑体系

1. 基于云计算的基础设施体系

基础设施体系是指信息资源开发应用所需要的软硬件基础设施，主要包括栅格化信息网络、虚拟化的存储与计算基础设施，用以实现信息资源的采集、存储、传输、处理。栅格化信息网络主要包括光缆网、卫星网、短波网、移动网等基础网系。存储与计算基础设施主要包括总部、区域、专业数据中心和容灾备份中心。

2. 信息资源标准体系

军事信息资源共享服务是一项复杂的系统工程，涉及不同层次、不同领域、不同技术的有机整合。统一标准是信息资源互联、互通、互操作的重要基础，军事信息资源标准化是支持军事信息资源开发利用的重要手段之一。军事信息资源标准体系作为军事活动中必须共同遵守的准则与依据，具有合理性、通用性、权威性、完备性、先进性的特点，是指导军事信息资源建设与管理的直接依据，也是衡量军事信息资源开发利用水平的重要尺度。军事信息资源标准必须适应当前军队信息化建设发展水平。

3. 信息资源安全保障体系

随着网络技术的发展，军事信息资源面临着更多的安全挑战，军事信息资源所面临的威胁趋于多样化和频繁化，遭受攻击的可能性越来越高，军事信息资源安全保障体系是军事信息资源开发利用的基石。

（三）应用体系

1. 统一的信息资源目录与交换服务体系

信息资源目录与交换体系是实现信息资源组织、检索和共享的有效手段。

目录服务用于存储、管理数据资源及服务资源的元数据信息，通过对元数据信息的发布、发现以及访问机制，实现信息资源的查询、检索和定位服务。交换服务体系是实现跨军兵种、跨部门的军事信息资源交换与共享提供的信息服务基础设施。

2. 服务化的信息资源应用体系

信息资源应用体系为作战、训练和日常办公提供资源可动态柔性重组、质量可充分保障、服务可即插即用、系统可安全抗毁的信息服务保障体系，各类用户可通过各种终端随时随地访问信息资源，包括共用功能服务、共用信息服务、军兵种及业务信息服务、统一通信服务。①共用功能服务依托各级数据中心，主要提供协同作业、报文处理、软件资源共享、视频服务、语音服务等服务。②共用信息服务依托各级数据中心，为全军提供军用基础作业服务、民用典型信息服务、国防数据词典、频谱信息服务和作战数据基础服务。③各军兵种业务信息中心发布联合海情服务、预警空情服务等军兵种信息服务，各业务部门专业数据中心发布情报侦察、技术侦察、气象水文、测绘导航、动员、后勤、装备等业务部门信息服务。④统一通信服务可以为语音、视频、电子邮件、语音邮件、即时消息等多种通信业务提供服务，依托数据中心基础设施，与我军现有相关通信网系实现互联互通，提供统一通信服务功能。

第二节　军事信息共享主要方法

由于信息技术的复杂性和军事信息共享需求的多样性，军事信息共享服务体系建设是一个复杂的系统工程，涉及标准规范、网络建设、安全策略、管理制度、运作机制、政策法规等诸多方面的因素，需要构建科学高效的信息共享服务体系。

一、目录服务体系

目录服务用于存储、管理数据信息资源及服务资源的元数据信息，通过对元数据信息的发布、发现以及访问机制，实现数据信息资源的有序管理与组织，提供数据信息资源的查询、检索和定位服务，满足各级组织间的共享交换需要。

（一）目录服务体系结构

从军事信息资源共享实现方式来看，信息资源共享方式有两种：一是各军兵种和业务领域对外交换共享格式化或者非格式化的数据信息文件，二是将需要对外共享的数据信息采用标准的 Web 服务进行封装形成数据访问接口。因此，需要分别对这两种共享的资源建立资源目录，包括共享信息资源目录和交换服务目录，共享信息资源目录采用描述数据信息文件的元数据构建，交换服务目录采用描述数据访问接口的元数据构建。军事信息资源目录体系主要由军事信息资源目录服务系统组成，同时还具备软硬件、网络的支撑环境，以及技术标准与管理机制和安全保障①，如图 10-7 所示。

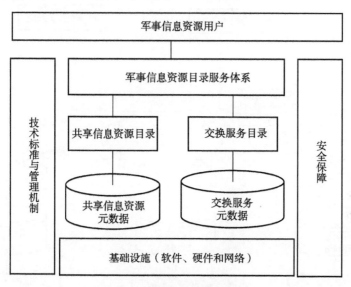

图 10-7 目录服务体系结构

军事信息资源目录体系一般采用分布式多级部署模式，基于分布式目录服务技术，依托信息资源元数据、数据分类和编码规范，为全网数据用户提供发现和定位军事信息资源的功能。通过在各业务信息处理中心部署目录服务器、编目/注册子系统，在信息服务保障中心部署目录服务网关和分布式信息资源管理子系统和目录查询子系统，形成完整的分布式目录服务体系，其部署结构如图 10-8 所示。

1. 编目/注册子系统

编目/注册子系统提供信息资源核心元数据的编辑功能，包括：提取信息资源（包括结构化数据、非结构化数据和 Web 服务）相关特征信息，形成信息资源核心元数据；对信息资源核心元数据的分类信息进行赋值；对信息资源进行唯一标识符的赋码；对信息资源元数据完整性和标准一致性检查。数据完整性检查主要是保证所有必选的元数据实体和元数据元素已经赋值；标准一致

① 穆勇，彭凯，等. 政务信息资源目录体系建设理论与实践 [M]. 北京：北京大学出版社，2009.

性检查主要是保证已填写的元数据实体和元数据元素的取值符合相关元数据标准。信息资源目录提供者向信息资源目录管理者注册信息资源元数据。注册功能包括元数据提交、审核、入库、汇交。

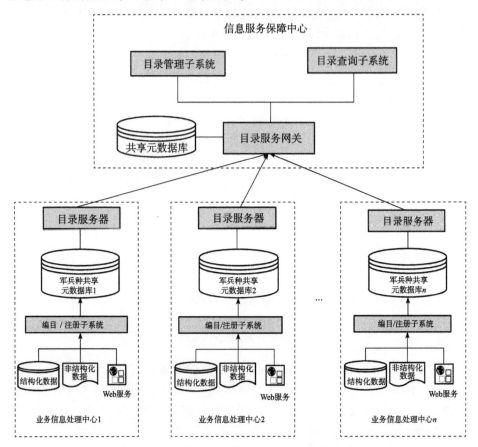

图 10-8　军事信息资源目录服务体系部署结构

2. 目录服务器

目录服务器负责提供对本地元数据的检索和管理。

3. 目录服务网关

目录服务网关是分布式信息资源目录的中枢环节，其主要作用是目录访问代理，通过请求转发和查询结果合并等功能，实现信息资源元数据物理分散、逻辑集中模式的查询。

4. 目录查询子系统

目录服务的查询功能是通过对信息资源和服务资源元数据的查询与获取，实现对元数据描述的信息资源和服务资源的发现与定位。目录查询系统提供人机交互方式的目录内容、信息资源核心元数据的查询检索功能，同时为应用系统提供标准的查询调用接口。目录服务主要提供了四种查询方式，包括单关键词查询、复合条件查询、按信息资源分类信息查询和基于语义的信息查询。

5. 目录管理子系统

目录管理子系统提供对目录结构的管理，包括定义、修改、删除目录类别或节点名称，调整目录子节点，根据需要调整层级，以及目录服务运行管理和监控。

（二）目录服务运行概念模型和工作流程

目录服务运行的概念模型如图 10-9 所示。

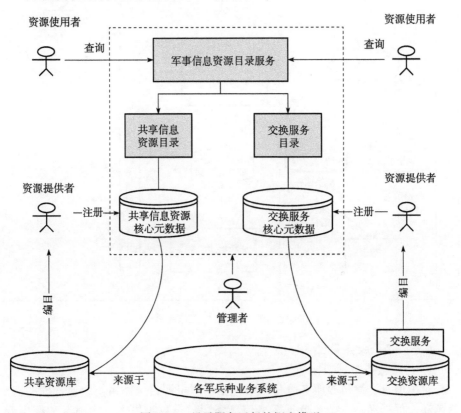

图 10-9　目录服务运行的概念模型

各军兵种指挥所依托各业务系统建立共享资源库或交换资源库，或者将共享和交换的数据封装成为 Web 交换服务，提供者从中分别提取出共享资源和交换服务的特征信息，编目形成共享资源核心元数据，注册到共享资源核心元数据库和交换服务核心元数据库中，分别生成共享资源目录和交换服务目录。使用者通过军事信息资源目录服务对信息资源进行目录查询、定位，如查询到信息资源，通过访问功能实现对所查找的资源数据的访问或服务的调用。具体流程是各军兵种对共享资源元数据和交换服务资源核心元数据编目，并通过元数据注册系统向管理者注册。管理者发布已注册的目录内容。信息资源使用者（以下简称使用者）通过资源目录服务系统向管理者发送目录查询请求，管理者将查询结果分别返回给使用者。目录服务工作流程如图 10-10 所示。

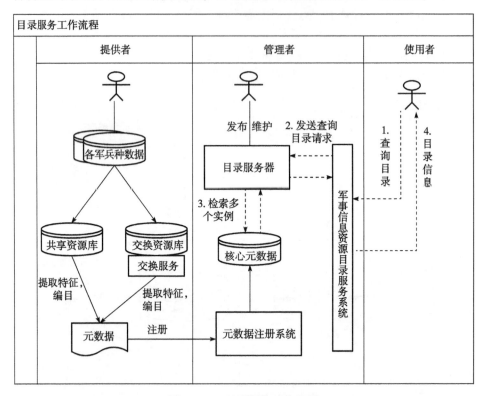

图 10-10　目录服务工作流程

(三) 目录服务管理

1. 目录服务管理架构

军事信息资源目录服务管理架构包括信息资源目录体系使用和管理的三个角色和六项活动。三个角色是军事信息资源目录的提供者、管理者和使用者。六项活动包括规划、编目、注册、发布、维护、查询。①提供者：负责本部门信息资源的编目；向管理者注册目录内容并负责更新；对本部门的信息资源目录内容设置使用权限；负责提供与目录内容相关联的信息资源。②管理者：按照相关管理办法进行资源标识符的分配、管理和使用；负责信息资源目录内容的注册、发布与系统的维护；提供信息资源目录内容的查询服务。③使用者：对获取的目录内容在授权范围内使用。

2. 目录服务体系管理活动

目录服务体系建立有规划、编目、注册、发布、查询、维护和制度建设等活动，如图 10-11 所示。

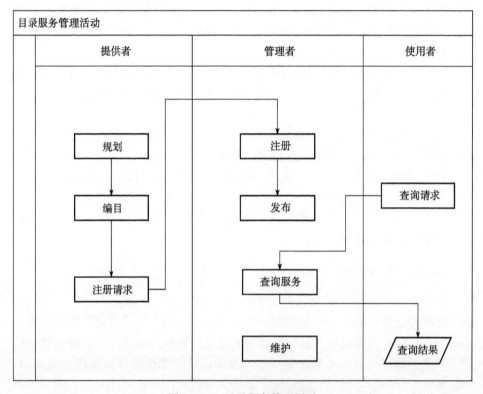

图 10-11　目录服务管理活动

（1）规划。信息服务中心按照其管理范围和职责权限梳理、规划共享资源的内容和目录、交换服务的内容和目录。一是应当制定本部门信息资源目录体系建设计划，结合本部门信息资源特点定义适合本部门的元数据，本部门所用的元数据必须包含所定义的核心元数据，同时可以根据需要在核心元数据基础上进行扩展。二是应当依据信息资源标识符编码方案的要求标识目录中的资源。三是应当依据信息资源分类要求，设计分类方案。各单位应按照主题分类对公共资源和交换资源进行划分，也可以根据应用需要选用其他一种或多种分类（包括行业分类、服务分类和资源形态分类）。

（2）编目。提供者按照规划中设定的元数据对共享信息资源进行目录编辑，并形成目录内容。编辑的目录内容必须包含规定的核心元数据的必选项。按照军事信息资源分类法设置信息资源分类，必须设置主题分类，也可依据应用需要设置其他一种或多种分类。提供者应当对本部门的信息资源目录内容设置使用权限。

（3）注册。提供者向管理者注册目录内容，管理者对注册的目录内容进行审核校验和管理，管理者向提供者反馈错误的目录内容注册信息。提供者提交注册的目录内容应遵循核心元数据标准，并且必须包含核心元数据的必选项。按照相关管理办法使用资源标识符时，赋码应确保一个标识符编码只对应一项唯一不变的军事信息资源。

（4）发布。管理者发布公共资源目录和交换服务目录。面向指挥员和指挥机构的发布的信息资源目录以主题分类为主，面向各级指挥信息系统发布的信息资源可以选用服务分类。

（5）查询。管理者提供信息资源目录内容的查询服务，满足使用者检索信息资源目录内容，并定位信息资源的需求。

（6）维护。管理者保存、备份、恢复与注销信息资源目录内容，目录内容的更新维护由提供者负责，目录系统的更新维护工作由管理者承担。

（7）制度建设。根据军事需求，建立信息资源目录体系建设、运维、服务、安全等方面的管理制度。

二、信息交换体系

信息交换一直是人类社会发展的一项基本需求。从语言、文字到现代有线、无线等通信手段，从一定程度上说，这些发明都是为了满足人们对信息交换的需求。如今，随着计算机、互联网的迅速发展和广泛应用，大量的信息已经不只是存储于印刷品和人脑中，更多的是以数字化形式存储在信息系统中，而这些电子化数据早已远远地超出了单个人脑的记忆与处理能力。相应地，人类对信息交换的需求，进一步扩展到了信息系统之间。

（一）信息交换概念模型

信息交换与共享过程从技术实现的角度来看，参与的主要逻辑实体可以抽象为业务信息、交换信息、交换服务、共享信息库、交换节点。它们之间的关系如图10-12所示。将信息交换过程中信息从源点到目的点经过的所有信息处理单元抽象为交换节点，其中信息的源点和目的点为端交换节点，信息经过的中间点为中心节点。各实体的含义是：①业务信息是由各部门产生和管理的信息资源。②交换信息是端交换节点用于存储参与交换的信息资源。③共享信息库是可以为多个端交换节点提供一致的信息资源的信息集中存储区。任意一个端交换节点可以按照一定的规则，访问共享信息库。④端交换节点是信息资源交换的起点或终点，完成业务信息与交换信息之间的转换操作，并通过交换服务实现信息资源的传送和处理。⑤中心交换节点主要为交换信息提供点到点、点到多点的信息路由、信息可靠传送等功能。在两个端交换节点之间可以有

0 个或若干个中心交换节点。⑥交换服务是交换节点传送和处理信息资源的操作集合，通过不同交换服务的组合支持不同的服务模式。

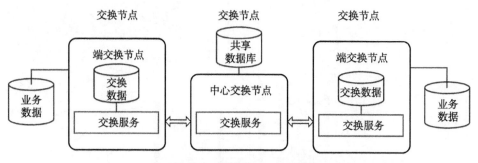

图 10-12　信息交换概念模型

其中，交换节点的功能至少包括信息传送和信息处理两个部分。信息传送功能主要是根据选定的传送协议完成数据的接收或发送功能，信息传送可以通过多种技术实现。信息处理功能完成对消息包的封装或解析功能，并根据需要实现格式转换、信息可靠性保证、信息加密等功能。端交换节点可扩充功能包括交换信息库的访问操作功能、访问其他节点的操作功能、与业务信息资源的可控交换等。中心交换节点可扩充功能包括流程管理、节点监控、提供对共享信息库的访问操作等。

（二）信息交换平台参考架构

由于各业务领域中的应用系统技术体系的异构性、自治性、封闭性和紧耦合的特点，信息交换平台采用面向服务的软件架构，交换模式采用集中式和分布式相结合的模式。集中式是信息提供者将待交换的数据按照信息交换模型定义的格式统一发布共享空间中，信息使用者在共享空间中检索，获取所需数据。分布式是信息提供者将待交换的数据按照信息交换模型定义以 Web Services 的方式发布，并在共享空间中进行注册，信息使用者在共享空间库中查找满足自己需求的服务，然后调用服务。

信息交换平台基于网络化的环境，为所有授权用户提供标准化的服务。在信息交换平台中，所有数据和服务都遵循信息共享标准，所有的信息资源、应用和服务对授权用户是可见、可访问、可理解和可信的，以便实现跨领域信息交换和互操作，主要包括门户服务、核心服务和运维管理服务①，如图 10-13 所示。

① The Program Manager, Information Sharing Environment. Sharing Environment Enterprise Architecture Framework Version 2. 0 ［EB/OL］. （2008 - 10 - 21）［2022 - 10 - 08］. www. ise. gov/sites/default/files/ISE - EAF_v2. 0_20081021_0. pdf.

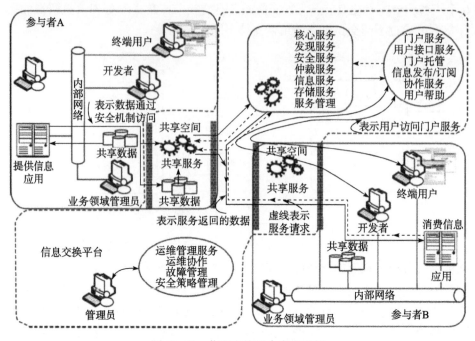

图 10-13　信息交换平台参考架构

1. 门户服务

门户服务为各业务领域用户提供使用信息交换服务的接口，主要包括：①用户接口服务。用户接口服务为用户和应用开发者提供访问信息交换平台功能的用户接口。其主要功能包括服务发现、描述和注册，也就是用户和开发者能通过门户找到需要的服务，应用开发者通过门户对提交的服务进行描述和注册。②门户托管。门户托管为访问特定业务领域门户提供快捷入口，一些用户可以针对某个任务处理需要的信息和功能，在信息交换平台门户中构建一个单独的子门户，便于其他用户可以通过信息交换平台门户一步到达。③信息发布/订阅。信息发布/订阅实现信息提供者发布信息、订阅信息的功能。④用户帮助。提供用户帮助的访问入口，包括常见问题解答、知识库和在线实时技术支持，以及 E-mail 和电话号码等联系方式。⑤协作服务。协作服务为用户提供在线交流和文件共享。支持一对一、一对多、多对多的语音、文本（即时消息/聊天室）、视频、文件共享和白板等交互。

2. 核心服务

核心服务是信息交换平台的基本软件架构，为开发人员提供开发工具集，可以大大简化应用开发人员开发业务处理应用程序的难度。核心服务主要包括发现服务、安全服务、仲裁服务、消息服务、服务管理和存储服务。

（1）发现服务。发现服务允许用户通过信息交换平台门户检索和定位服务与数据。信息交换平台的参与者在数据和服务元数据注册库发布数据和服务元数据，以便所有的用户能找到和理解发布到信息共享环境中的数据和服务。其主要功能如表10-1所示。

表10-1 发现服务功能

功能	说明
元数据发现	该服务提供发现和管理各种元数据产品的功能。可以根据一个或多个术语进行分类、用户可以根据复合条件（关键词、日期、时间、提交者）进行数据检索，并按照一定顺序获取或浏览数据，还可以得到数据变更通知
人员发现	该服务根据属性检索人员和人员属性信息。每个用户可以基于角色、权限或其他属性发现其他人员
服务发现	服务提供者发布、注册服务，服务使用者在服务注册库检索，并调用服务
内容发现	该服务可以根据用户输入的检索条件检索交换库中的信息资源

（2）安全服务。安全服务通过验证、授权和访问控制等安全手段，为信息交换平台的参与者（已知/不可见用户）安全访问数据和服务提供安全保障机制。为了确保服务的使用者和提供者安全交互，安全服务采用标准化的、平台无关的、技术中立的和供应商无关的方式进行定义，其主要功能如表10-2所示。

表10-2 安全服务功能

功能	说明
策略决策服务	依据安全断言标记语言SAML协议，接受授权查询，返回授权决策断言
策略获取服务	采用扩展访问控制标记语言XACML格式发布安全策略，为服务提供者提供服务使用者对资源的访问策略
策略管理服务	管理应用程序利用安全服务增加、修改、删除策略
证书验证服务	对证书的合法性进行验证
主属性服务	该服务提供查询和获取用户访问控制属性接口
公钥基础设施	PKI是通过使用公开密钥技术和数字证书来确保系统信息安全并负责验证数字证书持有者身份的一种体系。PKI通过第三方的可信机构—认证中心，把用户的公钥和用户的其他标识信息（如名称、E-mail、身份证号等）捆绑在一起，为程序和应用提供用户验证和授权、加密、数字证书服务，保证数据的完整性、保密性、不可抵赖性

（3）仲裁服务。在信息共享环境中，数据和服务以各种格式与协议存在。仲裁服务为拥有不同系统的信息提供者和使用者之间交换信息建立桥接器，其

主要功能如表 10-3 所示。

表 10-3　仲裁服务功能

功能	说明
协议适配	信息交换平台能接入其他协议或技术的服务，并进行互操作
数据转换	将数据由一种格式转换为另一种格式

（4）消息服务。消息服务提供同步或异步的消息传输方式，通过发布/订阅、点对点、队列多种消息代理方式实现应用和用户之间消息的可靠传输，一般采用消息中间件实现，其主要功能如表 10-4 所示。

表 10-4　消息服务功能

功能	说明
通知服务	该服务提供应用接口和基础架构，使用户具备通知的发布、订阅和获取能力。当预先定义事件发生时被触发
基于主题的通知	提供应用接口和基础架构，使用户具备基于主题通知的发布、订阅和获取能力。当用户或系统向主要频道提交一个新的消息时触发
M-M 消息	该服务提供应用接口和基础架构，提供机器对机器的消息传输。信息交换平台的服务/应用可以依据主题或队列订阅消息，也可以发布或得到消息

（5）服务管理。服务管理是系统和应用对服务质量（QoS）进行管理、评估、报告和改进的一种持续过程。随着部署服务数量的增多，有效的服务管理是关键。通过服务监控，服务提供者和服务管理者收集与分析服务性能和 QoS 数据等关键参数，确保服务运行处于最佳状态，其主要功能如表 10-5 所示。

表 10-5　服务管理功能

功能	说明
监控关键组件的 QoS	生成关于服务健康状态的报告，并通知服务提供者
监控服务水平协议（SLA）	通过监控服务水平，帮助服务提供者实现服务承诺，当服务水平接近阈值时，通知服务提供者
提供异常检测和处理	定义异常条件，在实时状态下能检测异常并发出异常通知，能自动采取正确的行动处置异常
监控服务性能	捕获服务吞吐量和服务使用者信息等数据，帮助评估服务是否有用，是否有必要继续支持
提供服务的分布式管理	提供 IT 设施管理者和服务提供者远程配置、管理和跟踪分布式的服务

（6）存储服务。存储服务提供交换信息的备份、镜像服务，防止由于操

作失误、系统故障等意外原因导致交换信息的丢失。

3. 运维管理服务

运维管理服务通过管理服务门户，提供管理和监管信息交换平台的入口，包括运维协作、故障管理和安全策略管理。①运维协作允许信息交换平台支持人员在线实时或异步共享和讨论信息共享空间管理问题，并提供白板和应用共享协作功能。②故障管理是管理者或自动化的处理流程，能报告、订阅信息交换平台服务的故障和恢复状态信息，允许用户和流程选择替代服务，使之进入正常状态。③安全策略管理是管理者能制定、存储、分发、获取验证和授权策略信息。

（三）信息交换服务管理

1. 信息交换体系管理架构

交换体系管理架构包括交换体系管理的三个角色和六项活动。三个角色是提供者、管理者、使用者。六项活动包括规划、部署、运行、维护、服务、安全，如图 10-14 所示。

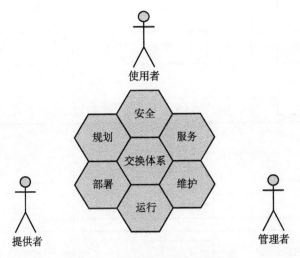

图 10-14　信息交换体系管理架构

（1）提供者。主要负责部门信息资源交换内容与系统的规划、部署、运行、维护和使用授权。其具体职责包括：对本部门用于交换的信息资源进行组织与分类，并负责内容更新；对用于信息资源交换的部门业务应用系统及部门端交换节点进行部署与运行维护；与使用者、管理者协商确定交换内容、交换模式、更新周期；负责集中交换模式中共享信息库共享信息内容的提供与更新；对本部门的信息资源交换内容设置使用授权。

（2）管理者。主要负责信息资源中心交换节点和共享信息库的部署、运行、维护、服务、安全，具体包括负责信息资源中心交换节点和共享信息库的部署与运行管理；应用系统接入信息中心交换节点时，管理者提出部署要求；负责集中交换模式中共享信息库的运行维护。

（3）使用者。主要是部门交换信息与服务系统的使用、维护，具体包括根据需要提出信息资源共享交换请求；与提供者、管理者协商确定交换内容、交换模式、更新周期；对用于信息资源交换的部门业务应用系统及部门端交换节点进行部署与运行维护；对于交换与共享获得的信息内容在授权范围内使用。

2. 信息交换管理主要活动

图 10-15 描述了信息资源交换体系管理活动与相关角色职责。

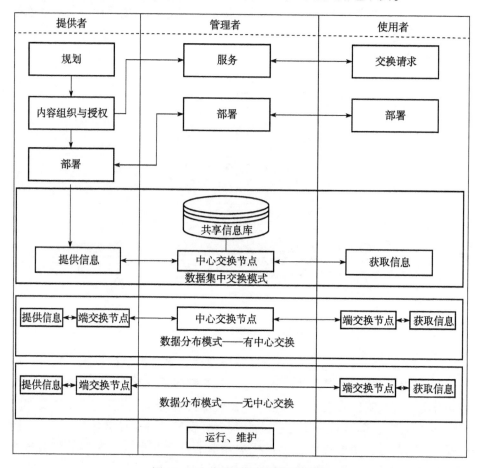

图 10-15　信息交换体系管理活动

238

（1）规划。编制信息资源交换体系建设的总体规划，在业务流程梳理基础上规划跨部门、跨地域的数据交换内容、范围、模式和实施步骤。

（2）部署。提供者对用于交换与共享的信息资源进行组织、分类。提供者依法对用于交换与共享的信息资源内容设置使用授权，分为依法专用、公开和授权共享三种级别。提供者和使用者分别对进行交换的部门应用系统和端交换节点按技术规范与接入要求进行部署。管理者负责共享数据库和中心交换节点的部署。

（3）运行。提供者根据部门业务的需要确定交换内容与范围，并对交换到部门内的信息要进行使用授权管理。对于集中交换模式，提供者负责共享库内容的更新，并及时将本部门的共享信息存入共享库中；使用者通过中心交换节点实现对共享信息库的查询与获取服务；管理者负责共享库及中心交换节点的运行。对于分布式交换模式，提供者可根据确定的交换方式通过端交换节点与使用者进行信息交换，信息交换可通过中心交换节点，也可直接交换；管理者只负责通过中心交换节点的运行管理。对于混合交换模式，分别参考上述相关要求进行部署与运行。

（4）维护。提供者负责所提供交换信息资源内容的使用、存储、备份、更新和注销等管理；管理者负责共享信息的使用、存储、备份、更新和注销等管理；在交换域内建立交换管理系统，监控和管理各交换节点的运行状态。

（5）服务。管理者负责建立求助响应、帮助、变更、培训、统计分析、技术咨询与监督管理等服务工作机制。

（6）安全。提供者向管理者提出要求，经管理者审核，建立相应的安全域，安全域的变更由管理者负责实施，但管理者无权擅自对安全域进行变更。信息交换各方要遵循军队有关信息资源安全的法律、法规、规章和有关技术标准，建立信息交换各方参加信息安全组织领导机构和工作机制。

（7）制度建设。根据军队信息化建设的特点，建立信息资源交换体系建设、运行维护、服务、安全等管理制度。

第三节　军事信息共享关键技术

以计算机和通信技术为核心的现代信息技术的迅猛发展，为实现军事信息共享提供了可靠的物质基础。计算机网络技术呈现宽带化、移动化、IP 化和融合化发展趋势，为军事信息共享提供了高性能、高可用性、可扩展性、高安全性的信息传输基础设施；数据库、数据仓库等数据库管理技术，可以支持海量数据存储，支持复杂的、大数据量的突发查询，具有对复杂查询进行优化处理能力和强大的并行处理能力，并提供了强大的军事信息管理能力；企业服务总线、XML 技术标准为主的面向服务架构（Service Oriented Architecture, SOA），为跨地域、跨平台的不同应用系统、不同数据库之间的互联互通、数据集成与同步，提供了松耦合、扩展性良好的软件架构。

一、分布式目录服务技术

目录服务技术主要包括元数据技术、数据信息资源分类与编码标准化、分布式目录服务等技术。①元数据是对数据信息资源结构化的描述，描述数据信息资源本身的特征和属性，包括数据的内容、用途、格式、质量、处理方法和获取方法等各方面的细节，具有定位、发现、评估、选择等功能，是连接数据的生产者、使用者和管理者之间的纽带，实现数据在三者之间的流通。元数据标准及有关元数据采集、编辑、管理、发布、互操作等在内的元数据技术，是当前对广域分布的、异构的数据信息资源进行整合与共享服务的有效手段。②数据分类与编码标准化是把各种数据按照科学的原则进行分类和编码，以标准的形式发布，作为共同遵守的准则和依据，可以最大限度地消除对数据命名、描述、分类和编码不一致造成的混乱、误解等现象，为数据集成与共享提供良好的基础。③分布式目录服务是用专门的数据库，以树状结构分层存储资源信息，为用户提供统一的资源目录逻辑视图，允许用户和应用程序透明地访问分布在网络上的各种资源。它具有查询速度快、存储结构灵活、数据复制简单、扩展方便等特点，其体系结构不依赖于任何特定操作系统平台和硬件平台，为联合作战资源和服务元数据分布式存储、管理提供了有力的技术手段，通过目录服务帮助用户或应用发现分布式存储的各种数据信息资源，实现数据信息资源"分布式存储、逻辑集中"式的管理。

目录服务体系与目录服务技术之间的关系如图 10-16 所示。

目录服务用专门的数据库以树状结构分层存储资源信息，为用户提供统一的资源目录逻辑视图，允许用户和应用程序透明地访问网络上的各种资源。它具有查询速度快、存储结构灵活、数据复制简单、扩展方便等特点，其体系结构不依赖于任何特定的操作系统平台和硬件平台，广泛应用于信息安全、科学计算、网络资源管理、电子政务资源管理等领域。目前，主要的目录服务标准有 X. 500、LDAP 等。

1. X. 500 协议

X. 500 协议是由国际标准化组织（International Standard Organization, ISO）和原国际电话与电报咨询委员会（International Telephone and Telegraph Consultative Committee, CCITT）制定的分布式目录服务标准，运行在 OSI 协议栈中的

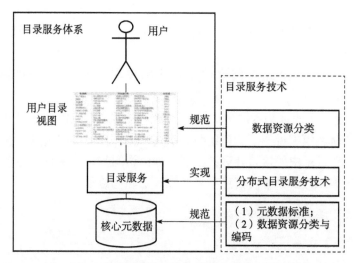

图 10-16 目录服务体系与目录服务技术之间的关系

应用层。X.500 定义了一个功能十分完善的目录服务，包括目录信息模型、命名空间、功能模型和安全模型。X.500 将本地信息保存在一个目录系统代理（Directory System Agent，DSA）中，所有的 DSA 按一定的规则组织起来，形成了一个全球的分布式目录系统，各 DSA 通过目录服务协议（Directory Services Protocol，DSP）的协调，向用户提供目录服务。

X.500 协议是国际标准的目录服务协议，但由于 X.500 运行在 OSI 协议栈上，协议的具体实现需要较多资源，使得在早期资源配置较低的计算机上很难实际运行。因此，因特网工程工作组（Internet Engineering Task Force，IETF）制定了 LDAP，简化 X.500 目录的复杂度以降低开发成本，同时适应 Internet 的需要。LDAP 已经成为目录服务的事实标准，它比 X.500 中的 DAP 协议更为简单实用，而且可以根据需要定制，因而实际应用也更为广泛。

2. LDAP 协议

由 X.500 目录服务协议延伸发展而来的 LDAP 继承了 X.500 的 90%左右的功能，同时兼容所有使用 X.500 协议建立的服务端数据库，避免了重复开发的浪费；在运行开销上却只是 X.500 的 10%。正是由于 LDAP 具有巨大的优越性，它从一开始仅仅是作为 X.500 客户层的另一种实现方式，现在许多应用中已完全替代了 X.500 协议，成为一个完整实用的应用开发协议。

LDAP 在以下四个方面对 X.500 进行了简化：

（1）传输：LDAP 直接运行在 TCP 上，避免了 OSI 多层通信的高层开销。

（2）功能：LDAP 简化了 X.500 的功能，抛弃了较少用到的功能和冗余的操作。

（3）数据表示：X.500 的数据表示结构复杂，LDAP 采用简单的字符串对数据进行表示。

（4）编码：LDAP 用于网络传输的编码规则比 X.500 的编码规则更加简单。

LDAP 定义了四种基本模型：①信息模型说明了 LDAP 目录中可以存储哪些信息；②命名模型说明了如何组织和引用 LDAP 目录中的信息；③功能模型说明了 LDAP 目录中的信息处理，特别是如何访问和更新信息；④安全模型说明如何保护 LDAP 目录中的信息不受非授权访问和修改。

二、面向服务体系架构技术

（一）面向服务体系架构概述

面向服务体系架构（Service Oriented Architecture，SOA）是一种异种系统间共享信息的软件设计方式。与传统架构相比，SOA 规定了资源间更为灵活的松散耦合关系，利用开放标准的支持，采用服务作为应用集成的基本手段，不仅可以实现资源的重复使用和整合，而且能够跨越各种硬件平台和软件平台，实现不同信息资源和应用的互联互通。军事信息资源均可视为服务，覆盖军队信息化建设中的各个层面，包括需要共享的信息资源服务、能独立完成某项功能的基本业务服务、跨部门的协同业务服务以及面向指挥员和指挥机关的指挥决策服务。在 SOA 架构中，各类应用均通过服务包装方式，将资源转变为可复用的信息资产，然后将这些服务按照业务要求，部署、运行在统一的架构中，并支持向其他应用系统或其他成员提供服务。

SOA 作为一种新的应用架构模型，它以服务驱动为核心理念，按需连接系统资源，通过将原有应用中的零散功能整理包装为具有互操作性的标准服务，实现服务的快速组合和重用，保证应用敏捷性与扩展性，满足业务发展需要。SOA 是由不同技术、模式和实践组成的结合体，其特征远远超过某一特定技术，主要体现在松耦合、粗粒度服务和标准化的接口三个方面。

1. 松耦合

松耦合是软件设计中一个重要概念，SOA 是"松散耦合"组件服务，这一点区别于大多数其他的组件架构。松散耦合旨在将服务使用者和服务提供者在服务实现和客户如何使用服务方面隔离开来。服务提供者和服务使用者间松散耦合背后的关键点是服务接口作为与服务实现分离的实体而存在。这使服务实现能够在完全不影响服务使用者的情况下进行修改。大多数松散耦合方法都依靠基于服务接口的消息，并能够兼容多种传输方式（如 HTTP、JMS、

TCP/IP、MOM 等）。在 SOA 中松耦合包括以下几个方面：

（1）接口松耦合。接口耦合是指服务请求者与服务提供者之间的耦合，度量的是请求者与服务提供者的依赖性。接口松耦合强调服务请求者仅需要根据已发布的服务契约和服务水平协议（或称为服务等级协议）就可以请求一个服务，任何时候服务请求者都不需要了解服务提供者对内部实现的信息，即服务接口封装了所有的实现细节，使服务请求者看不到这些实现细节。

（2）技术松耦合。技术耦合度量的是服务对特定技术，产品或开发环境的依赖程度。技术松耦合强调服务请求者与服务提供者的实现和运行不需要依赖于特定的某种技术，或者某个厂家的解决方案或产品，从而减少对某个厂商的依赖。在 SOA 系统中服务请求者和服务提供者可以使用不同技术实现，可以在不同厂商的环境中运行。

（3）流程松耦合。流程松耦合度量的是服务与特定业务流程的依赖程度。强调服务不应与具体的业务流程相关，以便能够被重用于多种不同的业务流程与应用。这一点强调的是服务的可重用性，在 SOA 系统中对业务服务的合理规划，使得一个业务服务可以在多个业务流程中得到复用，并且随着业务要求的改变，一个服务可以在变化后的新的业务流程中能够得到继续使用。

2. 粗粒度服务

服务粒度指的是服务所公开功能的范围，一般分为细粒度服务和粗粒度服务。其中，细粒度服务是那些能够提供少量业务流程可用性的服务。粗粒度服务是那些能够提供高层业务逻辑的可用性服务。选择正确的抽象级别是 SOA 建模的一个关键问题。设计中应该在不损失或损害相关性、一致性和完整性的情况下，尽可能地进行粗粒度建模。通过一组有效设计和组合的粗粒度服务，业务专家能够有效地组合出新的业务流程和应用程序。一个关于粗粒度服务的争论是粗粒度服务比细粒度服务的重用性差，因为粗粒度服务倾向于解决专门的业务问题，出现了通用性差、重用性设计困难。解决该问题的方法就是允许采用不同的粗粒度等级来创建服务。这种服务分级包含粒度较细、重用性较高的服务，也包含粒度较粗、重用性较差的服务。细粒度服务一般是为粗粒度服务所使用，粗粒度服务可以灵活组合稳定性强、重用性高的细粒度服务，而快速形成新的业务逻辑。

3. 标准化的接口

SOA 通过服务接口的标准化描述，使得该服务可以提供给任何异构平台和任何用户接口使用。这一描述囊括了与服务交互需要的全部细节，包括消息格式、传输协议和位置。该接口隐藏了实现服务的细节，允许独立于实现服务基于的硬件或软件平台和编写服务所用的编程语言使用服务。

（二）Web Services 技术

Web 服务技术是一个分布式计算模型，它的本质是用一种标准化方式实现不同服务系统之间的互调或集成。Web 服务具体特点包括：

（1）服务是自包含的。一个服务包含了理解其自身所需的信息，其他服务在调用该服务时不需要额外的信息，就可以理解和使用该服务。

（2）服务是自描述的。客户机与服务器都不用知道或关心请求和响应消息的格式与内容之外的任何事，消息格式的定义可以与消息一起传递，不需要外部元数据库或代码生成工具，开发者可以跨因特网发布、定位和调用服务。

（3）服务具有完好的封装性。一个数据服务就是一个可重用的组件，通过封装隐藏服务的具体实现细节，而服务的 API 保持不变。服务的使用者仅能看到该服务提供的功能列表，通过调用功能列表中提供的功能来使用服务。

（4）服务是可重用和可组合的。多个简单的服务可组成新的复杂的服务，使用工作流技术或通过服务实现调用下层服务，可把简单服务聚集为更复杂的服务，从而降低开发难度和成本。为实现可重用性，服务只工作在特定过程的上下文中，独立于底层实现和用户需求的变更。

（5）服务是可互操作的。客户机和服务器可在不同的平台与语言环境中实现，任何的数据服务之间使用既定的通信协议进行同步或异步交互。由于有了 SOAP 这个统一的标准协议，避免了在 CORBA、DCOM 和其他协议之间转换的麻烦。由于可以使用任何语言来编写服务，开发者无须更改其开发环境，就可生产和使用服务。

（6）服务是开放的和基于标准的。作为服务，其所有公共的协议需要使用开放的标准协议进行描述、传输和交换。这些标准协议使用简单、易理解、完全开放，以便由任意方进行实现。一般而言，绝大多数规范将最终由 W3C 或 OASIS 作为最终版本的发布方和维护方。

（7）服务是松散耦合的。服务的使用者不必知道服务实现的具体技术细节（比如设计语言、部署平台、实现方式等），通过消息调用操作、请求消息和响应，而不是通过 API 和文件格式。当一个数据服务的实现发生变更时，使用者是不会感到这一点的，对于使用者来说，只要服务的调用界面不变，服务的实现任何变更对他们来说都是透明的，甚至是当服务的实现平台发生改变，用户都可以对此一无所知。同时，服务需要的依赖级别较简单，它允许对服务集成进行灵活的重新配置。

面向服务的体系结构中包括三种基本角色和三种基本操作，这三种角色分别是服务提供者、服务请求者、服务注册中心，三种角色之间通过发布/撤除发布、查找和绑定三种动作实现交互，如图 10-17 所示。

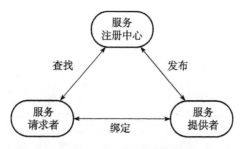

图 10-17　Web 服务体系结构

服务体系结构中共有三种角色：

（1）服务提供者。服务提供者就是服务的所有者，也是提供服务的平台，它主要为其他服务和用户提供自己已有的功能。服务提供者可以发布自己的服务，并对使用自身服务的请求进行响应。

（2）服务请求者。服务请求者就是服务功能的使用者，它利用 SOAP 消息寻找并调用服务，或者启动与服务交互的应用程序，服务请求者角色可以由浏览器来担当，由人或无用户界面的程序来控制它。服务请求者利用服务注册中心查找所需的服务，然后请求使用该服务。

（3）服务注册中心。服务注册中心的作用是把一个服务请求者与合适的服务提供者联系在一起，充当管理者或代理的角色，通常称为服务代理，用于注册已经发布的服务并对其进行分类管理，提供搜索服务。在静态绑定开发或动态绑定执行期间，服务请求者查找服务并获得服务的绑定信息（在服务描述中）。服务注册中心一般是可搜索的服务描述注册中心（如 UDDI），服务提供者在此发布他们的服务描述，服务请求者查找服务并获得服务的绑定信息。对于静态绑定的服务请求者，服务注册中心是体系结构中的可选角色，因为服务提供者可以把描述直接发送给服务请求者。同样，服务请求者可以从服务注册中心以外的其他来源得到服务描述，如本地文件、FTP 站点、Web 站点、广告等。

（三）企业服务总线

1. ESB 组成

企业服务总线（Enterprise Service Bus，ESB）是传统消息中间件技术与 Web Service、XML 技术的结合，它可以在一个异构的环境中实现信息稳定、可靠的传输，屏蔽了用户实际中的硬件层、操作系统层、网络层等相对复杂、烦琐的接口，为用户提供一个统一、标准的信息通道，保证用户的逻辑应用和这些底层平台无关，从而实现不同操作系统，不同数据库、运行平台和基于这些平台之上开发的应用软件的数据交换、数据共享与应用集成。不同厂家实现的 ESB，其组成可能不同，但基本的构成都包括服务组件、适配器组件和通信组件，如图 10-18 所示。

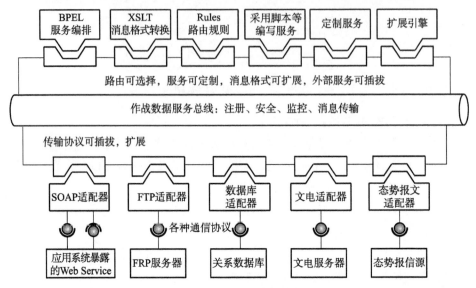

图 10-18　企业服务总线

服务组件主要实现服务编排、消息转换服务、消息路由、功能扩展等功能，具体包括：①服务编排组件，可以将多个不同功能的 Web 服务编排成一个具有新的业务功能服务；②XSLT 消息转换服务，支持使用 XSLT 将输入 XML 格式的消息转变成目标 XML 格式。③规则引擎能够实现基于规则库的消息路由和智能化的服务调用；④引擎开发 API，为开发者提供二次开发服务，扩展总线功能。

适配器组件主要实现各种协议的接入，包括：①通过 SOAP 适配器，能够连接 Web Service 端点；②通过 EMAIL 适配器，可以连接 POP3（SMTP）电子邮件服务器，监听收到的电子邮件并自动处理；③通过 FTP 适配器，可以连接 FTP 服务器，监听收到的文件并自动处理；④通过 JDBC 适配器，可以连接各种数据库；⑤传输组件 API 提供接入遗留系统的二次开发能力。

通信组件主要实现基于消息中间件的信息传输。

2. ESB 的核心功能

ESB 提供多种通信协议的接入、不同通信协议之间的转换、不同数据格式的加工和处理、基于数据内容的智能路由。其核心功能有：

（1）服务适配。服务适配负责把客户端的请求消息转换成满足服务要求的内容，并调用服务，同时把服务的返回内容转换成满足客户端要求的格式。服务总线支持动态消息的格式转换，包括 XML 与 XML、XML 与非 XML、非 XML 与非 XML 之间任意的数据格式转换，支持 XQuery、XSLT、XPath 等转换标准。服务总线内置对 HTTP/HTTPS、SOAP、JMS、JMS/XA、MQ、File、FTP、E-mail（POP/SMTP）等的支持，并扩充了 EJB/RMI 和 POJO Callout，分别可以调用内部或外部的 EJB 和 POJO 对象。服务总线还能满足客户采用特殊传输协议的要求，通过提供协议开发包，可根据实际需求开发专有的传输协议支持。

（2）服务交换代理。代理服务是平台企业服务总线架构的一个核心概念。平台的服务使用者经由这个接口与已经注册的、后端业务系统的服务连接。代理服务是"服务总线"在本地实现的中介 Web 服务的定义。使用平台的企业服务总线控制台，可按照网络服务描述语言 WSDL 和使用的传输类型定义接口，配置代理服务；并在服务流定义和配置策略中指定服务处理逻辑。由于代理服务可将服务路由给数据中心的多个业务服务，故可以独立于与代理通信的后端业务服务，配置代理服务的接口。在这种情况下，代理将被配置为服务流定义，它根据路由逻辑，将服务路由给相应的业务服务，然后将消息数据映射为业务服务接口需要的格式。代理服务的核心是"上下文"，上下文是一组 XML 变量，由请求流和响应流共享。可将新变量动态地添加到上下文，也可从上下文删除变量。预定义上下文变量包含有关消息、传输头、安全原理的信息，当前代理服务的元数据，以及代理服务调用的主要路由服务和发布服务的元数据。上下文可由 XQuery 表达式读取和更改，并通过转换和适当更新操作进行更新。

（3）数据转换。数据转换用于在企业服务总线实现源服务与目的地服务间存在不同的数据类型，以及需要数据映射以便转换数据的情况。平台的企业服务总线支持使用 XQuery 的数据映射以及"可扩展样式表转换语言"（XSLT）标准。XSLT 图描绘了 XML 与 XML 的映射，而 XQuery 图可以描绘"XML 与 XML""XML 与非 XML""非 XML 与 XML"的映射。这些转换可由平台应用开发人员创建并导入平台的企业服务总线，也可以利用控制台本身的 XQuery 编写转换的脚本。同时还有两种转换消息上下文的方法，以方便在企业服务总线上对不同类型间的数据操作。第一种使用 XQuery 或 XSLT 重新格式化消息，这种方法最常用。第二种操纵消息的内容，以便添加、删除或只替换某些元素。

（4）动态路由。在请求的某些元素可能造成多目的地服务的情况下，平台的企业服务总线能根据消息内容执行动态路由。当"业务需求"控制请求的某些条件，定义处理请求的位置时，动态路由就有用。动态路由通过条件转移语句（或服务调用）分析消息，从而检索某个数据元素或多个数据元素的数值。不同的业务服务目的地被赋予这个条件检查的不同数值组合，允许将消息动态发送到多项业务服务。根据业务服务需求，转换可用于一个或多个此类目的地。平台的企业服务总线能创建通用代理服务，可接收任何 SOAP 或 XML消息。这些通用服务类型可以提供基于内容的动态路由。代理服务经过配置可分析它接收的 SOAP 或 XML 消息，然后决定将消息发到哪里。此类路由的一个优势是"动态协议切换"。例如，如果存在多个端点，但有些采用 HTTP 而其他使用 JMS 协议，就在运行时决定采用哪个协议。这隐藏了服务使用者面临的协议细节的复杂性。事实上，服务使用者可以向平台的企业服务总线发送一条 HTTP 请求，而不必了解该消息通过 JMS 还是其他协议最终发送到服务端点。

第十一章
军事信息检索技术

伴随着军队信息化建设浪潮，军事信息呈几何式快速增长，其规模庞大、纷繁复杂，为满足用户快速、高效获取信息的需求，必须采取有效手段从这些海量数据中进行信息检索（Information Retrieval）。信息检索有广义和狭义之分。广义的信息检索是指将信息按一定的方式组织和存储起来，然后根据用户需求查找出特定信息的技术，所以全称是信息存储与检索（Information Storage and Retrieval）。狭义的信息检索仅指用户查找特定信息这部分，即按照用户的检索需求，利用已有的检索工具或数据库，从中找出特定信息的过程。本章将讨论狭义的信息检索。

第一节　军事信息检索概述

用户对检索系统提出查询请求，检索系统将用户的请求转换为可用于比较的"查询表示"。同时，检索系统将"查询表示"同"文档表示"（从文档集合中按一定规则整理的文档）进行对比匹配。匹配结束后，输出一组与用户查询需求相关的文档信息。如果用户对输出的结果不满意，可以调整查询请求再次检索，如此反复进行，直到用户终止[①]。图 11-1 所示为信息检索原理示意图。

从信息检索原理可以看出，信息检索系统由三个主要的功能模块组成，即查询表示模块、文档表示模块和匹配模块。查询表示模块用于将用户的查询请求转换为检索系统可以识别的符合一定规范的查询语句。文档表示模块将相关文档集合，并提取文档中的关键字等信息，以便用户查询时进行匹配。匹配模

---

① 戴剑伟，吴照林，朱明东，等 . 数据工程理论与技术 ［M］. 北京：国防工业出版社，2010：238-240.

块利用查询语句，在文档表示中通过相关的对比匹配算法，找出相关度达到一定阈值的文档信息，进行组织输出。信息检索的主要方法有：①全文检索：以文本数据为主要处理对象，根据信息资料的内容而不是外在特征来实现的信息检索手段。②字段检索：把检索对象按一定标准在不同字段中进行著录，并把不同字段作为检索依据。③基于内容的多媒体检索：按检索内容可分为图像检索、视频检索和声音检索等。④数据挖掘：从大量的、不完全的、模糊的、随机的数据中，提取隐含在其中的潜在有用的信息和知识。

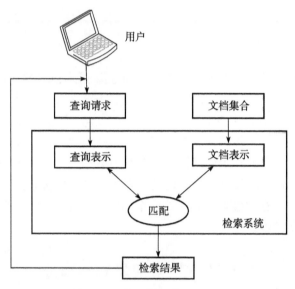

图 11-1　信息检索原理示意图

一、军事信息检索的特点及要求

军事信息是与联合作战、军事训练、军队日常管理等军事活动具有直接或间接关系的各类数据信息资源的集合。这些信息主要源自军队、政府和开源媒体。源自军队建设的数据是军事活动的核心数据，直接关联作战指挥和作战行动；源自政府的数据主要体现在国家统治和社会治理方面，是军事活动的重要支撑，是进行军事活动决策的依托；源自媒体的数据是军事活动不可或缺的补充，是进行军事活动决策的重要参考。这些来自不同源头的数据信息包括结构化、半结构化和非结构化的多种数据形态，涉及我情、敌情和战场环境，因此，对这些军事数据信息的检索，具有非常鲜明的特点，提出了很高的要求。

（一）军事信息检索特点

1. 数据量大

目前，全球已经存在的网页数据以千亿级为单位进行计量，并且每年以百亿级增长。对海量的数据进行查询，为用户及时提供查询结果，已经成为互联网搜索引擎技术必须面对的主要难题。

2. 分布范围广

军事信息不但有采用超文本、超媒体格式的 Web 网页，也有指向其他文档的链接。这些文档分布在全球各地的不同站点上，要进行检索，必须考虑信息的分布特点，将分散于各处的信息收集起来。

3. 非结构化

互联网上的数据是以文字、图像、图形、声音、视频等多种形式表现出来的。Web 页面构架通常是非结构化的，页面中包含的多媒体数据更是复杂的非结构化数据，对这样的数据要进行检索，必须进行预处理。

4. 动态性

互联网具有其他任何系统所不具备的开放性，人们可以随时随地对网上的信息进行加载、修改和删除，这将导致网络上的信息始终处于高度的动态变化中。因此，已经建立的索引信息，必须保证动态更新。

5. 非规范性

互联网的开放性不但导致了网络信息的高度动态性，而且让网络信息的质量无法保证。因为任何人、任何机构都可以将任何信息放到网上与人共享，这就必然导致搜索引擎会收集到低质量或者错误信息。

（二）军事信息检索要求

由军事信息检索的特点可见，军事信息检索必须满足以下要求，才能满足用户高质量、高响应检索的需求。

1. 智能

智能包括两方面：一是对搜索请求的理解，二是对页面内容的分析。对搜索请求的理解方面，必须为用户提供良好的界面和检索工具，帮助用户对需求进行精确的描述。在对页面内容的分析方面，互联网搜索引擎的信息索引必须同时基于字和词，才能有效地结合两者的优点，较好地避免单纯基于字或词进行语言分析时所带来的种种问题。

2. 准确

搜索引擎采用基于军事信息内容分析和基于链接分析相结合的方法，进行相关度评价，客观地对军事信息进行排序，从而最大限度地保证搜索出的结果与用户的查询需求相一致。

3. 迅速

搜索引擎需要运用多线程技术、云技术等，提高运算效率，缩短对用户请求的响应时间。

4. 性能

搜索引擎可采用分布式体系结构来完成搜索任务，多台机器分布协作，并行地完成搜索、分析、索引、检索等服务。当搜索任务量增大时，只需要增加服务器的数量，就可有效地满足需求。

5. 灵活

搜索引擎在搜索调度、相关性评价、内容过滤等方面需提供配置手段，使系统具有较好的灵活性和适应性。

二、搜索引擎的组成

搜索引擎的主要工作过程是：用户通过浏览器提交查询词或短语，搜索引擎以一定的策略在互联网上搜索和发现信息，在对信息进行处理和组织后，在响应时间内输出用户可以接受的并与用户查询匹配的网页信息列表[①]。搜索引擎的种类很多，结构各异，但大致可以分为三个功能模块：信息搜索子系统、索引子系统和检索子系统，如图 11-2 所示。

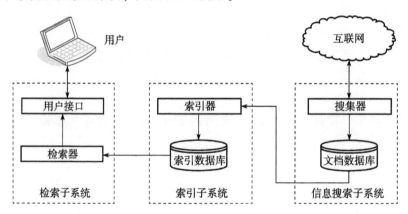

图 11-2　互联网搜索引擎基本体系架构

（一）信息搜索子系统

信息搜索子系统包括搜集器和文档数据库。搜集器主要负责从互联网上抓取各种格式的信息，并对抓取的信息进行分析处理，提取它们的关键词、摘要和 URL 链接，以及网页的元数据信息（作者、建立时间、文档长度等），最终

---

① 罗刚.搜索引擎技术与发展 [M].北京：电子工业出版社，2020：25-32.

将这些内容保存到文档数据库中。文档数据库负责存储搜集器获取的信息，由于互联网信息的动态性，文档数据库内容应当按照一定时间间隔进行更新。

（二）索引子系统

索引子系统包括索引器和索引数据库。索引器负责对文档数据库中的内容进行分析，然后根据所使用的 Web 信息检索模型，将文档表示为一种便于检索的形式并存储在索引数据库中以提高系统的检索效率。

（三）检索子系统

检索子系统包括检索器和用户接口。检索器对用户的查询请求进行分析，在索引数据库中快速查找匹配的文档，计算各个文档与查询请求的相关度，将相关度大于阈值的文档按照相关度递减的顺序输出给用户。用户接口为用户提供可视化的查询输入和结果输出界面，主要目的有两个：一是方便用户使用搜索引擎，高效率、多方式地得到有效、及时的信息，如提供布尔逻辑检索（AND、OR、NOT）、临近检索等；二是记录用户的使用习惯，为用户提供个性化服务。

三、搜索引擎基本工作流程

当前成熟的互联网搜索引擎包括谷歌（Google）、雅虎（Yahoo）、百度（Baidu）等，根据采用的体系结构、算法的不同，具体实现方式也有区别，但从整体来看，仍然遵循典型的搜索引擎工作流程，如图 11-3 所示。

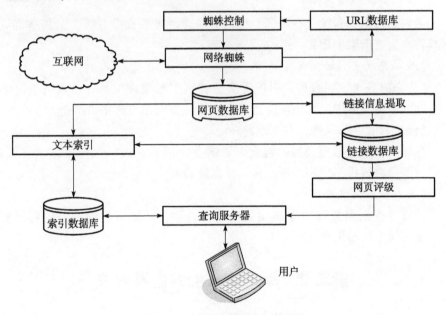

图 11-3　搜索引擎基本工作流程

（一）搜索网页

利用能够从互联网上自动收集网页的"网络蜘蛛"，从互联网上抓取网页，把网页送入"网页数据库"，从网页中"提取 URL"，把 URL 送入"URL数据库"。"蜘蛛控制"通过得到的网页 URL，控制"网络蜘蛛"抓取其他网页，如此反复循环直到完成所有网页的抓取。

（二）建立索引数据库

由索引系统程序对"网页数据库"中得到的文本信息进行分析，提取相关网页信息（包括网页所在 URL、编码类型、页面内容包含的关键词、关键词位置、生成时间、大小、与其他网页的链接关系等），根据一定的相关度算法进行大量复杂计算，得到每一个网页针对于每一个关键词的相关度，然后将这些相关信息送入"文本索引"模块建立索引，形成"索引数据库"。

（三）建立网页评级

搜索引擎在建立索引数据库的同时，进行"链接信息提取"，把链接信息（包括锚文本、链接本身等信息）送入"链接数据库"，为"网页评级"提供依据。"网页评级"是衡量网页重要性的指标，该指标不仅考察网页之间的链接关系，同时还考察链接质量、链接之间的相关性。一个网页该指标值越高，说明该网页的重要性越高，越会被优先检索，从而确保用户所获检索信息的质量。

（四）用户提出查询

用户通过浏览器输入查询词，搜索引擎通过"查询服务器"分析查询词，将其转换为查询索引项。

（五）查找索引数据库

"查询服务器"将查询索引项提交给"索引数据库"后，"索引数据库"将查询索引项同库中的索引项进行匹配运算，得到相关的文档列表。

（六）对搜索结果进行相关度排序

在得到相关文档列表后，搜索引擎结合"网页评级"对搜索结果按照相关度的评价进行排序，相关度越高，排名越靠前。

（七）结果提交给用户

通过"查询服务器"按照相关度进行排序，并提取关键词的内容摘要，组织成页面返回给用户。

第二节　军事信息检索主要方法

网络信息具有数据量大、分布范围广、非结构化、动态性、非规范性等特点，为了实现对网络信息快、全、准、稳、省的检索，需要运用中文分词、索引、检索模型等方法。

一、中文分词

众所周知，英文是以词为单位的，词和词之间靠空格隔开，而中文以字为单位，句子中所有的字连起来才能描述一个意思。例如，英文句子"I am a student"，用中文则为"我是一个学员"。计算机可以很简单通过空格知道student 是一个单词，但是不能很容易明白"学""员"两个字合起来才表示一个词。把中文的汉字序列切分成有意义的词，就是中文分词，有些人也称为切词。"我是一个学员"分词的结果是：我/是一个/学员。

中文分词技术属于自然语言处理技术范畴，对于一句话，人可以通过自己的知识来明白哪些是词，哪些不是词，但如何让计算机也能理解？其处理过程就是分词算法。现有的分词算法可分为三大类：基于字符串匹配的分词方法、基于理解的分词方法和基于统计的分词方法[1]。

（一）基于字符串匹配的分词方法

基于字符串匹配的分词方法又称为机械分词方法，它是按照一定的策略将待分析的汉字串与一个"充分大的"机器词典中的词条进行匹配，若在词典中找到某个字符串，则匹配成功（识别出一个词）。按照扫描方向，字符串匹配分词方法可分为正向匹配和逆向匹配；按照不同长度优先匹配的情况，可分为最大（最长）匹配和最小（最短）匹配；按照是否与词性标注过程相结合，又可分为单纯分词方法和分词与标注相结合的一体化方法。常用的几种机械分词方法如下：①正向最大匹配法（由左到右的方向）；②逆向最大匹配法（由右到左的方向）；③最少切分（使每一句中切出的词数最小）。

还可以将上述各种方法相互组合，如将正向最大匹配方法和逆向最大匹配方法结合起来构成双向匹配法。由于汉语单字成词的特点，正向最小匹配和逆向最小匹配一般很少使用。一般来说，逆向匹配的切分精度略高于正向匹配，遇到的歧义现象也较少。统计结果表明，单纯使用正向最大匹配的错误率为1/169，单纯使用逆向最大匹配的错误率为1/245。但这种精度还远远不能满足实际的需要。实际使用的分词系统，都是把机械分词作为一种初分手段，还需通过利用各种其他的语言信息来进一步提高切分的准确率。

（二）基于理解的分词方法

基于理解的分词方法是通过让计算机模拟人对句子的理解，达到识别词的

① 潘雪峰，花贵春，梁斌. 走近搜索引擎 [M]. 北京：电子工业出版社，2011：61-65.

效果。其基本思想就是在分词的同时进行句法、语义分析，利用句法信息和语义信息来处理歧义现象。它通常包括分词子系统、句法语义子系统和总控部分。在总控部分的协调下，分词子系统可以获得有关词、句子等的句法和语义信息来对分词歧义进行判断，即它模拟了人对句子的理解过程。这种分词方法需要使用大量的语言知识和信息。由于汉语语言知识的笼统、复杂性，难以将各种语言信息组织成机器可直接读取的形式，因此，目前基于理解的分词系统还处在试验阶段。

（三）基于统计的分词方法

从形式上看，词是稳定的字的组合，在上下文中，相邻的字同时出现的次数越多，就越有可能构成一个词。因此，字与字相邻共现的频率或概率能够较好地反映成词的可信度。可以对语料中相邻共现的各个字的组合频度进行统计，计算它们的互现信息。定义两个字的互现信息，计算两个汉字 X、Y 的相邻共现概率。互现信息体现了汉字之间结合关系的紧密程度。当紧密程度高于某一个阈值时，便可认为此字组可能构成了一个词。这种方法只需对语料中的字组频度进行统计，不需要切分词典，因而又称为无词典分词法或统计取词方法。但这种方法也有一定的局限性，会经常抽出一些共现频度高、但并不是词的常用字组，如"这一""之一""有的""我的""许多的"等，并且对常用词的识别精度差，时空开销大。实际应用的统计分词系统都要使用一部基本的分词词典（常用词词典）进行串匹配分词，同时使用统计方法识别一些新的词，即将串频统计和串匹配结合起来，既发挥匹配分词切分速度快、效率高的特点，又利用了无词典分词结合上下文识别生词、自动消除歧义的优点。

到底哪种分词算法的准确度更高，目前并无定论。对于任何一个成熟的分词系统来说，不可能单独依靠某一种算法来实现，都需要综合不同的算法。

二、索引方法

搜索引擎的主要功能是从海量数据中快速查出用户想要的信息，为达成快速响应用户查询请求的目的，搜索引擎借助索引来完成。类似图书馆的索引卡片，搜索引擎响应用户请求时只检索索引文件，而不与具体的海量网页或文档交互，从而极大提高检索速度，大多数搜索引擎的索引系统均采用倒排索引来构建①。

---

① CRDFT W B，METZLER D，STROHMAN T. 搜索引擎信息检索实践［M］. 刘挺，秦兵，张宇，等译. 北京：机械工业出版社，2010：79-84.

（一）正排索引

索引是一种信息，可以说是信息的信息，或者说是描述信息的信息。例如，书中包含的目录，其中每一条目就是一个索引，用来标识某个章节的页码，帮助读者快速浏览，索引就是这样一种短小精练的检索信息的信息。

通常容易理解的是正排索引，也称"前向索引"，它是创建倒排索引的基础，其记录文档或网页包含哪些索引词，以及这些索引词出现的次数和位置。

从本质上说，正排索引以文档编号为视角看待索引词，也就是通过文档编号去找索引词。任何一个文档编号，都能够知道它包含哪些索引词、这些索引词分别出现的次数，以及索引词出现的位置。然而全文索引是通过关键词来检索，而不是通过文档编号来检索的，因此，正排索引不能满足全文检索的要求。

（二）倒排索引

倒排索引是一种以关键字和文档编号结合，并以关键字作为主键的索引结构。倒排索引分为两个部分：①由不同索引词（index term）组成的索引表，称为"词典"。其中，保存了各种中文词汇，以及这些词汇的一些统计信息，这些统计信息用于各种排名算法。②由每个索引词出现过的文档集合，以及命中位置等信息构成，也称为"记录表"或"记录列表"。

图 11-4 所示为倒排索引示例，左边的表结构（词典）记录索引词 ID 号、匹配该索引词的文档数量和匹配文档在记录文件内的偏移量，通过这个偏移量可以读取记录文件对应区域的信息。右边的表结构（记录表）记录文档编号、索引词在该文档的命中个数，以及命中域的列表。

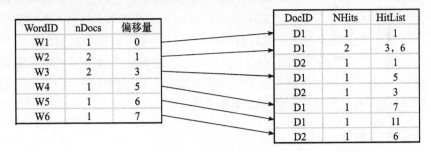

图 11-4　倒排索引示例

从本质上说，关于索引存在这样两个空间：一个称为"索引词空间"，一个称为"文档空间"。正排索引可以理解成一个定义在文档空间到索引词空间的映射，任意一个文档对应唯一的一组索引词；而倒排索引可以理解成一个定义在索引词空间到文档空间的映射。任意一个索引词对应唯一的一组该索引词命中的文档。因此，从文档到正排索引，进而从正排索引到倒排索引就是理顺这种关系的过程。使得给出一个索引词，就能通过倒排索引找到其命中的文档，以及位置信息。

(三) 索引构建过程

倒排索引的构建相当于从正排表到倒排表的建立过程。图 11-5 所示为一个完整的倒排索引构建例子。

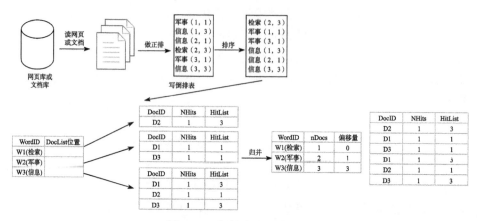

图 11-5　倒排索引创建过程

如图 11-5 所示，首先从网页库或文档库中按一定规则读取网页或文档，如通过网络爬虫（蜘蛛）从互联网爬取网页。其次，对读取的网页或文档做正排索引，为了简化，假定读取的文档分别为文档 1、文档 2 和文档 3，其正文分别为 "军事信息" "信息检索" 和 "军事信息"，通过分析各文档得到索引词出现的文档和位置信息，如军事（1，1）表示在文档 1 的第 1 个位置出现 "军事" 这个索引词。再次，通过对字母排序（汉字可以按照汉字词汇编号排序），得到一个临时的按照索引词排序的结构，这有助于顺序写入各个索引词对应的记录表。然后，根据排序后的结果生成每个独立倒排表。最后，归并每个独立的倒排表，得到一个最终的倒排文件。

三、检索模型

根据查找相关信息的实现方式不同，常见的信息检索引擎有布尔逻辑模型、模糊逻辑模型、向量空间模型和概率检索模型等几类[1]。

---

① GROSSMAN D A，FRZEDE R O. 信息检索：算法与启发式方法 ［M］. 张华平，李恒训，刘治华，译. 北京：人民邮电出版社，2010：8-14.

（一）布尔逻辑模型

布尔逻辑模型是最简单的检索模型，也是其他检索模型的基础。用户根据所检索关键字在检索结果中的逻辑关系递交查询，查询模块根据布尔逻辑的基本运算法则来给出查询结果。布尔检索模型原理简单易理解，容易在计算机上实现并且具有检索速度快的优点。但是最终给出的查询结果没有相关性排序，不能全面反映用户的需求，功能不如其他的检索模型。

（二）模糊逻辑模型

模糊逻辑模型以模糊数学作为理论基础，设置单个的检索词 w 在文档 d 中的隶属度 u，$u \in [0, 1]$，u 越大，代表 w 和文档 d 的相关性越高。用户给出查询要求，查询模块根据模糊逻辑运算给出查询的结果，并能够按照相关度排序。模糊逻辑模型能够克服布尔逻辑模型检索结果的无序性，但是给查询词设置准确的隶属度有一定困难。

（三）向量空间模型

向量空间模型将文档映射为一个特征向量 $V(d) = (t_1, \omega_1(d), \cdots, t_n, \omega_n(d))$，其中 $t_i (i=1, 2, \cdots, n)$ 为一列互不雷同的词条项，$\omega_i(d)$ 为 t_i 在 d 中的权值，一般定义为 t_i 在 d 中出现频率 $tf_i(d)$ 的函数。在信息检索中常用的词条权值计算方法为 TF-IDF 函数。根据 TF-IDF 公式，文档集中包含某一词条的文档越多，说明它区分文档类别属性的能力越低，其权值越小；另外，某一文档中某一词条出现的频率越高，说明它区分文档内容属性的能力越强，其权值越大。

两文档之间的相似度可以用其对应的向量之间的夹角余弦来表示，根据文档之间的相似度，结合机器学习的一些算法如神经网络算法，K-近邻算法和贝叶斯分类算法等，可以将文档集分类划分为一些小的文档子集。在查询过程中，可以计算每个文档与查询的相似度，进而可以根据相似度的大小，将查询的结果进行排序。

向量空间模型可以实现文档的自动分类和对查询结果的相似度排序，能够有效提高检索效率；它的缺点是相似度的计算量大，当有新文档加入时，则必须重新计算词的权值。

（四）概率检索模型

概率检索模型是在布尔逻辑模型的基础上为解决检索中存在的一些不确定性而引入的。概率检索模型有多种形式，常见的为第二概率检索模型，首先设定标引词的概率值，一般是对检索作业重复若干次，每一次检索用户对检出文档进行相关性判断。再利用这种反馈信息，根据每个词在相关文档集合和无关文档集合中的分布情况来计算它们的相关概率。概率模型有严格的数学理论基础，采用了相关反馈原理克服不确定性推理的缺点，参数估计的难度比较大，文件和查询的表达也比较困难。

以上介绍了几种传统的检索模型，随着检索技术的不断发展，新的检索技术也不断涌现，出现了诸如并行信息检索系统、演绎信息检索系统、基于超文本技术的信息检索系统、分布式检索系统和智能检索系统等。这些新的技术代表了检索技术的发展方向。

第三节　军事信息检索关键技术

大数据时代，数据信息的爆炸式增长，传统的搜索引擎已经无法满足对军事信息快速、精准获取的需求，存在的主要问题体现在如下几个方面：一是检索结果呈现高匹配、低精度特征。虽然检索结果中包含了用户期望的结果，但搜索引擎同时也给出了海量低相关或不相关的结果，使得检索效果非常差，用户还需在海量检索结果中甄选。二是检索结果对词汇高度敏感。有时，使用关键词检索不能得到想要的结果，因为相关的文档使用了与检索关键词不一样的术语，致使用户体验较差。三是检索结果是单一的结果页面。若用户所需要的信息分布在不同的页面中，则用户必须从给出的多个查询结果中提取信息并加以整理，并获得期望的结果。这些问题的出现主要根源在于机器难以理解存储的数据信息的含义，致使搜索引擎对涉及语义层面的分析和处理无能为力。知识图谱技术为军事信息检索提供了有效的技术手段。

一、知识图谱及其在信息检索中的应用

美国 Google 公司为了实现更为智能的新一代搜索引擎，于 2012 年 5 月首次提出知识图谱（Knowledge Graph）的概念。2013 年以后开始在学术界和业界普及，知识图谱为已经在智能搜索、情报分析、智能问答、个性化推荐等领域得到了广泛的应用，是当前国内外企业和研究机构开发与研究的热点。

（一）知识图谱的内涵[①]

知识图谱以更接近人类认知世界的形式，将客观世界的概念、实体、事件及其之间的关系形成一张语义网络图，是一种更好的组织、管理和利用海量数据的方式。知识图谱的最大特点是用可动态变化的"概念—实体—属性—关系"数据模型和动态可变的数据模式，对各类数据进行统一建模，从而实现

---

① 王昊奋，漆桂林，陈华钧. 知识图谱方法、实践与应用 [M]. 3 版. 北京：电子工业出版社，2019：1-5.

以实体为中心，对不同来源的结构化数据和非结构化数据进行整合，利用关系描述各类抽象为实体之间的关联关系。

具体来说，一个知识图谱由模式图、数据图及两者之间的关系组成，如图11-6所示。模式图对人类知识领域的概念层面进行描述，强调概念及概念关系的形式化表达，模式图中节点是概念实体，边是概念间的语义关系，如part-of；数据图对物理世界层面进行描述，强调一系列客观事实。数据图中的节点有两类：一是模式图中的概念实体；二是描述性字符串，数据图中的边是具体事实的语义描述。模式图和数据图之间的关系是指数据图的实例与模式图的概念之间的对应。

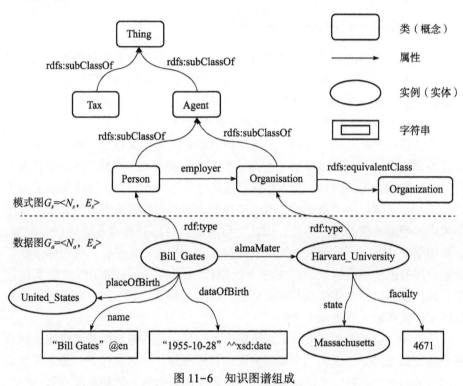

图 11-6　知识图谱组成

（二）知识图谱在信息检索中的应用

基于知识图谱的信息检索是一种基于长尾的搜索，在搜索引擎中以知识卡片的形式把知识展现出来。用户在输入查询式后，结果被知识系统化，任何一个关键词都能获得完整的知识体系，进而通过知识卡片的形式为用户提供更多与关键词相关的结构化内容信息，以满足用户的知识需求。从网页搜索结果看，它更像是从互联网上挖出各种知识碎片，直接形成答案，免去人工从海量数据中检索、分析、整理，从根本上改善了搜索效率，提高了知识服务的质量。它主要以三种形式展现知识：第一种是语义数据集成，当用户查询一个具体实体时，给出文字图片等系统性的详细介绍；第二种是能够给出用户用自然语言查询一个问题的准确答案，如用户提问"姚明爱人的身高"或"适合放在卧室的植物"等；第三种是根据用户的查询内容给出推荐列表，如"你还可能感兴趣的""猜您喜欢"或"其他人还搜"等。国外搜索引擎应用知识图谱比较广泛，典型的就是谷歌搜索、微软必应搜索等。国内几大主流搜索引擎也于近两年先后把基于语义搜索和知识图谱的相关产品从概念转向应用，具有代表性的就是搜狗的知立方和百度的知心搜索。

二、基于知识图谱的信息检索原理

基于知识图谱的语义检索是把信息检索和人工智能技术、自然语言技术的结合，一方面，检索系统获取的海量网页可以作为知识图谱的数据来源；另一方面，知识图谱又可以大幅提升检索系统的智能化水平，改善用户体验[1]。

（一）基于知识图谱的信息检索实现基本过程

信息检索实际上是一种用户发起的信息检索行为，其过程一般为：用户向系统提交查询（传统检索系统的查询一般是关键词查询），在系统接收到查询后，查找匹配查询的内容，查询结构经过排序后返回给用户。排序的依据除了内容相关性还包括网页重要性。因为用户关心的内容很容易湮没在大量的排序结果中，带来较差的用户体验，因此，检索直达目标是检索系统的核心诉求。在知识图谱的支撑下，检索系统越来越智能化，检索直达目标，集中体现在对检索意图的准确理解以及对检索结果的精准匹配上。基于知识图谱的实体检索，其检索的目标是实体及其相关信息，而不是网页。图 11-7 所示为基于知识图谱的实体语义检索基本过程。

第一步，检索意图理解。该步骤的任务是确定用户检索的真实意图，即从用户提交的查询中识别出用户希望查找的目标实体，并为执行下一步工作生成目标实体的查询条件。准确理解用户的检索意图是检索系统要完成的第一个任务，即准确定位检索的目标。用户的检索意图总体而言十分复杂，一般而言，用户检索意图可以分为导航类意图、信息类意图和事务类意图。无论何种意图，都需要根据用户提交的查询来获知用户的检索目的。用户查询一般是一个或多个关键词，或者短语、短句等文本形式。

---

① 王昊奋，漆桂林，陈华均. 知识图谱方法、实践与应用 [M]. 3 版. 北京：电子工业出版社，2019：342-350.

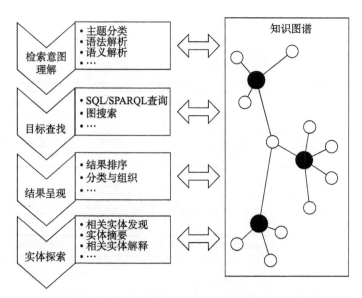

图 11-7　基于知识图谱的实体语义检索基本过程

第二步，目标查找。在目标实体的查询条件明确后，用查询语言（如 SPARQL）或设计某种算法在知识图谱中查找目标实体及其相关内容，然后返回给用户。检索意图理解的结果构成了目标实体查询的条件，下一步即不要根据这些查询条件生成查询语句或使用特定的算法从知识图谱中找出目标实体。最直接的方法是根据查询条件生成 SQL 或 SPARQL 查询语句，然后在知识库或知识图谱中执行查询语句来找到结果或目标实体。

第三步，结果呈现。如果目标实体不唯一，就需要对所有结果实体排序后再呈现给用户，排序应该有合理依据。此外，多个目标实体可能属于不同类型，或者目标实体的相关结果内容繁杂，这时还要对结果内容进行合理分类，有组织地呈现给用户，这样才能给用户提供好的搜索体验。结果呈现一般分为两个子任务：结果排序以及结果内容分类与组织。常见的实体排序依据包括在知识图谱网络结构中的重要性、实体流行度、与查询的相关性。同时，将结果分类、组织并呈现出来，将十分有利于用户全面了解查询结果，实现该功能的关键是对属性的重要性进行排序，以决定优先展现实体的哪些属性。

第四步，实体探索。为了增加检索结果的多样性，提供其价值，增加用户对系统的黏性，检索系统往往还要呈现实体以外的关联内容，这属于实体探索的范畴。实体探索是实体搜索基本过程的最后一步，其目的在于拓展目标实体之外的相关内容并向用户有效地呈现。实体探索是提升检索多样性的关键，主要包括相关实体发现、实体摘要和相关实体解释。

（二）基于知识图谱的信息检索的技术体系架构

基于知识图谱的军事信息搜索技术体系架构如图 11-8 所示，自底向上可分为知识体系、知识库构建和知识应用三个层次。

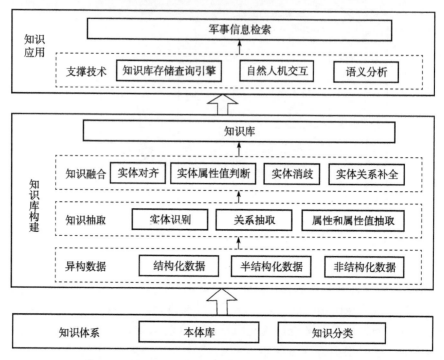

图 11-8　基于知识图谱的军事信息检索技术体系架构

1. 知识体系

对知识进行抽象和约束，是建立知识图谱的基础，主要包括本体库和知识分类。本体库是指以某种方式有序组织的本体的集合，其中本体描述了概念的属性和相互关系，如部队应包含番号、军种和兵种等属性，武器应包含武器类别，攻击范围和杀伤力等属性，部队和武器间的关系为部队装备武器；知识分类描述了不同概念和实体的分类以及上下位关系，如弹道导弹和巡航导弹均属于导弹，弹道导弹按发射点和目标可分为地地弹道导弹和潜地弹道导弹，按射程又可分为中程、远程和洲际导弹等。图 11-9 所示的是一个由作战力量数据库构建的军事知识图谱举例。图谱中，带有灰色背景的节点为概念，概念指向的节点为实体，指向边采用虚线箭头表示。例如，军种节点指向陆军、海军、空军和海军陆战队等军种。实体间指向关系采用实线箭头表示，实线箭头上的文字表明实体间关系，如部队 A 装备了预警机和战斗机。为了显示效果，实体各属性未在图中绘制。

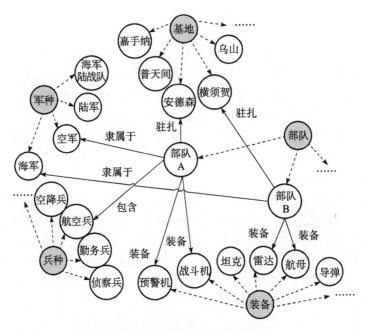

图 11-9　军事知识图谱示例

2. 知识库构建

知识库构建可分为知识抽取和知识融合两个层次。

（1）知识抽取。在知识体系约束和引导下，从异构数据中自动抽取实体的名称、属性、属性值以及实体间关系。例如，从某新闻报道中"……美国最神秘的波音 X-37B 轨道飞机……"抽取出"美国"和"X-37B"两个实体以及"美国拥有 X-37B"的实体关系。从"……飞机装配太阳能电池后能在近地轨道上连续停留 270 天……"抽取出"X-37B"的属性"续航时间"和属性值"270 天"。实体识别抽取采用命名实体识别技术，主要包括基于规则和基于统计机器学习的方法。

（2）知识融合。对不同来源知识进行整合和优化的过程，包括实体对齐、实体属性值判定、实体消歧以及实体关系补全等。实体对齐将描述同一实体的不同描述方式映射到同一实体，如将"辽宁号"和"我国第一艘航空母舰"映射到"辽宁号航空母舰"；实体属性值判定是在进行实体融合时，不同来源的知识对实体的同一属性描述不一致，需确定该属性的取值，如不同来源的知识在描述"辽宁号"时，给出了不同的吃水深度值，此时可根据知识来源的可信程度以及属性值被不同来源提及的次数进行判定；实体消歧是指同一个词汇可能代表不同实体，因此需根据上下文信息推测当前词汇究竟指向哪个实体，如指挥员名字可能出现同名，此时可以根据上下文描述的战区、军兵种和作战样式等信息推测该名字具体指哪位指挥员；实体关系补全利用多个来源的知识推测实体间关系，如在军事演习相关知识中发现某两位指挥员参加的军事演习存在大量交集，则可推测这两位指挥员相互认识。实体对齐和实体消歧本质上均可归纳为实体链接问题，实体对齐问题可看作多个指代名称链接到同一个实体的问题，实体消歧问题可看作同一个指代名称链接到不同实体的问题。实体链接包括基于概率模型、基于语义网络方法以及基于上下文信息等方法。实体关系补全本质上是一个网络节点链接预测问题，包括基于节点相似度、基于极大似然以及基于概率模型的方法。

3. 知识应用

建立在知识库上，在知识库存储查询引擎、自然人机交互及语义分析等技术支撑下，构建面向军事任务的信息搜索服务。知识库存储查询引擎能较好地存储概念、实体、属性以及关系，并提供特定查询语言支持对知识高效的查询。自然人机交互是指采用语音识别、手势跟踪和虚拟现实等方式，抛弃鼠标和键盘采用自然方式与系统交互。语义分析技术通过分析用户的输入，理解用户意图和信息需求，从而查询并返回正确信息给用户。Siri 和 Corana 等智能助手就是知识库存储查询引擎、语义分析技术和自然人机交互有机结合的典范。例如，用户问：明天要加衣服吗？智能助手通过语音识别技术将用户说的话转变为文字，又利用语义分析技术理解用户的信息需求，将用户查询转变为"天气预报、明天、气温"，接着将信息需求在知识库中搜索，得到 25℃，最终将搜索信息以文本或合成语音形式告诉用户：明天 25℃，无须加衣。

三、知识图谱关键技术

知识图谱技术是语义网络、自然语言处理和机器学习等技术相结合的技术。可以将知识图谱技术分为知识表示、知识图谱构建和知识存储三个部分。

(一) 知识表示[①]

知识表示是将关于世界的信息表示为符合机器处理的模式，用于模拟人对世界的认识和推理，以解决人工智能中的复杂任务。

知识表示要模拟信息在人类大脑中的存储方式和处理方式，研究的是计算机信息处理中的知识的形式描述方式，旨在利用计算机方便表示、存储、处理和利用人类的知识。

目前，本体是知识图谱表示与建模的主要方法。本体是语义网中的核心概念。计算机和人工智能领域的研究学者对本体给出了多种定义，其中应用较为广泛的定义是格鲁伯（T. R. Gruber）给本体的定义："本体就是一种概念化的

① 肖仰华，等. 知识图谱概念与技术 [M]. 北京：电子工业出版社，2020：45-54.

规范。"这个定义为理解网络信息组织的本体提供了基本的界定。具体地说，在网络信息组织领域，本体就是一套对某一领域的知识进行表述的词和术语，编制者根据该知识领域的结构将这些词和术语组成等级类目，同时规定类目的特性及其之间的关系。

本体是对领域知识的共同理解与描述，所以一般认为本体的构建应在领域专家的参与下进行。通过领域专家的参与不仅可以完成本体所要求的相关领域的科学的知识（或概念）分类，而且这种知识（或概念）分类也具有一定的权威性，容易在领域内达成共识，从而有利于本体的生存、发展和共享。实际上，关于领域知识的共同理解与描述早已形成，并已发展得较为成熟，那就是作为数据组织方法的分类法（词表）、主题词表和分类主题词表等。军事领域本体构建时应充分参考这些词表及相关研究成果，并结合军事信息描述需求，构建本体。

（二）知识图谱构建

知识图谱构建模式可以分为自上而下和自下而上两种。自上而下构建是指借助百度百科、互动百科、谷歌等现有的搜索引擎，从较为标准的结构化数据中提取信息，加入知识图谱中。自下而上是指从已有的数据资源出发，包含非结构化数据、半结构化数据和结构化数据，提取整合，形成高质量的数据模型，添加到图谱当中。一般可以按照知识抽取、知识融合、知识挖掘、维护与更新四个步骤进行①。知识图谱构建流程如图 11-10 所示。

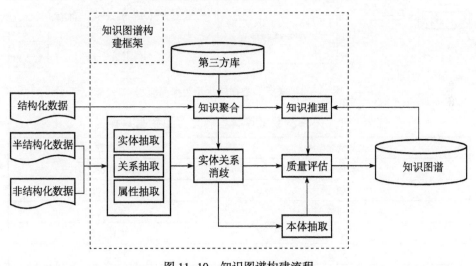

图 11-10　知识图谱构建流程

---

① 肖仰华，等．知识图谱概念与技术［M］．北京：电子工业出版社，2020：160-166．

军事知识图谱的知识库来源于作战文书等非结构化数据、开源情报等半结构化数据和关系型数据库的结构化数据，从这些数据源中抽取实体、关系和属性，并进行融合、推理构建知识库。

军事知识图谱构建所需结构化数据主要来源于各级各类指挥信息系统和业务系统，关系型数据库中的表数据本身含有语义信息，可以简单通过表实体数据、表属性数据、表之间的关联关系转换成实体、实体属性和关系，从而形成知识实体，转化流程如图 11-11 所示，映射关系如表 11-1 所示。关系数据库模型转换为图数据库模型，一般遵循以下几点原则进行转换：①每个实体表由节点上的标签表示，即将实体表的表名作为节点标签名，如数据表名为"部队"，则建立"label"为"部队"的节点类型；②实体表中每一行都是一个节点，关系数据表中每一行都可以完整地描述一个实体及其属性值，同时可以确定节点在全局的唯一标示符；③这些表上的列成为节点属性，一行数据中，除唯一标示外，其余字段都是对节点的补充和说明，因此均作为节点属性；④描述实体之间关联关系的表被转换为关系，并且这些表上的列成为关系属性。关系表之间从一个主键指向其外键的结构关系，在图数据库中就是节点之间的关系，因此，表上的列转化为关系的属性。

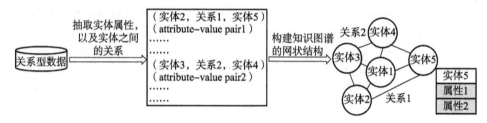

图 11-11　关系型数据转化及数据库流程

表 11-1　关系型数据库模型转化为图数据库模型

关系型数据库	图数据库
实体表名	节点标签（C）
行数据	节点（L）
列名	属性（A）
记录	实体（E）
列值	属性值（V）
表间约束	关系（R）

知识图谱构建所需半结构化数据主要来源于互联网开源网页数据和内网网

页数据，该类数据是知识图谱最大数据来源，以维基百科为代表的百科类网站包含大量与军事相关的知识，而且这些知识基本是以结构化的形式存储，加上不同垂直网站上特有领域的海量数据，可囊括很大一部分的常识性知识。

知识图谱构建所需非结构化数据主要来源日常工作、战备、演习演训积累的大量作战文书类文本数据，与军事和作战相关的各类文档资料，如论文、专著等。对文本类非结构化数据处理和分析，需首先对文本数据进行分词处理，抽取得到实体，并借助 Word2Vec 词向量等技术对实体进行分析处理，从而可抽取得到实体与实体之间的语义相似度。

由于知识图谱中的知识来源广，存在知识质量良莠不齐、来自不同数据源的知识重复、知识间的关联不够明确等问题，所以必须要进行知识的融合。知识融合是高层次的知识组织，使来自不同知识源的知识在同一框架规范下进行异构数据整合、实体重要度计算和推理验证等步骤，以达到数据、信息、方法、经验及人的思想的融合。异构数据整合要进行数据清洗、实体对齐、属性值决策以及关系的建立。数据清洗包括对拼写错误的数据、相似重复数据、孤立数据、数据时间粒度不一致等问题进行处理；实体对齐解决来自不同数据源的相同实体中对同一特性的描述、格式等方面不一致的问题，对实体描述方式和格式进行规范统一，如"籍贯"与"出生地"的表述差别，日期书写格式的不同等；属性值决策主要是针对同一属性出现不同值的情况下，根据数据来源的数量和可靠度进行抉择，提炼出较为准确的属性值；关系是知识图谱中非常重要的知识，任何实体概念都不是孤立的，都处在和周围概念一定的逻辑关系中，如等同关系、属分关系和相关关系等。

知识推理是指从知识库中已有的实体关系数据出发，经过计算机推理，建立实体间的新关联，从而拓展和丰富知识网络。知识推理是知识图谱构建的重要手段和关键环节，通过知识推理，能够从现有知识中发现新的知识。例如，已知（乾隆，父亲，雍正）和（雍正，父亲，康熙），可以得到（乾隆，祖父，康熙）或（康熙，孙子，乾隆）。知识推理的对象并不局限于实体间的关系，也可以是实体的属性值、本体的概念层次关系等。例如，已知某实体的生日属性，可以通过推理得到该实体的年龄属性。根据本体库中的概念继承关系，也可以进行概念推理。例如，已知（老虎，科，猫科）和（猫科，目，食肉目），可以推出（老虎，目，食肉目）。

（三）知识存储

知识图谱的存储通常采用的方法主要有三种：第一种是将三元组数据映射成关系数据库中的表结构，利用现有的数据库管理和查询工具进行三元组存储与查询；第二种是基于三元组形式的查询存储，直接根据主谓宾三元组构建索引；第三种是基于图模式的方式，因为三元组本身基于图结构，所以可以利用图数据库的各种操作完成对 RDF 数据的查询①。

第一种方法是以三元组的形式直接将 RDF 数据存储到关系数据库中，将所有的数据组织成一个巨大的表，由于每个查询都有可能需要大量的自连接操作，导致查询效率低下。

第二种方法是对三元组不进行任何拆分操作，通常将三元组直接构建成 B+树或 Hash 等索引结构，在此索引基础上直接进行三元组数据的查询。三元组数据通常包含大量的文字信息，所以在构建索引之前，需要将三元组进行编码，建立从数字编码到文字信息之间的映射。由于索引结构之间存储三元组，具有较高的查询性能，但是这种方式是以空间换取时间的策略，通常需要大量的存储空间，而且更新维护复杂。

第三种方法是三元组以图的形式进行刻画描述，将三元组的主语和宾语看作为图中的顶点，谓语看作边。图数据库的数据模型是基于图论，用图中节点和节点之间的有向线段来表示数据库的实体和关系。相比于其他几种非关系数据库，图数据库有以下几大优势：①三元组以图的形式进行刻画描述，将三元组以图的形式进行刻画描述，将三元组的主语和宾语看作为图中的顶点，谓语看作三元组的主语和宾语看作为图中的顶点，谓语看作用图描述方便直观。②图模型符合三元组以图的形式进行刻画描述，将 RDF 三元组的主语和宾语看为图中的顶点，谓语看作模型的语义层次，可以最大限度地保持 RDF 数据的语义信息。③图能够直接映射三元组以图的形式进行刻画描述，将三元组的主语和宾语看作为图中的顶点，谓语看作模型，避免了为适应存储结构对 RDF 数据进行转换。④以图结构存储三元组数据避免了重构，以其他形式存储时，查询 RDF 数据的语义信息需要重构三元组图。目前，流行的开源图数据库有 Neo4j、OrlentDB、Titan、ArangoDB、Virtuoso 等。

---

① 肖仰华，等．知识图谱概念与技术［M］．北京：电子工业出版社，2020：286-290．

第十二章
军事信息可视化技术

信息技术的飞速发展及在军事领域的广泛运用，扩展了人们探测世界、获取信息、交流信息、展示信息的能力，因信息匮乏造成的"传统战争迷雾"随着战场信息的成倍增加而逐渐消散，然而因信息泛滥、信息过剩所造成的"现代战争迷雾"骤然袭来。军事信息可视化技术为破解"现代战争迷雾"这一难题提供了新的机遇。本章主要介绍军事信息可视化的基本概念，研究军事信息可视化的方法及关键技术。

第一节　军事信息可视化概述

可视化这一概念自 1987 年正式提出，涉及计算机图形学、图像处理、计算机辅助设计、计算机视觉及人机交互技术等多个领域。经过 30 多年的发展，可视化已成为一个十分活跃的研究领域，并在军事领域也得到广泛的应用。

一、军事信息可视化的含义

1987 年 2 月，美国国家自然科学基金会（National Science Foundation，NSF）提出了科学计算可视化的定义、覆盖的领域以及近期、长期发展的方向。科学计算可视化（Visualization in Scientific Computing）的基本含义是运用图形学的原理和方法，将科学与工程计算等产生的大规模数据转换为图形、图像，以直观的形式表示出来。

信息可视化概念来自科学计算可视化。信息可视化是利用计算机图形学和图像处理技术，将数据转换成图形或图像在屏幕上显示出来，再进行交互处理的理论、方法和技术。从信息可视化的内涵上来说，信息可视化强调两个方面：一是信息可视化的过程性（Visualize），信息可视化生成符合人类感知的图形或图像，通过可视元素传递信息；二是信息可视化的结果性（Visualization），将原本不可见或难以直接显示的数据转化为可感知的图形、符号、颜色、纹理。信息可视化的基本思想是：将信息作为单个图元素表示，大量的信息构成数据图像，同时将信息的各个属性值以多维数据的形式表示出来，从而可以从不同的维度观察信息，对信息进行更深入的观察和分析，以达成更好利用信息的目的。简单来说，就是将数据信息以最简单的图表或图像的方式展现给使用者，如图 12-1 所示。

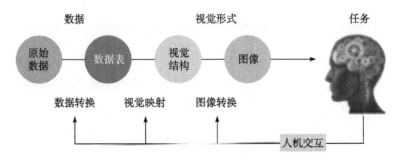

图 12-1　信息可视化过程

军事信息可视化是通过把抽象、复杂、多变的数字化军事信息表示为形象、直观的图形图像，为军队日常业务、战备值班、训练演习、作战指挥提供信息内容服务，促进军事人员有效发现隐藏在军事信息内部的关系、特征和规律，如军事实力统计图、军事地形图、作战态势图等，都是军事信息可视化的展现方式。

二、军事信息可视化设计基础

可视化将信息以一定的变换和视觉编码原则映射为可视化视图。用户对可视化的感知和理解通过人的视觉通道完成。在可视化设计中，对数据信息进行可视化（视觉）元素映射时，需要遵循符合人类视觉感知的基本编码原则。

（一）可视化编码

可视化编码是数据信息可视化的核心内容，是将数据信息映射成可视化元素的技术，其通常具有表达直观、易于理解和记忆等特性。[①] 数据通常包含属性和值，因此，类似地，可视化编码由图形元素标记和用于控制标记的视觉特征的视觉通道两方面组成，如图 12-2 所示。

标记是数据属性到可视化元素的映射，用于直观地代表数据的性质分类；

---

① 陈为，张嵩，鲁爱东. 数据可视化的基本原理与方法[M]. 北京：科学出版社，2013：76-88.

标记（图形元素：点、线、面）

通道（位置、大小、形状、方向、色调、饱和度、亮度……）

图 12-2　标记与通道

视觉通道是数据的值到标记的视觉表现属性的映射，用于展现数据属性的定量信息，两者的结合可以完整地对数据信息进行可视化表达。标记通常是一些几何图形元素，如点、线、面、体等。视觉通道用于控制标记的视觉特征，通常可用的视觉通道包括标记的位置、大小、形状、方向、色调、饱和度、亮度等，如图 12-3 所示。

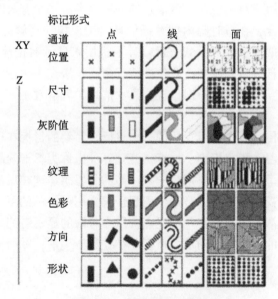

图 12-3　标记形式与通道

（二）可视化设计

可视化的设计制作包括三个主要步骤：①确定数据到图形元素（即标记）和视觉通道的映射；②选择视图并设计用户交互控制；③筛选数据，即确定在有限的可视化视图空间中选择适量的信息进行编码，以避免在数据量大的情况下产生视觉混乱，也就是说在可视化的结果中需要保持合理的信息密度。信息可视化在设计时，一般应遵循以下标准。

1. 表达力强

可视化的目的是反映数据的数值、特征和模式。能否真实全地反映数据的内容是衡量可视化最重要的标准。表达力通常在 0 和 1 之间。显示信息越多，表达力越强。当表达力远小于 1 时，数据信息不能在可视化中有效地表达，此时需要增加和增强可视化元素来扩大显示信息量，或者改进可视化映射方式来加强对数据信息的表达。当表达力接近 1 时，数据信息比较完整地显示在可视化中，是一种理想状态。当表达力大于 1 时，显示信息中存在冗余。冗余并非都需要去除，一定程度地显示信息冗余在某些情况下有助于强化用户对重要数据信息的认知。由于用户交互是可视化不可分割的一部分，表达力也应该把用户在交互中获得的信息考虑在内。用户在交互过程中获得的可视化数据信息和原始数据信息的比例定义为可视化信息的潜在表达性。

2. 有效性强

有效性代表用户对可视化显示信息的理解效率。一个有效的可视化利用合适的可视化元组合，在短时间内把数据信息以用户容易理解的方式显示出来。有效性可以用类似表达性的公式表示：计算机用来显示数据信息的时间越短，用户理解显示信息的时间越短，有效性就越高。和潜在表达性类似，潜在有效性表示在用户交互过程中用户对可视化显示信息的理解效率。

3. 简洁

简洁明了地传达信息是可视化的一个目标。简约的目标在很多学科中都有体现，如机器学习、模式识别、计算机视觉等，也称为奥卡姆的剃刀。这一思想可以追溯到亚里士多德等早期哲学家，简约的思想体现在用最简单的假设来解释现象。在可视化中，可以把这个思想理解为用最简单的可视化来表达需要显示的信息。简洁的可视化有几个优点：①在有限的显示空间里，简洁的可视化能够表达更多的数据；②简洁的可视化往往易于理解；③简洁的可视化不容易产生误解。

4. 易用

可视化和其他很多计算机数据分析与处理的学科不同，它需要用户作为分析理解数据的主体进行可视化交互和反馈。因此，易用性是可视化设计中需要考虑的目标。首先，用户交互的方式应该自然，简单，明了。一些软件因为追求性能，设计很多的菜单，如按钮、滑动条等，似乎给用户提供了很多选择，但却牺牲了用户操作的方便性。一个例子是 Adobe 的 Photoshop 图像处理软件，虽然它功能完善而强大，用户却需要相当长的学习过程，很多简单的操作被隐藏在三、四级菜单中，难以发现。因此，很多用户宁愿选择更简易的图像处理软件，如 Paint、Gimp 等。可视化的设计中也要注意这个问题，并不是功能和选择越多越好，而要针对用户的需要和数据的性质设计相应的可视化交互方式。其次，易用性也体现在硬件方面。如果用户群使用不同的计算机、操作系统、显示设备，那么在设计可视化时就要考虑在不同平台上的安装和运行。

5. 美感

可视化和绘画、平面设计等艺术形式都依靠人的视觉感知。与绘画不同，可视化的侧重点不是视觉美感，而是对数据内涵的揭示。即使如此，视觉上的美感可以让用户更易于理解可视化表达的内容，更专注于对数据的考察，从而提高可视化的效率。美感并没有严格的定义，也会因人而异。在数据可视化中视觉美感包括标记设计的简洁、空间的合理应用、色彩的协调搭配等。

（三）可视化设计框架

可视化设计是一门理论和实际应用相结合的学科，高效的数据可视化需要运用心理学、数据挖掘、物理学等学科的理论知识，同时也需要融合设计者对相关领域的理解和工作经验。

信息可视化设计可以通过从粗到精、循序渐进的方式进行。一个循环的设计可以划分成四个级联的层次。简言之，第一层是刻画真实用户的问题，称为问题刻画层。第二层是数据层，根据特定领域的任务将数据映射到抽象且通用的任务及数据类型。第三层是编码和交互层，设计与数据类型相关的视觉编码及交互方法。最底层的任务是设计并实施用户实验。各层之间既有顺序，又有反馈。上层的输出是下层的输入，如图 12-4 中的箭头所指。上层的设计错误最终会传导到下面各层。假如在数据层作了错误的决定，最好

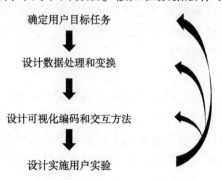

图 12-4 可视化设计框架

的视觉编码和算法设计也无法创建一个解决问题的可视化系统。在设计过程中，这个模型中每个层次都存在挑战：定义了错误的问题和目标；处理了错误的数据；可视化的效果不明显；可视化系统运行出错或效率过低。从实验中得到的用户反馈又作为输入开始下一个设计循环。如此将可视化设计以螺旋上升方式提高。因此，无论各层次以何种顺序执行，都可以独立地分析每个层次的执行情况。实际上，这四个层次极少按严格的时序过程执行，而往往是迭代式的逐步求精过程：某个层次有了更深入的理解之后将可更好地实现其他层次。

三、军事信息可视化典型应用

（一）战场态势感知

战场态势感知，是指利用三维视图结合虚拟现实技术进行更加逼真的态势显示。[①] 其显示方式包括全球高程显示、超精细细节、超大范围地形展示等，视角范围可从全球视角无级放大至微观细节观察视角，实现了全空间范围的环境态势显示，以最佳方式实现了战场环境可视化和战场态势可视化。全数据驱动系统中武器装备的位置、运行的轨迹、空中的姿态等动态呈现，全部基于数据实时驱动实现。

（二）作战仿真与作战训练

作战仿真的内容很多，以装备仿真为例。装备仿真是对作战仿真过程产生的各种实体信息按照指挥员的不同需要进行显示的过程，作战仿真实体信息可视化涉及各类作战实体位置、符号等的显示，既包括兵力部署、目标的显示，也包括如作战飞机等动态作战实体的显示。

装备性能参数数据库，可嵌入各种仿真计算模型结合先进的仿真引擎技术和组件化建模技术，基于模板的组件化建模机制及灵活的模型装配手段，内置常见型号装备设计性能参数数据，可构建多领域多层次仿真系统。同时，虚拟现实技术支撑的装备仿真还广泛应用在飞行训练、防化训练、重装操作、发射操作等高危、高成本训练中。

（三）军事大数据可视分析

军事大数据复杂烦琐，需要对战场中的数据信息进行快速处理，在海量信息中最终发现可靠目标，而可视化技术能够简化整个分析过程，让结果更加容易理解。以云计算和物联网为基础的大数据技术是一种能够解决海量信息存储与处理分析的新型技术，而可视化技术则为人类认识世界和感知世界提供了有

---

① 王鸿玲，糜玉林. 信息可视化技术在军事中的应用 [J]. 舰船电子工程，2008 (3)：40-42.

效渠道，能够为人们分析数据规律提供可靠的工具。①

军事大数据的可视化分析主要是将最终的分析结果通过一种视觉效果呈现出来，同时促进用户之间的信息交互等。尤其重视用户利用系统进行数据理解、互动操作与对话等。用户交互除了能够有效解决数据过载与可视化空间的矛盾问题，还能提高用户对于数据分析的参与性。可视化分析系统也不仅是向用户传递已经完成的信息，而是为用户提供研究探索数据的平台和工具。海量军事数据的可视化分析架构中包括数据仓库统计、数据挖掘、可视化分析、语义分析以及数据预处理等模块。

分析算法模块系统内置分析算法，还可支持分析算法模块扩充，并支持嵌入各种仿真计算模型，为更加复杂的行业应用提供支持。多维并列分析针对海量数据繁多的指标与维度，按主题、成体系地进行多维度的实时交互分析，提供上卷、下钻、切片、切块、旋转等数据观察方式，呈现复杂数据背后的联系。可交互联动分析将多个视图整合，展示同一数据在不同维度下呈现的数据背后的规律，帮助用户从不同角度分析数据、缩小答案的范围、展示数据的不同影响。

第二节　军事信息可视化方法与技术

为便于快速、准确、高效地理解相对复杂、抽象、纷杂的信息，需借助军事信息可视化方法与技术，将数据或信息以人们更容易理解的形式展示出来。军事信息可视化通常结合要传达的信息自身特征和信息，采用恰当的方法对信息进行有效呈现②。因此，军事信息可视化方法与技术可依据信息的自身特征进行分类，主要包括时空信息、网络信息、文本信息等可视化方法与技术。

一、时空信息可视化

时空信息泛指在每个采样点具有空间和时间坐标的数据。一般地，带有时空坐标的数据是科学可视化的主要关注对象，如三维医学图像数据、气象遥感观测数据、流体力学模拟仿真得到的矢量场和张量场数据等。与之不同的是，

---

① 程佳军，游宏梁，汤珊红，等．数据可视化技术在军事数据分析中的应用研究［J］．情报理论与实践，2020，43（9）：171-175.

② 王欢，魏海平．时空数据可视化浅述［C］∥第四届海峡两岸 GIS 发展研讨会暨中国 GIS 协会第十届年会论文集，2006.

移动互联网日志数据、文本、日常运营统计数据等没有确定的时空坐标，不属于时空信息。

时空信息的每个采样点都有相应的空间坐标，在设计可视化映射时可以利用这些坐标简化可视化的设计，让用户快速理解数据的空间分布。在可视化元素中标记的位置对量化数据的可视化映射最准确。因此，时空信息中自然定义的坐标对可视化效果有重要的作用。

按采样点所在空间的维数划分，时空信息场可划分为一维空间、二维空间、三维空间及它们对应的时间序列数据。在更高维空间采样的数据往往需要投影到三维或二维空间中显示。根据每个采样点上的数据类型划分，时空信息又可分为标量、矢量、张量和混合数据类型的多变量数据。

（一）一维信息可视化

1. 基本概念

一维空间标量数据通常是指沿空间某一路径采集的数据，如在河流两岸两点之间采集的河水深度、在大气中漂流的气象气球采集的温度或压强。一维时间标量数据记载一个标量随时间推移而变化的取值，如气象站每小时采集的温度或压强。

2. 常见可视化方法

一维标量数据通常用二维坐标图或折线图来可视化。一维时空信息通常依靠其自带的时空坐标就可以用来做可视化，在制作坐标图时有两个值得注意的问题。

（1）数据转换。通常对输入数据进行数据转化生成新的变量，通过新变量数据更清晰地表达潜在的模式和特征，方便用户更好地观察数据。例如，人类感知系统最容易辨别的数据分布是线性趋势，因此，当判断一维数据是否按指数函数分布时，可以采用对数函数对输入数据进行转换，通过判断转换后的数据是否呈现线性趋势，验证输入数据是否满足指数分布，如图 12-5 所示。常用的数据转换分为两类：①统计变换针对多个数据采样点操作，包括均值、中间值、排序和推移等；②数学变换作用于单个数据点，包括对数函数、指数函数、正弦函数、余弦函数和幂函数等。

（2）坐标轴变换。坐标图中的坐标轴决定了图中数据点的分布。在欧式平面上常用两条垂直的直线作为坐标轴。例如，水平轴表示样本的空间或时间坐标，垂直轴表示样本的取值。坐标轴代表的数据、所取的单位，甚至几何形状都不是固定不变的。通过对坐标轴的变化，可以更清晰地展现数据的某些性质，如图 12-6 所示。

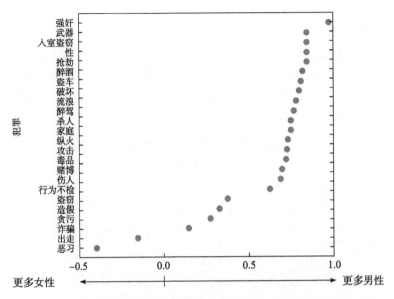

图 12-5　1985 年美国联邦调查局的犯罪记录中各类别犯罪的男女比例

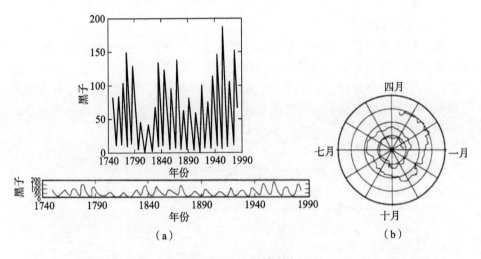

（a）　　　　　　　　　　　　　　　　（b）

图 12-6　坐标轴变换

（二）二维信息可视化

二维标量数据比一维数据更为常见，如用于医学诊断的 X 光片，实测的地球表面温度、遥感观测的卫星影像等。从几何的角度看，二维数据的定义域分为两类：平面型，如常见的医学影像；曲面型，如三维空间中飞机机翼上的空气流速。严格地说，曲面是二维流形在三维空间中的嵌入。复杂的曲面往往需要在三维空间中可视化，相对简单的曲面可投影到二维平面上可视化，如将

279

地球表面按经纬度坐标在二维平面上投影显示。①

1. 颜色映射法

颜色映射法常用于二维标量数据可视化。使用颜色映射需建立一张将数值转换为颜色的颜色映射表，再将二维空间中的标量值转换为颜色映射表的索引值并显示对应的颜色。图 12-7 显示了采用面向温度的颜色映射表绘制的1999—2008 年全球平均温度图。

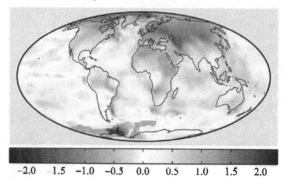

图 12-7　基于面向温度的颜色映射表方法的信息可视化

2. 等值线提取法

颜色映射法反映了二维标量数据的整体信息，等值线提取法是另一类二维标量数据的可视化方法，通常用来提取二维标量数据中的某个特征，展示和分析特征的空间分布规律，广泛应用于地图上的等高线、天气预告中的等压线和等温线等。等值线上所有点的数值相同，称为等值，等值线将二维空间划分为等值线的内部和外部两个区域，如图 12-8 所示。

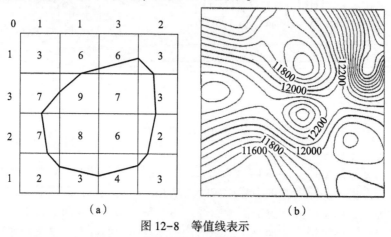

图 12-8　等值线表示

①　陈为，沈则潜，陶煜波，等. 数据可视化 [M]. 北京：电子工业出版社，2023.

3. 高度映射法

高度映射法是将二维标量数据中的值转换为二维平面坐标上的高度信息并加以展示。对于原本在平面上采集的二维数据，也可以将数据值表达为高度信息，从而将平面变形为曲面。图 12-9（a）用曲面的高度显示地球的高度；图 12-9（b）呈现了美国人口密度分布图，将人口密度以高度的形式表现，越高的地方人口密度越大。

（a）曲面高度显示地球表面海拔　　　　（b）在平面上用高度代表美国
人口密度分布

图 12-9　用高度映射二维空间中的值

4. 标记法

可视化二维标量数据的常用方法还有标记法。标记是离散的可视化元素，可采用标记的颜色、大小和形状等直接进行可视表达，而不需要对数据进行插值等操作。如果标记布局稀疏，还可以设计背景图形显示其他数据，并将标记和背景叠加在一个场景中，达到多变量可视化的目的。图 12-10 显示了对于二维标量场数据的两种标记法实例。

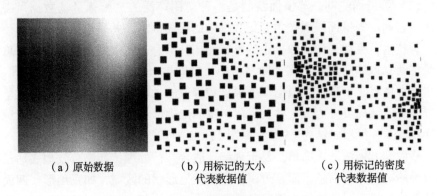

（a）原始数据　　　　　（b）用标记的大小　　　　　（c）用标记的密度
代表数据值　　　　　　　代表数据值

图 12-10　两种二维标量场标记表示方法

（三）三维信息可视化

在科学研究中，通过模拟计算或实验观测产生三维数据，记录三维空间场的物理化学等特性及其演化规律。三维数据场的获取方式分为采集设备获取和计算机模拟两类，如医学断层扫描设备获取的 CT、MRI 和 PET 三维影像、涵盖整个大气层的三维大气数值模拟数据、核聚变模拟等。将二维数据可视化方法直接应用于三维数据，往往会造成可视化元素在空间中的重叠和屏蔽，从而丧失一部分表达数据的能力。

类似于二维数据可视化的等值线提取和颜色映射方法，三维数据可视化的方法最常用的有等值面绘制方法和直接显示三维空间数据场的直接体绘制方法两类。这两类技术支持用户直观方便地理解三维空间场内部感兴趣的区域和信息。图 12-11 所示为手掌信息的三维可视化。

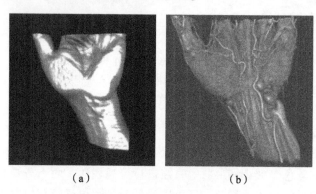

（a）　　　　　　　　　（b）

图 12-11　手掌信息三维可视化

下面具体介绍等值面绘制和直接体绘制这两种方法。

（1）等值面绘制。等值面绘制是一种使用广泛的三维标量场数据可视化方法，它利用等值面提取技术获得数据中的层面信息，并采用传统的图形硬件面绘制技术，直观地展现数据中的形状和拓扑信息。在三维上的等值面提取方法是移动立方体法。在三维规则网格中，空间被分成单元立方体，称为体素，每个立方体有 8 个顶点。根据每个顶点和等值的大小关系，三维等值面在单元立方体中的结构可分为 256 种。类似于移动四边形法，可以通过旋转和对称等变换将 256 种情形归结为 15 种，如图 12-12 所示。

移动立方体法计算简单，易于理解，适合并行处理，能够有效地表达三维标量场的特征表明信息，而且可以推广到其他形状的区域，如三角形、四面体以及其他不规则网格结构。但对于形状较小、结构复杂、存在噪声等无法利用几何形状准确描述的特征，容易产生大量散乱的三角形或存在漏洞的网格，不

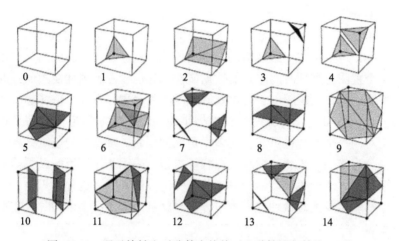

图 12-12　通过旋转和对称等变换将 256 种情形归结为 15 种

适用三维标量场的特征分析和可视化。

（2）直接体绘制。直接体绘制不提取几何表示，直接呈现三维空间标量数据中的有用信息。它像 X 光一样穿透整个空间，以模拟光学原理的方式将物质分布、内部结构和信息的分布以半透明的方式表达。由于不需要几何表示，直接体绘制并不假设数据场中存在有意义的边界或层面。从算法流程上看，直接体绘制的本质是将三维数据投影到二维。

（四）时间序列信息可视化

1. 时序数据的特点

时间序列数据是指任何随时间而变化的数据，如内燃机燃烧过程、神经元激活过程、同一病人多次 CT 图像和连续的超声波扫描等。时间和空间在物理属性与感知上有较大区别。在空间中观察者可以自由地探索各个方向，随时回到之前经过的地点，并识别数据之间的各种模式；与此不同，时间只向一个方向流逝，不能回到以前，而人对时间上的模式也并不敏感。举个例子，如果将一首乐曲倒过来播放，很少有人能分辨出原始的乐曲。很多可视化方法将时间和空间维度用同一种方法处理，而诸多时间和空间维度的差异让这类方法往往不能有效地展示数据。对时间序列数据还需要了解它们在时间维度上的属性，有针对性地选择可视化方法。

2. 时序数据可视化

（1）周期时间可视化。不同类别的时序数据需采用不同可视方法来表达。标准显示方法将时间数据作为二维的线图显示，横轴表示时间，纵轴表示其他的变量。

（2）日历可视化。人类社会中时间分为年、月、日、小时等多个等级。因此，采用日历表达时间属性，与人们习惯更为一致。将日期和时间看成两个独立的维度，可用第三个维度编码与时间相关的属性。以日历视图为基准，也可在另一个视图上展现时间序列的数据属性，日历视图和属性视图通过时间属性进行关联。从日历视图上，可以观察季度、月、周、日为单位的趋势。

（3）时间线可视化。类似于叙事型小说，时序数据中蕴含的信息存在分支结构。对同一个事件也可能存在多个角度的刻画。按照时间组织结构，这类可视化可分为线性、流状、树状、图状等类型。采用基于河流的可视隐喻可展现时序事件随时间产生流动、合并、分叉和消失的效果，这种效果类似于小说和电影中的叙事主线。这种叙事主线方法早就被用来表示多个同时发生的历史事件进展。

（4）动画显示法。对时序数据最直观的可视化方法是将数据中的时间变量映射到显示时间上，即动画或用户控制的时间条。通常在动画中数据时间段均匀地映射到播放时间段。例如，采样间隔1h，总共48h的气象数据可以用0.5s更新一帧的速度在24s内播放。自动播放的缺点是用户缺乏对可视化的控制，无法对感兴趣的数据值点进行观察。因此，可以在动画播放中加入暂停、快进、慢进等功能，或者用时间条让用户任意掌握播放进度。人对时间的感知能力相对空间较弱。在空间中人可以从不同方向观察数据得到同样的理解，而在时间上感知通常是单向的，如理解倒放的电影很困难，而很少人能辨认出倒放的乐曲。因此，基于动画形式的可视化对表示数据有一定的局限性。

（5）时空坐标法。如果将时间和空间维度同等对待，可以将时序数据作为空间维度加一维显示。例如，一维空间中的时序标量数据可以在二维中表示。在可视化映射时可以变化二维平面的高度或使用二维平面上的颜色。这种方法的优点是将空间和时间上的数据放在一个统一的空间中显示，有利于观察时空模式和特征。其缺点是时间需要占用一维显示空间。

（6）邮票图表法。当数据空间本身是二维或三维时，直接将时间映射到显示空间会造成数据在视觉空间中的项叠。一种简单的方法可以解决这个问题，即邮票图表法。邮票图表法避免采用动画形式，是高维数据可视化的标准模式之一。由于方法直观明了，表达数据完全，读者只需要熟悉一个小图的地理区域和数据显示方法，便可类推到其他小图上。该方法的缺点是缺乏时间上的连续性，难以表达时间上的高密度数据。

二、网络信息可视化

网络信息表现自由、复杂的关系网络，如计算机网络中的路由关系、社交网络里的朋友关系、协作网络中的合作关系。此外，非同类的异构个体之间的关系也可表达为网络关系。例如，通过用户对电影打分而形成的用户—电影关系；从该关系中衍生的有相同兴趣爱好的用户—用户关系；受到相同用户喜欢的电影—电影关系。

网络的节点中心性是网络的重要属性，包括多个指标：以度为衡量标准的度中心性；以节点在最短路径上出现次数为衡量标准的中介中心性；以节点到所有其他节点距离和的倒数为衡量标准的接近中心性；衡量节点在图中影响力的特征矢量中心性等。节点中心性广泛应用于社交网络分析、路由网络分析。

分析网络信息的核心是挖掘关系网络中的重要结构性质，如节点相似性、关系的传递性、网络的中心性等。相应地，可视化方法应能清晰表达个体之间关系及个体的聚类关系的网络结构。主流网络数据可视化方法按布局策略分为节点链接法、相邻矩阵布局和混合型三种。

（一）节点链接法

节点链接法是网络的直观表达：节点表示个体，连接节点的边表示个体之间的关系。常用的节点链接法有力引导布局和多维尺度（MDS）标记布局，两种布局的目标都是用节点在低维空间的距离表达个体之间的相似性。节点链接法对关系稀疏的网络表达较好。但在处理关系复杂的网络时，边与边形成大量的交叉，导致严重的视觉混乱。

网络的节点链接法采用节点表达数据个体，链接（边）表达个体间的关系，易被用户理解和接受。由于关系数据的节点不存在位置信息，如何通过节点的布局表达个体的相似性（也就是关系亲疏程度）是节点链接法的核心问题。节点在低维空间（平面）上的距离应尽量体现节点之间的相似性。

1. 力引导布局

力引导布局的核心思想是采用弹簧模型模拟动态布局的过程，使得最终布局中节点之间不相互遮挡，比较美观，同时能够反映数据点之间的亲疏关系和网络的重要拓扑属性，如图 12-13 所示。力引导布局能直观得出网络中的重要拓扑属性，如中心性（这里体现了度中心性和中介中心性）和社区。①

力引导布局算法以质点为节点，弹簧为边，质点之间受到弹簧的弹力而拉近或弹开，经过多次迭代后达到整个布局的动态平衡。随后"力引导"的概念被提出，引入质点之间的静电力，弹簧模型被更一般化的能量模型替代，通过最小化系统的总能量达到优化布局的目的，最终演化成现在的力引导布局或

____

① 于静，郭晶晶，刘燕兵，等．一种基于力导引算法的图数据可视化布局优化方法：CN107818149A[P]．2017-10-23．

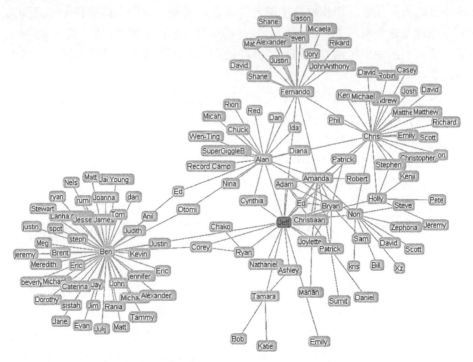

图 12-13　力引导布局算法示例

力导向布局算法。

2. 多维尺度布局

力引导布局方法的局部优化使得在局部区域内点与点之间的距离能够较忠实地表达内部关系，但却难以保持局部与局部之间的关系。多维尺度（MDS）布局正是为了弥补力引导布局的局限性。它将节点数据看成高维空间的点，采用降维方法嵌入低维空间，力求保持数据之间的相对位置不变。该方法本质上追求全局最优，即保持整体的偏离最小，这使得 MDS 的输出结果更符合原始数据的特性。

3. 其他节点链接布局

针对不同的数据特性，出于不同分析目的，可采用不保持节点相似性的节点链接布局。例如，具有内在层次结构的网络数据可视化可以扩展层次数据节点链接布局，形成回路图；采用弧长链接图（arcdiagram）表达具有时间顺序或线性顺序的网络数据，其中圆弧表达不相邻时间的数据之间的关系，如图 12-14 所示；以正交布局表达具有地理位置信息的道路交通；采用基于属性的布局（或基于语义的布局）表达有多个属性的数据点之间的网络关系，如 PivotGraph 方法按数据的两个类别属性维度聚合，表达数据相对于这两个类别属性的分布，如图 12-15 所示。出于不同分析目的，可采用不保持节点相似性的节点链接布局。

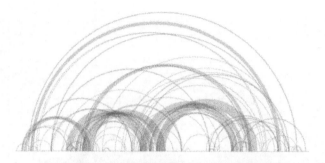

图 12-14　用弧长链接图表达的 HTML 链接跳转

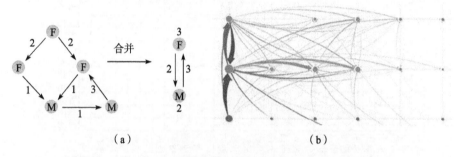

图 12-15　PivotGraph 按属性类别对数据聚合的方法示意图及结果

（二）相邻矩阵布局

相邻矩阵法采用 $N×N$ 的矩阵表现 N 个个体之间的两两关系，个体之间的相似性用颜色编码。相邻矩阵可解决关系密集网络采用节点链接法可视表达的边交叉问题，但是不能有效表达网络拓扑结构，往往需要结合交互手段，因此，在表达关系的传递性及挖掘网络社区、中心性的效率上不如节点链接法。

相邻矩阵法（adjacency matrix）采用大小为 $N×N$ 的相邻矩阵表达 N 个节点之间的两两关系，这里以图 12-16 的城市交易相邻矩阵表达城市之间的网上交易物流关系为例。矩阵行列均按节点顺序排列，位置表达第 i 个节点和第 j 个节点之间的关系，位置是第 i 个节点本身，可以记为 0 或标记其他属性（如节点的重要性），图中表达为同城交易情况。无向网络位置和位置的值相等，矩阵对称；有向网络不对称，图中的收货-发货物流关系是一个有向网络。无权重网络只表达关系是否存在，是一个 1 与 0 的二元矩阵；带权重的网络用矩阵内的值表达节点间的关系亲疏，图中则表达城际交易与物流的发达程度。

相比节点链接法，相邻矩阵能够如实记录任意两节点之间的相互关系，不

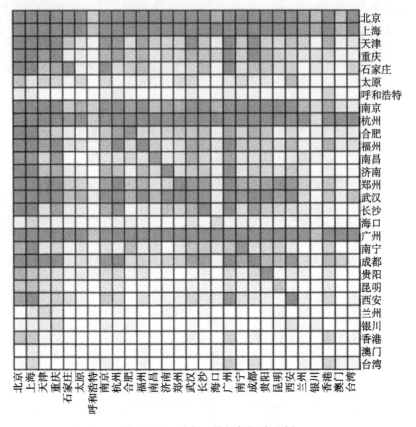

图 12-16　城市交易相邻矩阵示例

会引起可视元素的交叉重叠，但网络拓扑结构欠清晰。因此，相邻矩阵布局的核心问题是如何揭示网络的拓扑性质（如社区和路径）。常用的算法包括排序和路径搜索两类。

相邻矩阵法排序的目标是将关系紧密的节点聚集，在矩阵中形成数据块（block），从而呈现网络中的聚类信息。节点排序问题也称为序列化问题，在矩阵节点序列的排列中找到使代价函数最小的排列方式称为最小化线性排列，是一个 NP 问题。现有的相邻矩阵排序算法有基于图论的算法、基于稀疏矩阵的算法和谱分解算法三种。基于图论的算法按点的度（degree）进行排序，或者指定一个根节点运用树的遍历算法（宽度优先、深度优先等）；基于稀疏矩阵的算法应用稀疏矩阵计算的技巧减少计算开销，但是算法依赖图的稀疏性；谱分解算法利用图的拉普拉斯矩阵的谱性质求解，计算稳定，但开销较大。

三、文本信息可视化

文本是人类信息交流的主要传媒之一，文本信息在人们日常生活中几乎无处不在，如新闻、邮件、微博、小说和书籍等。面向海量涌现的电子文档和类文本信息，利用传统的阅读方式解读电子文本的方式已经变得越来越低效。因此，利用可视化和交互的方式生动地展现大量文本信息中隐含的内容和关系，是提升理解速度、挖掘潜在语义的必要途径之一。文本可视化是信息可视化的主要研究内容之一，它是指对文本信息进行分析，抽取其中的特征信息，并将这些信息以易于感知的图形或图像方式展示。文本可视化结合了信息检索、自然语言处理、人机交互、可视化等技术，可谓信息时代沟通的润滑剂。

一千个读者，他们的心中就有一千个哈姆雷特。对于同一篇文档或同一个文档集，不同的读者对其中信息的理解和需求也各不相同，如文章的关键字以及所要表达的主题，一个文档集合中各个文档之间的关系，文章的主题随着时间迁移的演化规律。除了需求的多样性，文本的类别也多种多样，如单个文档、由多个文档组成的文档集、具有时间标签的时序文档等。面向这些差异，人们提出了各类文本可视化方法，包括普适性文档可视化方法、针对特定文本类别与分析需求的可视化方法。

（一）文本可视化基础

1. 文本可视化基本流程

文本可视化基本流程包括三个主要步骤，即文本处理、可视化映射和交互操作。整个过程应围绕用户分析的需求设计。

（1）文本处理。文本处理是文本可视化流程的基础步骤，主要任务是根据用户需求对原始文本资源中的特征信息进行分析，如提取关键词或主题等。对文本原始数据进行处理主要包括文本数据预处理、特征抽取和特征度量三个基本步骤。

（2）可视化映射。可视化映射是指以合适的视觉编码和视觉布局方式呈现文本特征。其中：视觉编码是指采用合适的视觉通道和可视化图符表征文本特征；视觉布局是指承载文本特征信息的各图元在平面上的分布和呈现方式。

（3）交互操作。对同一个可视化结果，不同用户感兴趣的部分可能各不相同，而交互操作提供了在可视化视图中浏览和探索感兴趣部分的手段。

2. 向量空间模型

向量空间模型是自然语言文本最常用的形式化表示模型。它的主要思路是将一个文档转换为一组高维空间的特征向量，由该组特征向量构成文档的特征向量空间。在此基础上，可对文本进行计算和度量，如文档相似性计算、文档的分类与聚类等。下面介绍向量空间模型的两个基本概念：特征项与特征项权重。

（1）特征项。特征项是文本中可抽取的最小的度量单元，如字、词、词组或短语等，每篇文档都可以由若干个特征项所形成的一组特征向量表示。这些特征项通常使用上一小节中讲述的分词与词干提取技术来获取。

（2）特征项权重。特征项权重是指某特征项在文档中所占的权重，同一个特征项对不同文档的重要性不尽相同。例如，"科比"（著名篮球巨星）这个词在篮球类的体育新闻文本中出现频数较高，而在足球类的体育新闻文本中出现频数较低，这也从侧面反映了不同的文档所侧重的主题不一样。因此，特征项相对于文档的权重可有效地刻画文档的主题结构。一种最简单直观的方法是将每个特征项在文档中出现的频数作为该特征项在文档中的权重：频数越大，该特征项对于该文档的重要性越高，因而也越能代表该篇文档，反之亦然。这样得到的由一组特征项以及特征项在文本中出现的频数所组成的向量称为该文本的词频向量。词频向量是最简单也是最常用的刻画文档的特征向量。下面以著名印度诗人泰戈尔的诗篇 "The furthest distance in the world" 作为示例讲述词频向量的计算：

> "The furthest distance in the world
> Is not between life and death
> But when I stand in front of you
> Yet you don't know that
> I love you
> The furthest distance in the world
> Is not when I stand in front of you
> Yet you can't see my love
> But when undoubtedly knowing the love from both
> Yet cannot
> Be together
> The furthest distance in the world
> Is not being apart while being in love
> But when plainly cannot resist the yearning
> Yet pretending
> You have never been in my heart
> The furthest distance in the world
> Is not but using one's indifferent heart
> To dig an uncrossable river
> For the one who loves you"

上述一段文本中共有 115 个单词，经过分词与词干提取后，得到可以表述该段文本的一组词频向量，表 12-1 所示为该词频向量的一部分。

表 12-1　词频向量示例

单词	far	distance	I	you	heart	world	love
频数	4	4	3	7	2	4	5

不难看出，词频向量存在一个明显的问题：文本长度越长，某个单词出现的频数可能越大。如果仅使用词频向量进行文档间的比较或相似性计算，并不反映实际情况。为排除文本长度对于文本主题表达的影响，可根据文本的长度对单词出现的频数进行归一化，即用单词出现的频数除以文本的总单词数得到该单词在该文本中的频率，即单文本词频（Term Frequency，TF）。例如，一篇文本中共有 1000 个单词，而 "iphone" 和 "application" 两个词分别出现了 20 次和 30 次，则 "iphone" 和 "application" 的词汇频率分别为 0.02 和 0.03。

在一个由多个文档组成的文本集合中，某个单词的权重计算应该不仅仅和单词在单个文本中的频率有关，也应和其在整个文本集合中的分布有关。以 "iphone" 和 "application" 两个单词为例。若一篇文档出现了 "iphone"，则极有可能与苹果公司或智能手机等主题相关。若一篇文档中出现了 "application"，则无从得知该篇文档是否与移动手机应用、计算机终端应用或 Web 应用相关。这是因为 "application" 比较通用，在许多领域的文本中都会出现，而 "iphone" 的针对性较强，一般只出现在与苹果公司和智能手机领域相关的文本中。这也表明，不同的词对文本的区分能力不同。因此，在计算特征词的权重时，应将该特征词对文本的区分能力考虑在内，即如果一个词在整个文本集合或语料库中出现的频率较高，那么该词对于单个文本的区分能力则不高，其权值应该较低，反之亦然。这就引出了 "逆文本频率"（Inverse Document Frequency，IDF）的概念：如果一个文档集合中共有 D 篇文档，而单词 w 在其中的 D_w 篇文档中出现过，那么单词 w 的 IDF 值为 $\log(D/D_w)$。

结合上述的 TF 与 IDF 的定义，即可获得 TF-IDF 权重度量：$\text{TF-IDF}(w) = \text{TF}(w) \times \log\left(\dfrac{D}{D_w}\right)$。其中，w 是某一个单词，$\text{TF}(w)$ 是单词 w 在某个单文本中的词频，而 D_w 是出现了单词 w 的文本数，D 是总文本数。

TF-IDF 在文本搜索、分类和其他相关领域应用广泛，被公认为信息检索领域最重要的发明之一。TF-DIF 值反映了一个词在文档中的相对重要性，这也符合人们对词的重要性的直观认识：一个词在越少的文档中出现（越低的

DF 值），而在单个文档中出现得越多（越高的 TF 值），则表明这个词的相对重要性越高，可区分文本能力越强。

基于向量空间模型，采用不同的测度可有效解决不同的文本分析问题，如自动识别与特定主题或内容相关的文本。本质上，文档相似性和查询都可通过采用特定的测度计算文档特征向量之间的相似性来解决。

向量空间模型还可帮助用户从不同层次快速理解整个文档集合的主题或主要内容，包括文本的特定模式或结构、文档的主题或主题在整个文档集合中的分布等。这通常需要将文本中的结构、主题或文档中的关联进行视觉编码，并呈现在二维空间。

（二）文本可视化方法

1. 单文本内容可视化

（1）标签云。标签云又称为文本云（text cloud）或单词云（word cloud），是最直观、最常见的对文本关键字进行可视化的方法。标签云一般使用字体的大小与颜色对关键词的重要性进行编码。越重要（权重越大）的关键词的字体越大，颜色也越显著，如图 12-17 所示。[1]

图 12-17　标签云图

（2）单词树。单词树不仅能可视化关键词，还能可视化文档中的语句上下文信息。其中，树的根节点是用户自选定的感兴趣的单词或短语，而树的各个分支则是与根节点处的单词或短语有上下文关系的词组、短语或句子。字体大小反映每个词项或短语在文本中出现的频率，如图 12-18 所示。

（3）Novel Views。Novel Views 方法使用简单的图形将小说中的主要人物

---

① 骆逸欣. 文本数据可视化之标签云［J］. 电子技术与软件工程, 2017（13）：197-198.

图 12-18　单词数

在小说中的分布情况进行可视化。

2. 多文档可视化

多个文档构成的文档集合蕴含的文本内容丰富，关系复杂，多文档可视化可帮助理解不同主题在文档集合中的分布、多文档之间的关系等隐藏的信息。这里介绍星系视图、主题山地和新闻地图三个多文档可视化的例子，其中，星系视图和主题山地分别用星系图和地形图的隐喻来刻画文档之间的关系，而新闻地图则是基于树图的布局对新闻文档进行分类并表达它们的相对重要性。①

（1）星系视图。星系视图将文档集合中的文档按照主题相似性进行布局，并采用宇宙星系的可视隐喻：单个文档是宇宙星系中的星星，其在视图中的位置按照某种相似性计算规则投影到二维平面中，主题越相似的文本距离越相近，反之亦然。其中，主题相似的文档（星星）在布局上聚拢成一个密集的星簇，每个星簇代表一类主题，星簇越密集表明属于该类主题的文档数量越多。

（2）主题山地。主题山地方法可看作星系视图的改进。该方法使用抽象的三维山地景观视图隐喻文档集合中各个文档主题的分布，其中高度与颜色用来编码主题相似的文档的密度，如图 12-19 所示。

（3）新闻地图（newsmap）。新闻地图使用树图的布局方式将新闻文本进

① 陈为，沈则潜，陶煜波，等 . 数据可视化［M］. 北京：电子工业出版社，2023.

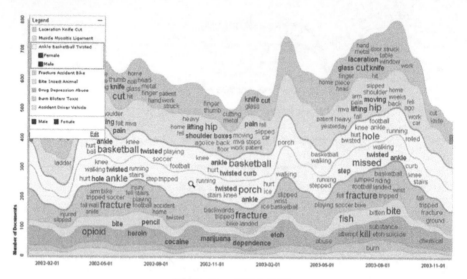

图 12-19　主题山地图

行归类与可视化。每个矩形代表一类主题，矩形的大小表示与该主题相关的新闻报道的数量。颜色用于编码主题的类别，如国际新闻、国内新闻、商业、科技等，而颜色的亮度则用于编码该主题出现的时间，亮度越高表明该主题出现的时间越近。新闻地图方法以层次结构整合大量的新闻文本，并对其中的主题进行抽取和归类。在如今信息泛滥的时代，该方法为用户提供了一种高效获取热点新闻的方法。

3. 时序型文本可视化

时序型文本通常是指具有内在顺序的文档集合，如一段时间内的新闻报道、一套丛书等。由于时间轴是时序型文本的重要属性，需重点考虑时间轴的表示与可视化。

（1）主题河流。主题河流是用于可视化时序型文本数据的经典方法。顾名思义，主题河流将主题随着时间的不断变化发展隐喻为河流的不断流动，属于流状图表示的变种。如图 12-20 所示，示例中每个主题用一条河流状的颜色带表示，横轴作为时间轴，某个时间点上河流的宽度表示与该主题相关的文本数量，数量越多，宽度越大。用户可直观查看每个主题随时间演化的情况，了解整体的主题走势，也可对比某个时间点上各个主题相关的文本数量。

（2）TIARA。主题河流方法并不能展示主题的内容如何随时间演化。TIARA 解决了这个挑战。TIARA 也采用了类似河流的隐喻，每条色带代表一个主题，其不同之处在于，TIARA 采用标签云技术展示每个时间点上的关键词，字体越大，表明该时间点上与该关键词出现的频率越高。

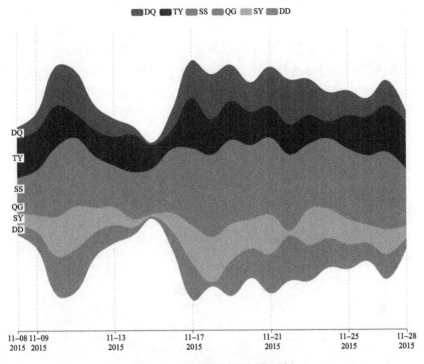

图 12-20　主题河流可视化示例

（3）文本流（text flow）。主题河流和 TIARA 方法都是针对单个主题随着时间的演化进行可视化，然而，在实际应用中，文本的主题往往不是独立演化的，在新闻事件中，常常是多个事件或主题相互影响。因此，为了能够展示多个时序型文本的主题之间如何互相影响，人们提出了文本流的方法，如图 12-21 所示。

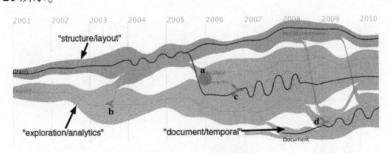

图 12-21　文本流图

其中，每个河流形状的颜色带表示一个主题，横轴作为时间轴，河流的宽度表示在某个时间点上与该主题相关的文档数量。在此基础上，文本流可视化方法使用了支流来隐喻主题之间的相互融合或分离。河流中的每条曲线表示一个贯穿主题的关键词，当多条附着关键词的曲线以波浪的形式交错时，表示这些关键词同时出现。另外，为了让用户能够了解主题相互融合或者分离的原因，文本流方法利用算法抽取出主题的产生、结束、合并和分离四种关键事件，并用相应的符号进行标记，如示例中的 a，b，c，d，以方便用户进一步探索和分析。

第十三章
军事信息安全保密技术

随着信息技术的发展，维护军事信息系统安全的难度越来越大，信息安全保密问题越来越突出。未来军事斗争将首先在信息领域展开，并全程贯穿着信息战。信息安全保密将成为赢得战争胜利的基础和重要保障。加强信息安全保密研究，营造信息安全保密氛围，既是时代发展的客观要求，也是做好"打赢"准备的迫切需要。

第一节　军事信息安全保密概述

信息安全保密作为"信息"这一基本概念的衍生物，是军事秘密、军事保密在信息时代的新发展。因此，研究信息安全保密必须首先理解军事秘密、军事保密的概念和内涵。

一、军事秘密

军事秘密通常是指涉及国防、军队安全和利益，对外不能公开的事项。《中国人民解放军保密条例》（以下简称《保密条例》）第二条明确规定："军事秘密是关系国家军事利益，依照规定的权限和程序确定，在一定时间内只限一定范围的人员知悉的事项。军事秘密是国家秘密的重要组成部分。"它随着战争和军队的产生而产生，随着战争和其他军事实践以及军事技术的发展而变化。

（一）构成要素

界定军事秘密包含三个必不可少的构成要素。首先是衡量标准。军事秘密必须是不宜公开而且关系到国家军事利益的事项，这些事项一旦公开或泄露，就会使国防、军队安全与利益受到损害。其次是时空界限。军事秘密在时空上都有明确的期限和范围，即军事秘密在一定时间内只限一定范围的人员知悉。最后是定密程序。军事秘密的确定，必须由具备相应权限的单位和人员，按照法定程序进行。上述三要素是构成军事秘密的必要条件，必须同时具备，缺一不可。

（二）军事秘密的等级

军事秘密等级亦称密级。军事秘密按其内容的重要程度和对国防建设的利害关系，分为绝密、机密、秘密三个密级。

绝密级是军事秘密中的核心部分，如被敌方获悉，将对国防和军队的安全与利益造成特别严重的危害。

机密级是军事秘密中较为重要的部分，如被敌方获悉，将对国防和军队的安全与利益造成严重危害。

秘密级是军事秘密中一般的部分，如被敌方获悉，将对国防和军队的安全与利益造成一定的危害。

凡不属于军事秘密范围，但又不能对军外公开，仅限于军内人员知悉的文件、资料、书报、刊物、电影、录像、录音等，一般只标定"内部使用"字样，如内部文件、内部刊物、内部教材和内部电影等。

（三）军事秘密的保密期限

军事秘密的保密期限，通常根据事项的性质和特点，按照维护国防安全和军事利益的实际需要确定。

军事秘密能够确定具体保密期限的，应当确定具体保密期限；不能确定具体保密期限的，应当确定解密的条件；既不能确定具体保密期限又不能确定解密条件的，保密期限按照绝密级 30 年、机密级 20 年、秘密级 10 年确定。

对确需永久保密的事项，应当将其保密期限确定为"长期"。

二、军事保密

军事保密指的是为保护军事秘密安全，保证军事秘密不被窃取、泄露所采取的各种措施，以及为此而开展的一系列活动。《保密条例》第三条规定："全军所有单位和人员都有保守军事秘密的义务。"其主要内容包括确定保密政策、开展保密教育、制定保密法规、实施保密管理、建设保密设施、净化保密环境、惩治窃密泄密行为等。

军事保密的基本要求是：控制知密范围，防范窃密活动，消除泄密隐患，确保军事秘密安全。

军事保密工作必须精心组织实施，做到滴水不漏、万无一失，不允许有任何的麻痹大意和疏漏懈怠。特别是在信息化条件下，信息成为战争制胜的首要因素。"发现即摧毁"从另一个侧面反映，保密已经成为信息化建设的重要内容，是打赢信息化战争的重要屏障。与以往任何时代相比，信息时代的保密地位更加重要，任务更为艰巨。

三、信息安全保密

随着信息技术的发展，军事领域的变革，军队保密工作发生了深刻变化，保密从保信息的隐秘延伸到保信息完整、可用、可控等整体安全，从保信息的安全延伸到保信息系统的安全，保密的内涵、外延显著拓展。

信息安全保密是传统保密的逻辑发展，正如信息时代的战争形态主要表现为信息化战争一样，军队信息安全保密是军事保密在信息时代的新发展和主要表现形态，可以说其本质上就是信息化条件下的保密。

（一）信息安全的定义

信息安全有广义与狭义之分。狭义的信息安全是指数据的安全，就是保护数据的机密性、完整性、可用性、可控性；广义的信息安全包括数据安全与控制安全，涉及实体安全、运行安全、数据安全、管理安全和信息对抗等五个方面。

（二）信息安全保密的含义

信息安全保密是指在信息化条件下秘密信息在产生、传输、处理和存储过程中不被泄露或破坏。信息安全保密是一个内容宽泛的概念，以抵御技术窃密与破坏、保护秘密信息及信息系统安全、防止泄密为主要目的的信息安全保密，已成为军队保密工作的主体，直接关系到国防与军队建设全局和未来战争的胜负。

信息安全保密通常有三层含义：一是涉密信息系统安全，即实体安全和系统运行安全。二是系统中的秘密信息安全，即通过对用户权限的控制、数据加密等确保信息不被非授权者获取和篡改。三是管理安全，即用综合手段对信息资源和系统安全运行进行有效管理。计算机网络是信息化的主要特征，因此信息安全保密通常理解为网络信息安全保密。

（三）信息安全保密的属性

信息安全保密应确保信息的机密性、完整性、可用性、可控性和不可否认性。

1. 机密性

信息在产生、传输、处理和存储的各个环节都有泄密的可能，因此要严密控制各个可能泄密的环节，使信息不会泄漏给非授权的个人或实体。

2. 完整性

完整性是指信息在存储或传输过程中不被修改、不被破坏、不被插入、不乱序和不丢失，保证真实的信息从真实的信源无失真地到达真实的信宿。破坏信息的完整性是对信息安全发动攻击的重要目的之一。

3. 可用性

可用性是指保证信息确实能为授权使用者所用，即保证合法用户在需要时可以使用所需信息，防止由于主客观因素造成系统拒绝服务，防止因系统故障或误操作等使信息丢失或妨碍对信息的使用。

4. 可控性

可控性是指信息和信息系统时刻处于合法所有者或使用者的有效掌握与控制之下。例如，对境外向我传播的不良信息以及企图入侵内部网的非法用户进行有效的监控和抵制；对越权利用网络资源的行为进行控制；必要时可依法对网络中流通与存储的信息进行监视。

5. 不可否认性

不可否认性是指保证信息行为人不能否认自己的行为。

第二节　军事信息安全保密主要方法

信息安全保密需要多种方法手段及相应设备、设施的支撑与保障，包括防窃听与防侦听、防窃照与防复印、防病毒与防黑客、防电磁辐射与防介质泄漏等，无一不与信息安全保密息息相关。

一、防窃听与防侦听

窃听与侦听是获取对方情报的重要途径，因而防窃听与防侦听是信息安全保密的重要组成部分。

（一）防窃听

随着窃听技术的发展，防窃听技术及设备也相应发展。防窃听设备主要有计算机控制电话分析仪、保密电话机、无线窃听器搜寻仪、PN 结探测仪，以及各种窃听报警器等。

1. 防有线窃听

有线窃听主要是电话窃听或搭线窃听。防电话窃听的主要手段有安装电话窃听报警器、利用电话分析仪探测窃听器、采用语音保密技术等。

电话窃听报警器，可以对安装在电话系统中的大多数录音机、窃听器（包括无线电窃听器）、"无线电发送器"等发出报警信息。

2. 防无线窃听

防无线窃听主要是依靠探测无线窃听器的设备。目前，这种设备主要有无线窃听报警器、无线窃听器探测仪、PN 结探测器等。

3. 防激光窃听

激光窃听器将激光发射到房间窗户玻璃，或者室内的一些物品，如文件柜、衣架和挂图等，通过反射回来的激光信号解调出室内声音信号，借以窃听室内的谈话。由于无须在被窃听的房间安装任何窃听器就可以窃听，从而克服了在那些无法进入的场所安装窃听器的困难。同时，由于发射的是人眼极难察觉的红外激光，它不仅在白天可以使用，夜间也可以使用。防激光窃听从原理上讲主要掌握两个要素：一是防止激光射入目标房的窗玻璃上；二是破坏反射体随声音的正常振动。

（二）防侦听

无线电通信侦听与反侦听是对立统一的两个方面，它们互相对抗，共同发展。无线电通信侦听主要是利用电波传播、信号及联络来实施侦察，它能够在不知道敌方通信地点、通信制度、工作频率、调制方式、记录方法等情况下，实施并完成无线电通信侦听任务。反侦听涉及通信对抗、电子对抗等多方面内容，是一个复杂的系统工程。这里仅介绍其主要方面。

1. 信号隐藏

防侦听的技术主要依赖保密通信。保密通信是经常采用的一种对抗无线电通信侦察的方法，它是对通信内容采取特殊措施，从而隐蔽其信息的真实内容，以防止对方和无关人员获知的一种通信方式。

2. 信道保密

信道是信号传输的渠道。电缆、光纤通信要比无线通信保密。秘密通信如能用有线、光纤，就不用无线通信。目前，国际间的公用通信网，由于受官方的严格控制和电信管理部门多方面的检测，无论何种信道均易被截听，而且比侦听无线电通信更直接、更方便、效果更好。使用公用通信网通信主要靠密码保密。

二、防窃照与防复印

随着科学技术的发展，照相和复印也在采用现代光学、光电子学等先进技术，并用于搜集对方情报，窃取秘密信息。因而，防窃照、防复印也是信息安全保密的重要环节。

（一）防窃照

防窃照的方式很多，主要有以下两种：

1. 军事场景的防窃照

景物的防窃照，通常用的方法有遮障、伪装、造假。任何先进的侦察照相技术，都有可防的一面。以侦察卫星为例，可针对卫星的运行规律，实行机动回避。

2. 军事文件防窃照

（1）全息显微点。利用激光技术将文件缩成全息显微点，显微全息文件可以用不同种类的激光器和不同波长的激光进行写入。用专门的激光技术进行写入和读出，可以配备专门的自动寻找阅读和复制设备。这些设备均采用光学原理，不产生电磁辐射，无法复印和一般拍照。

（2）隐形印刷术。隐形文字可以用特种油墨印刷，用肉眼看不见文字，阅读时要专门进行显示。隐形印刷可以制成不同的技术等级，由简单易行到复杂难解。一般照相对它毫无办法，可以很好地达到防窃照的要求。

（二）防复印

防复印有以下几方法：

（1）文件缩微。用光学方法将文件微型化，文件缩小到透明或不透明的银盐卡片上。这是一种透明缩微卡片的复印件。从复印的效果看，这种卡片式文件是不能被复印的。

（2）特种纸张加网点。在纸的表面涂有或纸浆内含有能反射复印机光源的化学物质，或者能产生强荧光的化学物质。加印的网点和文字有匹配关系，字大网点大，字小网点小。

（3）纸张加膜。纸张加膜的原理是在印有文件的纸表面上涂布一层强反（折）光层，有的用两层纸或薄膜，上层印刷非正式文件，下层印刷正式文件。上层透明且薄，和膜相近。当光照射文件时，同时也照射到反光层物质上，由于反射的无规则性，使文字变模糊。

（4）使用特种光敏纸。使用特种光敏纸的原理是将光色互变物质涂在纸上，在复印机光源照射下，该物质变成深色（黑色或深蓝色），掩盖了原来的文字。去掉光照，变色物质恢复原来颜色。光变色的波长要和复印机的光源波长相匹配，响应的时间要短。在平常环境中有相应的波长光线，当达到一定强度时，物质一也会慢慢变色，这种文件不能长期保存。

（5）技术性管理。为了防止秘密文件被窃，要强化技术性管理。文件阅读完以后，可采用一次性的不易仿制和复制的材料密封，如贴上含有全息图的封密胶条，该胶条一旦贴上就不能完好地揭下来，揭取时全息图毁坏不能复原；用带有金属钩钉的胶条密封文件，如果启封，钩钉就会破坏文件；在文件上涂上感光的暗号，一经复印可以查出；使用专用复印机管理卡，只有持卡人才能开启机器，复印机能自动记录复印的时间和复印文件的份数。

三、防病毒与防黑客

（一）防病毒

1. 适时检测

在感觉机器运行速度很慢或有死机等异常现象出现时，首先应考虑用正版的防病毒软件，对所使用的微机和存储介质进行实时检测。当发现病毒时，应先把带毒文件做一个备份，然后再开始清除病毒。清除成功后，可将备份的带毒文件删除。在清除病毒时，应尽量选用那些心中有数的防病毒软件。

2. 实时监测

实时监测软件或病毒防火墙软件可以随时发现病毒，以利于将其清除。网络防病毒的整体性很强，因此，在网络上安装运行的软件产品，必须能够保证网络上的每台机器（包括服务器和客户端工作站）都要在防病毒产品的实时监测下工作，以确保网络的整体防御能力，创造一个比较干净的系统环境。计算机一般应实时监测。

3. 对病毒事件进行必要的安全审计

用户有义务报告发现病毒的有关情况，系统管理员应追查出现的各种病毒事件。要制定网络系统检测、清除病毒的实施计划。定期或随机检测防病毒的薄弱环节，及时清除病毒程序。

（二）防黑客

在对计算机网络的种种威胁中，以黑客破坏的危害性最大。防范黑客的要点有以下几个：

1. 提高网络安全意识

目前，从网络受到的黑客攻击来看，绝大多数是因为网络自身存在破绽。网络一旦接入因特网，就意味着它要接受来自世界各地黑客的考验。有的网络几乎没有任何防范措施，一些黑客略施小技，就会频频找出网络的漏洞。正是由于疏忽大意和缺少最起码的防范意识，才使得黑客能够侵入网络，使得那些即使是刚入道的黑客也可以从网络上"满载而归"。因此，在建"网"和用"网"的同时，必须加强对黑客的防范意识，采取必要的防范措施，把黑客拒之于网络之外。

2. 加强入口管理

加强网络的入口管理是对付黑客的关键手段。关于网络的入口管理，目前主要的技术有：一是加密，即按照确定的加密变换方式使未加密的明文变成不同的密文；二是键盘入口控制系统，一般包括锁和键盘，用户只有按下一组正确的键码，才能打开锁和其他机械结构；三是卡片入口控制系统，包括智能卡和红外卡，这些卡上预先存有密码，能有效地防止黑客入侵；四是生物特征入口控制系统，它能通过识别用户的生理特征或行为特征允许合法用户进入；五是逻辑安全控制系统，它是指直接对用户或通过网络对用户的存取进行控制，当用户试图进行存取访问时，除非提供正确的身份，否则其通信将受到阻止。

3. 开发先进的网络安全技术和安全产品

自主开发先进的网络安全技术和安全产品是防止黑客入侵的根本性措施。网络安全产品应当采用经过国家主管部门认证过的产品。特殊情况下，需要购买国外网络安全产品时，应当购买我国主管部门批准进入中国市场的安全产品，并经过指定部门的严格测评。或者在购买后作必要的改进，以防止别有用心者利用安全漏洞窃取信息，给国家造成不必要的损失。

四、防电磁辐射与防介质泄漏

电磁辐射与介质泄漏是计算机及其网络系统泄密的两条重要途径，同样需要采取相应的防范技术和管理措施。

（一）防电磁辐射

计算机设备通过电磁辐射会造成敏感信息泄漏。信息辐射防护技术，就是针对计算机的信号辐射特性，运用一定的技术手段不让窃取方接收到计算机辐射的信号和复原出有关的真实信息。

具体来说，防电磁辐射有以下几项手段：

1. 信号源抑制

对电路和印制板的布局进行精心设计，使泄密的信号无法辐射出去，从而降低计算机设备的电磁辐射强度。

2. 辐射信号包容

使用电磁过滤和电磁屏蔽技术将杂散辐射控制在一定范围内。一般来说，由于电路设计不可能完全消除辐射，这种技术是不可少的。它也是降低计算机设备电磁辐射强度的重要技术。

3. 屏蔽技术

将计算机设备置于屏蔽室中，能达到防止电磁辐射传播的目的。屏蔽室用能够屏蔽电磁辐射的材料建成，将整个计算机系统放置其中。

4. 电磁辐射干扰

采用干扰器对计算机辐射进行电磁干扰，使窃收方难以提取视频信息。目前，干扰器的主要工作方式有噪声干扰、相关干扰和空间伴随加密干扰等。

5. 控制安全距离，降低计算机安放楼层的高度

电磁辐射的信号强弱与接收距离有关，距离越近，信号越强；距离越远，

信号越弱。因此，处理涉密内容的计算机比较集中的场所，应考虑放置在有围墙的院子中心，特别要注意远离马路，楼层越低越好，地下室最安全。

（二）防介质泄露

计算机磁介质存储了大量的信息和各种秘密，实际上成为一种以信息形式出现的资源。计算机磁介质在储存、传输的过程中，很容易遭到篡改、伪造、窃取、销毁等不法行为的威胁。

由于计算机磁介质应用频繁，携带方便，复制容易，所以给管理工作造成极大不便。有关单位应当在思想上高度重视，把磁介质的安全和计算机中心的安全放在同等的地位来对待。应当委派专人负责磁介质的安全，制定完善相关的规章制度。①要对磁介质进行分类。分类可以计算机磁介质信息的关键性、敏感性为标准，也可根据本一单位的具体情况来分类，并做出明显的分类标志。②要定期循环复制。磁介质存放较长时间后，上面记录的信息的准确性会受到影响。要根据磁介质存储的环境定期进行循环复制，以保证记录信息的可靠性。③归档文件要严格管理。新的磁记录文件要有完善的归档记录。归档文件要清楚、齐全，一旦投入运行，任何人不经批准不能增删、改动。④不得重复使用载有绝密信息的磁介质。要消除磁介质上的信息，一般是通过顺序重复写"0""1"或用消磁器来完成，但清除不可能彻底，磁介质上仍残留有信息。因此，记录绝密信息的磁介质只准使用一次。

第三节　军事信息安全保密关键技术

信息安全技术是与信息安全相关的多种技术构成的复杂基础技术体系，为军事信息系统安全提供全面的技术保障。一般来讲，基础技术体系主要包括密码技术、认证技术等，新兴技术包括区块链技术、零信任网络等。

一、密码技术

网络安全许多问题的解决都依赖于密码技术，密码技术不仅可以解决网络信息的保密性，而且还可以解决信息的完整性、可用性、可控性及抗抵赖性。因此，密码技术是保护网络信息安全的最有效手段，是网络安全技术的核心和基石。

在密码学中，需要变换的原消息称为明文。明文经过变换成为另一种隐蔽的形式称为密文。完成变换的过程为加密，其逆过程（密文恢复出明文的过程）称作解密。对明文进行加密时所采用的一组规则称为加密算法。对密文进行解密时所采用的一组规则称为解密算法。加密和解密操作通常在密钥的控制下进行，并有加密密钥和解密密钥之分。典型密码系统的组成如图 13-1 所示。

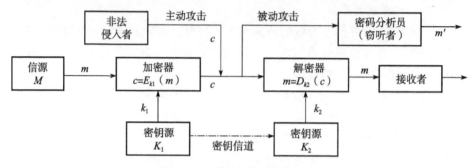

图 13-1　典型密码系统的组成

密码体制一般是指密钥空间和相应的加密运算的结构，同时也包含明文信源与密文的结构特征。这些结构特征是构造加密运算和密钥空间的决定性因素。密码体制从原理上可分为两类，即对称密码体制和非对称密码体制。

1. 对称密码体制

对称密码体制的加密密钥和解密密钥相同，或者虽然不相同但是由其中的任意一个可以很容易推导出另一个，对称密码系统如图 13-2 所示。

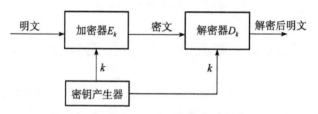

图 13-2　对称密码系统

对称密码体制的保密性主要取决于密钥的安全性，必须通过安全可靠的途径（如信使传送）将密钥送至接收端。如何产生满足保密要求的密钥是这类体制设计和实现的主要问题。另一重要问题是如何将密钥安全可靠地分配给通信对方。这在网络通信条件下更为复杂，包括密钥的产生、分配、存储、销毁等多方面的问题，统称为密钥管理。这是影响系统安全的重要因素，即使密码算法再好，若密钥管理问题处理不好，也很难保证系统的安全保密。

对称密码体制对明文消息加密有两种方式：一种是明文消息按字符（如二元数字）逐位加密，称为流密码（或序列密码）；另一种是将明文消息分组（含有多个字符），逐组进行加密，称为分组密码。

序列密码体制是军事、外交及商业场合使用的主要密码技术之一，也是各种密码体制中研究最为成熟的体制。

对称密码体制的主要原理是：以明文的位为加密单位，用某一个伪随机序列作为加密密钥，与明文进行"模2加"运算，获得相应的密文序列。在接收端，用相同的随机序列与密文序列进行"模2加"运算后便可恢复明文序列，序列密码体制的基本形式如图13-3所示。

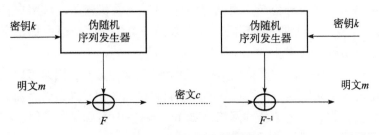

图 13-3 序列密码体制的基本形式

对称密码体制的优点是加/解密可以完全采用相同的算法实现，每一位数据的加密都与消息的其余部分无关，如果某一码元发生错误，不影响其他码元，即错误扩散小。此外，它还具有速度快、实时性好、利于同步、安全程度高等优点。

分组密码是在密钥的控制下一次变换一个明文分组的密码体制。它把一个明文分组空间映射到一个密文分组空间，当密钥不变时，对相同的明文加密就得到相同的密文。

在进行加密时，首先将明文序列以固定长度进行分组，具体每组的长度由算法设计者确定，每一组明文用相同的密钥和加密函数进行运算。分组密码加/解密过程如图13-4所示。

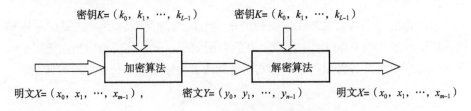

图 13-4 分组密码加/解密过程

与序列密码体制相比，分组密码体制在设计上的自由度比较小，但它容易检测出对信息的篡改，且不需要密钥同步，具有很强的适应性，特别适用于数据库加密。

对称密码体制具有加解密算法简便高效、加解密速度快、安全性高的优点，其应用较为广泛。但该体制也存在一些问题，而且无法靠自身解决，一是密钥分配困难；二是需要的密钥量大，在有众多用户的网络通信下，所需代价越大；三是无法实现不可否认服务。

2. 非对称密码体制

采用非对称密码体制的每个用户都有一对选定的密钥：一个是公开的，可以像电话号码一样注册公布，用 k_1 表示；另一个是秘密的，由用户自己秘密保存，用 k_2 表示。这两个密钥之间存在着某种算法联系，但由加密密钥无法或很难推导出解密密钥。

非对称密码体制的主要特点是将加密和解密能力分开，因而可以实现多个用户加密的消息只能由一个用户解读，或者只由一个用户加密消息而使多个用户可以解读。前者可用于公共网络（如 Internet）中实现保密通信，而后者可用于认证系统中对消息进行数字签名。

非对称密码体制用于保密通信的原理如图 13-5 所示。图中，假定用户 A 要向用户 R 发送机密消息 m。若用户 A 在公钥本上查到用户 B 的公钥 k_{B1}，就可用它对消息 m 进行加密得到密文，而后送给用户 B。用户 B 收到后用自己的秘密钥 k_{B2} 对 c 进行解密变换得到原来的消息 m。

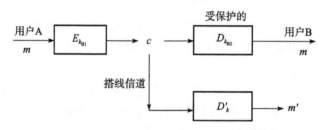

图 13-5　非对称密码体制用于保密通信的原理

非对称密码体制大大简化了复杂的密钥分配管理问题，但算法要比对称加密算法慢得多（约 1000 倍）。因此，在实际通信中，非对称密码体制主要用于认证（如数字签名、身份识别等）和密钥管理等，而消息加密仍采用对称体制。

二、认证技术

认证是证实用户的真实身份与其所声称的身份是否相符的过程。用户认证方法包括用户已知的事、用户拥有的物品、用户特征等。

（一）基于口令的认证

使用口令来识别用户和应用程序是最常用的方法。尽管对口令认证的安全性还有争论，但口令认证仍然是用于计算机和网络访问控制的最常用的身份认证工具。

1. 传统口令认证

传统口令认证是最常用的一种技术。用户输入自己的口令，计算机验证并给予用户相应的权限。传统口令认证是一种单因素的认证，安全性仅依赖于口令，口令一旦泄露，用户即可被冒充。这种口令通常是静态的，在一定时间内不变，而且可重复使用。口令极易被攻击者在网上嗅探截获，而且很容易受到攻击。更严重的是用户往往选择简单、容易被猜测的口令，如与用户名相同的口令、生日、单词等，这一问题已成为安全系统最薄弱的环节。目前，口令破译工具可以轻易地破解任何口令文件，这是非法入侵者最常用的手段之一。

2. 一次性口令认证

一次性口令是变动的密码，其变动来源于产生密码的运算因子是变化的。一次性口令的产生因子一般都采用双运算因子：一是用户的私钥。它代表用户身份的识别码，是固定不变的。二是变动因子。正是变动因子的不断变化，才产生了不断变动的一次性口令。采用不同的变动因子，形成了不同的一次性口令认证技术，主要包括基于时间同步认证、基于事件同步认证和挑战/应答方式的非同步认证技术等。

(二) 基于令牌的认证

为授权用户分配一个认证设备的认证方法，通常称为"令牌"。令牌既可是硬件也可是软件。令牌认证可有效地防止黑客入侵。其缺点主要是需要为授权用户提供认证设备而带来花费，但是随着技术的日趋成熟，这种花费将越来越少。

1. 时间令牌

令牌系统是使用 PIN 码来限制对生成密码的硬件设备或软件的使用，因此，又称为"双因素身份认证"。双因素由 PIN 码（用户知道的）和令牌码（用户所拥有的，与它所对应的代码）组成。

2. 智能卡

智能卡是一种数据载体，外观是体积较小的卡片，在其上集成了一些信息。智能卡支持许多应用。例如，智能卡可以包含公钥和私钥，以及被 Web 浏览器使用的用户数字证书等。智能卡也可用于存储访问受保护资源的用户账户和口令，还可存储用户的重要信息等。

(三) 基于生物特征的认证

基于生物特征的认证是以人体唯一的、可靠的和稳定的生物特征（如指纹、虹膜、脸部、掌纹等）为依据，采用计算机强大的计算功能和网络技术进行图像处理和模式识别。该技术具有很好的安全性、可靠性和有效性，与传统的身份确认手段相比，其产生了质的飞跃。生物特征的认证包括指纹识别、虹膜识别、人脸识别和语音识别等多种技术。

三、区块链技术

区块链技术依赖众多技术领域，包括密码学、分布式系统、网络与计算体系结构等，这些技术领域都是区块链技术发展和成熟的基础。

（一）区块链的概念

工业和信息化部指导发布的《中国区块链技术和应用发展白皮书（2016）》认为：狭义来讲，区块链是一种按照时间顺序将数据区块以顺序相连方式组合成的一种链式数据结构，并以密码学方式保证的不可篡改、不可伪造的分布式账本。广义来讲，区块链技术是利用块链式数据结构来验证和存储数据、利用分布式节点共识算法来生成和更新数据、利用密码学方式保证数据传输和访问安全性、利用由自动化脚本代码组成的智能合约来编程和操作数据的一种全新分布式基础架构与计算范式。

要探寻区块链的本质什么是区块、什么是链，首先需要了解区块链的数据结构，即这些交易以怎样的结构保存在账本中。区块是链式结构的基本数据单元，聚合了所有交易相关信息，主要包含区块头和区块主体两部分。区块头主要由父区块哈希值（Previous Hash）、时间戳（Timestamp）、默克尔树根（Merkle Tree Root）等信息构成；区块主体一般包含一串交易的列表。每个区块中的区块头所保存的父区块的哈希值，便唯一地指定了该区块的父区块，在区块间构成了连接关系，从而组成了区块链的基本数据结构。

总的来说，区块链数据结构示意图如图 13-6 所示。

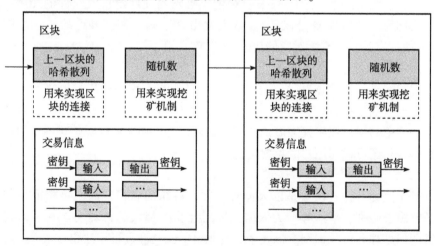

图 13-6　区块链数据结构示意图

（二）区块链基础技术

区块链作为一个新兴的概念，它所用到的基础技术是当前非常成熟的技术。区块链的基础技术如哈希运算、数字签名、共识算法智能合约和 P2P 网络等，在区块链兴起之前，很多技术已经在各种互联网应用中广泛使用。但区块链并不是简单地重复使用现有技术，如共识算法、隐私保护在区块链中已经有了很多的革新，智能合约也从一个简单的理念变成了一个现实。区块链"去中心化"或"多中心"这种颠覆性的设计思想，结合其数据不可篡改、透明、可追溯、合约自动执行等强大能力，足以掀起一股新的技术风暴。

1. 哈希运算

区块链账本数据主要通过父区块哈希值组成链式结构来保证不可篡改性。下面首先介绍什么是哈希运算，以比特币系统中的第 435636 个区块（图 13-7）为例看哈希运算都用在了什么地方。

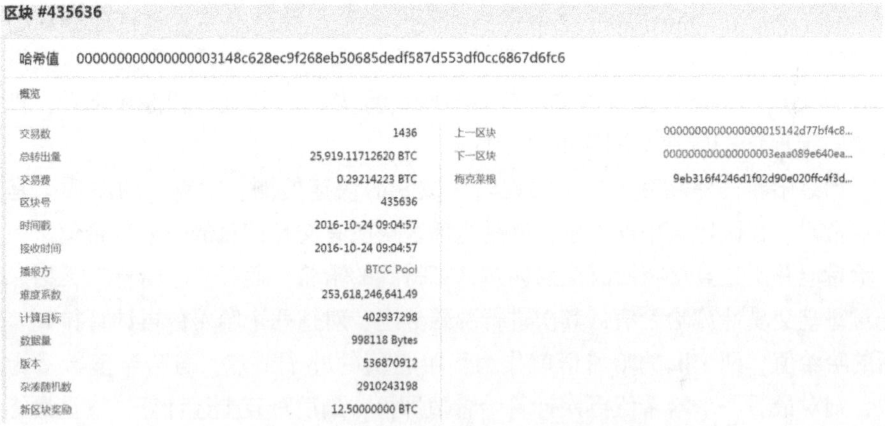

区块 #435636

哈希值	0000000000000000003148c628ec9f268eb50685dedf587d553df0cc6867d6fc6		
概览			
交易数	1436	上一区块	000000000000000015142d77bf4c8...
总转出量	25,919.11712620 BTC	下一区块	0000000000000000003eaa089e640ea...
交易费	0.29214223 BTC	梅克莱根	9eb316f4246d1f02d90e020ffc4f3d...
区块号	435636		
时间戳	2016-10-24 09:04:57		
接收时间	2016-10-24 09:04:57		
播报方	BTCC Pool		
难度系数	253,618,246,641.49		
计算目标	402937298		
数据量	998118 Bytes		
版本	536870912		
尔添额随机数	2910243198		
新区块奖励	12.50000000 BTC		

图 13-7 比特币系统第 435636 个区块部分数据

哈希算法（Hash Algorithm）即散列算法的直接音译。它的基本功能概括来说，就是把任意长度的输入（如文本等信息）通过一定的计算，生成一个固定长度的字符串，输出的字符串称为该输入的哈希值。在此以常用的 SHA-256 算法对一个简短的句子求哈希值来说明。

输入：This is a hash example！

哈希值：

f7f2cfObcbfhc11a8ab6b6883b03c721407da5c9745d46a5fc53830d4749504a

一个优秀的哈希算法要具备正向快速、输入敏感、逆向困难、强抗碰撞等特征。哈希算法的这些特性，保证了区块链的不可篡改性。对一个区块的所有数据通过哈希算法得到一个哈希值，而这个哈希值无法反推出原来的内容。因此，区块链的哈希值可以唯一、准确地标识一个区块，任何节点通过简单快速地对区块内容进行哈希计算都可以独立地获取该区块哈希值。如果想要确认区块的内容是否被篡改，利用哈希算法重新进行计算，对比哈希值即可确认。

通过哈希构建区块链的链式结构，实现防篡改。每个区块头包含上个区块数据的哈希值，这些哈希层层嵌套，最终将所有区块串联起来，形成区块链。区块链里包含自该链诞生以来发生的所有交易，因此，要篡改一笔交易，就意味着它之后的所有区块的父区块哈希全部都要篡改一遍，这需要进行大量的运算。如果想要篡改数据，必须靠伪造交易链实现，即保证在正确的区块产生之前能快速地运算伪造的区块。同时，在以比特币为代表的区块链系统要求连续产生一定数量的区块之后，交易才会得到确认，即需要保证连续伪造多个区块。只要网络中节点足够多，连续伪造的区块运算速度都超过其他节点几乎是不可能实现的。另一种可行的篡改区块链的方式是，某一利益方拥有全网超过50%的算力，利用区块链中少数服从多数的特点，篡改历史交易。然而在区块链网络中，只要有足够多的节点参与，控制网络中50%的算力也是不可能做到的。即使某一利益方拥有了全网超过50%的算力，那已经是既得利益者，肯定会更坚定地维护区块链网络的稳定性。

通过哈希构建默克尔树，实现内容改变的快速检测。默克尔树本质上是一种哈希树，在区块链中默克尔树就是当前区块所有交易信息的一个哈希值。但这个哈希值并不是直接将所有交易内容计算得到的哈希，而是一个哈希二叉树。首先对每笔交易计算哈希值；其次进行两两分组，对这两个哈希值再计算得到一个新的哈希值，两个旧的哈希值就作为新哈希值的叶子节点，若哈希值数量为单数，则对最后一个哈希值再次计算哈希值即可；最后重复上述计算，直至最终只剩一个哈希值，作为默克尔树的根，从而形成一个二叉树的结构，如图13-8所示。

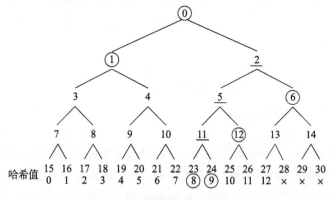

图 13-8　默克尔树示意图

在区块链中，只需要保留对自己有用的交易信息，删除或者在其他设备备份其余的交易信息，如果需要验证交易内容，只需验证默克尔树即可。若根哈希验证不通过，则验证两个叶子节点，再验证其中哈希验证不通过的节点的叶子节点，最终可以准确识别被篡改的交易。

2. 数字签名

区块链网络中包含大量的节点，不同节点的权限不同。举个简单的例子，就像现实生活中只能将自己的钱转给他人，而不能将他人的钱转给自己，区块链中的转账操作，必须要由转出方发起。区块链主要使用数字签名来实现权限控制，识别交易发起者的合法身份，防止恶意节点身份冒充。

在区块链网络中，每个节点都拥有一份公私钥对。节点发送交易时，先利用自己的私钥对交易内容进行签名，并将签名附加在交易中。其他节点收到广播消息后，首先对交易中附加的数字签名进行验证，完成消息完整性校验及消息发送者身份合法性校验后，该交易才会触发后续处理流程。

3. 共识算法

区块链通过全民记账来解决信任问题，但是所有节点都参与记录数据，怎么保证所有节点最终都记录一份相同的正确数据，即达成共识？在传统的中心化系统中，有权威的中心节点背书，因此可以以中心节点记录的数据为准，其他节点仅简单复制中心节点的数据即可，很容易达成共识。然而在区块链这样的去中心化系统中，并不存在中心权威节点，所有节点对等地参与到共识过程之中。参与各个节点的自身状态和所处网络环境不尽相同，而交易信息的传递又需要时间，并且消息传递本身不可靠，因此，每个节点接收到的需要记录的交易内容和顺序也难以保持一致。更不用说，由于区块链中参与的节点的身份难以控制，还可能会出现恶意节点故意阻碍消息传递或者发送不一致的信息给不同节点，以干扰整个区块链系统的记账一致性，从而从中获利的情况。因此，区块链系统的记账一致性问题，或者说共识问题，是十分关键的，它关系着整个区块链系统的正确性和安全性。

当前，区块链系统的共识算法有许多种，主要可以归类为以下几大类：

（1）PoW（工作量证明）：依赖机器进行数学运算来获取记账权，资源消耗相比其他共识机制高、可监管性弱，同时每次达成共识需要全网共同参与运算，性能效率比较低，容错性方面允许全网 50% 节点出错。

（2）PoS（权益证明）：主要思想是节点记账权的获得难度与节点持有的权益成反比，相对于 PoW，一定程度减少了数学运算带来的资源消耗，性能也得到了相应的提升，但依然是基于哈希运算竞争获取记账权的方式，可监管性弱。该共识机制容错性和 PoW 相同。

（3）DPoS（股份授权证明）：与 PoS 的主要区别在于节点选举若干代理人，由代理人验证和记账。其合规监管、性能、资源消耗和容错性与 PoS 相似。

（4）Paxos：是一种基于选举领导者的共识机制，领导者节点拥有绝对权限，并允许强监管节点参与，性能高，资源消耗低。所有节点一般有线下准入机制，但选举过程中不允许有作恶节点，不具备容错性。

（5）PBFT（拜占庭容错）：与 Paxos 类似，也是一种采用许可投票、少数服从多数来选举领导者进行记账的共识机制，但该共识机制允许拜占庭容错。

4. 智能合约

智能合约的引入可谓区块链发展的一个里程碑。区块链从最初单一数字货币应用，至今天融入各个领域，智能合约可谓不可或缺。这些金融、政务服务、供应链、游戏等各种类别的应用，几乎都是以智能合约的形式，运行在不同的区块链平台上。

1995 年，跨领域学者尼克·萨博（Nick Scab）就提出了智能合约的概念，他对智能合约的定义为："一个智能合约是一套以数字形式定义的承诺，包括合约参与方可以在上面执行这些承诺的协议。"简单来说，智能合约是一种在满足一定条件时，就自动执行的计算机程序。

一个基于区块链的智能合约需要包括事务处理机制、数据存储机制以及完备的状态机，用于接收和处理各种条件。并且事务的触发、处理及数据保存都必须在链上进行。当满足触发条件后，智能合约即会根据预设逻辑，读取相应数据并进行计算，最后将计算结果永久保存在链式结构中。智能合约在区块链中的运行逻辑如图 13-9 所示。

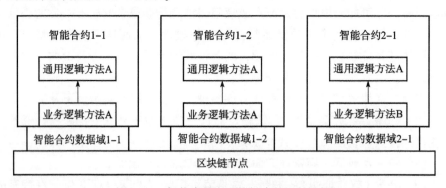

图 13-9　智能合约在区块链中的运行逻辑

当前，智能合约的开发工作主要由软件从业者来完成，其所编写的智能合约在完备性上可能有所欠缺，因此，相比传统合约，更容易产生逻辑上的漏洞。另外，由于现有的部分支持智能合约的区块链平台提供了利用如 Go 语言、Java 语言等高级语言编写智能合约的功能，而这类高级语言不乏一些具有"不确定性"的指令，可能会造成执行智能合约节点的某些内部状态发生分歧，从而影响整体系统的一致性。因此，智能合约的编写者需要极为谨慎，避免编写出有逻辑漏洞或是执行动作本身有不确定性的智能合约。不过，一些区块链平台引入了不少改进机制，对执行动作上的不确定性进行了消除，如超级账本项目的 Fabric 子项目，即引入了先执行、背书、验证，再排序写入账本的机制；以太坊项目也通过限制用户只能通过其提供的确定性的语言（Ethereum Solidity）进行智能合约的编写，确保了其上运行的智能合约在执行动作上的确定性。

随着智能合约的普及，其编写必然会越来越严谨、规范，同时，其开发门槛也会越来越低，对应领域的专家也可参与到智能合约的开发工作中，智能合约必定能在更多的领域发挥越来越大的作用。随着技术的发展和大家对智能合约安全的重视，从技术上可以对智能合约进行静态扫描，发现潜在问题反馈给智能合约开发人员，也可以通过智能合约形式化验证的方法全面地发现智能合约中存在的问题。

5. P2P 网络

对等计算机网络（P2P 网络），是一种消除了中心化的服务节点，将所有的网络参与者视为对等者（Peer），并在他们之间进行任务和工作负载分配。P2P 结构打破了传统的 C/S 模式，去除了中心服务器，是一种依靠用户群共同维护的网络结构。由于节点间的数据传输不再依赖中心服务节点，P2P 网络具有极强的可靠性，任何单一或者少量节点故障都不会影响整个网络正常运转。同时，P2P 网络的网络容量没有上限，因为随着节点数量的增加，整个网络的资源也在同步增加。由于每个节点可以从任意（有能力的）节点处得到服务，同时由于 P2P 网络中暗含的激励机制也会尽力向其他节点提供服务，因此，实际上 P2P 网络中节点数目越多，P2P 网络提供的服务质量就越高。

虽然 C/S 架构应用非常成熟，但是这种存在中心服务节点的特性，显然不符合区块链去中心化的需求。同时，在区块链系统中，要求所有节点共同维护账本数据，即每笔交易都需要发送给网络中的所有节点。如果按照传统的 C/S 依赖中心服务节点的模式，中心节点需要大量交易信息转发给所有节点，这几乎是不可能完成的任务。P2P 网络的这些设计思想则同区块链的理念完美契合。在区块链中，所有交易及区块的传播并不要求发送者将消息发送给所有节点。节点只需要将消息发送给一定数量的相邻节点即可，其他节点收到消息后，会按照一定的规则转发给自己的相邻节点。最终通过一传十、十传百的方式，将消息发送给所有节点。区块链网络的具体交易过程如图 13-10 所示。

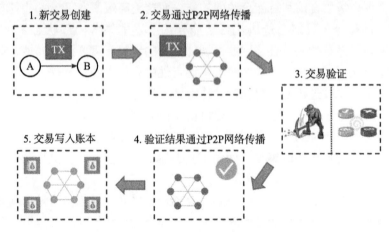

图 13-10　区块链网络的具体交易过程

在区块链网络中，并不存在一个中心节点来校验并记录交易信息，校验和记录工作由网络中的所有节点共同完成。当一个节点需要发起转账时，需要指明转账目的地址、转账金额等信息，同时还需要对该笔交易进行签名。由于不存在中心服务器，该交易会随机发送到网络中的邻近节点，邻近节点收到交易消息后，对交易进行签名，确认身份合法性后，再校验余额是否充足等信息。均校验完成后，它就会将该消息转发至自己的邻近节点。以此重复，直至网络中所有节点均收到该交易。最后，矿工获得记账权后，则会将该交易打包至区块，然后再广播至整个网络。区块广播过程同交易的广播过程，仍然使用一传十、十传百的方式完成。收到区块的节点完成区块内容验证后，即会将该区块永久地保存在本地，即交易生效。

四、零信任网络

随着网络基础设施的日益复杂，安全边界逐渐模糊，传统的基于边界的网络安全架构和解决方案难以适应现代网络基础设施。与此同时，网络安全形势不容乐观，外部威胁和内部威胁愈演愈烈。有组织的、武器化的、以数据及业务为攻击目标的高级持续攻击仍然能轻易找到各种漏洞，突破组织的边界并横向移动；内部业务的非授权访问，无意、有意的数据窃取等内部威胁层出不穷，成为数据泄露的重要原因。因此，需要全新的网络安全架构应对现代复杂的网络基础设施和日益严峻的网络威胁形势。零信任架构在这种背景下应运而生，是安全思维和安全架构进化的必然结果。

美国国家标准与技术研究院（NIST）在 2019 年发布的《零信任架构》中

指出，零信任架构方法是一种基于网络/数据安全的端到端的方法，关注身份、凭证、访问管理、运营、终端、主机环境和互联的基础设施。零信任是一种关注数据保护的架构方法，认为传统安全方案只关注边界防护，对授权用户开放了过多的访问权限。零信任架构的首要目标就是基于身份进行细粒度的访问控制，以便应对越来越严峻的越权横向移动风险。基于以上观点，NIST 对零信任和零信任架构的定义如下：零信任提供了一系列概念和思想，旨在面对失陷网络时，减少在信息系统和服务中执行准确的、按请求访问的决策的不确定性。零信任架构是一种企业网络安全体系，它利用零信任概念，囊括了其组件关系、工作流规划与访问策略。

（一）零信任架构的核心能力

零信任架构的本质是在访问主体和访问客体之间构建以身份为基石的动态可信访问控制体系，通过以身份为基石、业务安全访问、持续信任评估和动态访问控制等核心能力，基于网络所有参与实体的数字身份，对默认不可信的所有访问请求进行加密、认证和强制授权，汇聚、关联各种数据源进行持续信任评估，并根据信任的程度动态地对权限进行调整，最终在访问主体和访问客体之间建立一种动态的信任关系，图 13-11 给出了零信任架构的核心能力。

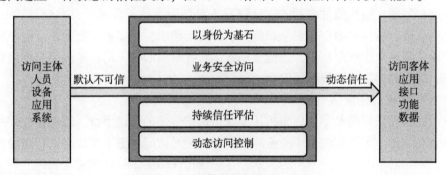

图 13-11　零信任架构的核心能力

在零信任架构下，访问客体是需要保护的资源，包括但不限于组织的业务应用、服务接口、操作功能和资产数据。访问主体包括用户、设备、应用程序等身份化之后的数字实体，在一定的访问上下文中，这些实体还可以进行组合绑定，进一步对访问主体进行明确和限定。

1. 以身份为基石

基于身份而非网络位置来构建访问控制体系，首先需要为网络中的用户、设备和应用程序赋予数字身份，将身份化的用户、设备和应用程序进行组合，构建访问主体，并为访问主体设定其所需的最小权限。

最小权限原则是所有安全架构必须遵循的原则之一，然而零信任架构将最小权限原则又推进了一大步，遵循动态的最小权限原则。如果用户确实需要更高的访问权限，那么其可以并且只能在需要时获得这些权限。传统的身份与访问控制实现方案一般对用户、设备和应用程序进行单独授权，零信任这种以网络代理作为授权主体的范式，在授权决策时刻按需临时生成主体，具有较强的动态性和风险感知能力，可以在一定程度上消除凭证窃取、越权访问等安全威胁。因此，零信任网络在访问权限授予上具有更高的灵活性。

2. 业务安全访问

零信任架构关注业务保护面的构建，通过业务保护面实现对资源的保护。在零信任架构中，业务应用、服务接口、操作功能、资产数据等都可以视为业务资源。业务安全访问，即通过构建保护面实现对暴露面的收缩，要求所有业务默认隐藏，根据授权结果对业务进行最小限度的开放，所有的业务访问请求都应该进行全流量的加密和强制的授权，因此，业务安全访问的相关机制需要尽可能工作在应用协议层。

构建零信任架构，需要关注待保护的核心资产，梳理核心资产的各种暴露面，并通过技术手段将暴露面进行隐藏。这样，核心资产的各种访问路径就能隐藏在零信任架构组件之后，默认情况下对访问主体不可见。只有经过认证、具有权限、信任等级符合安全策略要求的访问请求，才能被系统放行。业务隐藏除了满足最小权限原则，还能很好地缓解针对核心资产的扫描探测、拒绝服务、漏洞利用、非法爬取等安全威胁。

3. 持续信任评估

持续信任评估是零信任架构从零开始构建信任的关键手段，通过信任评估模型和算法，可以实现基于身份的信任评估，对访问的上下文环境进行风险判定，对访问请求进行异常行为识别，并对信任评估结果进行调整。因此，开展持续信任评估是零信任架构一项非常重要的内容。

在零信任架构中，访问主体是用户、设备和应用程序三位一体构成的网络代理，因此，在身份信任的基础上，还需要评估主体信任，主体信任是对身份信任在当前访问上下文中的动态调整，与认证强度、风险状态和环境因素等相关。身份信任相对稳定，而主体信任和网络代理一样，具有短时性特征，是动态的，基于主体信任的等级进行动态访问控制是零信任架构的本质所在。在零信任架构中，必须非常重视主体信任的设计与评估问题。

信任和风险如影随形，在某些特定场景下，甚至是一体两面的。在零信任架构中，除了信任评估，还需要考虑环境风险的影响因素，需要对各类环境风险进行判定和响应。但需要特别注意，并非所有的风险都会影响身份或主体的信任度。

基于行为的异常发现和信任评估能力必不可少，对主体（所对应的数字身份）个体行为的基线偏差、主体与群体的基线偏差、主体环境的攻击行为、主体环境的风险行为等，都需要建立模型进行量化评估，它们是影响信任的关键要素。当然，行为分析需要结合身份态势进行，以减少误判，降低对使用者操作体验的负面影响。

4. 动态访问控制

动态访问控制是零信任架构的安全闭环能力的重要体现。建议通过基于角色的访问控制（Role-Based Access Control，RBAC）和基于属性的访问控制（Attribute-Based Access Control，ABAC）的组合授权实现灵活的访问控制基线，基于信任等级实现分级的业务访问，同时，当访问上下文和环境存在风险时，需要对访问权限进行实时干预并评估是否对访问主体的信任进行降级。

传统的 RBAC 模型，通过对用户分配角色，再对角色赋予相应的权限来达到访问控制的目的。

ABAC 模型以访问控制的实体的属性作为最小粒度，特别适合开放式环境，可为其提供细粒度的访问控制。属性作为访问控制中的基本单位，主要包括主体属性、资源属性、环境属性。主体是指请求对某种资源执行某些动作的请求者。主体属性主要定义主体自身的身份和特性，包括身份、角色、职位、年龄、IP 地址等。资源是指系统提供给请求者使用的数据、服务和系统组件。资源属性包括资源的身份、URL 地址、大小、类型等。环境是指访问发生时，可操作的、技术层面的环境或上下文。环境属性包括当前时间、日期、网络的安全级别等。

ABAC 的基本结构如图 13-12 所示，其功能描述如下。

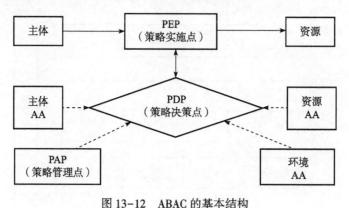

图 13-12　ABAC 的基本结构

（1）策略实施点（Policy Enforcement Point，PEP）：访问控制的实体，可拦截 SOAP 服务请求，并向 PDP 发送授权请求。然后根据授权响应结果，执行相应的动作，如允许用户请求和拒绝用户请求等。

（2）策略决策点（Policy Decision Point，PDP）：用于收集主体、资源和环境的属性，并利用策略规则集来判断用户的访问请求是否满足要求，从而决定是许可还是拒绝，并将决策结果返回给 PEP。

（3）策略管理点（Policy Authority Point，PAP）：用于编写策略和策略集，策略中主要定义了获得访问权所必须满足的属性要求。

（4）属性机构（Attribute Authority，AA）：主要负责给 PDP 提供决策所需的各项属性，主要包括主体属性、资源属性和环境属性。

任何访问控制体系的建立都离不开访问控制模型，需要基于一定的访问控制模型制定权限基线。零信任架构十分强调灰度哲学，从实践经验来看，大可不必去纠结 RBAC 好还是 ABAC 好，而应考虑如何兼顾融合。建议使用 RBAC 模型实现粗粒度授权，建立权限基线，满足组织基本的最小权限原则，并基于访问主体、访问客体和环境属性实现角色的动态映射与过滤机制，充分发挥 RBAC 的动态性和灵活性。权限基线决定了一个访问主体允许访问的权限全集，而在不同的访问时刻，访问主体被赋予的访问权限与访问上下文、信任等级、风险状态息息相关。

（二）零信任架构的核心逻辑架构

零信任架构的核心能力需要通过具体的逻辑组件来实现，包括可信代理、动态访问控制引擎、信任评估引擎、身份安全基础设施，如图 13-13 所示。

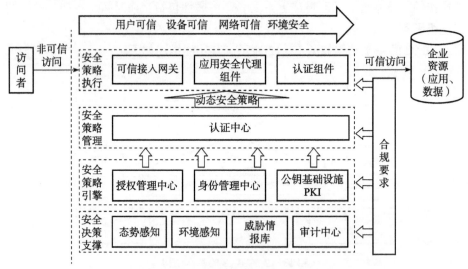

图 13-13　零信任架构的逻辑组件

1. 可信代理

可信代理是零信任架构的数据平面组件，是确保业务安全访问的第一道关口，是动态访问控制的策略执行点。

可信代理拦截访问请求后，通过动态访问控制引擎对访问主体进行认证，对访问主体的权限进行动态判定。只有认证通过并且具有访问权限的访问请求才能被系统放行。同时，可信代理需要对所有的访问流量进行加密。全流量加密对可信代理提出了高性能和高伸缩性的要求，支持水平扩展是可信代理必须具备的核心能力。

2. 动态访问控制引擎

动态访问控制引擎和可信代理联动，对所有访问请求进行认证和动态授权，是零信任架构控制平面的策略判定点。

动态访问控制引擎对所有的访问请求进行权限判定，权限判定不再基于简单的静态规则，而基于上下文属性、信任等级和安全策略。动态访问控制引擎进行权限判定的依据是身份库、权限库和信任库，其中，身份库提供访问主体的身份属性，权限库提供基础的权限基线，信任库则由信任评估引擎通过实时的风险多维关联和信任评估进行持续维护。

3. 信任评估引擎

信任评估引擎是零信任架构中实现持续信任评估能力的核心组件，和动态访问控制引擎联动，为其提供信任等级，作为授权判定依据。

信任评估引擎持续接收可信代理、动态访问控制引擎的日志信息，结合身份库、权限库数据，基于大数据和人工智能技术，对身份进行持续画像，对访问行为进行持续分析，对信任进行持续评估，最终生成和维护信任库，为动态访问控制引擎提供决策依据。此外，信任评估引擎可以接收外部安全分析平台的分析结果，外部安全分析平台包括终端可信环境感知平台、持续威胁检测平台、态势感知平台等，这些平台可以很好地补充身份分析所需的场景数据，丰富上下文，有助于进行更精准的风险识别和信任评估。

4. 身份安全基础设施

身份安全基础设施是实现零信任架构以身份为基石能力的关键支撑组件。

身份安全基础设施至少包含身份管理和权限管理两个功能组件，通过身份管理实现各种实体的身份化及身份生命周期管理，通过权限管理，对授权策略进行细粒度的管理和跟踪分析。

零信任架构的身份安全基础设施需要能满足现代 IT 环境下复杂、高效的管理要求（传统的静态、封闭的身份与权限管理机制已经不能满足新技术环境的要求，无法支撑组织构建零信任架构的战略愿景），需要足够敏捷和灵活，能为更多新的场景和应用进行身份与权限管理。此外，为了提高管理效率，自助服务和工作流引擎等现代身份管理的关键能力也必不可少。

（三）零信任架构的内生安全机制

内生安全指的是不断从信息系统内生长出的一种安全能力，能伴随业务的增长而持续提升，持续保证业务安全，具有自适应、自主、自生长三个特点。聚合是实现内生安全的必要手段，信息系统和安全系统的聚合，能够产生自适应安全能力；业务数据和安全数据的聚合，能够产生自主安全能力；IT 人才和安全人才的聚合，能够产生自生长的安全能力。

零信任架构聚焦身份、信任、访问控制、权限等维度的安全能力，而这些安全能力也是任何信息化业务系统不可或缺的组成部分，所以零信任天生就是一种内生安全机制。

作为一种内生安全机制，零信任具备自适应能力。零信任架构基于业务场景的人、设备、流程、访问、环境等多维的因素，对访问主体的风险和信任度进行持续度量与评估，并通过信任等级对权限进行动态调整，是一种动态自适应的安全闭环体系，对未知威胁具有很强的自适应性。零信任架构的实现需要结合企业信息化业务系统的现状和需求，把核心能力和产品技术组件内嵌于业务系统，构建自适应内生安全机制。因此，建议在业务系统规划建设之初，同步进行零信任架构的规划设计，实现安全系统和业务系统的深度聚合。

零信任架构对传统的边界安全架构重新进行了评估和审视，并对安全架构思路给出了新的建议：默认情况下，不应该信任网络内部和外部的任何人、设备、系统和应用，而应该基于认证、授权和加密技术重构访问控制的信任基础，并且这种授权和信任不是静态的，它需要基于对访问主体的风险度量进行实时动态的调整。

安全系统与业务系统就像 DNA 的双链，相辅相成，而它们的关键结合点，就是同步规划、同步建设、同步运营，应做到安全系统与业务系统的深度融合、全面覆盖、实战化运行、协同响应。要从应对局部威胁和合规要求的建设模式，走向面向能力的建设模式，关口前移，构建信息化环境的内生安全能力，为组织信息基础设施的核心数据与业务运营提供保障。

作为一种全新的安全架构，零信任架构认为不应该仅在组织网络边界上进行粗粒度的访问控制，而应该对组织的人员、设备、业务应用、数据资产之间的所有访问请求进行细粒度的访问控制，并且访问控制策略需要基于对请求上下文的信任评估进行动态调整。零信任架构是一种应对新 IT 环境下已知和未知威胁的内生安全机制架构，具有更好的弹性和自适应性。

下篇

应用篇

第十四章
战场信息管理概述

战场信息管理是指在作战行动中对军事信息活动的计划、组织、指挥、协调和管控工作。战场信息管理是在军事信息平时管理的基础上，通过对军事信息资源的有效配置、管理力量的组织协调和军事信息活动的有效调控，促进军事信息资源的高效利用和军事信息采集、传输、处理的有序进行，以满足指挥员和指挥机构对诸军兵种联合作战实施高效指挥的信息需求。因此，战场信息管理，必须着眼基于网络信息体系的联合作战特点，按照联合作战指挥、控制和保障的各种信息服务要求，严密组织筹划，精确实施管理，切实将军事信息资源管理、军事信息活动管理以及军事信息安全管理等贯穿于作战行动的全过程，不断提升联合作战信息服务的效能。

第一节　战场信息管理特点

随着信息技术的飞速发展和在军事领域的广泛应用，现代战争已呈现出多维化、信息化和智能化等特点。在未来信息化战争中，作战双方都将装备先进的信息获取、传输、处理等信息化电子系统装备，信息获取利用能力和信息对抗能力极大增强。现代战争的实践表明，信息优势决定战争优势，而战时信息管控的好坏直接关系到战争的结局和胜负。为此，深入研究分析战时信息管理特点和要求，对进一步认识战时信息管理的客观规律，开展针对性的战时信息管理工作，以确保信息化条件下联合作战的信息主动权，具有十分重要的意义。战时信息管理，除了平时、非战争时所表现的特点，主要体现在覆盖多域、精确高效、基于体系和环境严酷上。

一、参战力量多元，作战空间广袤，信息管理涉及多域

信息管理涉及多域是指在组织和实施信息管理行动中，充分利用信息管理

力量和信息管理系统的监管功能，对配置在陆、海、空、天、电、网全域的信息活动力量实施有效的组织和协调，对部署在多层次的信息系统进行运行指导和调控，确保信息化条件下联合作战对信息资源、信息活动和信息安全的有效管理。战时信息管理是一项十分复杂的系统工程，而信息管理覆盖多域，是实施信息管理的前提条件。信息化条件下联合作战，军事信息活动覆盖面之广是前所未有的，而要实现联合作战各要素间的密切配合，协调一致地开展各种作战行动，关键在于科学实施多域的信息管理。

（一）信息化条件下的联合作战，信息管理涉及多元的参战力量

联合作战参战力量主要包括陆军、海军、空军、火箭军和武装警察部队以及民兵预备役部队等。在联合作战编成中，作战力量构成呈现出明显的多元性，不仅有导弹精确打击力量和空中突击力量，又有海上、水下机动作战力量，还有陆上常规远程突击力量等。各军兵种内部专业构成种类繁多，就陆军来讲，有步兵、装甲兵、炮兵、工兵、防化兵、信息通信保障、侦察兵等几十种，且随着新军事革命的发展，各军种内部的新兵种不断涌现，使得联合作战中的各种作战力量构成越来越复杂。在第二次世界大战时，各国军队中的军种只有陆军、海军、空军三个，兵种也只有几十种，而现在的军种已发展到五个以上，兵种已经发展到了上百种，军队中的各种专业分工更加细致，专业技术项目达上千种之多，且在战役实施过程中，对各作战力量往往会"超常用兵"，对作战部队进行跨建制、越层次、超常规的力量加强和综合运用。信息化条件下的联合作战，是由信息流来控制物质流和能量流，所以，有作战力量存在的地方，就涉及信息力量，就离不开信息管理，战时信息管理，组织上既要覆盖参战的各军兵种部队，又要覆盖参战的民兵、预备役部队以及战区内的群众信息力量。

（二）信息化条件下的联合作战，信息管理覆盖广袤的作战空间

信息化条件下的联合作战行动，将在陆地、海上、空中乃至太空等有形战场和电磁、信息网络等无形战场的全方位、全纵深展开，其作战领域打破了前方后方、军用民用的界线。传统的机械化作战，更多是依托地理战场，战场空间主要涉及陆、海、空三维，战场构成要素主要是道路、堑壕、雷区、码头、机场等。而在信息化条件下，随着武器装备特别是信息化武器的大量使用，战场的物理空间被无限拓展，加之信息和信息流的"无疆无界"，战场空间突破了传统的界线，产生了抢占太空优势的天战场、争夺电磁频谱的电磁战场、发挥网络优势的网络战场和攻心为上的心理战场等。并且，战时信息网络成为作战的主要平台，电磁频谱成为信息武器装备发挥效能的关键，战时信息流成为战场的主导。由于信息是联合作战的重要元素，战场空间大大扩展，要求信息

管理空间也要与作战空间相适应，由"三维"立体向"多维"一体转变，遍布于陆、海、空、天、电、网、心理所有战争空间。

（三）信息化条件下的联合作战，信息管理涉及众多的系统装备

在信息化战场上，人员和武器的概念发生了极大的变化。人员和武器，并不仅仅是一个用于作战的单一功能的实体，而是一个单兵系统、一个武器平台，集战场侦察和战斗于一体，在必要时还可指挥其他部队协同作战。其像"触角"一样延伸到战场的每一个角落，战场指挥员可通过每一个"触角"准确了解战场态势。而对于信息系统来说，其概念也明显区别于过去，包括了信息获取、信息处理、信息传递、信息存储等多个系统体系。而信息获取系统则又是一个包括太空卫星侦察系统、空中侦察系统、地面侦察系统等多个子系统的体系。其他信息传输、处理、分发系统也是如此。特别是随着信息化武器装备的发展，战场上每一个作战单元都是一个具有多种功能的综合系统。由此，最高指挥员掌握的信息，一个单兵也可能掌握，在信息的拥有上具有"非层次性"。而不是过去我军的那种信息传递模式，级别越低，掌握的信息越少。因而，信息化条件下联合作战，对信息的管理必然由对单个信息要素的管理转变为对整个信息系统的管理。

二、作战目的坚决，指挥高度统一，信息管理精确高效

战争是政治的继续，信息化条件下的联合作战，作战目的坚决，直接受制于国家政治、经济、外交斗争的全局。作战行动由各级指挥机构统一决策，对各作战集群及作战部队实施精确指挥、控制和运用。战争进程要求做到说打就打，说停就停。例如，联合火力，对打击时机、打击方式、打击目标以及打击规模和强度都要做到可控，特别是在抗击强敌军事介入的时机、方式和强度等问题上，必须由统帅部决策，并与国家政治、外交斗争的需要相统一。伊拉克战争和海湾战争都是美国总统亲自决策开战时机。因此，为确保实现联合作战指挥员和指挥机构的信息获取、传递和处理需求，对军事信息管理的时效性和精确性提出了更高要求。

（一）信息化条件下的联合作战，信息管理针对性强

信息化条件下联合作战，信息来源复杂，在对各种情报信息进行搜集获取、分析处理、研究使用并不断反复循环这一过程中，针对联合作战指挥高度统一的要求，信息管理必须具有针对性，把对指挥信息的收集、传输和处理放在一切信息活动的首位。把指挥信息作为信息管理的重点，优先进行指挥信息的获取和在网络内传递，把指挥信息作为信息防护管理的主要对象，保证指挥信息免遭攻击和准确有效。并依据作战的进程和时节转化，采取针对性的信息

管理方法措施，灵活进行各种情况处置，提供恰当的信息服务。

（二）信息化条件下的联合作战，信息管理时效性要求高

与机械化战争相比，信息化条件下联合作战的基本形态和基本作战样式都发生了革命性的变化，联合作战行动节奏快，战时情况瞬息万变，战机稍纵即逝。联合作战指挥关系复杂，要在尽可能短的时间内，根据战场情况变化迅速做出正确决策，周密协调各作战力量在多维的作战空间协调一致地行动，对信息的获取、传输、处理和分发必须具有很高的时效性。由此对信息管理的时效性更加突出，管理工作稍有迟缓，就会导致作战行动失调甚至失控，从而丧失信息优势，进而延误决策优势、迟滞作战的进程，影响作战目标的达成。

（三）信息化条件下的联合作战，信息管理精确度要求高

信息化条件下的联合作战，最显著的特征是以信息为主导，以夺取和建立信息优势为核心。其外在表象为精确作战，即由精确的感知发现、精确的传递分发、精确的决策控制、精确的打击评估、精确的支援保障等形成的环状无缝链接过程。例如，提供精确的预警侦察、气象水文等指挥数据，通过实时掌控战时信息、精确拟订作战计划、准确控制部队行动，实现指挥控制的实时化、精确化。在目标打击中，必须提供准确的目标导航数据，使用精确弹药打击对方节点、破击体系。在后勤保障中，要实现"可视化后勤""即时性补给""精确化配送""高效化动员"，为参战部队提供及时、精确、不间断的综合保障。所以，要求指挥人员对海量信息在极短的时间内进行筛选，获取有用信息，迅速做出决策，精确作战的过程必然也是精确管理控制的过程。信息管理者运用先进的管理信息系统，精确定位管理目标，及时制定决策方案并快速传递分发命令指示，达成对目标精确的管理控制，从而使战场各信息资源有序地流动、各作战要素协调一致地行动。

三、诸军兵种联合，信息需求多样，信息管理基于体系

建立快速高效的信息管理体系，是完成信息管理活动的重要保证。信息化条件下的联合作战，由于诸军兵种参与，不仅使信息管理的对象多元，而且对信息的需求也趋复杂。战时信息既有地理、水文、气象、政治、经济、科技等公共信息，又有情报侦察、预警探测、指挥控制、通信、信息对抗、武器装备、综合保障、政治工作等专用信息。既包括敌方信息，又包括我方和友邻的信息等。而且，联合作战对信息需求不仅多样，其量与质也发生了新的变化。据国外一些专家统计，1991年海湾战争的信息流量每天高达上千万字，相当于一部大型百科全书的字量。在以往机械化作战中，一般将信息等同于情报，所以对信息的管理也就是指对情报的管理。随着信息技术的飞速发展，人们已

经深刻地认识到，所有通过物质载体所发生的数据、指令、消息、情报、信号中所包含的一切可传递和交换的知识内容都是信息。面对数量巨大、类别繁多、真假并存的信息，如果不能基于体系进行管理，对信息搜集、获取、传输、处理等进行集中统管，就难以保证信息的有序流转，最终也无法顺利地进行作战指挥，必将影响作战的结局。

（一）信息化条件下联合作战，信息管理基于联合战役的指挥组织体系

实施战时信息管理，应根据不同的作战行动对信息的需要，按照联合作战指挥体制，建立诸军兵种一体、具有高度权威、层次清楚、结构合理、分工明确的信息行动管理体系，并明确信息管理的指挥控制关系和指挥控制权限。同时，要提高各级指挥员运用信息管理的能力，熟练运用先进的智能化、网络化管理手段，使管理中的控制协调与作战行动相衔接，不断提高管理的主动性和灵活性。

（二）信息化条件下联合作战，信息管理基于科学合理的业务管理体系

战时信息管理行动的正确实施，在很大程度上取决于联合作战信息管理业务机构内部各部门之间协调一致的工作，使联合作战信息管理的业务机构要素齐全，配置合理，职责明确，以充分发挥各处的职责，提高管理效率。例如，为保障指挥信息系统有序、高效、安全运行，便于战时管理使用，在各级指挥机构编组中，编设信息采集管理、网络运行管理、信息服务管理、电磁频谱管理、安全防护管理、装备技术管理等业务机构，对信息和信息系统实行集中管控，统一负责指挥信息系统的网系资源管理工作。美军在作战中，也通常采用此类方法。例如，在伊拉克战争中，美军依托其完备的信息管理网络，建立了一个由700多人组成的三军统一的一体化信息管理中心，对战时信息进行高层设计，集中管理，既节约了人力物力，又实现了信息的高效准确，是现代战争信息管理的成功范例。

（三）信息化条件下的联合作战，信息管理基于纵横一体的技术体系

在机械化作战中，信息的获取、分发和传递在同一军兵种之间是独家使用的纵向"烟囱式"的结构，在不同的军兵种之间其运作方式也自成体系，无法实现兼容互通。此时，对信息的管理只能因军兵种情况的不同而异，从而形成了各管各的，在整体上呈现条块分割式的管理体制。信息化条件下联合作战的一个重要特点就是能够实现信息资源的共享，而信息网络化和横向一体化技术则是达到这一目标的根本途径。这种网络化和一体化的战场，对信息管理提出了更高的要求，面对大量的信息和不同层次的信息需求，信息在网络中的输入输出和流向必须是适度、实时和准确无误的。这种要求必然导致信息管理体制的变化，即把不同军兵种之间信息的流向、流量、流速进行有效管控，形成

纵横一体化系统，在恰当的时间、地点，提供恰当的信息服务。因此，网络技术和横向一体化技术促使信息管理系统化，也由此带来了战时信息管理体制的变化，即由条块分割转变为纵横一体。

四、强敌伺机介入，信息对抗激烈，信息管理环境严酷

信息化条件下联合作战，由于参战军兵种多，技术装备种类杂，加之各种力量跨建制组合、超常规加强，使得战场环境恶劣，管理异常复杂。大规模作战，强敌将根据其战略需要，采取多种手段和方式伺机介入。主要对手依赖与强敌的信息联合，具有明显的信息进攻优势。尤其是近年来，强敌相继研发的 EA-18G 电子战飞机、ASQ-239 电子战系统和"舒特"系统等先进手段，对我实施大纵深、高强度、多样式的电磁干扰和网络攻击，以其高效能的信息作战能力对我信息管理构成重大威胁。特别是随着高新技术的迅猛发展和大量高精度、高密度、高隐蔽性、高速度和高杀伤力武器装备用于战场，信息管理系统、信息武器装备和信息力量的生存面临着严峻的挑战。

（一）信息化条件下的联合作战，信息管理面临着严酷的电磁环境

由于电磁频谱资源有限，联合作战中信息化武器装备和系统用频需求量大，敌我在电磁领域的斗争将更加激烈。交战双方都将充分运用电子侦察与反侦察、电子干扰与反干扰、电子摧毁与反摧毁等手段，干扰压制和破坏对方侦察、通信、指挥控制系统和信息管理系统的正常工作，一方面千方百计促成敌方武器系统、信息系统等降低或丧失作战效能，另一方面又要确保己方信息系统装备正常工作。例如，美军空袭利比亚前，首先派出电子干扰飞机对其雷达、通信设备进行干扰，而后发射反辐射导弹对暴露的雷达进行摧毁，使其成为"瞎子""聋子"，因而战斗轰炸机仅用 11min 就完成了空袭任务。又如在科索沃战争中，北约电子战飞机的出动量约占飞机总量的 40%。可以预料，未来联合作战电子对抗将更加激烈，信息获取、传输、处理、分发将更加困难，由此造成信息管理行动的组织实施更加困难。

（二）信息化条件下的联合作战，信息管理面临着严酷的网络安全环境

信息网络给信息传播带来方便、快速、高效的同时，技术上出现了很大的脆弱性，极易被"黑客"入侵，发生失泄密事件。信息系统所具有的相对开放、资源有限共享、数据互访、通信网络易受干扰等特点，使得系统本身存在着信息和系统安全的诸多隐患。信息系统的安全隐患主要来自数据输入、数据处理、网络传输、软件、数据输出等几个方面。因此，网络系统的安全不再是一个简单的技术问题，严格的行政管理和法规约束是系统安全与可靠的根本保障。有数据证明，在一般民用信息系统的各类安全措施中，技术安全措施仅占

10%，而在非技术安全措施中行政措施占65%，法规措施占9%，物理措施占16%。所以，加强信息系统的安全管理，应当坚持以预防为主，规范管理，加强对信息系统使用人员的教育，加大网络链接和接入的保密审查，强化网络安全技术分层管理和保密监督检查等。

（三）信息化条件下的联合作战，信息管理面临着严酷的火力环境

20世纪90年代以来，世界上发生了数次信息化条件下的局部战争或武装冲突。在这几次战争中，火力打击武器得到广泛运用，并且发挥了举足轻重的作用。特别是随着新技术革命的推动，导致了信息化主战武器系统的出现。在近期发生的几场局部战争中，信息化主战武器装备都有非常抢眼的表现。运用信息化武器进行精确打击，可有效瘫痪对方的信息系统。1991年海湾战争，美军F-117隐身轰炸机发射的"灵巧"炸弹，从直径不到3英尺（1英尺＝0.3048m）的排风管中平稳地送入一幢大楼，摧毁了伊军藏匿于地下的情报和通信中心。特别是随着信息技术的发展，武器装备的信息化程度会进一步提高，作战能力也将继续迈上新的台阶。信息化条件下的联合作战，信息系统是作战双方首要的攻击目标，所以必须将信息管理系统防护同时纳入联合作战整体计划当中，采取有效的伪装和防护，攻防结合，以降低管理系统的生存威胁。

第二节　战场信息管理内容

从近期几场战争来看，作战行动基本上都是首先在信息网络领域展开，目的就是要削弱甚至剥夺对手的信息能力；实践表明，现代战争中，谁掌握了信息优势，谁就掌握了战争主动权。这为聚焦备战谋打赢提供了根本遵循。

经过多年信息化建设，我军在军事信息资源与军事信息网络建设方面取得了巨大成就，但瞄准未来信息化战场，相对"信息主导、体系支撑、精兵作战、联合制胜"的信息化战场制胜规律，我军战场信息保障还存在许多不足。例如：战场数据获取手段极大拓展，如何将原始数据转换为有效支撑指挥决策、作战行动的战场信息；军事信息网络空前庞大，如何实现战场信息按时、按需高效流动；战场信息种类、信息总量急剧增加，如何使战场信息在各种作战要素、作战单元之间高效共享。这些问题仍需要不断探索。如果把战场信息网络比作作战体系的神经系统，神经系统上的各种信息只有顺畅、有序、及时地在神经中枢、神经末端之间按需流动，才能确保肌体自由伸展、应对自如。新时代我国面临的各种安全与挑战，需要我军在各战略方向、各种作战背景下

有效形成基于网络信息体系的联合作战能力。信息化战场上，信息流海量聚集、多源异构、动态时变的特征日益明显，信息冗余与有效信息、排队等待与有限带宽、海量数据与有限存储能力的矛盾日益凸显。

只有不断探索加强战场信息管理，处理好战场信息流"疏"和"导"的关系，才能使信息流高效引导物质流、能量流，才能使战场作战体系有效运转。高效的战场信息管理，不仅需要各种先进的指挥信息系统、信息管理系统，更需要与战场信息管理密切相关的各个岗位、各种席位人员精通本职业务，因此，战场信息管理不仅是技术问题，更是与战场作战体系中侦、控、打、评等各种岗位实践密切相关的问题。

一、战场态势信息管理

由上述战场态势的定义，战场态势信息是指敌我双方在一定的作战时间空间内所形成的状态和形势信息，包括敌对双方部署情况、力量对比、作战行动、作战环境等诸多内容形成的状态和形势，是作战行动过程中形成决定性速度优势和压倒性节奏优势的重要支撑。

从当前战争形态和长远发展来看，对战场态势信息进行高效管理，是解决当前战场数据量过载，降低指挥机构认知负荷，克服人为判断局限的必经之路。战场态势信息管理的服务保障对象主要包括各级指挥员、指挥机关、部（分）队和武器平台，其中，指挥员和指挥机关是主体。战场态势信息的来源和获取渠道主要包含各级各类情报机构、各军（兵）种侦察部（分）队、上级和下级战场态势处理中心、友邻单位、本级机关业务部门和地方有关部门等。战场态势信息管理要达成的目标是通过有效获取、统筹各类战场侦察、监视、探测、感知、报告等来源获取数据，结合各类相关作战基础数据资料，组织和优化信息流转，实时关联、融合、挖掘、调度和发布战场态势信息，高效、有序管理和应用丰富、海量的战场态势信息，使其依据统一的概念架构进行处理和呈现，实现跨领域、跨地域、跨军种的信息共享和整合展现，为各级各类指挥机构掌握和理解战场状态，分析研判战场发展趋势，评估推演作战行动效果，实施决策和协作行动等，提供快速、准确、按需定制的信息支援服务。

二、战场气象水文信息管理

战场气象水文环境瞬息万变，是影响作战指挥的重要因素之一，准确把握战场气象水文信息的来源和内涵，明确战场气象水文信息管理的任务和达成目标，是实现战场气象水文环境动态实况，全面掌握和未来预报精准发布的基础。

战场气象水文信息是描述战场空间环境状态及其变化的信息，包括大气、海洋、空间环境等信息。按信息来源和作用，可分为观测探测信息、预报警报信息、决策辅助信息、人工影响环境信息等；按表达形式可分为数据、图表、图像、多媒体信息等。战场气象水文信息是综合作战信息的重要内容，气象水文保障是取得"战场形势认知优势"、进而取得信息优势必不可少的重要基础环节之一。

战场气象水文信息管理是应用军事气象水文科学技术，为保障军队遂行作战、训练等任务提供军事气象水文信息和相应趋利避害措施的专业活动。战场气象水文信息体系是要建立自陆地、海洋、大气层到整个日地空间的一体化、无缝隙保障体系，实现战场气象水文保障手段的客观化、定量化、智能化和综合化。

三、战场测绘导航信息管理

战场测绘导航信息可以概括为军事测绘导航为描述作战区域及其周围对联合作战活动和作战效果有影响的各种因素与条件，包括战场地理环境信息、导航定位信息、军用标准时间、各类测绘导航产品与成果、军事地理与兵要地志等信息。

信息化条件下的联合作战，是以信息对抗为核心，以整体战、系统战、机动战、精确打击和综合防护为主要作战形式的战争行动，其战争形态、作战方式、指挥方式、作战方法和手段都全方位地发生了质的飞跃。这样一种以信息技术发展为牵引的广泛、深刻的军事革命，必然对军事测绘提出新的更高要求，并使其技术装备、结构和保障机制、方法发生根本的系统性变化。早期的军事测绘概念中的"提供军事地理信息和导航定位授时服务"逐渐发展成为满足联合作战指挥和军事行动提供战场地理环境信息、导航定位信息、军用标准时间、各类测绘导航产品与成果、军事地理与兵要地志等信息以及测绘导航技术保障，分析战场地理环境情况及其对军事行动的影响，辅助作战指挥决策。

四、战场空域信息管理

战场空域是陆军、海军、空军航空兵力量投送、物资输送，火箭军火力打击的关键通道，也是敌我战时激烈争夺的制高点，有效的战场空域信息管理是夺取战场空域控制权的关键环节，需要融合军地多方力量，实现高效的战场空域信息管理。

战场空域信息由敌方控制区和我方控制区空中态势信息组成，包括指挥类信息、情报类信息、基础类信息、空中预警信息、航空管制信息、航空气象信息、地空数据类信息、电磁频谱类信息等。它是联合作战体制下各作战集群之间指挥、协同、支援等作战关系所需的指令、情报、数据等所构成的消息流，是联合战役指挥中心指挥、掌握、控制、调遣、投送空中作战集群、地面防空集群的信息集，是连接指挥机构与空中武器平台、运输工具的神经或神经元。

战场空域是战时敌我激烈争夺的制高点，有效管控战场空域信息是夺取战场制空权的关键环节。战场空域信息管理是在战场信息管理机构的集中管控下，结合空中作战集群、地面防空集群作战特点和信息需求，结合其他作战集群的协同关系信息需求，建立融合军地多方力量，实现全面、高效、融合、共享的战场空域信息管理机制。战场空域信息管理，既要掌握战场驻军状况，又要掌握战场周边，甚至具备远程投送能力且远离战场的特种部队部署、兵力、武器等信息。战场空域信息获取以雷达探测、电子侦察和谍报信息相结合的方式进行综合管理。

五、战场目标信息管理

一切作战行动都是在一定的时间空间内围绕特定的军事目的展开的军事活动。与此相关，需要区分军事目标与战场目标两个相关概念。军事目标是指"具有军事性质或军事价值的打击或防卫的对象，如军事设施、军事要地、军事机构、作战集团等"。而战场目标不仅涵盖军事目标，更包含与战场活动相关联的各类固定目标、高价值移动目标以及各类民用目标，在战时，它们都会对作战行动产生积极影响，都具有军事价值。从联合作战角度，可以将战场目标定义为：在战场范围内，作战行动打击、封控、夺取或保卫的对象，包括有生力量、武器装备、军事设施，以及对作战进程和结局有重要影响的其他各种目标。

战场目标信息管理是对战场目标进行侦察、分类，并对战场目标信息进行存储、传输、加工、分发、利用及安全防护等进行的管理活动。深入研究战场目标信息管理，对提高战场目标信息管理质量和水平，支持作战指挥决策、作战控制、精确打击和效果评估，乃至赢得未来信息化战争都具有重要意义。

六、战场电磁频谱信息管理

随着以电磁频谱为主要特征的信息化武器装备在战场上的密集部署和广泛运用，以及武器装备信息化程度的提高，电磁环境日趋复杂，电磁环境对作战活动的影响也越来越大。

电磁频谱是一种稀缺的战略资源，为了使有限的电磁频谱资源得到合理、有效的利用，维护空中电波秩序，需要对电磁频谱实施管理。电磁频谱管理是未来信息化、智能化条件下联合作战指挥、部队行动、武器装备效能发挥以及维护电磁空间安全的重要保障。信息化战争是基于信息的战争，信息是支撑体系作战的基础要素。大规模联合作战基于信息系统的体系对抗，预警探测、信息传输、指挥控制、武器制导、电子对抗和导航定位等用频装备部署密集，民用电磁辐射源众多，战场电磁环境复杂，敌我"制电磁权"争夺激烈，战场电磁管控无论是组织用频筹划、频谱指配，还是组织频谱管控以及电子对抗，都离不开电磁频谱信息管理的支撑。加强面向联合作战应用的电磁频谱信息管理，是实现实时频谱态势感知、用频精确筹划、频谱动态管控的前提，也是保障用频武器装备效能充分发挥的关键基础。

第三节　战场信息管理要求

着眼联合作战的特点和规律，积极探索战场信息管理的要求，更好地统筹规划协调作战全过程中指挥信息与火力打击信息、综合保障信息的相互协调控制，努力提高军事信息的综合运用效能。

一、围绕指挥活动优化管理流程

指挥活动是指挥员及其指挥机关对所属部队实施指挥的思维和行为的统称，通常包括掌握情况、定下决心、计划组织和控制协调等活动，是指挥员及其指挥机关履行指挥职责、行使指挥职权的过程。战时信息管理，要始终围绕指挥员的指挥活动要求，着眼指挥信息交互的特点规律，以形成支撑基于网络信息体系的联合作战能力为目标，通过规范优化军事信息系统和信息交互活动的顺序、步骤，确保各信息系统高效灵敏运转。

（一）着眼体系释能，建立"一条主链"

优化联合作战指挥控制流程和系统信息交互流程，将通常的作战准备、作战实施和结束作战，按体系释能的要求，优化为"筹划、组织、指挥、调控"一条主要流程链路。围绕这条主链，将相关规定明确的指挥控制活动，优化为建立信息管理机构、制定完善信息管理行动计划等主要的信息管控活动，通过有效的筹划、组织、指挥、调控，科学配置信息资源，构建信息组织运用指挥流径清晰、控制环路稳定的信息控制流程，充分发挥所有参战力量和各种信息系统的最大战斗力，实现作战能量成体系的最大释放。

（二）围绕信息赋能，构成"两个闭环"

联合作战的机理是信息能主导战场能量的释放。信息管理要重点围绕指挥信息系统的组织运用，着眼战场信息和系统交互信息的高效、有序流动，科学构建指挥控制活动信息以人工干预为主、网系智能调控为辅，系统信息交互控制以网系智能调控为主、人工干预为辅两个相互交融的指挥控制闭环。通过对信息运用涉及的不同对象所实施的人工干预和智能调控等一系列人机结合的管理动作，实时采集系统运行信息，按需配置信息资源，动态调整安全防护，实现各信息系统运用的集约高效。

（三）立足网聚能力，突出"三个环节"

战时信息管控，应着眼数据管理的特点规律，首先突出优化时间资源环节，创新并行管理控制活动，改进计划文书作业方式，缩短信息控制流程时间，提高信息管理的时效性；其次突出优化信息资源环节，优先保障重点方向、重点部队和重点行动的信息支援以及网系信道、频谱和 IP 地址、电话号码等资源的使用；最后突出优化信息管理机构资源环节，通过建立矩阵式指挥管理模式，进一步优化信息领导管理和业务管理部门机构，合理区分指挥层次、跨度及相互关系，使流程各要素的指挥负荷分配均衡，实现机构、岗位、流程的匹配。

二、依据指挥体制健全管理组织

信息化条件下的联合作战，将是以争夺制信息权为主的战争，作战效能的形成和发挥，主要依赖于信息的采集、处理、传递、控制和使用。况且，各军兵种参战力量在同一领域遂行作战任务，客观上也需要建立一个能够统辖各军兵种信息管理的权威指挥机构，围绕作战任务的实现，实施集中统管，组织开展的一系列决策筹划、组织协调、检查评估等工作，通过科学有效的信息管理，整合各种信息保障力量，以发挥整体作战优势，实现作战效能的最优化。所以，健全信息战时管理组织、明确管理职责、完善管理机制显得尤为重要。战时信息管理机构，主要负责制定战时信息管理目标和规划，以及组织、实施和协调战时信息管理行动。依据现行联合作战指挥体制，通常建立各级指挥机构、作战集团（集群）和作战部队三级信息管理组织体制，并由信息通信部门统一牵头，各职能部门具体负责实施。

（一）指挥机构信息管理

指挥机构通常在军事行动信息通信部门中设置信息管理组，下设信息协调席和信息组织席。其主要负责军事行动各类态势、指挥协同、后装保障等信息的组织协调，拟制信息组织协调计划、信息需求清单和引接计划，统一组织信息引接、整编融合与分发等行动，统一归口管理信息组织运用活动；信息协调席主要负责拟制信息组织协调计划，组织侦察情报、气象水文、测绘导航、机要等信息的协调；信息组织席主要负责拟制信息需求清单和引接计划，统一组织信息引接、整编融合与分发等行动。

（二）作战集团（集群）信息管理

联合作战集团（集群）信息管理，应在联合作战指挥机构的统一领导下，按照便于组织协调、指挥管理的要求组成，依据担负的作战任务和作战行动，组织实施对各作战部队的信息力量、信息资源等进行统一管理活动。通常由通信部门统一牵头，各职能部门具体负责实施。当以某作战集团（集群）为主组织联合作战行动时，也可以该作战集团（集群）为主，吸收有关作战集团（集群）信息管理机构、地方民用信息管理机构人员参加，组成信息管理协调中心，有效指挥和控制不同方向、不同空间、不同类型、不同层次信息管理力量的行动。各作战集团（集群）信息管理机构负责本作战集团（集群）所属作战区域的信息管理，保障本集团和各部队协调一致作战的信息需求。

（三）作战部队信息管理

联合作战部队信息管理是在作战部队指挥机构的统一领导下，围绕部队联合作战行动的任务，由指挥机构内的通信部门为主编成、分管信息通信工作的职能部门，组织实施信息获取、传输、处理、存储、分发，网络、频谱、数据，安全防护，以及软件技术保障等信息管理。各作战部队按照战时上级信息管理的统一要求，根据所担负的作战任务和专业特点，负责本部队和本兵种专业的战时信息管理工作。作战、情报、通信、军务、政工、后勤与装备部门，根据职能分工，分别负责相对应的各自信息管理工作。

三、着眼复杂情况组织管理行动

做好信息服务保障和信息安全防护，是确保各种信息系统高效运转和最佳效能发挥的基石。联合作战信息管控行动，应立足复杂情况，围绕联合作战行动进程，周密筹划，精确实施。

（一）统合信息，提供多元服务

管理就是服务。在联合作战中，要始终以满足指挥员信息需求为目标，提供各种高效的信息服务。为指挥员统一编配 IP 地址，经安全中心认证后，按需实时接入信息网络。信息服务中心提供目标信息、气象信息、协同信息、保障信息等信息清单，通过语音、视频、图像、邮件等不同类型的信息服务方式，根据指挥员定制的信息需求，按权限按需传递分发。将基础数据、作战数据和保障数据等统一整合为信息资源池，按照指挥员需要动态提供信息查询、索取服务。

（二）多法并举，实施安全防护

健全军事综合信息网、指挥专网和资源管理网的信息安全系统，在物理接入、网间交换等重点部位构设防敌网络入侵防护体系。严格控制指挥员链终端、舰艇等武器平台接入安全，使用认证手段，加装终端加密和存储加密设施，确保数据信息安全可靠。通过传输信道加密、网络加密技术手段，确保信息内容传递正确。对机动指挥机构进行加固、伪装，躲避敌点穴打击，构筑防空抗敌火力打击防护体系，启用地下指挥机构通信枢纽和信息节点，实现信息顽存。

（三）全程实时，掌控电磁环境

频谱资源管理是军事信息管理的重要内容。根据联合作战行动用频需求，在统筹协调军民用频需求基础上，采取按用频计划和临机协调相结合的方法，确保重要作战方向、地区、时节、部队和主战武器平台的频谱使用。按照军民结合、机固结合思路，构建无缝覆盖联合作战地区的短波、超短波、卫星监测网和短波探测网，准确掌控和实时显示战场电磁态势，为联合作战指挥提供决策支撑。强化机场、一线港口码头和常核导弹部署地域，以及重要作战行动的电磁环境监控，实时组织电磁频谱管制，采取关、停、并、转等多种措施，消除军民用有害干扰。

（四）基于多元数据进行有效管控

联合作战信息管控行动，应充分利用信息系统的网络、硬件、软件资源，进行各类数据信息的挖掘、综合和使用，实施基于数据的指挥控制和管理，实现战时信息管理由经验、粗放型向科学、精确型转变。一是根据动态数据分析判断情况。充分运用一体化指挥信息系统，综合情报、战场环境和战场综合情况等软件与数据库，以静态数据查询为基础，以动态数据分析为重点，敌我情况、战场环境等诸多方面进行比照分析，综合判断，以形成及时、准确的情况判断结论，为提出信息管理建议和拟制相关信息管理计划奠定基础。二是运用计算数据辅助筹划管理。运用作战筹划支持软件和数据库，对信息管理运用的力量编成、网系组织、资源配置等要素进行作战计算，辅助通信部门参谋人员制定信息管理计划；对预定作战地域信息环境、作战行动、用频武器装备运用、毁伤效果等进行仿真计算，验证信息管理的对策建议和作战运用的科学性；对诸军兵种信息管理计划进行推演计算，消解时域、空间、频域和资源上的冲突，提高信息管理行动筹划的科学性和时效性。三是按照共享数据联合指挥作业。通过统一指挥信息系统文书拟制、要图标绘、力量编成、文书流转、文电收发等共用软件和建立的联合共享数据库，构建支持信息管理联合指挥作业的基础环境，辅助指挥信息管理人员展开本级指挥机构内信息管理各要素（席位）间基于共享数据平行的系统指挥作业，以及各指挥机构间基于共享数据互动的指挥作业，为联合作战信息管理组织实施奠定基础。

第十五章
战场态势信息管理

随着信息技术的大量运用，战场观察和探测范围急剧扩展，敌我战场态势感知能力不断提升，战场变得越来越透明。但这种透明往往是单向的，并向信息能力强的一方倾斜。面对全网战场和海量数据的到来，如何提升战场态势感知能力，有效获取战场态势信息，实时生成整体战场态势，为指挥员提供及时、详尽、可靠的数据信息，是战场中有效决策和正确行动的前提与依据，将直接决定作战行动的效益。

第一节　相关概念

在信息化战争背景下，随着信息获取能力的高速提升，表征战场状态的信息类型和信息量均呈现爆发式增长，战争战场形势已步入大数据时代。一方面，战场组成要素更为复杂和繁多；另一方面，战场数据日益呈现 4V 特点（规模庞大（Volume）、变化极快（Velocity）、种类繁多（Variety）、价值重要（Value）），这些都使"战场感知""战场信息""战场态势"等概念不断被重新定义。因此，进一步丰富和完善战场态势的相关概念，明确联合作战条件下新的战场态势信息管理目标、内容和过程，是改变以往战场重"态"轻"势"或有"态"无"势"的前提条件和重要方面。

一、战场态势

2011 版《中国人民解放军军语》中，定义战场是敌我双方作战活动的空间，一般分为陆战场、海战场、空战场和太空战场，态势是指部署和行动所形成的状态与形势。概括而言，战场态势主要是指作战双方各要素的状态、变化与发展趋势，包括兵力部署情况、装备情况、地理环境、天气条件等内容的现状及变化发展。其中，态，是对作战单元实体属性、战场环境、战场状态信息等的描述，主要强调当前作战的状态；势，是对作战单元实体能力变化、行为趋势和动态关系等的描述，主要强调未来作战的发展趋势。

二、战场态势信息

由上述战场态势的定义，战场态势信息是指敌我双方在一定的作战时间空间内所形成的状态和形势信息，包括敌对双方部署情况、力量对比、作战行动、作战环境等诸多内容形成的状态和形势，是作战行动过程中形成决定性速度优势和压倒性节奏优势的重要支撑。

三、战场态势信息管理

毛泽东指出："正确的决心来源于正确的判断，正确的判断来源于周到的和必要的侦察，以及对于各种侦察材料的连贯起来的思索。"战场态势信息的管理，就是要在现阶段复杂联合作战条件下，通过覆盖作战空间的多源感知通道，依托各类战场信息基础设施，实时获取各局部作战空间范围内的实时状况，再将反映作战空间实况的数据信息，综合运用各级各类信息资源，进行融合、处理、印证和关联，从作战意图、战场状态、实力对比、关键事件、对抗效果等一系列环节入手，为各级指挥员、指挥机关和参战部队，提供对战役进程、当前状态、行动过程、发展趋势判断等多视角的战场局势理解和判断支撑，为指挥决策、行动控制构建全维、全域、全时战场信息服务保障体系，让战场"信息优势"有效转变为"决策优势"。

从当前战争形态和长远发展来看，对战场态势信息进行高效管理，是解决当前战场数据量过载，降低指挥机构认知负荷，克服人为判断局限的必经之路。战场态势信息管理的服务保障对象主要包括各级指挥员、指挥机关、部（分）队和武器平台，其中指挥员和指挥机关是主体。战场态势信息的来源和获取渠道主要包含各级各类情报机构、各军（兵）种侦察部（分）队、上级和下级战场态势处理中心、友邻单位、本级机关业务部门和地方有关部门等。战场态势信息管理要达成的目标是通过有效获取、统筹各类战场侦察、监视、探测、感知、报告等来源获取的数据，结合各类相关作战基础数据资料，组织和优化信息流转，实时关联、融合、挖掘、调度和发布战场态势信息，高效、有序管理和应用丰富、海量的战场态势信息，使其依据统一的概念架构进行处理和呈现，实现跨领域、跨地域、跨军种的信息共享和整合展现，为各级各类指挥机构掌握和理解战场状态，分析研判战场发展趋势，评估推演作战行动效果，实施决策和协作行动等，提供快速、准确、按需定制的信息支援服务。

第二节　战场态势信息管理的主要内容

在实际作战场景下，从获取战场态势信息、形成战场态势认知开始，到完成作战任务判断，实施作战指挥决策，直至开展作战行动，是一个闭合循环、不断重复的过程。战场态势信息管理的具体内容，不仅包括对当前战场态势信息的准确把握、感知和理解，还需要据此形成对近期战场态势发展变化趋势的预测和判别，具有动态往复、循环交互的特点，与整个作战过程紧密相连，是形成指挥决策的基础支撑。

一、战场态势信息管理域

战场态势信息的来源、形式、种类繁多，既包括结构化数据，也包括大量非结构化数据，战场态势的信息管理需要对这些数据进行身份验证、一致性融合、态势元素细化、元素关联关系分析，再针对不同的作战环境、关键事件、深层行动任务关系等作进一步处理，从而呈现出实时、完备的战场态势，为作战行动提供推演、预测、评估报告，为作战指挥定下行动策略提供高效支撑。

根据战场态势信息管理的时间进程，战场态势信息管理可依次划分为战场态势感知域、战场态势认知域、战场态势预判域三个信息管理域，具体如下：①战场态势感知域是完成后续战场态势认知、形成战场态势预判的基础，主要实现对态势数据的采集、获取和初级层面处理，完成战场"态"的建构，为"势"提供资源。②战场态势认知域主要达成对战场态势的深度分析和理解，根据感知域积累素材，完成融合处理，对敌方作战任务、目标价值、作战能力、行动规模、态势特征、双方战局优势和劣势、各方战场防御和进攻情况等进行分析与最终态势呈现。③预判域主要是基于认知域对战场态势的分析理解，对敌方作战行动、作战趋势、威胁和存在风险进行预测和评估，既包括对单一的作战平台，也包括对某个目标群甚至全局态势的预测，对时间管理、资源调度等提供优势策略。总之，态势的认知和判断是一个复杂艰巨的系统工程，需要技术领域的一系列攻关和信息采集处理新机制的不断建立和完善，这是因为一方面战争本身是一个瞬息万变的复杂系统，存在动态性、模糊性、不确定性等特征；另一方面战场态势信息来源的全面性和实时性、信息处理的准确性和高效性、信息融合的算法和建模，都将对战场态势的认知、判断产生较大影响。

二、战场态势信息管理内容

综合考虑各种战场态势信息分类方法，以描述对象为经，以获取渠道为纬，将战场态势信息管理的内容分为 3 类共 28 种，如图 15-1 所示。

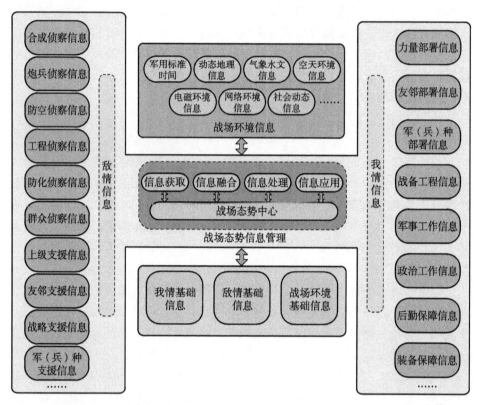

图 15-1　战场态势信息管理内容示意图

（一）战场环境信息

一般来说，战场环境信息分为以下 8 种：军用标准时间、动态地理信息、气象水文信息、空天环境信息、电磁环境信息、网络环境信息、社会动态信息、战场环境基础性信息。①军用标准时间。军用标准时间是指根据《中国人民解放军标准时间管理规定》，全军统一使用的时间标准。一般采用 24 小时制，采取北斗卫星授时，可精确到纳秒级。②动态地理信息。动态地理信息是指作战区域内地形、地貌、地物等的实时动态信息。战场动态地理信息可由测绘导航分队依托测绘导航信息服务车负责测绘更新，也可申请由上级情报机构下发，所获信息依托战术互联网通过某专用信息系统传输至战场态势处理中心。③气象水文信息。气象水文信息是指战场内，大气环境以及水文循环和水分平衡中同降水、蒸发有关的信息。战场气象水文信息可通过气象水文观测、气象水文探测、卫星信息、侦察情报等方式进行收集后，通过各型电台、北斗手持机等手段将信息传输至气象预报保障车，经整编处理后依托战术互联网通过某专用信息系统推送至战场态势处理中心。④空天环境信息。空天环境信息是指由战略支援部队汇总编目的与战场相关的航天飞机、卫星、空间站等人工设施以及大气层、自然天体、宇宙射线等自然环境的状态信息。信息依托战术互联网通过指挥信息系统发送至战场态势处理中心。⑤电磁环境信息。电磁环境信息是反映战场内电磁波使用情况的信息。通过上级机关推发、本级信息保障部门根据最新用频装备数据资料进行更新，或者通过上级配属的电磁频谱管理分队以实时侦测的方式获取，信息经战术互联网上报战场态势处理中心。⑥网络环境信息。网络环境信息是反映当前网络通联、通指网系网管等敌我网络环境的信息，通过上级机关推送、本级信息保障部门技术人员检测上报或依靠网络安防软件主动防御，提供安防信息等方式获取，信息经战术互联网上报战场态势处理中心。⑦社会动态信息。社会动态信息是反映战场内民众或组织进行集会、游行、示威、实施暴动等实时社会动态的信息，由各级情报机构或地方有关部门以口头、书信、文件、电报、加密电话、网络、指挥专网等方式通报至战场态势处理中心。⑧战场环境基础性信息。战场环境基础性信息是战场环境中相对不变的知识性信息，即兵要地志，是指战场及其周围相对固定的自然地理情况、人文条件、电磁环境等信息，具体包括地形、地貌、河流、道路、植被、电磁、民风、民俗、经济、社会、人口、民族、宗教、战史、战例等。信息获取主要是各级业务部门平时积累的数据，引接方式主要是离线加载或实时在线更新。信息存储的主要形式包括图像、文字、声音、视频、数据等，可统一整编生成一体化平台数据包。

（二）敌情信息

以陆战场为背景举例说明，敌情信息可分为 11 种：合成侦察信息、炮兵侦察信息、防空侦察信息、工程侦察信息、防化侦察信息、群众侦察信息、上级支援信息、友邻支援信息、战略支援信息、军（兵）种支援信息、敌军基础性信息。①合成侦察信息。合成侦察信息是指由联合作战部队（任务群队）直属侦察力量侦得，反映敌方军事指挥机构、侦察预警设施、政治行政机构、导弹阵地等重要战略目标性质、位置等属性的信息。信息通过电台、北斗、某专用信息系统上报至战场态势处理中心。②炮兵侦察信息。炮兵侦察信息是指由炮兵侦察分队侦得，反映当面之敌集结地域、火炮阵地、指挥机构、军用仓库等重点打击、毁伤目标位置、性质等情报的信息。信息通过战术互联网汇总于炮兵侦察车，经整编处理后依托某专用信息系统发送至战场态势处理中心。

③防空侦察信息。防空侦察信息是指由防空侦察分队利用超低空目标指示雷达侦得，反映所关注区域低空敌方实时情况的信息，信息通过战术互联网汇总于防空群团指挥车，经整编处理后依托某专用信息系统发送至战场态势处理中心。④工程侦察信息。工程侦察信息是指由联合作战部队（任务群队）所属工程兵侦察分队侦得，反映当面之敌障碍防护设施、重点工程设施建设、江河湖中障碍设置等情况的信息。信息通过北斗、电台等多种手段集中于工程侦察车中，处理后依托战术互联网，通过某专用信息系统上报至战场态势处理中心。⑤防化侦察信息。防化侦察信息是指由联合作战部队（任务群队）直属防化侦察分队对敌石油化工仓库、工厂及核生化攻击沾染地带等重要地段实施侦察所得的情报信息。信息通过北斗、电台等多种手段汇集于防化侦察车中，处理后依托战术互联网，通过某专用信息系统上报至战场态势处理中心。⑥群众侦察信息。群众侦察信息是由联合作战部队（任务群队）中非侦察专业部（分）队上报，或者由支持我方人民群众所通报的，反映当面之敌实时及准实时兵力布置、工事构筑、火力配置等情况的信息。信息通过电台、北斗手持机、某专用信息系统等方式上报至战场处理态势中心。⑦上级支援信息。上级支援信息是由上级机关通报的实时或准实时反映敌集结地域、机动路径、高科技武器平台配置等情况的信息。信息通过某专用信息系统下发至战场态势处理中心。⑧友邻支援信息。友邻支援信息是我友邻部（分）队提供的、与我当面之敌相关的兵力调动、装备机动、武器平台架设、指挥机构开设等方面的情报信息。信息通过电台、北斗、某专用信息系统等方式通报至战场态势处理中心。⑨战略支援信息。战略支援信息是由战略支援部队通过谍报、技侦、航天侦察等方式获取的敌作战企图、战略规划、密码密钥、大规模兵力兵器调动、指挥机构开设等重要信息，通过某专用信息系统通报至战场态势处理中心。⑩军（兵）种支援信息。军（兵）种支援信息是来自空军雷达情报站雷达情报处理中心、海军舰队海情处理中心、火箭军情报机构等军（兵）种情报中心有关当面之敌海空军力量部署、部队动向、战略反导设施等的重要信息。信息通过海空情推送服务器、某专用信息系统等方式通报战场态势处理中心。⑪敌军基础性信息。敌军基础性信息是敌军相对不变的知识性信息，是指敌军的体制、编制、实力、武器装备数质量情况及性能、训练情况、作战特点、战史、指挥员特点、驻地位置、宗教信仰等信息。信息获取主要是各级侦察情报部门平时积累的情报信息，引接方式主要是离线加载或实时在线更新。信息存储的主要形式包括图像、文字、声音、视频、数据等，可统一整编生成一体化平台敌情数据包。

（三）我情信息

我情信息主要包括 9 种：力量部署信息、友邻部署信息、军（兵）种部署信息、战备工程信息、军事工作信息、政治工作信息、后勤保障信息、装备保障信息、我军基础性信息。

三、战场态势信息管理支撑环境

战场态势信息管理支撑环境是战场态势信息管理顺畅运行的基础和核心要素，主要包括信息传输网络、指挥控制系统、信息处理平台、安全防护设施、法规技术标准等一系列支撑信息管理保障组织实施的物理硬件环境、软件系统和法规标准等，主要包括以下三个方面：

（一）硬件支撑环境

战场态势信息管理的硬件支撑环境一般由侦察情报类设备、信息处理类设备、音视频类设备、网络通信类设备、安全保密类设备、定位设备、供配电类设备和附属配套类设备等构成。信息处理类设备主要包括计算机、服务器、以太网交换机等设备；音视频类设备主要包括音视频采集、显示、编解码等设备；网络通信类设备主要包括网络综合控制设备、传输设备、电台设备、卫星设备、复接分配器等，用于保障战场态势处理中心内部与对外的通信需求；安全保密类设备主要包括安全防护设备、安全认证设备和密码保密等设备；定位设备主要是指北斗终端设备，用于接收北斗位置信息；供配电类设备主要包括综合电源、发电机组、蓄电池等，用于保障用电需求。

（二）软件支撑环境

战场态势信息管理的软件支撑环境主要包括底层支撑软件、专业信息处理软件、服务专用软件、服务管理软件等。其中，底层支撑软件为战场态势服务运维管理提供底层的支撑平台，主要包括共用基础软件、安全保密系统、运维管理系统等；专业信息处理软件为各军（兵）种的专业业务功能软件，主要包括情报侦察软件、预警探测软件、综合保障软件、火力控制软件等；服务专用软件为战场信息服务需求分析、引接汇聚、整编融合、服务提供等活动提供作业平台，主要包括数据引接软件、系统对接软件等；服务管理软件为战场信息服务管理活动提供相应的工具支撑，主要包括需求分析软件、用户管理软件、数据资源管理软件、信息产品管理软件等。

（三）政策法规标准支撑

战场态势信息管理需要相应的政策法规和标准计划支撑，包括信息资源采集获取、开发利用的计划制定；数据标准、支撑环境、信息内容等的统筹和规范；信息资源目录体系、通用数据模型、信息分类编码等的编制；按照"一数一源"原则对信息采集维护职能的分工确立;战略级、战役级、武器平台等战场态势信息融合的节点、中心、目标和相应机制的建立;数据和软件系统开发利用工具的统一等。

第三节　战场态势信息管理的主要活动

战场态势信息管理的流程按照处理顺序分为信息获取、信息引接汇聚、情报整编融合、战场态势图呈现四个部分,如图 15-2 所示。

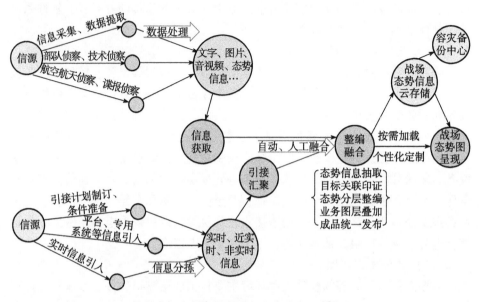

图 15-2　战场态势信息处理流程示意图

一、战场态势信息采集获取

战场态势信息采集获取是指信息提供单位通过各种信息采集和侦察手段获得情报信息,并进行适当处理形成战场态势信息的过程。

（一）获取方式

战场态势信息获取方式主要有以下六类:①人工填报。指各级直接采集上报信息的方式。我情信息和战场环境信息主要通过这种方式获取。②数据提取。指直接通过系统数据库、网络等方式获取信息数据的方式。基础性信息主要通过这种方式获取。③部队侦察。指各军兵种侦察力量通过抵近侦察、敌后侦察、化装侦察等方法手段获取当面敌情信息的方式,是战术情报信息的主要获取手段。④技术侦察。指利用无线电技术侦察、网络攻击等技术手段，侦搜敌无线电信号、破译敌电文、破解敌指挥系统而获得情报信息的方式，是敌情信息的主要获取手段。⑤航天航空侦察。指利用卫星、航空照相、无人机等侦察手段，通过判读遥感图片、视频等获得信息的方式，是敌情信息的主要获取手段。⑥谍报侦察。

（二）内容要素

各类战场态势信息应遵循相应的军用标准，确保信息的要素齐全，信息数据完整，力求表述准确。敌情信息应该描述清楚时间、地点、目标性质、数量、动向等信息。战场环境信息和基础性信息的要素按照相应的军队规定执行。

（三）格式要求

各军兵种、各级各类业务部门和情报机构处理形成的战场态势信息应该遵循规定的数据格式。①文字情报。要求遵循标准的军用文书格式，利用短报文发送的情报信息应力求简洁明了。②图片情报。要求成像清晰、主体突出，重要目标要有不同角度的图片相互印证，通常采取 JPEG 压缩格式，重要的超大图像可采取 TIF 无损压缩格式。③声音和视频情报。要求有片头说明或者另附文字说明，讲清情报来源、信息主体等，声音情报统一采取 WMA 或 MP3 格式，视频情报统一采取 MPG 或 MP4 格式。④态势情报。应严格遵循新版《作战标图规定》，原则上必须基于一体化平台生成态势图，态势情报可生成 SML格式传输共享，或者通过一体化平台系统联合共享数据库实现态势共享。如果无法兼容一体化平台，应提供态势情报的坐标转换方法。⑤数据性情报。遵循军队统一标准的数据字典和数据结构，数据库应当统一使用国产自主可控产品。

二、战场态势信息引接汇聚

战场态势信息引接汇聚是指将信息从信源以适当的方式引接到战场态势处理中心，并对其分拣处理的过程。

（一）引接汇聚流程

按照引接计划制定、引接条件准备、信息分类接入和信息编目入库等步骤进行，同时组织调试监测，保障引接过程顺利实施。

（二）引接计划制定

战场态势处理中心对信息来源、引接方法、保障条件和引接责任人等逐一梳理，制定引接计划，作为统筹信息引接工作的依据。其步骤如下：①明确信源，依据引接任务表确定需引接的情报信息及其提供单位。②选择引接方法，战场态势处理中心根据引接任务和信源的具体情况选择确定引接方式，主要有平台对接、桥接接入、代理接入、专线专装接入和离线加载等五种方式。③明确保障条件，确定保障信息引接相关条件，主要包括业务系统、承载链路、传输带宽、服务器性能、保密机等。④明确引接责任人，确定每项信源引接工作的具体负责人。

（三）引接条件准备

战场态势处理中心的引接条件准备工作，主要包括：①承载链路准备，主要是协调信道和布设线路，战场态势处理中心向通信保障部门提出通信链路需求，打通信源单位和战场态势处理中心间的链路，布设内部网络，测试内外链路联通性能。②硬件平台搭建，部署引接保障条件所要求的服务器、终端、密码机等硬件设备。③业务系统部署，部署引接保障条件所要求的业务系统，包括基础软件、某专用信息系统软件、专用业务信息系统等。

（四）引接调试监测

在引接实施过程中，通过对链路、系统、数据的监测评估和优化调试，确保引接过程顺利开展。其主要包括：①单信源调测，通过某专用信息系统或专用业务信息系统对引接的单个信源，进行数据接入和加载测试，目的是测试链路连接的有效性和系统数据传输的稳定性。②多信源协同调测，在单信源调试的基础上，对来源不同、相互关联、相互印证的多个信源进行数据加载和同步实验，目的是测试系统间协同的有效性和网络数据传输的稳定性。③全系统联合调测，在多信源协同调试的基础上，测试战场态势处理中心所有引接信源的整体效果，目的是测试网络和系统的承载能力。

（五）平台信息导入

战场态势处理中心依据引接计划表，协调相关信息提供单位和技术保障单位，通过离线加载、平台对接、桥接接入等方式将战场态势信息导入某专用信息系统或专用情报处理平台。

（六）专用系统信息接入

战场态势处理中心依据引接计划表，协调相关信息提供单位和技术保障单位，采用代理接入的方式引接技侦海情信息、技侦空情信息、全球海上目标态势信息和数据链态势信息等战略支援信息。

（七）实时信息引入

战场态势处理中心依据引接计划表，协调相关信息提供单位和技术保障单位，通过专线专装、代理接入、桥接接入等方式引入战役实时信息。①采用专线专装的方式，引入雷达信息、中远程无人机信息等。②采用代理接入的方式，通过镜像代理服务，引入网络态势信息等。③采用桥接接入的方式，通过在线格式转换，引入综合海情信息、联合空情信息等实时信息。

（八）引接信息分拣

战场态势处理中心按照引接计划表，对引接的信息进行区分属性、用途、信息用户的分类处理。根据属性，可将信息分为实时/近实时和非实时两大类，再分别以不同方式进行转发或存入数据库。①实时/近实时情报信息。对实时/近实时情报信息，以在线转发和转换转发两种方式提供给整编席位或情报信息用户。对于业务系统能够稳定、正确读取的实时/近实时情报信息，战场态势处理中心通过转发服务器直接将其转发到整编席位或情报信息用户席位；不能直接被业务系统稳定、正确读取的实时/近实时信息，战场态势处理中心可采用相应业务信息系统（插件）进行自动转换或者进行人工处理，然后再通过转发服务器转发到整编席位或信息用户席位。②非实时信息。对非实时信息，按照信息编目规则进行编目，并根据信息用途、数据属性和数据结构分别存入恰当的数据库，供情报信息整编融合使用。

三、战场态势整编融合呈现

情报整编融合是指根据情报信息整编任务表进行情报信息融合、整编融合、集成综合等处理，区分信息颗粒度、规范信息处理级别，生成战场态势信息，并编目入库。

（一）整编融合颗粒度

颗粒度是指各级描述战场态势需要确定的最小标识单元。集团军本级，战场态势需精确到陆军营以上分队，导弹作战分队精确到发射车或保障车，特种作战分队精确到班组；海上态势需精确到舰艇；空中态势精确到战机；网络空间态势，我军网络运行态势精确到节点车，敌军网络运行情报标绘到通信台站等；电磁空间态势精确到 100W 以上用频装备。

（二）整编融合基本理论

战场态势系统是一个典型的多传感器系统，信息感知的触角延伸到战场的每一个角落。情报信息整编融合就是利用信息论、决策论、认识论、概率论、模糊理论、专家系统、数字信号处理、推理网络和神经网络等方法，对多源不确定性信息进行综合处理及利用，对来自多个信息源的信息进行多级别、多方面、多层次的处理，产生新的有意义的信息，即准确的目标识别、完整而及时的战场态势和威胁评估。按信息类型，融合可分为数据融合和图像融合；按目的，融合可分为检测融合、估计融合和属性融合。

1. 检测融合

检测融合的主要目的是利用多传感器进行信息融合处理，消除单个或单类传感器检测的不确定性，提高检测系统的可靠性，获得对检测对象准确的认识，如利用多个传感器检测目标以判断其是否存在。利用单个传感器的检测缺乏对多源多维信息的协同利用、综合处理，也未能充分考虑检测对象的系统性和整体性，因而在可靠性、准确性和实用性方面都存在着不同程度的缺陷，需要多个传感器共同检测，并利用多个检测信息进行融合。融合策略包括与融合检测准则、或融合检测准则、表决融合检测准则、最大后验概率准则、奈曼－皮尔逊（Neyman-Pearson）融合检测准则、贝叶斯（Bayes）融合检测准则、最小误差概率准则等。最终目的是最大限度地提高检测概率，并且最大限度地消除虚警和漏检。

2. 估计融合

估计融合的主要目的是利用多传感器检测信息对目标运动轨迹进行估计，也称多源状态估计。利用单个传感器的估计可能难以得到比较准确的估计结果，需要多个传感器共同估计，并利用多个估计信息进行融合，以最终确定目标运动轨迹。目标运动轨迹需要解决两个问题：一是判断来自不同传感器的航迹是否属于同一个目标的航迹；二是若航迹来自同一目标，则确定如何融合各传感器的航迹。前者属于互联问题，后者属于融合算法问题。目标运动轨迹融合的算法主要有卡尔曼（Kalman）加权融合算法、简单航迹融合、协方差加权航迹融合、自适应航迹融合、相关航迹的非同步融合、模糊航迹融合、利用伪点迹的航迹融合、信息去相关算法等。

3. 属性融合

属性融合的主要目的是利用多传感器检测信息对目标属性、类型进行判断。属性融合算法可分为物理模型、参数分类、基于知识的模型三种类型。其中，参数分类中的统计法是主流，统计法的理论基础包括经典推理、贝叶斯统计理论、登普斯特-沙弗（Dempster-Shafer）证据理论等。

（三）整编融合方法

战场态势整编融合工作一般依托系统自动融合，也可进行人工融合。整编融合工作的核心是一个去重删假、去伪存真、综合研判的过程。对于接入汇集的实时态势情报，由态势情报融合处理系统，按照既定规则程序，进行去重、属性补充、资料关联等自动融合处理。对于不能自动融合的非实时态势信息，或者重大复杂的态势情报，需要进行人工研判，进行手工标绘、辅助融合。人工融合的主要方法可归纳为"三比对四判"。通过比对信息来源、比对目标数据、比对趋势走向，判定目标的位置、真伪、属性和相互之间的关系。一般来讲，产生时间较晚的情报比产生时间较早的情报可靠，一线侦察员上报的情报比后方判读整编的情报可靠，数据精确的情报比数据粗略的情报可靠，图像、视频情报比文字情报可靠，多源整合情报比单一来源情报可靠。

（四）整编融合流程

战场态势处理中心根据联合作战情报信息需求，基于统一的军用时空基准，考虑各军兵种协同动作需要，利用某专用信息系统战场态势综合标绘工具对各领域、各方面、各层次的基础性信息、我情信息、敌情信息和战场环境信息进行分类、分层、标准化的标绘和呈现，生成可标绘的、实时共享的、具有一系列可定制图层的战场综合态势成品。其产生过程分为以下5个步骤：①态势信息抽取。战场态势处理中心综合利用某专用信息系统数据库战场态势信息抽取、空中态势信息抽取、海上态势信息抽取、信息作战态势信息抽取等软件，从各业务数据中抽取战场态势信息，并将信息统一抽取到联合共享数据库分类存放。②目标关联印证。战场态势处理中心对联合共享数据库中多方抽取来的情报信息进行目标性质判定、同一目标判定、真假目标判定、敌我属性判定等处理，形成初步判别结果。③态势分层整编。根据判别结果，战场态势处理中心组织所属各集群战场态势处理中心，基于作战决心图，综合（陆上、海上、空中）敌情、我情、战场环境等图层，结合战果战损、物资弹药消耗、部队状态、北斗卫星定位等情报信息，利用某专用信息系统态势协同工具对关联印证后的各种战场情况信息在统一的基础地图上按照分类进行分层整编。④业务图层叠加。战场态势处理中心通过某专用信息系统态势综合软件将综合海情态势、联合空情态势、陆战场态势，以及测绘、气象水文、电磁环境等战场环境信息协同标绘生成专用图层，按照既定顺序动态同步到战场综合态势图上，并同步修改各图层属性信息。⑤成品统一发布。战场态势处理中心利用统一的发布平台，向各战场态势系统客户端推送战场综合态势。各客户端同步接收态势图，并按需定制呈现。

（五）态势共享呈现

战场态势处理中心将整编融合产生的战场态势信息分类编目存入相应云端数据库，并发布到态势信息网站上，为战场态势保障提供支撑，其主要共享和呈现形式可以概括为"一幅图"和"一片云"。

1. 一幅图

"一幅图"是指基于地理信息系统和军用标准时间构建统一的时空空间，并基于这一时空空间构建战场态势图，叠加我情、敌情、战场环境和基础性信息的3类28种情报信息，实现情报信息的可视化呈现。这幅图具有按需加载、个性化定制的能力，可以实现用户权限管理。与美军将"共同作战图"（Common Operational Picture，COP）概念修订的理念相同，一幅图的目标不是让所有从指挥员到战士看到同样的战场视图（让所有人看到相同的态势画面），其内涵应该是由用户定制的战场态势图，是"可以讨论和组合不同视角观点的协作和共享环境"，每个用户都可以根据自己的知识、决策和任务背景，向态势数据资源添加和修改呈现条件，以全面满足不同层面的战场认知需求。

2. 一片云

"一片云"是战场态势数据共享的形象比喻，是指采取云存储的形式，实现对各信源产生的战场态势信息和各级战场态势处理中心生成的战场态势成品进行分布式管理和跨平台的数据访问。信息存储单位不限于各战场态势处理中心，也可以是各任务部队或单兵。所存储信息应按照统一的数据格式和分类方法存放。各级战场态势处理中心负责云的构建和维护、用户权限管理等。重要信息应进行容灾备份。战场态势基于一致性的公共数据资源，提供共享信息服务，用户通过统一的信息服务窗口，获取、发现、挖掘、关联、调度和发布信息资源，"一站式"获取态势信息。

四、战场态势信息管理保障

(一) 管理保障内容

战场态势保障是战场态势图运用的主要方式。战场态势保障是指综合运用战场态势图，实现各作战要素实时共享战场态势的一项活动。

1. 保障平台

战场态势信息保障的平台是连接战场态势处理中心与战场态势用户的桥梁纽带，主要包括承载网络和平台软件。战场态势保障的承载网络以战术互联网、指挥专网为主，军事综合信息网、互联网等为辅。战场态势保障的平台软件主要有某专用信息系统、专用客户端或信息服务网站。①某专用信息系统。依托某专用信息系统联合共享数据库和各专业数据库，通过战场态势综合和各专用系统软件段共享态势图、分发作战信息。②专用客户端。利用现有的专用信息系统软件（如战役战术指控平台、北斗态势图系统等）或开发战场态势图专用软件，实现态势图和作战信息的管理、分发。战场态势图专用软件可参照一体化平台体制开发，最大限度兼容一体化平台，但受限较多；也可采取另外的软件架构开发，优势是软件开发的自由度较高，可实现理想功能，劣势是不兼容一体化平台；还可利用 ArcGIS、奥维地图等国内外成熟的商用软件编译改造。③信息服务网站。构建基于标准通用标记语言（如 HTML 语言）的战场态势信息网站，面向用户提供各种战场态势信息。信息服务网站的优点是具有较强的兼容性和可扩展性，缺点是信息的安全保密问题。

2. 保障对象

战场态势保障的对象即用户主要包括本级首长机关、下级战场态势处理中心、任务部（分）队、主战武器平台等。对用户使用权限管理是战场态势保障的一项重要内容，在图层、显示范围、信息颗粒度等方面都要给予规范。一般情况下，用户只能查询本单位作战任务和作战区域相关的敌情、我情、战场环境和基础性信息；在态势图信息方面，各级用户可显示到自身上一级、下两级及同级友邻的队标。

3. 保障种类

按照信息发布和获取的方式，战场态势保障一般有按约推送、按需定制和自主查询三种模式。①按约推送是指按照事先约定，战场态势处理中心主动将信息成品以适当的方式推送至用户。②按需定制是指由用户向战场态势处理中心提出需求申请，经审批后，战场态势处理中心按照用户需求整编信息成品并反馈至申请用户。按需定制可依据用户需求灵活组合信息，是按约推送的有效补充。③自主查询是指由用户利用态势信息浏览、检索等服务自助获取信息。根据保障对象、保障模式和信息呈现方式的不同，战场态势保障可分为 2 类10 种：技术支持类保障包括态势发布保障、信息浏览保障、信息定制保障、信息群组保障、信息网盘保障、链接授权保障、数据接口保障等，作战运用类保障包括直接呈现保障、决策支持保障、基于态势指挥等，如图 15-3 所示。

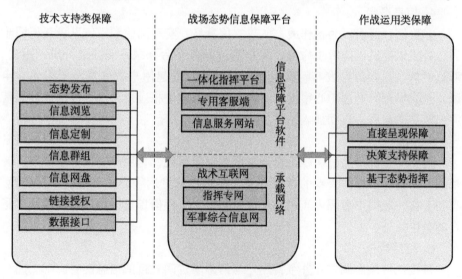

图 15-3　战场态势信息保障示意图

（二）技术支持类保障

1. 态势发布

态势发布是战场态势图的核心运用模式，是指利用某专用信息系统、专用客户端或信息服务网站，面向首长机关、下级战场态势处理中心、任务部（分）队，提供基于统一时空构建的战场态势图（专指"一幅图"）。用户可以根据权限选择敌我态势显示的范围、图层及态势队标的颗粒度。

2. 信息浏览

通过战场态势处理中心的信息发布平台（某专用信息系统、专用客户端、信息服务网站等），为本级首长机关、下级战场态势处理中心、任务部（分）队，甚至单兵等用户提供文字、图像和视频等多种形式的基于"云存储"的情报信息成品（专指"一片云"），提供用户注册、信息检索、信息浏览、信息下载、情报更新提醒等子服务。战场态势处理中心通过管理用户权限，限制信息流向，精准提供信息保障。对于浏览权限之外的信息，各用户可以提出使用申请，经首长审批后，由战场态势处理中心开放相关权限。

3. 信息定制

对于战场态势图的信息池（即"一幅图"和"一片云"）中没有的信息，当用户向战场态势处理中心提出信息需求后，由战场态势处理中心协调相关信源单位提供。信源单位可能采取临机侦察或者调用已有情报信息的方式提供。

4. 信息群组

态势信息群组可为各作战群队建立信息岛、实现高效利用信息、获得同步的态势感知提供相应解决方案。用户通过服务平台登录系统，进行用户邀请、群组申请、态势信息发布、群组撤销等操作。发起用户首先发出群组建立申请，经战场态势处理中心审批后，发起用户可邀请相应用户加入群组；被邀请用户接受邀请后，自动加入该群。

5. 信息网盘

信息网盘是指通过保障平台建立网盘保障系统，为用户提供存放文本、音视频、图表等多媒体资料的存储空间，是用户信息远程容灾备份的重要手段，有利于在一定用户范围内实现态势信息共享。所存信息可供用户本身或用户指定的单位使用。

6. 链接授权

链接授权是协调建立并维持用户与信源单位间直接的信息链路，赋予用户直接使用信源信息的权利。使用赋权保障可大大缩短信息传输的路径，提高信息使用效能。例如，可以赋予主战火炮与侦察前端的链接保障，使侦察前端获取的目标信息直接传输到火控系统，实施引导打击，达到"发现即摧毁"的目的。使用赋权保障必须在周密制定协同预案的前提下，由指挥员决定是否提供，防止误击、误炸等情况发生。

7. 数据接口

数据接口是指战场态势系统提供标准的数据接口，供其他专业系统或软件引接、使用战场态势信息。战场态势系统是一个开放的系统，可以提供不同的接口接入和引出数据信息。可用于不同态势显示系统间坐标信息转换、武器平台获取射击参数、后装保障力量获取战场保障需求等。

（三）作战运用类保障

1. 直接呈现保障

直接呈现保障是指由战场态势处理中心通过纸质媒介、态势图、视频、3D 影像、4D 打印、VR 技术等方法直接将战场态势图呈现给受众的方法。保障对象主要是本级首长机关。直接提供情报是战场态势图运用的一种重要模式，它可以将指挥员从海量复杂的信息中解放出来，专注于指挥和决策。根据需要，战场态势处理中心还可派遣多个保障小组遂行伴随保障。

2. 决策支持保障

决策支持保障以支撑作战指挥员辅助决策为目的，面向指挥机构用户提供基于数据的方案评估、仿真计算、模拟推演等保障。一般由战场态势处理中心保障支持室牵头，受理保障申请并负责各仿真系统的运维；数据维护室负责维护仿真系统数据库并提供相应数据支持。决策支持保障一般按照方案要素收集、模型（引擎）选择、计算实施、结果分发 4 步统一组织。

3. 基于态势指挥

基于态势指挥是指指挥员通过实时显示的战场态势图，利用图像符号指挥部队的一种方法。其前提是战场态势的实时共享感知、统一认知的符号化指挥规范、对指挥员的赋权和身份确认。例如，指挥员可在图上画出行军路线，任务部队按照路线按时集结到位。指挥员还可根据实时的战场态势，下达临机调整的命令。基于态势指挥的优势在于命令的直观形象，协同的高效快速，可以准确把握稍纵即逝的战机。

第十六章
战场气象水文信息管理

随着现代战争作战节奏加快，战场态势转换频繁、参战力量趋向多元化及高技术武器装备大量投入使用，都使战场气象水文信息保障的任务越来越重、要求越来越高、地位越来越重要。一方面是由于战场气象水文环境及其影响复杂多变，几乎涵盖了战场所有要素和环节；另一方面是由于战场气象水文环境的变化过程多为非线性，影响机理也经常难以把握，特别是当前一些参战高技术武器装备，不仅没有摆脱气象水文环境的制约，在一定程度上反而增加了对气象水文信息的依赖程度。此外，未来信息化战争不仅要求提供常规气象水文要素和宏观天气变化信息情况，而且要求提供内容更丰富的战场大气、海洋和空间环境信息的管理与多样化信息产品保障，如电磁波的传播环境（大气透射率、大气波导等）、空间天气（电离层扰动、等离子云团、磁暴等）、海洋环境（潮汐、潮流、海流、浪涌、内波、中尺度涡等）等，因此，实施战场气象水文信息管理，提高气象水文信息保障能力，是提供战略战役决策的重要环节。

第一节 相关概念

战场气象水文环境瞬息万变，是影响作战指挥的重要因素之一，准确把握战场气象水文信息的来源和内涵，明确战场气象水文信息管理的任务和达成目标，是实现战场气象水文环境动态实况，全面掌握和未来预报精准发布的基础。

一、战场气象水文

气象水文环境是自然地理环境的有机组成部分，战场气象水文环境由战场高空气象环境、海洋水文气象环境以及地面气象水文环境构成，是战场自然环境的重要组成部分。战场气象水文主要是指为顺利遂行作战任务，保障战斗活动实施相关的气象水文活动。近年来，我军战场气象水文事业已从传统单一的气象业务领域向现代综合的大气、海洋水文和空间环境业务领域迅速拓展，较好地实现了气象、海洋水文业务的有机融合，保障也从传统的气象水文保障发展为气象水文保障，并逐步向大气、海洋和空间环境三位一体的无缝隙保障体系迈进。

二、战场气象水文信息

战场气象水文信息是描述战场空间环境状态及其变化的信息，包括大气、海洋、空间环境等信息。按来源和作用，战场气象水文信息可分为观测探测信息、预报警报信息、决策辅助信息、人工影响环境信息等；按表达形式，可分为数据、图表、图像、多媒体信息等。战场气象水文信息是综合作战信息的重要内容，气象水文保障是取得"战场形势认知优势"、进而取得信息优势必不可少的重要基础环节之一。

三、战场气象水文信息管理

战场气象水文信息管理是应用军事气象水文科学技术，为保障军队遂行作战、训练等任务提供军事气象水文信息和相应趋利避害措施的专业活动。战场气象水文信息体系是要建立自陆地、海洋、大气层到整个日地空间的一体化、无缝隙保障体系，实现战场气象水文保障手段的客观化、定量化、智能化和综合化。战场气象水文信息管理体系如图 16-1 所示。

战场气象水文信息管理的重点可以概括为：一是提供气象水文情报和气象水文保障措施，提高部队防御气象灾害及其可能诱发的其他自然灾害的能力，减少非战斗减员和非战斗损失，保持部队的野战生存能力和持续作战能力；二是提供气象水文决策辅助，协助指挥员根据战场气候、天气、水文情况，正确做出作战行动决策，实施有效指挥，恰当选择作战方式、方法和武器装备运用，适时调整或变更部署，保证战术和武器装备系统的有效运用，克服被动，赢得主动，充分发挥参战军兵种部队的整体作战威力；三是通过人工影响局部天气，制造有利于我或不利于敌的气象水文条件，伺机创造有利态势，促成作战目的的达成。在具体管理保障中，如图 16-2 所示。

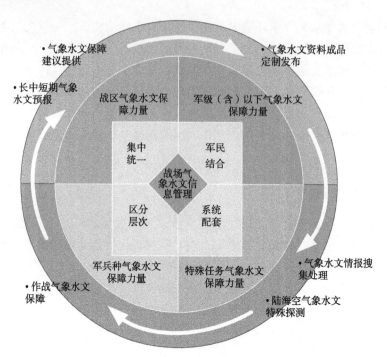

图 16-1　战场气象水文信息管理体系示意图

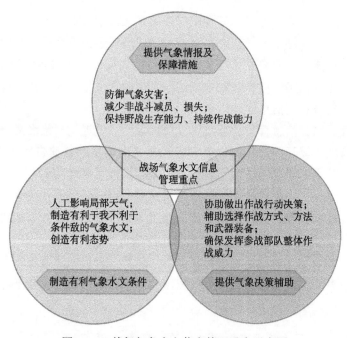

图 16-2　战场气象水文信息管理重点示意图

第二节 战场气象水文信息管理的主要内容

美军在《2010 联合气象海洋保障构想及其体系结构》中提出：不仅要透彻了解和掌握大气环境及其对敌我双方武器系统、作战人员和作战行动的影响信息，而且要在保障能力和利用保障能力上始终占有超过和胜过对手的优势，始终保持获取和利用信息的"优势差"。由此可见，战场气象水文信息的高效管理将成为未来信息化战争军事信息保障的关键要素之一。

战场气象水文信息管理的主要内容包括对战场气象要素、水文要素和气象及水文要素相关分析处理后的基础性信息，如天气分析信息、气象图分析信息、气象预报信息、水文预报信息等的高效管理，如图 16-3 所示。

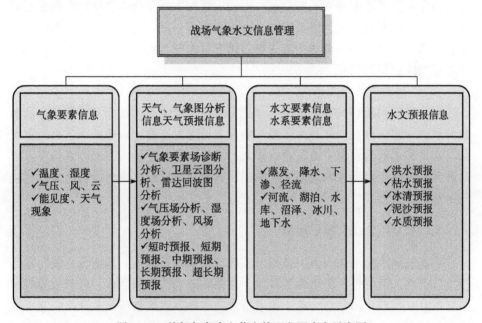

图 16-3 战场气象水文信息管理主要内容示意图

一、战场气象水文信息分类

按照管理探测区域，战场气象水文信息可分为大气气象水文信息、海洋气象水文信息、陆面气象水文信息三类。

（一）大气气象水文信息

来自大气的战场气象水文信息是战场气象水文信息的基础组成部分，是表征大气的物理、化学特性和天气现象的数据信息，可分为地面气象资料、高空气象资料和大气成分资料等。地面气象资料包含对近地面的物理现象及其变化过程的连续记录，以及一些对大气现象进行观测获取的信息，这些信息是对特定地域内气象状况及其变化过程最主要的记载，可以通过地面固定和机动气象观测装备、陆地和海上高空气象探测装备、航空飞机和火箭探测设备、气象雷达和气象卫星以及掩星探测卫星等方式获得。

（二）海洋气象水文信息

来自海洋的战场气象水文信息主要是指通过对海洋气象状况进行直接和间接观测获取的信息，是战场气象水文信息的重要组成部分，包括表征海水物理、化学特性和海洋水文现象的水面及水下信息。其中，通过直接观测获得的信息又分为固定观测和非固定观测两类。固定观测主要是指通过平台、固定浮标、固定海洋观测船等获得的信息；不固定观测主要是指通过航行中的船舶获得的信息，如海面温度、海面气温、海平面气压、风、海冰等一系列海气交换变量。通过间接观测获得的信息主要是指通过航空飞机、卫星和地波雷达等海洋遥感方式获得的信息。

（三）陆面气象水文信息

来自陆面的战场气象水文信息，是指通过实地调查、观测及计算研究所获取的陆面探测信息，同样是指战场气象水文信息的重要组成部分。这些信息包括与水文相关的降水量、蒸发量、水文、流量、含沙量等观测和计算信息，以及雪盖、海冰、河流和湖泊结冻、冰川、冰帽、冰原和冻土进行实地观测和遥感所获取的数据。

二、战场气象水文信息要素

战场气象水文信息大多以数据形式展现，专业性较强，具有历史性、动态性、广泛性、连续性、衍生性等特点，根据作战指挥应用需求，可以分为气象要素信息、天气分析信息、水文要素信息、水系要素信息、气象预报信息、水文预报信息、空间气象信息、空间气象预报信息等八类。

（一）气象要素信息

气象要素是表征大气状态的物理量，由于天气预报需要通过对已获取的气象要素值进行分析，结合气象学各种知识预报未来时段的气象要素值。因此，对气象要素准确的观测是报准天气预报的前提条件。

1. 温度

温度是表示物体冷热程度的物理量。气象观测中温度的观测通常是指气温和地温。气温，如无特别说明，一般是指离地面 1.5m 左右，处于通风防辐射条件下温度表读取的温度。

2. 湿度

湿度是表示大气中水汽含量程度的物理量。表征湿度的物理参数主要有以下几个：①水汽压：大气中水汽所产生的那部分压力。②饱和水汽压：在温度一定的情况下，单位体积空气中水汽量有一定限度，水汽含量达到一定限度时空气呈饱和状态，此时的水汽压称为饱和水汽压。③绝对湿度：单位空气中含有的水汽质量，即空气中的水汽密度。④饱和差：在一定温度下，饱和水汽压与实际空气中水汽压之差。⑤比湿：在一团湿空气中，水汽的质量与该团空气总质量的比值。⑥水汽混合比：在一团湿空气中，水汽质量与干空气质量的比值。⑦露点：在空气中水汽含量不变，气压一定的条件下，使空气冷却达到饱和时的温度。根据这些定义，测量空气湿度的主要方法可分为称量法、吸湿法、露点法、光学法和热力学法五类。目前，普遍使用的测试方法是干湿表法（热力学法），干湿表法就是将干湿表的读数通过湿度查算表的查算换算成空气的相对湿度。

3. 气压

气压是大气压强的总称，是在任何表面的单位面积上，空气分子运动所产生的压力，在数值上等于从观测点到大气上界单位面积上垂直空气柱的重量。

4. 风

风是空气的水平运动，是表示气流运动的物理量。风向是水平气流的来向；风速定义为单位时间里空气所经过的距离；风级也用来表示风速的大小，国际上一般采用蒲福（Beaufort）风级，从静风到飓风分为十三级。

5. 云

云是飘浮在大气中的小水滴和冰晶微粒的可见聚合体，其底不接地。云的观测对天气预报尤其是短期预报具有重要的作用。云的观测项目一般包括云状、云量和云高。

6. 能见度

能见度是指视力正常的人在当时天气条件下，能够从天空背景中看到和辨出目标物的最大水平距离。能见度的观测通常也是用目力观测，白天气象能见度的定义为视力正常的人在当时天气条件下能够从天空背景中看到和辨认出视（张）角大于 0.5°且大小适度的黑色目标物的最大水平距离。夜间由于光照条件的限制，只能用发光物体作为目标物，可利用公式将灯光能见距离换算成气象能见距离。

7. 天气现象

天气现象是指发生在大气中和贴地面的一些物理现象，或者说是表征天气状态的大气现象的总称。

（二）天气分析信息

天气分析是根据天气学和动力气象学原理，对天气图和各种大气探测资料进行的描述、操作、推断的过程。目的是了解天气系统的分布和空间结构、演变过程及其天气变化的规律，为制作天气预报提供依据。

（三）水文要素信息

水文要素是指反映某一地点某一时间内的水文状态和水文现象的基本物理量。

1. 陆地水文要素

陆地水文要素是指反映某一地点某时间内陆地水文现象和变化状况的物理量（或必要因素），主要有降水、径流、水位、流量、流速、水温和结冰等。

2. 海洋水文要素

海洋水文要素是表征和反映海洋水文状态与现象的基本因素，主要包括海水温度、盐度、密度、水色、透明度、海发光、海冰、海流、海洋潮汐、潮流、波浪、海洋跃层、内波、中尺度涡等。

（四）水系要素信息

水系是江、河、湖、海、水库、渠道、池塘、水井等各种水体组成的水网系统。其中：水流最终流入海洋的称为外流水系，如太平洋水系、北冰洋水系；水流最终流入内陆湖泊或消失于荒漠之中的，称为内流水系。水系的形状可归纳为扇状水系、羽状水系、平行状水系和混合型水系4种类型。

1. 河流水系要素

沿着地面或地下狭长凹地、经常地或间歇地流动的水流称为河流。它是汇集地面径流和地下径流的天然排泄水道，是地球上水分循环的重要途径之一，是泥沙、盐类和化学元素等进入湖泊、海洋的通道。按流经地区的地形条件，河流可分为山地河流和平原河流；按水流状况，河流可分为常流河和时令河；按最终流向，河流可分为外流河、内陆河和地下河；其他还有运河（人工开挖的水流大的称为河，小的称为沟渠）、国际河流（流经两个国家以上的河流）等概念。

2. 湖泊水系要素

湖泊是陆地上洼地积水形成的水域比较宽广、换流缓慢的水体。湖泊由湖盆、湖水、水中所含物质三部分组成。按湖盆成因，湖泊可分为构造湖、冰川湖、火口湖、堰塞湖、岩溶湖、泻湖、沉积湖和人工湖；按湖水的进出情况（或排泄条件），湖泊可分为外流湖和内陆湖；按潮水的含盐度（或矿化度），湖泊可分为淡水湖、咸水湖、盐湖。

3. 水库

水库是指用闸堤堰等筑成的用以蓄水并起径流调节作用的水利工程建筑。水库通常分为湖泊型和河床型两类；根据功能，水库可分为防洪、灌溉、发电水库等；根据库容量的大小，水库可分为大、中、小型水库。

4. 沼泽水系要素

沼泽是指土壤经常为水饱和，地面长期积水、潮湿，生长湿生和沼生植物，并有泥炭堆积的洼地。沼泽的主要特征是：①地表水分过多的地段，经常过湿或有薄层积水；②生长着湿生（水生）植物或沼泽植物；③土层严重潜育化或有泥炭的形成与积累，泥炭覆盖层未疏干时的厚度为不小于30cm、疏干时不小于20cm的地表过湿地段。

5. 冰川水系要素

冰川分布在寒冷的高纬度、两极和高山地区，由多年降雪不断累积演化形成的，具有可塑性、有一定形状、能缓慢自行移动、长期存在的天然巨大冰体称为冰川。

6. 地下水

地下水是存在于地表以下岩土的孔隙、裂隙和洞穴中可以流动的水体。按来源，地下水可分为渗入水、凝结水、埋藏水、初生水和脱出水；按埋藏条件，地下水可分为包气带水、潜水、承压水和泉等。

（五）气象预报信息

天气预报是根据气象资料，应用天气学、动力气象学、统计学的理论和方法，对某个区域某个地点未来一定时段的天气状况做出定性和定量的预测，目的是为首长、机关决策和部队作战提供准确的参考依据。

1. 制作程序

制作天气预报总的程序是：先形势，后要素（指先要做天气形势预报，然后作气象要素预报）；先高空，后地面（指先预报高空的系统，然后再预报地面的系统）；先强度，后移动（指先预报系统的强度变化，再预报系统的速度变化）。

2. 天气形势预报

天气形势预报是指对各种天气系统（气压系统和锋面）的生消、移向移速和强度变化的预报。

（六）水文预报信息

水文预报是根据需要对预定水域一定时段内的水文状况做出定量或定性的预测，分为陆地水文预报和海洋水文预报两大类。

1. 陆地水文预报

陆地水文预报原理是根据前期或现时的水文气象资料，运用水文学、水力学和气象学的原理与方法，对河流、水库、湖泊和其他水体在未来一定时段内的水文状况做出定量或定性的预测。水文预报方法与天气预报的方法类似，分为经验和半经验方法、水文模型方法、统计预报方法三类。

2. 海洋水文预报

海洋水文预报是对一定海域未来一定时段内的水文状况做出的预测和通报。预报内容包括海浪、密度、盐度、声速、海洋潮汐、潮流、风暴潮、水温、盐度、海流及气温、海冰等。海洋水文预报可分为短时预报（时效为数小时）、短期预报（时效在 3 天以内）、中期预报（时效 3~10 天）和长期预报（时效一般为 1 个月）、超长期气候展望。海洋水文预报通常在海洋水文观测的基础上，根据物理海洋学理论，结合海洋气象学、数理统计学等原理和方法进行制作。

（七）空间气象信息

空间天气是指可影响空间和地面技术系统运行与可靠性，可危及人类健康和生命的日地空间环境状态。空间天气是一种由太阳活动释放巨大能量和物质，引起日地空间中准静电场、磁场、电磁波、带电粒子流量、等离子体物质、中性大气状态的一种突然发生、高度动态、时间尺度为数分钟至数十小时的变化。空间天气研究对象包括太阳活动、行星际空间天气、磁层空间天气、电离层空间天气及中高层大气空间天气。

（八）空间气象预报信息

空间气象预报信息是根据军事需要，对某一区域未来一定时段内的空间天气变化做出的预测和报告。其可分为长期预报（几个月到数年）、中期预报（几天到几个月）、短期预报（几小时到几天）、现报（当时）和警报。空间天气预报的准确性主要取决于空间天气探测能力和掌握空间天气变化规律的水平。

空间天气预报主要包括空间天气事件预报和空间天气要素预报。主要的空间天气事件预报包括日冕物质抛射事件、太阳耀斑爆发事件、太阳质子事件、地磁暴等；主要的空间天气要素预报包括太阳磁场、太阳风、太阳高能粒子、磁层粒子和场、电离层电子密度、中高层大气密度等预报。

第三节　战场气象水文信息管理的主要活动

战场气象水文信息管理的主要活动是指通过平时和战时气象水文信息获

取，拟定作战气象水文条件、实施气象水文指挥、组织气象水文协同管理、组织气象水文信息通信、组织气象水文装备指挥，如图 16-4 所示。

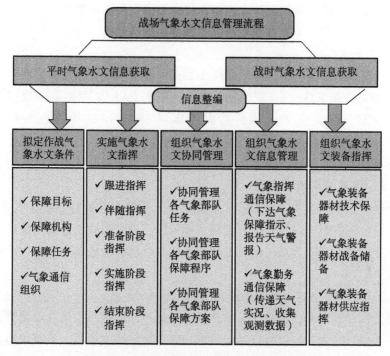

图 16-4　战场气象水文信息主要活动示意图

一、平时气象水文信息获取

气象水文指挥员和指挥机关根据战役、战斗的任务、性质和要求，组织布防作战地区内各军兵种和有关地方部门的气象卫星、气象雷达、高空探测和地面观测系统网，形成固定和机动的战场观探测网，并建立军兵种之间、军地之间的气象信息通信系统。获取信息主要包括气象填报图、气象传真图、气象卫星云图、气象雷达探测资料、天气实况、国内外数值天气预报等气象预报产品，以及陆地、海洋水文实时信息和预报产品等。获取途径主要包括以下几类。

（一）CCTV 卫星气象数据广播接收系统

CCTV 卫星气象数据广播接收系统，主要由接收天线、接收机（内置卫星数字电视接收卡）和加密锁，以及数据处理软件组成。该系统接收并处理由通信卫星广播的各类气象报文、数值预报产品、静止卫星云图等基本气象信息，通过对接收到报文的解码处理，生成实况和天气图文件。

（二）Ku 波段气象数据卫星接收系统

Ku 波段气象数据卫星接收系统是由接收天线、接收盒以及处理终端组成，是 CCTV 接收系统的备份和补充，可接收到 CCTV 系统播发的数据以外很多数值预报产品，丰富了数值预报的种类，提高了时间精度。

（三）VSAT 通信小站

甚小天线地球站（VSAT）通信小站是一种卫星通信装备，能够实现气象数据的上传和下载。全军气象水文中心可通过 VSAT 主站下传数据，各级气象水文部门也可将需上传的数据经本级 VSAT 小站传送至中心。通过VSAT 小站可以获取到实况报和绘图报、数值预报产品、卫星云图及雷达拼图等资料。

（四）卫星云图接收系统

通过静止卫星接收处理系统和极轨卫星云图接收系统接收静止气象卫星、极轨卫星云图资料。静止卫星云图覆盖面积大，可以有效地监测大尺度天气系统的演变发展，极轨卫星云图的分辨率比较高，能有效地监测中小尺度的强对流天气。

（五）边防自动观测站气象数据加密传输系统

边防自动观测站气象数据加密传输系统通过电话线将边防自动观测站的整点观测数据、天气实况以数据编码的形式传至气象水文中心，是获取边境实时气象数据的重要手段。

二、战时气象水文信息获取

在战时，为了保证和增加气象水文保障的信息来源，必要时气象水文指挥员和指挥机关可协同有关部门，运用飞机、舰船、空飘气球、空投无线电探空仪或气象侦察分队等手段组织对敌占区进行气象侦察，以获取我军需要的气象信息，提供作战任务区域气候背景资料、天气实况资料和中短期天气预报；评估气象水文条件的影响，提出趋利避害的意见和建议；在重要行动和关键时节提供气象辅助决策与气象水文保障等。气象水文指挥员和指挥机关还可根据不同的作战任务和不同的保障对象，增设或调整气象水文保障机构的编成、装备和实际保障力量，统一组织和使用气象水文保障力量，确保气象水文保障水平和质量。当战场形势发生重大变化，致使预定的气象水文保障计划无法执行时，气象水文指挥员和指挥机关能根据战场情况变化，采取相应的对策和措施，迅速调整气象水文保障任务和行动。当保障体系遭敌破坏时，组织力量迅速调整和恢复。

三、战场气象水文信息整编

战场气象水文信息在采集、探测获取后，需要通过一定处理整编后才能有效应用。气象水文数据处理整编主要以数据库为核心进行，每个环节均需要应用相应关键技术，数据传输过程主要应用数据编码、压缩；数据产品加工主要应用质量控制、均一性检验与订正、资料融合（同化）和格点化技术。在处理整编中，实时资料业务以快速分发数据为目标，数据处理以格式转换、要素解码、初步质量检查为主；非实时资料以观测资料的长期积累、质量控制、数据产品制作为主。

（一）数据编码

为便于数据交换和使用，各种气象水文观（探）测资料和预报产品均按照世界气象组织（World Meteorological Organization，WMO）规定的编码格式在通信线路和网络上传输。例如，目前仍在使用的全球地面观测和高空探测资料的报文传输就是属于这一类编码。字符编码的主要长处是较为简单和直观。

（二）数据压缩

为保持信息的完整性，气象水文数据主要采用无损压缩数据算法进行压缩。Huffman 编码、算术编码、LZW 编码算法、RLE 编码算法、BWT 变换算法是整编处理中应用比较广泛的通用无损数据压缩算法。

（三）质量控制

传统的质量控制主要根据气象学、天气学、气候学原理，以气象要素的时间、空间变化规律和各要素间相互联系的规律为线索，分析气象资料是否合理。随着观测自动化技术发展，大量自动观测资料随之产生，目前主要采用以计算机为主的全自动质量控制方式，通过自动控制技术、交互式应用技术，对各类观测资料进行质量评估，并允许在必要时对特殊资料进行详细人工分析判断与修正，以提高自动进程能力。

（四）均一性检查与订正

均一的长序列气候数据有益于真实可靠的评估历史气候趋势和变革，尤其是对于气候和极端事件分析非常重要；但长序列的气候数据记录存在由于观察仪器改变、观测方式改变、台站迁移等非气候因素造成的不连续点，影响气候变化模式预报、预测和预估的准确性。因此，需要应用多种数学统计方法，包括滤波、随机性检验等，对数据进行检测和订正。

（五）数据存储管理

根据不同气象水文资料特点和业务应用需求，需要设计相应合理的数据结构，实现气象水文数据的规范和有效管理。此外，各个气象水文数据库系统对气象水文数据的存储管理将直接关系到气象数据管理和共享系统的使用效率。为提高存储管理效率，可根据各级公用数据库的不同应用需求和规模，分别采用基于不同策略的分级存储管理。

四、拟定作战气象水文条件

不同的作战任务，对气象水文指挥有着不同的要求，从而使气象水文指挥计划的内容也不尽相同。从一般作战气象水文指挥的基本需求看，其内容通常应包括：保障目标，保障机构的组成、配置，保障任务和任务区分，气象水文通信的组织等。

在作战中，为发挥各参战力量的整体效能，通常要拟定作战气象水文综合条件。作战气象水文综合条件，是各级作战指挥部门组织战役、战斗，气象水文部门实施气象水文指挥和保障的重要依据。通常由作战部门根据部队作战需要提出具体要求，由气象水文指挥员和机关组织气象部队制定。拟定作战气象水文综合条件，主要依据参战部队所需的气象水文条件，根据作战任务、规模、样式，同时考虑作战地区气候和自然地理条件，以及有关的特殊要求，通过综合研究分析确定。

五、实施气象水文指挥

作战气象水文指挥通常采取机动指挥、固定指挥、机动与固定指挥相结合的三种方式。信息化条件下的现代战争，作战时间、地点、规模的不确定性明显增加，兵力和火力的机动能力大大提高，机动作战已成为主要的作战形式。因此，实施机动气象水文指挥，已成为现代战役、战斗气象水文指挥的主要方式。

六、组织气象水文协同管理

组织气象水文协同管理是根据作战气象水文保障企图和气象水文保障行动需要，按保障目的、时间、内容、要求，规定各气象部队的任务、保障程序和方案，明确气象部队在什么时间、什么地点、以何种方式配合行动，其根本目的是形成整体气象水文保障能力和战斗力。

战场气象水文协同管理，通常与作战协同的指挥体制相一致，由战役最高指挥层次所属气象主管部门，统一组织实施气象水文保障协同，有时也可由指挥员直接组织。组织协同的时机和方法，应视时间和具体情况而定。当气象水文指挥和保障结论出现分歧需要会商，指挥和保障任务变更或需要接替，有重要保障任务需要共同承担，以及出现其他需要协同的事项时，都要及时组织协同。组织协同主要是利用有线、无线通信网络实施，必要时，以召集会议的方式或在现场组织实施。

七、组织气象水文信息通信

气象水文信息通信是战场气象水文信息管理的基本手段，其主要任务是及时、准确、保密、不间断地传达上级指示，保证各种作战任务、气象水文情报的传递、天气警报的发布和气象水文保障协同的需要。气象水文通信保障主要由气象水文指挥通信和气象勤务通信两部分组成。气象水文指挥通信主要是为保证指挥员、指挥机关下达作战任务、气象水文保障指示，气象部门报告气象情况和提供气象资料、危险天气警报而设，战时纳入作战指挥通信网络。为了保证气象水文指挥通信准备工作的落实，气象部门应根据总的作战要求以及气象水文指挥和保障需要，及时向通信部门提出气象水文通信使用计划，以便有关部门统一计划和作好准备。气象勤务通信主要用于传递战区气象台站的天气实况，收集传递国内外有关地区的地面、高空气象实时资料和气象卫星观测资料等。它是为收集、传输、交换和分发军事气象水文情报而建立的专业通信。

在组织气象水文通信时，要根据所承担的任务和配发的气象水文通信装备，预先准备，周密组织，确保气象水文通信畅通。担负机动气象水文保障任务时，应及时了解当地气象水文通信情况，及时沟通气象水文通信联络。当气象水文通信条件无法满足气象水文保障需要时，要及时向上级提出申请给予加强。同时，应注意要综合运用各种气象水文通信手段，做好防、抗敌电子干扰。

八、组织气象水文装备指挥

组织气象装备指挥是战场气象水文信息管理的重要组成部分，是指根据指挥员的意图和战役、战斗进展情况，合理配置和正确运用装备保障力量，控制和协调装备保障行动，组织装备保障协同与防卫，提高气象装备保障效率。气象装备是气象部队实施气象水文保障的物质、技术基础，必须作为重要的气象水文指挥内容。战时气象装备指挥主要包括气象装备器材的技术保障、战备储备和供应指挥三个方面。气象装备器材的技术保障主要是指对遂行作战气象部队所需的各种气象装备、仪器进行检查和维修，使其保持完好状态。气象装备器材战备储备主要包括集中储备、自行储备和借助地方储备三种方式。气象装备器材供应指挥应及时组织气象装备器材补充，包括按计划补充、自行请领和应急补充三种。

第十七章
战场测绘导航信息管理

《孙子兵法》中提到，"知天知地，胜乃可全"，意思是说明确"敌人在哪里、友军在哪里、自己在哪里"，这一基本信息是作战的根本需要。随着我军现代化进程的不断深入，作战样式和指挥方式有了根本的改变。作战指挥、部队机动、火力打击不仅需要准确知晓敌情、我情和战场环境，还要实时精确知晓"敌人在哪里、友军在哪里、自己在哪里"。信息化指挥对测绘导航信息种类和数量的需求越来越多，对"定时空、绘战场、测目标、指方向"的战场测绘导航不断提出新的更高要求。融合军警民多方力量加强战场测绘导航信息管理，是建设信息化军队、打赢信息化战争的必然要求。

第一节　相关概念

战场环境是战争的载体，影响和制约着战争全过程，是决定战争成败的关键因素。在空间维度上，它表现为海洋、陆地、天空和太空；在要素维度上，它涵盖地理、气象等多个环境要素，各个要素之间相互影响、相互作用，共同构成一个统一的战场环境，影响着主被动传感器、武器系统和装备、作战单位和平台等。

战场环境是战场中除军队和武器之外的客观条件综合体，是军事行动的外部空间。2011版《中国人民解放军军语》定义战场环境为：战场及其周围对作战活动有影响的各种情况和条件的统称。其包括地形、气象、水文等自然条件，人口、民族、交通、建筑物、生产、社会等人文条件，国防工程构筑、作战设施建设、作战物资储备等战场建设情况，以及信息、网络和电磁状况，广义上的战场环境包括陆、海、空、天、电、网多个维度。本章主要立足于战场测绘导航信息管理，将自然要素、人文要素和军事要素定位分布在统一的时空基准上，以便于军队各级指挥机关和部队认知战场态势、探测战场情况、分析战场环境、制作战场环境产品、提供战场环境成果和技术服务保障。

一、测绘导航的有关概念

测绘是利用测量仪器测定地球表面的自然地理要素或者地表人工设施的形状、大小、空间位置及其属性等，然后根据观测到的数据、信息、成果进行处理所提供的活动。

2011 版《中国人民解放军军语》中给出了军事测绘的定义：为国防建设和军事目的进行的测绘和相关专业工作的统称。其主要包括测定和描述地球及其他空间实体的形状、大小和重力场、磁力场，以及各种自然实体和人工设施的空间位置、属性，建立空间时间基准，绘制各种军用地图，提供军事地理信息和导航定位授时服务。

从军事测绘的定义中可以看出，其内涵包括以下内容：一是测定和描述地球形状、大小及其重力场、磁力场，并在此基础上建立一个统一的地球坐标系统，用以表示地球表面及其外部空间任意点在这个地球坐标系中准确的几何位置。人们知道地球的形状接近一个两极稍扁、赤道略鼓的椭球，在地面上任意一点的空间位置都可以用地球椭球面上的经纬度及高程表示，因此需要研究地球重力场模型、地球椭球参数、建立坐标基准、高程基准和坐标系统，以及精确测定点的坐标等技术和方法。二是在获取地面点空间坐标（经纬度和高程）的基础上，对各种自然实体、人文要素及其他对象的空间位置、属性进行测定和描述。自然实体如河流湖泊、山脉丘陵、土壤植被等。人文要素如居民地、道路、机场等。其他对象如不可见的各种自然和人文要素，如磁力线、行政区划、军事禁区等。三是测制各类军用地图。上述各种自然实体和人工设施要素的空间分布、相互联系及变化信息，最终会以地图的形式反映和呈现。地图的制作过程需要进行地图投影、制图综合、编绘、整饰和印刷（早期印刷工序烦琐，目前，全数字印刷可以大大简化印刷工序），最终形成系列比例尺的普通地图和专题地图。四是与陆地测绘相对应的航空测绘、海洋测绘。航空测绘是为航空需要而获取和提供地理地形资料等信息的专业活动，包括航空摄影，机场、靶场、基地测量，航空图制图，巡航导弹航迹规划，空军和陆军航空兵、海军航空兵及民航的测绘保障等。海洋测绘是对海洋和江河湖泊水域及其沿岸地带进行测量和制图的专业活动，包括海洋大地测量、海道测量、海底地形测量、海洋重力与磁力测量、海图制图、海洋地理信息服务和海军测绘保障等。五是提供军事地理信息服务，主要包括制作测绘保障成果、提供作战测绘导航保障技术服务、管理和供应测绘信息产品、建立和维护测绘导航信息平台等。六是提供导航定位授时服务。导航在军语中的定义是：引导陆地、海洋、空中和空间载体从一地向另一地运动的活动及其技术的统称，包括天文导航、惯性导航、无线电导航、卫星导航、重力导航、地磁导航等。通常通过测定载体的位置和速度相关信息实现现代导航不仅要解决运动物体移动的目的性，更要解决其运动过程中的安全性和有效性。导航要解决三个问题：在哪里？去哪里？怎么走？导航由导航系统完成，可为用户提供连续的位置、速度、时间、航向等导航信息。授时是通过短波无线电授时、长波无线电授时、卫星授时和网络授时等手段，传递和发播军用标准时间信号的过程。

信息化条件下的联合作战，是以信息对抗为核心，以整体战、系统战、机动战、精确打击和综合防护为主要作战形式的战争行动，其战争形态、作战方式、指挥方式、作战方法和手段都全方位地发生了质的飞跃。这样一种以信息技术发展为牵引的广泛、深刻的军事革命，必然对军事测绘提出新的更高要求，并使其技术装备和结构、保障机制和方法发生了根本的系统性变化。早期的军事测绘概念中的"提供军事地理信息和导航定位授时服务"，逐渐发展成了为满足联合作战指挥和军事行动提供战场地理环境信息、导航定位信息、军用标准时间、各类测绘导航产品与成果、军事地理与兵要地志等信息，以及测绘导航技术保障、分析战场地理环境情况及其对军事行动的影响等全方位信息和服务，以辅助作战指挥决策。

二、战场测绘导航信息

战场测绘导航信息可以概括为描述作战区域及其周围对联合作战活动和作战效果有影响的各种因素与条件，包括战场地理环境信息、导航定位信息、军用标准时间、各类测绘导航产品与成果、军事地理与兵要地志等信息。

部队通过相关保障活动获取到的战场环境信息为部队指挥决策服务。其中，地理环境、气象水文、海洋洋流、电磁辐射及核生化污染程度等作战环境条件是指挥员必须关心的问题，而拥有"天时地利"的优势能够为打赢目标提供先天的保障条件。因此，任何作战一方都需要准确、及时地掌握这些环境影响因素的规律、情况和参数等，通过科学、正确的计划来规避对自身不利的因素，充分利用有利条件，在作战中先敌获取优势。

与侦察监视不同，战场测绘导航信息主要是对作战实施的物理环境进行观察和测量，如地理经纬度、高程等，其感知对象是相对稳定、公开存在的事物，因此信息是开放的，敌我双方都可以掌握。而在侦察监视活动中，感知的对象是敌方欲隐藏或保护的，如来袭导弹、部队行动或作战企图等，需要通过对抗的手段来获取。正是由于战场测绘导航信息是开放的，敌我双方都可以获取，获得信息更快速、更准确、更及时的一方将更有可能优先得到战场测绘导航信息方面的优势，因此，敌对双方在信息获取手段方面的技术水平及对环境利用的有效性直接影响彼此的优势地位。

战场测绘导航信息除具备一般信息的基本特征外，还具备自身独有的以下特征。

（一）时间和空间特征

时间和空间特征主要体现在地理空间信息。与其他类型的信息相比，地理空间信息的最大特征是其具有空间特征和时间特征。空间特征是通过特定的地理坐标系来实现空间位置的识别。地理空间信息具有多维结构的特征，即在二维或三维的基础上，实现多专题的信息结构。地理空间信息的时间特征十分明显，这就要求及时采集和更新地理空间信息，并根据多时相的数据或信息来寻求随时间的分布和变化规律，进而可以查找地理空间信息的发展规律。这一特征决定了地理空间信息资源管理比一般信息资源管理要复杂得多。一般信息资源表现为数字、文字、图表等形式，而地理空间信息除了这些表现形式，还包括空间几何数据、专题属性数据和拓扑关系数据三种数据，数据结构比较复杂，增加了管理的难度。同时，由于地理空间信息数据结构复杂，地理空间信息往往数据量都很大，可以真正称得上"海量数据"，这对存储设备和处理技术都提出了更高的要求。

（二）现势性

在作战行动中，地理空间信息是反映战场敌我态势的载体，是指挥员迅速做出判断并进行决策的依据，也是保障精确打击武器实时、有效打击的支撑，这就要求军事测绘提供的地理空间信息必须是及时、准确的。也就是说，对地理空间信息的时效性提出了更高的要求，这个要求不是一般意义上的时效性，而是实时性要求。战场测绘导航信息的理想状态是能够实时地反映战场的变化情况，但目前的技术手段还远远达不到全面、实时获取战场环境信息的要求。不同的测绘导航信息对现势性的要求是不一致的，如河流不会轻易改道、山脉不会快速变为平原，而交通要素如桥梁、隧道等容易受到攻击导致道路阻断等。

（三）保密性

任何军事信息资源都有保密性要求，因为一旦泄密，将危及国家战略利益和安全。而战场测绘导航信息资源是军事信息资源的重要组成部分，自然就有保密性要求。特别是未来具有智能化特征的信息化局部战争，对战场测绘导航信息资源的保密性提出了更高的要求。其主要体现在：不同国家采用不同的空间坐标基准，在同一地点空间信息会有偏差，从而带来坐标精度误差；参与军事行动的敌我双方部队都会竭尽所能地获取对方态势信息，隐藏自身的行动目的。因此，安全保密管理是战场测绘导航信息资源管理的重要任务之一。

三、战场测绘导航信息管理

战场测绘导航信息管理是为了满足联合作战对地理环境信息、导航定位和精确授时需要而对战场测绘导航信息资源和服务采取的一系列措施与行动，是联合作战信息保障基础支撑之一。

第二节　战场测绘导航信息管理的主要内容

广义的战场测绘导航信息管理是针对管理对象的全要素、全流程的管理。其包括对战场测绘导航信息资源中生产者、信息、信息技术的管理；也包括对战场测绘导航信息活动中信息的计划、组织、生产、流通和服务控制等。狭义的战场测绘导航信息管理更侧重于测绘导航信息的采集、整编、分析，信息产品的流通，信息资源配置和服务等。可见，战场测绘导航信息管理包括信息资源和管理活动两个部分，本节主要介绍测绘导航信息资源部分。战场测绘导航信息的主要内容包括基础地理信息、专题产品信息、其他产品信息等，如图 17-1 所示。

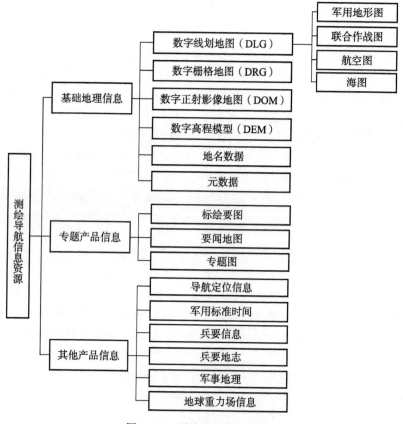

图 17-1　测绘导航信息资源

一、基础地理信息

基础地理信息主要是指通用性强、共享需求较大的测绘导航产品，主要是以军用数字地图的形式提供，数据格式由相应国家军用标准规定。以数字地图为基础，用相应软件将各地形要素的数据进行可视化（符号化）处理后，在计算机屏幕上输出得到各种电子地图；在胶片机或绘图机上输出则可得到各种纸质地图，其特点主要表现为以下几点。①灵活性。数字地图可以根据区域范围大小立即生成相应区域的地图，不受地形图分幅的限制，避免地图拼接、剪贴、复制的烦琐。地图的比例尺也可在一定范围内调整，不受地图固定比例尺的限制。②选择性。数字地图可以根据用户需求，分要素、分层和分级提供地理空间数据。③现势性。数字地图是存储于计算机和相应介质上的数据，在软件支持下，只要数据源通畅，可随时进行地图内容更新。④动态性。可以将不同时期的数字地图存储起来，按时序再现，这样就把某一现象或事件变化发展的过程呈现出来，便于深入分析和预测。目前，典型的军用数字地图产品主要有数字线划地图（DLG）、数字栅格地图（DRG）、数字正射影像图（DOM）、数字高程模型（DEM）等信息产品，分别如图 17-2~图 17-4 所示。

图 17-2　数字线划地图

图 17-3　数字正射影像图

图 17-4　DEM 可视化数据

（一）数字线划地图

数字线划地图是用矢量数据描述地图各要素的属性、位置和关系，分为不同图种和不同比例尺。一般不同种类的要素分层表示，如 1∶50 万军用地形图、1∶10 万数字海图、1∶100 万数字航空图等。以下为常见的数字线划地图。

1. 军用地形图和联合作战图

按照比例尺和用途，系列比例尺军用地图可分为军用地形图和联合作战图。①军用地形图：综合反映地形要素，主要用于部队作战、训练的地图。比例尺系列为 1∶1 万、1∶2.5 万、1∶5 万、1∶10 万。图上绘有独立地物、居民地、道路、桥梁、水系、土质、植被，以及山地、平原等各种地形要素，并绘有平面直角坐标和地理坐标。其具有内容详细、精确的特点，可以从图上量取角度、距离、坡度、坐标、高程和面积，用于研究地形、确定炮兵射击诸元和组织指挥部队作战，是合成军队作战指挥的基本用图。目前，1∶1 万和 1∶5 万地形图较为常用，1∶2.5 万和 1∶10 万逐渐被前两种地形图取代。②联合作战图：表示与诸军兵种联合作战相关的陆地、海洋和航空等基本要素的专用地图。比例尺为 1∶25 万、1∶50 万和 1∶100 万。联作战图上要表示与诸军兵种联合作战相关的陆地、海洋、空中等基本要素，突出大型居民地、交通网、航海要素、航空要素和其他重要军事设施。其包括：图廓线、直角坐标网、经纬网，测量控制点，工农业和社会文化设施，居民地及附属设施，陆地交通，管线，水域/陆地，海底地貌及底质，礁石、沉船、障碍物，水文，陆地地貌及土质，境界与政区，植被，地磁要素，助航设备及航道，海上区域界线，航空要素，军事区域，注记等。其主要供各军兵种研究战场环境、制定作战计划、指挥联合作战行动、训练以及执行其他军事任务使用。

（1）地图投影。按照一定的数学法则，将地球椭球面上的经纬线网转化为平面上相应经纬线网的方法。其实质是建立地面点的地理坐标与地图上相应点的平面直角坐标之间一一对应的函数关系。军用地形图采用高斯–克吕格（Gauss-Krüger）投影，航海图采用墨卡托（Mercator）投影，航空图采用兰勃特（Lambert）投影。不同的地图投影方法具有不同的变形特点。地图投影有两种分类方法，即按照投影变形性质和投影后经纬线形状分类。地球椭球面是一个不可展的曲面，投影到平面时，必然会产生变形，因此按照地图投影的变形性质可分为等角投影、等面积投影和任意投影三种。①等角投影，也称为正形投影，其特点是投影面上任意两方向线间的夹角与实地相应夹角相等，在一点上各方向的长度比相同，在小范围内保持图形的形状不变，适于在地图上量测方位和距离，常用于交通图、洋流图和风向图等；②等面积投影的特点是投影时保持面积的大小不变，常用于政区图，便于进行面积对比；③任意投影是不等角、不等面积的投影，即投影地图上既有长度变形，又有面积变形。按投影后经纬线形状不同，任意投影可分为方位、圆柱、圆锥、伪方位、伪圆柱、伪圆锥、多圆锥 7 种投影。这 7 种投影按投影向与椭球面的相关位置不同，可分为正轴、横轴、斜轴投影，其中高斯–克吕格投影如图 17–5 所示。

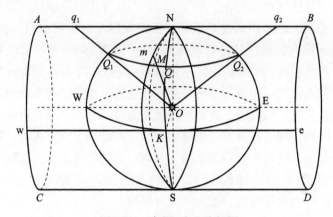

图 17–5　高斯–克吕格投影

（2）地图比例尺。地图上某两点间线段的长度与实地水平距离之比，称为地图比例尺，它是判定地表实地水平长度在地图上的缩小比例和根据图上量测计算实地水平距离的依据。地图比例尺表示形式主要有三种：①数字式，用比例式或分数式表示，如 1：50000，1：5万，也可以用分数式，如 1/50000

等；②文字式，用文字叙述的形式予以说明，如 5 万分之一，图上 1cm 相当于实地 1km；③图解式，将图上长与实地长的比例关系用线段、图形的方式表示，所画的线段图称为图解比例尺，如图 17-6 所示。

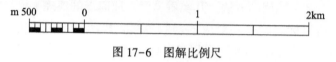

图 17-6　图解比例尺

（3）方里网和经纬线网。为了方便在地形图上量测距离和方位，规定在 1：1 万 ~ 1：25 万地形图上，按照一定的整千米数绘出平行于直角坐标轴的网格线，这些网格线称为方里网，如表 17-1 所示。

表 17-1　方里网与实地距离表

比例尺	方里网图上间隔/cm	相应实地距离/km
1：1 万	10	1
1：2.5 万	4	1
1：5 万	2	1
1：10 万	2	2
1：25 万	4	10

经纬线网又称地理坐标网，1：1 万 ~ 1：10 万地形图图幅内不绘制经纬线网（绘有方里网，内外图廓线间绘有加密经纬网分划短线），1：25 万联合作战图图幅内既绘有方里网又绘有经纬网，1：50 万和 1：100 万联合作战图在图幅内绘有经纬线网。由于地形图采用高斯-克吕格投影的分带投影，各带具有独立的坐标系，相邻图幅方里网是互相独立的。当处于相邻两带的相邻图幅沿经线拼接使用时，两幅图上的方里网就不能统一相接，给使用带来困难。为了解决这一问题，规定在投影带边缘的图幅上加绘邻带的方里网。这样在投影带边缘的图幅上，既有本带的方里网，又有邻带延伸过来的方里网。现行规范规定，每个投影带的边缘经差 30′ 以内及东边缘经差 7.5′（1：2.5 万）、15′（1：5 万）以内的各图幅，加绘邻带方里网。

（4）方位角。从某点的指北方向起，按顺时针方向量至目标点方向的水平角，称为某点至目标点的方位角。规定度量角度的单位，称为角制。目前，角制通常用度、弧度或密位表示。用度表示时，规定圆周的 1/360 弧长所对的圆心角为 1°；用弧度表示时，规定弧长等于半径 R 所对的圆心角为 1 弧度；密位是将圆周分为 6000 份，1 份所对的圆心角为 1 密位。密位制张角较小，军事上应用较为普遍。书写时，习惯上在密位的百位数与十位数之间画一横线表示；若密位数小于 100 或 10 时，则在百位或十位数字上用"0"填写。例如，6 密位写作 0-06。方位角可分为坐标方位角、真方位角和磁方位角。①坐标方位角是以坐标纵线北方向为基准方向的方位角，通常用 α 表示，由于各点的坐标纵线相互平行，所以任意一条直线的正反坐标方位角相差为 180°；②真方位角是以真子午线北方向为基准方向的方位角，通常用 A 表示，由于真子午线互相不平行，所以任意一条直线的正、反真方位角相差不是 180°，现地用图时，常把北极星方向作为真子午线方向看待；③磁方位角是以磁子午线北方向为基准方向的方位角，由于磁子午线收敛于两磁极，所以磁子午线也互不平行，正、反磁方位角差也不是 180°。

（5）偏角。偏角是指三北方向线中坐标北、真北和磁北三者之间的夹角。坐标纵线偏角是任意点的坐标北方向对于过该点真北方向的夹角 γ，每个高斯投影分带内，由于过每个地面点的真子午线方向都向地球两极收敛，而同样过每一个地面点的高斯直角坐标的纵线方向都与中央子午线的投影平行，所以位于中央经线以东的点偏角为正，坐标纵线东偏，位于中央经线以西的点偏角为负，坐标纵线西偏；磁偏角是任意点的磁北方向对于真北方向的夹角 δ，磁北方向线东偏为正，西偏为负；磁坐偏角是任意点的磁北方向对于坐标北方向的夹角。

2. 航空图

供空中领航和地面指挥引导的各种地图，统称航空图。其主题内容是航空要素，但它的主要描写对象仍然是陆地。只不过着重表示地面明显地物、地貌的形态特征和影响飞行安全的地形高程，以便空中能迅速辨认地标，准确判定航空器的位置和飞行方向，顺利完成作战、训练和抢险救灾等飞行任务。按其用途，航空图可分为普通航空图和专用航空图两类。

（1）普通航空图。为满足领航要求而制作的飞行基本用图，称为普通航空图。图上着重表示与领航有关的地形要素和航空资料，海图的有关内容也扼要进行表示。其特点是：比例尺大小与飞机战斗性能匹配；显示内容以地形图为基础，加绘航空要素。目前，我军的航空图已基本形成 1∶50 万、1∶100 万和 1∶200 万比例尺系列。

（2）专用航空图。为满足飞行和空中作战的某些特殊需要，以及为适应某种领航设备而编制的航空图，称为专用航空图，主要包括仪表进近图、基地训练图、航路图、空中情况图、空中走廊图等。它们的比例尺大小不一，范围不等，分幅和整饰没有统一的规定。

（3）航空图投影。普通航空图的使用特点决定了它所选择的投影方法必须满足等角条件，并在此基础上限制长度变形和有利于图幅拼接。按用图目的和制图区域位置采用不同的投影方法。其主要包括：一是等角正方位投影，也称极球面投影，即规定视点在极点上，将地面诸点投影在切于另一极点的平面上。适用于纬度高于80°的两极地区。高斯投影，用于1∶50万航空图。二是兰勃特正形圆锥投影，目前用于南纬80°～北纬84°广大范围内的1∶100万与1∶200万航空图的制作，满足飞机大空域飞行和作战的需要。

3. 海图

以海洋及其毗邻的陆地为描绘对象的地图，称为海图。其着重表示与航海、海上作战和训练有关的地形要素与助航标志，是海上航行与作战行动、登陆作战，以及港湾建设与海洋开发的重要地形资料。海图可分为普通海图和专题海图两类。

（1）普通海图。普通海图表示海洋空间各种自然和社会现象及其相互联系与发展的海图，包括海区形势图和海底地形图等。海区形势图比例尺小，以某一完整的海洋地理区域为制图范围，常以图组和挂图形式出版。海底地形图是陆地地形图在海域的延续，表示内容包括海底地形起伏、海底浅层地质、自然与人工物体等。

（2）专题海图。专题海图为某种特定用途而专门制作，主要包括参考用海图和专门海图等，分为自然现象海图和社会经济现象海图两类。自然现象海图又分为海洋水文图、海洋生物图、海洋重力图、海洋磁力图等；社会经济现象海图又分为航海历史图、海上交通图、海洋水产图、海洋区划图等。

（3）海图投影。海图按用图目的和投影范围大小的不同，采用不同的投影方法。一是高斯投影：用于面积较小的港湾图。利于与陆地联测，便于港湾建设。比例尺多大于1∶2万。二是墨卡托投影：用于面积较大的海上用图。它能保证等角航线投影后为一直线，便于海上航行。比例尺小于1∶2万。三是日晷投影：用于纬度75°以上的地区。它能使大圆圈航线投影后为一条直线。海面两点间的航线可以有多种选择，但通常以两点间的大圆圈线或等角线做航线。

（二）数字栅格地图

数字栅格地图也称像素图，是以二维像元阵列方式存储的数字地图，可在屏幕上显示为电子地图和作为计算机标图的底图。它主要是将现有地图经过扫描、编辑、图幅定向、几何纠正，以栅格数据格式存储和表示的地图图形数据。数字栅格地图存储结构比较简单，存储容量比较大，在内容、精度和色彩上与原有地图保持一致，但不具有要素实体的属性信息和拓扑信息，难以进行空间分析和查询操作。

（三）数字正射影像地图

数字影像地图是将数字高程模型和影像定位定向参数对遥感影像进行校正，同时与重要的地形要素符号及注记叠置，并按相应的地图分幅标准分幅，以数字形式表达的地图，又称数字正射影像地图。它综合了影像和地图的优点，具有地形信息丰富，地物平面精度高，能显示地表的细微形状，以及形象直观、易于判读、成图速度快等特点。军事上主要用于研究地形、地图更新和判定目标点位等，是打击目标选取、精确制导武器景象匹配、打击效果评估的基本用图。其中，遥感影像又可以分为以下几类。

1. 按遥感平台分类

按平台，遥感影像主要包括三类。①航天遥感图像：以人造卫星、宇宙飞船或航天飞机等为遥感平台，从几百千米至几万千米的高度，对地面进行探测而取得的图像。②航空遥感图像：以飞机、气艇或气球作为遥感平台，从100m至30km的高度，对地面进行探测而取得的图像。③地面遥感图像：遥感平台位于地面，高度通常小于10m，对地表探测取得的图像。

2. 按响应电磁波波段分类

按响应电磁波波段，遥感影像主要包括三类。①可见光遥感图像：使用摄影机和敏感可见光的胶片所拍摄的图像。红外遥感图像：利用红外探测仪器响应红外线波段所取得的图像，又分为近红外摄影图像和热红外扫描图像。近红外摄影图像是使用摄影机和敏感近红外线的胶片所拍摄的图像；热红外扫描图像是根据物体辐射的中、远红外线，采用扫描方式获得的图像。②微波遥感图像：采用雷达或侧视雷达向地面发射微波信号，按地面反射信号的强弱扫描而得到的图像。③多波段遥感图像：使用能探测数个波段电磁波的探测器，对同一地区不同波段的电磁波分别响应而得到的图像。其可以是按波段不同分别拍摄的数张图像；也可以是在同一张图像上，以不同层位响应不同波段而合成的图像。

3. 按获取方式分类

按获取方式，遥感影像主要包括两类。①摄影图像：经透镜聚焦成像，符合光学成像原理的图像，如常规摄影黑白图像和彩色图像、红外黑白或彩色摄影图像、多波段摄影图像等。②扫描图像：利用能量转换装置，将物体辐射的不同波段的电磁波变化情况逐点逐线加以记录（扫描），经光学还原处理或计算机数/模转换处理而得到的图像。例如，热红外扫描图像、多波段扫描图像和侧视雷达图像等。

4. 按表现形式分类

按表现形式，遥感影像主要包括两类。①模拟图像：以人眼可视的形式，表现在像纸上的影像。②数字图像：以数字形式存储在光、磁介质上的影像信息。在计算机软件支持下，可在计算机屏幕上显示为人眼可视的图像。

（四）数字高程模型

数字高程模型以离散的均匀分布或不均匀分布的点的坐标、高程等构成规则排列的数据，表示地面空间分布的特性。常见的是以规则排列的地面格网点高程的数字阵列表示的 DEM。这种 DEM 中以矩阵的行列号表示点的平面位置，以矩阵元素的数值表示点的高程。DEM 通常可利用人工采集法、数字测图法和矢量型数字地图处理的方法获得，常用于地貌分析，可以生成等高线、坡度、坡向图等信息。

（五）地名数据

地名数据涵盖了各类地名信息数据，包括各级行政区、居民地、交通地名信息和各类自然地理地名信息以及军事需求的扩充信息。它能够与其他数据关联，可以作为其他数据的地名基础。

（六）元数据

元数据是描述各测绘导航数据产品属性的信息，包括各类数据的基本信息、生产信息、参照信息、分层信息及数据质量信息等，可以支持数据的更新、查询等功能，并与各数据进行关联。

二、专题产品信息

（一）标绘要图

标绘要图是指情况图、首长决心图、计划图、经过图、兵力部署图、敌情图和协同计划图等重要军事用图的统称；或者是标绘有军事情况的地形图、地形略图和影像图的统称。标绘要图主要用于标绘简要作战情况，或者作为作战文书的附件等。

1. 情况图

情况图是指标绘兵力部署、行动企图及基本态势等情况的图，包括敌情图、敌我态势图、兵力部署图等。

2. 首长决心图

首长决心图是标绘首长决心内容的图，内容包括：当面之敌基本部署或当前基本情况；本部队与友邻的行动分界线和接合部保障，本部队行动方向和行动目标、当前任务、后续任务及发展方向，所属各部队的任务、配置、行动分界线和接合部保障及其他力量情况；本部队指挥机构配置；等等。首长决心图通常可分为作战首长决心图和非战争军事行动首长决心图，如图 17-7 所示。

3. 计划图

计划图是标绘军事行动计划内容的图，包括作战计划图、协同计划图、行

海防第×师海岸防御战斗决心图

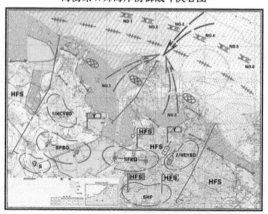

图 17-7 首长决心图

车（输送）计划图、作战保障计划图、政治工作计划图、后勤保障计划图、装备保障计划图，以及反恐行动计划图、反恐行动协同计划图、维稳行动计划图、维稳行动协同计划图等。

4. 经过图

经过图是标绘军事行动过程和结局的图。其内容包括战前当面之敌的态势或行动前态势，已方兵力部署，各行动阶段（时节）的行动过程、终结态势、战果和战损情况，友邻及其他力量与本部队行动直接相关的情况等。经过图通常可分为作战经过图和非战争军事行动经过图。

5. 兵力部署图

兵力部署图是标绘已方兵力编成、任务区分和配置等情况的图。其内容包括兵力编成、任务区分、配置区域、火力配系、障碍设置、指挥机构配置等。

6. 敌情图

敌情图是标绘有敌军情况的图，主要供侦察情报部门掌握、研究敌情和向指挥员报告敌情时使用，也可作为战斗命令、敌情报告、敌情通报的附件。

7. 协同计划图

协同计划图是标绘协同计划内容的图。其内容包括敌我战前态势或行动前态势，敌可能的行动方向和作战方法，本级首长决心，行动阶段（时节）划分及其预想情况，诸军兵种部队的行动程序和协同方法，协同动作信号、记号规定，友邻及其他力量的部署与行动，指挥机构配置等。

（二）要闻地图

要闻地图是适时反映国内外重大时事要闻，突出表示政治、经济、军事形势等内容的专题地图，是分析国内外重要时事、热点地区军事地理等情况的参考资料。要闻地图从1997年开始陆续编辑出版，其形式以地图为主，配合简要的文字说明，构成一种新的专题图种，它具有以下特点：①直观性好。一般情况下，了解时事要闻虽有时间、地点、内容等要素，但对要闻的发生地点、范围（面积）及相互位置关系搞不清楚，而通过要闻地图的形式进行表示。由于对地理环境概念有一个比较清楚的显示，因而增强了要闻的直观性。②现势性强。地图在一般的时事报刊中，多是以插图的形式出现，处于配角的地位；而在要闻地图上表示近期国际国内所发生的重大新闻事件，地图则成为主角，用地图的方式表达时事新闻，增加了地图传播信息的现势性。③实用性强。从信息获取到存储检索，再到分析加工，并为预测决策服务，要闻地图既能为各级决策部门、指挥员了解掌握国内外政治、军事、经济动态作参考资料，也可作为任务部队了解时事政策、基本国情等的手段。

（三）专题图

专题图是根据专业方面的需要，突出反映一种或几种主要要素或现象的地图，其中作为主题的要素表示得很详细，而其他要素则视反映主题的需要，作为地理基础。专题内容可以是普通地图上的要素，但更多的是普通地图上没有的专业信息。军事专题图编制的一般流程可分为三步：①对军事需求进行分析，广泛收集资料，掌握区域特点，提取专题要素信息，明确主要和次要的选题，根据区域特点和比例尺确定基础底图；②根据图幅选题，选用合适的图型或者图型组合，设计专有的图例符号，完成设计略图；③整饰，对设计略图进行反复改进，力求专题图美观。

常见的专题图有6种。①地貌图：表示陆地、海底地貌形态及分布状况的专题地图。其主要用于战区军事地理形势分析、战场规划及战备工程建设。②军事交通图：突出反映与军事行动有关的陆地、海洋、空中交通线路及其附属设施的质量、规模和分布状况的专题地图。③边界图：表示相邻国家或地区的边界实地划界情况或现实控制情况的专题地图。④地磁图：反映地球磁场各种特征的专题地图。其内容包括地球磁极的位置，各地磁场强弱、方向的变化规律及磁力异常等，是航海、航空和军事等方面确定方位与航线的工作用图。⑤海岸带地形图：表示海洋和陆地交互作用地带的海部要素与地形要素的地形图。比例尺通常大于1∶5万（含）。海岸带地形图主要用于海岸工程建设、登陆与抗登陆作战、舰船沿岸及隐蔽航道航行、沿岸附近布雷扫雷等。⑥军事地理图：重点表示军事地理环境要素、军事区域划分及相关军事设施的专题地图。其主要为指挥员提供世界、国家及相关地区军事地理信息，如图17-8所示。

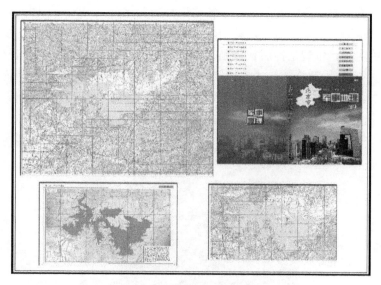

图 17-8　军事地理图集成果

三、其他产品信息

（一）导航定位信息

导航定位是利用各种设备、仪器测定物体的位置、速度、方向和时间等信息，分为以下几种。①无线电导航：利用无线电信号的振幅、频率、相位、时间等特征参数及其变化，测算物体的位置、速度、方向和时间等信息。②卫星导航：通过接收多颗卫星的导航信号，测算运载体位置、速度、方向和时间等信息。③惯性导航：使用陀螺仪、加速度计等惯性测量设备，测算物体位置、速度、方向和时间信息。④天文导航：以已知准确空间位置的自然天体为基准，通过天体测量仪器被动探测天体位置，经解算确定测量点所在载体的导航信息。天文导航不需要其他地面设备的支持，所以具有自主导航特性，也不受人工或自然形成的电磁场的干扰，也不向外辐射电磁波，隐蔽性好，定位、定向的精度比较高，定位误差不随时间积累。⑤组合导航：采用两种以上导航方式进行导航的技术。⑥地磁导航：通过地磁传感器，测得的实时地磁数据与存储在计算机中的地磁基准图进行匹配来进行定位。地磁场为矢量场，在地球近地空间内任意一点的地磁矢量都不同于其他地点的矢量，且与该地点的经纬度存在一一对应的关系，因此，理论上只要确定该点的地磁场矢量即可实现全球定位。⑦重力导航：利用重力敏感仪实现的图形跟踪导航技术，具有精度高、不受时间限制、无辐射的特点，可用于潜艇水下导航，是一种解决潜艇隐蔽性的重要技术。由于重力导航适用于在地理特征变化较大的区域，因此常作为惯性导航的辅助手段。⑧航位推算导航：利用多普勒计程仪或者相关速度计加上罗经，给定初始位置坐标后根据航行时间以及航向，推算下一时刻坐标位置，是水下航行器常用的导航方法。⑨卫星导航：我国现用的卫星导航系统是"北斗二号"卫星导航系统。我国北斗系统星座图如图 17-9 所示。

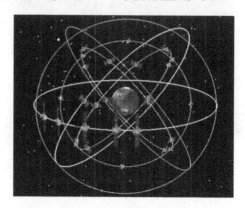

图 17-9　北斗系统星座图

（二）军用标准时间

中国人民解放军标准时间频率中心保持的协调世界时为中国人民解放军标准时间，简称"军用标准时间"。军用标准时间是军队规定的在军事活动中统一使用的、唯一的时间参考标准。军用标准时间由标准时间频率中心守时系统的数十台高性能原子钟构成守时钟组，通过综合原子时算法得到平均时间尺度，经过频率校准得到军用原子时，在此基础上通过闰秒改正得到的协调世界时，即军用标准时间。军用标准时间的基本单位为时间的国家法定计量单位秒，国家法定计量单位秒为国际原子时秒（SI），计时起点（初始历元）为协调世界时 2001 年 1 月 1 日 0 时 0 分 0 秒。军用标准时间传播采用卫星授时、长波授时等。①卫星授时：通过卫星发播标准时间信号，可实现较高的授时精度，时间不确定度可以控制在几十纳秒以内。②长波授时：利用长波无线电信号进行时间发播。其特点是抗干扰能力强，时间传递不确定度约为微秒量级。③短波授时：利用短波无线电信号进行时间发播。其特点是区域范围内功率较强，适合军用标准时间的区域授时。④电话授时：采用咨询方式向用户提供军用标准时间信号。用户通过调制解调器拨打授时系统的电话，授时系统主机收到用户计算机请求后通过授时端调制解调器将军用标准时间信息发送给用户，完成授时服务，如图 17-10 所示。

图 17-10　军用标准时间

（三）兵要信息

兵要信息是指战场环境中与军事活动紧密相关的各种地理实体和现象的空间位置、属性特征及其军事价值等的信息，分为综合兵要信息和专题兵要信息。①综合兵要信息：综合描述某一地域、海域、空域中与作战活动紧密相关的地球表面实体或地理现象的性质、特征、军事价值等的数据集。②专题兵要信息：与某个军兵种或军事部门作战（保障）行动有关的地理要素、实体、现象及作用、影响的数据集。兵要信息的应用特点是与地图数据互为补充，共同为作战提供必要的战场环境信息保障，主要用于各级指挥机构和兵要目标信息查询、可视化显示、应用统计与综合分析，是指挥员进行指挥决策认知战场环境的必要信息。

（四）兵要地志

兵要地志是指记述和评价某一地区的自然地理与人文地理要素及其对军事行动影响的志书，是指挥员及参谋人员了解作战环境、制定作战计划和指挥作战的依据。其通常分为以下两种。一是区域兵要地志：按行政区域或军事区域，根据诸军兵种联合作战需要，在实地调查和收集有关现势资料的基础上，结合历史特点进行综合记述并做出军事评价，从而形成的综合性兵要地志。二是专题兵要地志：根据某一军兵种的军事行动需要或对某类地理条件的信息需要，专门调查编写的兵要地志，如海岸兵要地志、江河兵要地志、军事交通志等。

（五）军事地理

军事地理是军事活动赖以存在并能给军事活动以影响的自然地理环境和人文地理的统称，包括与军事活动相关的地貌、水文、植被、气候、土壤及资源、工农业生产、交通、人口、民族、城镇等要素。军事地理资料是指为军事需要而编纂的某一地区与军事活动有关的综合或专题资料，是目前我军用于战场环境信息保障的主要资料品种，通常由有关军事部门根据国防建设、战场规划或作战行动需要，通过实地调查和资料收集与分析等，按比较规范的格式编纂而成，具有系统性、完整性、规范性。军事地理资料按记述特点、载体和主要用途分为以下几类。①军事地理志。军事地理志从战略战役角度，综合或专题记述某一地区地理环境及其对军事行动影响的资料。综合性军事地理志如太平洋军事地理、中国军事地理等；专题性军事地理志如中国交通军事地理、东部战区城市军事地理等。②军事地理专题图。军事地理专题图着重显示与军事行动有关的地理环境或地理要素的一种军用地图，如地理形势图、地貌图、水系图、军事交通图等，按表现形式可分为挂图、桌面图、系列比例尺套图，主要供了解和研究有关地区的军事地理（战场环境）时使用，也可作为标绘军事情况的底图。③军事地理声像资料。军事地理声像资料是指反映某一地区综合或专题军事地理情况或特点的影片、录像片或计算机多媒体声像片，通常经过规范的脚本编写、镜头拍摄和编辑处理。军事地理声像资料具有直观性好等优点，能快速、有效地加强观看人员对军事地理环境及特点的了解和记忆。

（六）地球重力场信息

目前，地球重力场典型的测绘产品主要有重力异常、高程异常、垂线偏差、地球重力场模型、全球平均海面高模型等。①重力异常。重力异常是地面一点实际重力值与相应近似地球表面上一点正常重力值之差。其产品为格网平均重力异常，表现形式有两种：一是在数据库中以格网数据结构的形式存储，以格网中点的值表示格网范围的平均值；二是重力异常等值线图。②高程异常。高程异常是地面一点与相应近似地球表面上一点之间的距离（或似大地水准面与参考椭球面之间的距离）。其产品为格网高程异常，表现形式有两种：一是在数据库中以格网数据结构的形式存储；二是高程异常等值线图。③垂线偏差。垂线偏差是铅垂线与法线之间的夹角。其产品为格网垂线偏差子午分量和卯酉分量，表现形式有两种：一是在数据库中以格网数据结构的形式存储；二是垂线偏差子午分量和卯酉分量等值线图。④地球重力场模型。地球重力场模型通常是指表达地球质体外部重力位的一种函数模型，理论上它是调和函数空间以整阶次球谐或椭球谐函数为基的无穷级数展开，并在无穷远处收敛到零的正则函数。这个级数展开系数的集合定义一个相应的地球重力场模型，它是对地球重力场的数字描述，是对地球重力场扰动场元如平均格网重力异常的解析逼近。⑤全球平均海面高模型。平均海面高指的是平均海平面沿法线方向到参考椭球面的距离，由卫星测高等数据确定的整个区域各类测高卫星轨迹上的离散点平均海面高，对这些离散点格网化后，建立平均海面高格网数字模型。

第三节　战场测绘导航信息管理的主要活动

战场测绘导航保障具有从属性，依联合作战信息保障相关进程推进，使得战场测绘导航信息管理流程亦具有从属性，在作战各阶段不尽相同，但总体还是有章可循的。应依照指挥活动流程统筹组织测绘导航信息需求、采集、汇聚、整编、审核、分发、在线咨询和清理销毁等工作。战场测绘导航信息管理具有整体性，其基本流程如图 17-11 所示。

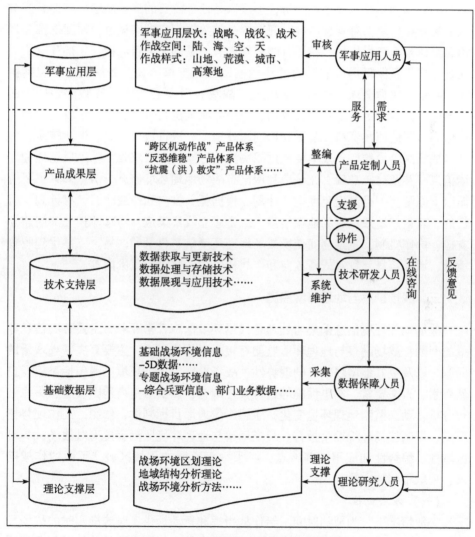

图 17-11　战场测绘导航信息管理基本流程

一、测绘导航信息服务需求提报

作战任务开始前，依作战进程聚集各级指挥员对测绘导航关键信息需求，细化形成信息需求清单，比对信息存量形成信息采集和支援清单，为信息的采集、整编提供依据。

二、战场测绘导航信息采集

根据战场测绘导航信息需求清单和支援清单，组织人员进行测绘导航信息生产、战场勘察和战场地理分析，形成满足任务需要的战场测绘导航信息。对照战场测绘导航信息管理内容，遵循统一的数据信息标准规范，深度挖掘存量信息全面累积增量信息，在尽可能多地占有的基础上去粗取精、去伪存真，为联合作战信息保障提供战场地理环境基础数据支撑。其业务活动主要包括生产、收集、整理全球、全国、本战区（战场）范围各种纸质和数字地图、遥感影像、大地测量与地球物理数据、卫星导航定位与时频数据、军事地理与兵要地志、测绘档案资料，解译和识别国外地图，进行数据格式、坐标转换。

战场测绘导航信息采集要依据战场测绘导航信息需求收集整理战场地理环境信息，并及时、准确、充分地利用已有战场地理环境信息。信息采集主要遵循以下原则。一是制定年度生产计划，根据任务方向和作战区域，有计划、有目的、有重点地采集战场地理信息。二是建立收集渠道，与军地相关部门建立支援、协作机制，定期会商交换战场地理环境信息目录和产品。三是优先收集境外、域外信息，针对战略方向和作战任务明确收集的范围内容。

三、战场勘察与地理环境监测

战场地理环境信息采集与处理是战场环境保障日常业务，主要解决信息存量的问题；战场勘察与地理环境监测直接面对作战需求，主要解决信息增量的问题，以及更好地增强信息的现势性。战场勘察与地理环境监测包括对战场自然要素、人文要素、军事设施等进行实地调查，以及对室内地图、遥感影像进行分析，动态监测地理环境变化，遥感影像地形目标判读，修测、制作现势情况图，拟制战场环境勘察报告。战场勘察与地理环境监测直接面对战场，具有区域性、综合性和应用性等特点，必须根据不同的作战区域、不同的作战需求，采取不同的方法。

（一）方法流程

一般情况下，为节约时间，给作战指挥和行动提供实时或准实时的战场环境地理信息，采取室内准备与实地调查相结合的方法，有条件的情况下可利用战场环境探测系统进行实时的动态监测分析。①室内准备。在实施战场实地调查之前，必须对战场环境有基本的了解及认识。需收集和研究有关战场环境资料，分析战场环境构成和特点，针对作战任务需求明确提出实地调查的内容和有待解决的重难点问题，形成任务清单，制定调查计划。②实地调查。在资料准备的基础上，根据实地勘察调查任务清单进行实地作业，检核疑点，实时补充更新战场地理信息。常用的方法有两种：一是普查，主要用于作战地区全面调查和战场兵要地志修编；二是重点调查，用于对主要作战地区、战役方向或战场的现地调查。③监测分析。充分利用现有战场探测感知体系，对卫星遥感影像、无人机倾斜摄影数据、实景测量数据等多源异构数据进行融合分析，验证室内资料准备的准确性，补充实地调查的完整性，形成重要目标动态及面向任务的专题信息。

（二）调查内容

战场环境调查的基本内容是环境要素、环境特点、军事作用及其规律。具体内容由任务目标决定，通常战术层次的勘察调查以兵要内容为主，战役层次勘察调查以全要素战场地理环境信息为主。通过分类、整理、归纳，分析勘察调查数据，判断战场环境的要素内容、环境特点、军事影响等基本问题，为编写报告打下基础。

（三）报告编写

战场环境勘察调查报告尚无统一法定的格式，一般可根据作战任务要求编写，也可作为战场环境文献资料编写，分为文字报告和附件两部分。一是文字报告：包括战场环境概述，战场环境诸要素的内容、分布、特点，以及战场环境结构特点等。通常和战场环境分析结合紧密，是战场环境分析的基础，可对作战区域地理环境对敌我作战和保障行动的影响进行适当的分析判断，为战场环境分析打下基础。二是附件：包括附图和表格，是对文字报告必要的补充，工作量大但使用价值高，能提供大量的原始数据和分析图表。附图和表格的内容主要由文字报告而定，应做到前后一致。

四、战场测绘导航信息整编

战场测绘导航信息整编是指根据作战需求和联合作战信息保障要求，对测绘导航数据进行综合整编，制作通用和专题信息产品。一是整理分类：对不同渠道收集的测绘导航多源异构数据进行整理分类。二是可信甄别：对分类数据进行甄别，特别是对地方支援数据进行可信度判断。三是规范格式：严格按联合作战指挥系统数据信息标准格式规范测绘导航信息。四是提取定制：采集、整编后形成战场测绘导航数据集，结合指挥信息系统及各类专业应用软件需求，提取与决策筹划、指挥控制、部队行动密切相关的高价值测绘导航信息，并根据用户个性化需求提供定制服务。

五、战场地理环境分析

战场地理环境分析以战场地理信息采集与处理和战场勘察调查为基础，利用地图、遥感影像、军事地理和兵要地志、模型等分析研究全球地缘环境、战场地理地形环境，划分战场地域结构，探索地理地形环境对联合作战的影响规律，制定地缘战略，编撰战场军事地理文献或兵要地志、军事地形分析报告，编制战场军事地理地形分析专题图，制作战场环境多媒体专题片。

（一）分析方法与内容

1. 分析方法

经常采用的分析方法有以下三种。①定性分析，立足于战场环境诸要素的属性差异，直观描述判断其军事价值。优点是普适快速，缺点是针对性不强，运用价值不高。②定量分析，通过建立描述和表达战场环境要素的数学模型，借助于计算机来分析战场环境和环境要素的军事作用与影响，这种分析方法针对性强、运用价值高。③系统综合分析，采用系统论和系统工程方法分析战场环境，从而达到对战场环境整体结构、系统功能以及综合效果的分析利用，应成为战场环境分析的主要方法。

2. 分析内容

分析内容主要包括三个方面：①要素分析，包括自然要素分析、人文要素分析和军事要素分析。②区域整体分析，在要素分析的基础上根据作战任务对要素进行叠加融合，确定主导因素、特殊因素分析其特点、规律和作用，综合研判其军事价值。③地理环境研判，主要内容包括预定作战区域地理环境对敌我作战和保障行动的影响，敌对我导航时频系统可能的攻击行动及影响，测绘导航能力分析，地理环境限制条件，对作战构想的意见建议等。

（二）战场环境评价

1. 战场环境评价原则

进行战场环境评价时，应坚持时效性、主导性和实用性原则。①时效性。结合特定的作战对象和空间，在一定的时间范围内进行，随战争进程发展而变化，以使评价更具有实用价值。②主导性。不同的战争模式和作战地域，地理环境的主导要素不同，为此，在战场环境评价时必须抓住其主导要素有权重地进行评价，同时对军事行动和军事计划与环境的适应性进行最优判断。③实用性。聚焦作战指挥和行动，尽量多使用定量评价，提供知识化的保障。

2. 战场环境评价要求

对战场环境评价要求有两点。①建立评价标准。围绕总目标先定规矩再做评价，评价标准必须遵循军事原则和战场环境评价原则。②建立评价指标体系。针对具体的战场环境、因素和军事问题建立评价指标体系，使其具有相对的稳定性、可比性和定量性等条件，既不能造成信息的泛滥又不能造成信息的缺失。

3. 战场环境评价方法

因评价是分析的继续，对分析有继承性，因此其方法和分析的方法大致相同，主要有定性、定量和综合评价三种，不再赘述。

（三）评价报告

现代战争存在数据泛滥的问题，战场测绘导航向数据保障知识保障趋势发展势在必行，把专业知识和作战需求结合起来形成各种评价报告，满足不同层次指战员的需要，显得尤为重要。其中，兵要地志、军事地理、地缘环境以及国家战场环境是前置性研究，更加注重日常积累和不断深入；战区（预设）战场环境是主体，工作量重大，需要不断更新保持现势性；战场环境情况通报和战场环境情况简报是直接面向战争的保障，有更强的时效性，需要实时或准实时；战场环境专题制图和战场环境多媒体制作是各种评价报告重要的表达形式和手段，要面向需求，主题突出，目标明确。

1. 兵要地志

（1）编写目的。收集整理特定战场或地区的政治、经济、地形、交通、气象、水文等方面的历史和现实情况编写成志书（报告），为指挥员及参谋人员了解作战环境、制定作战计划和指挥作战提供依据。

（2）编写内容。兵要地志编写，一般在兵要调查基础上进行，主要内容：一是战场概况，战场或地区地理位置、行政区划、人口、面积、历史沿革、历史上重要战例等。二是战场环境基本情况，特别是重要山脉的走向、坡度、岩石特征，重要的关口、要隘、通道、高地等。三是战场水文和气象情况，主要为降水，河流长度、宽度、渡场、桥梁、水深、水情季节变化，湖泊和水库流域面积和蓄水量，气候的平均气温、极端最高和最低气温，暴雨、寒流、台风、风暴潮等灾害性天气。四是战场经济情况，主要为工业、农业、商业的主要发展指标，资源分布和产业配置情况，重要工业目标状况。五是战场交通通信情况，主要为民用和军用交通运输线路能力及枢纽位置、数量、等级，军（民）用通信设施、市话装机容量、无线电频率分配使用情况等。六是战场科研力量情况，主要包括科技人员的数量、专业结构、科研分布情况，高等院校数量、学生数、师资，重点科研机构的基本情况等。七是战场医疗卫生情况，尤其是主要地方病和流行病情况等。

（3）编写要求。一是面向需求，主要采取区域兵要地志和专题兵要地志两种形式。区域兵要地志更注重整体性，要求对战场环境要素全面调查记录整理，体现战略指导思想和区域作战方针；专题兵要地志（如海岸带兵要地志）更注重特殊需要，对某类要素、某些要点进行详细的记述。二是表述灵活，不能单以定性的文字描述为主，对重要实体如重点桥梁、隧道、渡场、生命线工程等，应配有图表照片等定量表达。三是注意保密。兵要地志是涉及军事指挥行动的基础资料，因此编写和使用都要全流程保密。

2. 军事地理

（1）编写目的。编写目的主要包括收集和整理军事地理资料，建立军事地理信息系统，进行军事分析与研究，提供军事地理信息产品服务和决策支持等。与兵要地志的主要区别是，兵要地志注重实体的定量描述，军事地理注重整体的研究和辅助决策。

（2）编写内容。一是军事地理环境各要素的空间位置、形态、属性、分布及相互间关系。二是各要素特征，包括地理位置特征、空间分布特征、内部结构特征、时间变化特征等。三是各要素的军事作用，包括控制作用、障碍作用、遮蔽作用、危害作用、防护作用、保障作用、支援作用等。四是陆、海、空、天、电磁、网络各类型战场环境特征及对军事行动的影响。五是分层次研究分析地缘环境、国家战场环境、战区（预设）战场环境，整体把握提出对策建议。六是开发军事地理应用系统。

（3）编写要求。一是面向对象、面向系统，直接能为指挥员所应用，直接可以进入联合作战指挥系统，要素分割要完全服从于联合作战指挥系统。二是参加编写人员要全面，作战、情报、信息保障部门要联合编写，典型作战部队也要参与其中。三是建立典型运用模型，针对我军基本战役样式的主要特点、参战力量和基本作战行动，把握不同样式军事地理保障要点，探索不同的保障模式。

3. 地缘环境

地缘战略环境研究目的，是跟踪研究世界政治、经济、军事、文化、外交发展变化，运用地缘战略研究方法，分析全球地缘政治棋局、周边地缘环境演变和国家地缘战略形势，评估国家安全地缘风险，编制发布地缘战略环境研究报告，为搞好战略运筹提供支持。地缘作用分析评价要素主要包括三个方面：一是位置要素，是研究地缘单元价值的重要着眼点，包括普适性的自然地理位置、政治地理位置、经济地理位置、交通地理位置及特殊性的相对位置。某些特殊地缘单元因处于某种特殊位置而具有极大的价值，如马六甲海峡是沟通印度洋与太平洋的咽喉要道，其战略地位极其重要。二是空间关系，表示为相邻、相隔、相望、远离。三是关联要素，地缘单元的作用往往是因为其某方面的特殊而引起关注，如拥有丰富的资源、地处交通要道、文化辐射力强等，研究时要针对任务明确核心关联要素。主要揭示地缘作用规律，如利益分布非均衡规律、作用距离衰减规律、缘边冲突多发规律和利益趋同组合规律等。

4. 国家战场环境

国家战场环境以国家为对象，全面论述其环境及其对国家战略规划和战略战役作战的作用与影响。其主要内容为：一是总论，包括该国战场环境形势、自然条件、经济条件、人文条件的战略价值和军事作用。二是战场环境区划，包括该国战场环境区划的原则方案，以及国家的战区划分。三是战区分论，包括各战区的自然、经济、人文条件，及其对战略、战役行动的影响，各战区的位置、人口及在全国战略格局中的地位、作用和任务等。四是周边国家和地区，包括与该国邻近的各周边国家和地区的自然、经济、人文、军事概况，历史沿革，对外关系和与本国的利益关系分析等。

5. 战区（预设）战场环境

战区（预设）战场环境编写是规划战区建设，进行战场准备，服务于战区作战的一项基础性战场环境保障工作。

（1）编写要求。一是服务层次高，直接服务于战区规划，一般由战区统一组织、统一规划、统一实施。二是指导作用强，是战区进行规划建设重要依据，必须统一内容、结构、体例、规范。三是编写工作多部门联动，业务部门和指挥机关相结合。

（2）编写内容。内容格式规范。一是战区综述。从总体上论述战区地理位置、范围和构成，战区战场环境形势，以及在全国战略格局中的地位和作用。二是战区地理环境。重点论述战区自然、经济、人文、交通、通信等地理条件，及其对军事行动的影响。三是战区当面环境。重点论述当面国家和地区一定纵深的战场环境，以及军事实力、动员潜力与本国的利益关系等。四是作战地域分析。包括战区作战地域区划，主要和次要作战方向战场环境特征及其对军事行动的影响。五是结论。总结战区战场环境特点、利弊，依此为据提出战场环境对战区作战、建设、训练等方面的利弊条件及建议。

6. 战场环境情况通报

为保障战场环境信息现势性，充分发挥战场环境信息对指挥决策机关的辅助决策，平时须定期编写，战时须适时编写战场环境情况通报。主要内容包括：一是战区主要战役方向、作战地域、战略通道上的重要目标，如居民地、水库、桥梁、道路、渡场等变化情况。二是战区当面国家的政治、经济、军事以及人文环境的最新变化，如本年度工农业生产情况和重点建设，民情、民意等。三是战区内灾害和突发事件产生的背景及其对社会稳定的影响等。

7. 战场环境情况简报

战场环境情况简报是针对特定任务需要，在收集和获取最新战场环境信息基础上，撰写形成的对下一步军事行动有直接指导意义的作战文书。依战斗进程需要及时总结发布，针对性好、时效性强、准确度高、简单便捷，多为战役战术层次指战员服务。提倡众包服务，部队能够实时反馈当时环境情况，经甄别后作为战场环境简报应用。广大指战员不仅是信息的利用者，同时也是信息的提供者。简报内容依任务需求而定，力求简洁明了。

六、战场可视化表达

临战筹划和战中筹划依据等级部署预先筹划搭建测绘导航专用作业环境，主用电子沙盘，同步准备作战地域纸质用图，必要时制作实物沙盘，为作战模拟推演系统提供战场环境仿真景观，如图 17-12 所示。

图 17-12　战场环境实物沙盘保障

（一）战场环境实物沙盘

战场环境实物沙盘，按其材料可分为简易沙盘和永久沙盘两大类，其制作过程大致相同。

1. 准备工作

准备工作主要包括三个步骤：①确定水平比例尺和垂直比例尺。水平比例尺原则上根据需要确定；垂直比例尺一般可根据立体效果适当夸大。②图上准备。根据需要选好底图，标定区域，选取水平比例尺、等高距，如需要可进行现地勘察。③工具材料准备。因地制宜、经济实用地选取工具材料。

2. 堆制

堆制主要包括三个步骤：①地貌堆制，包括剖解泡沫板、透绘等高线、敷设电路、割取等高线面、分层黏固等高线面、填塑地貌模型、着色等。②地物模型制作和配制，包括植被、道路、电线、街区房屋、独立地物等的制作和配置。③沙盘拼接，包括模块拼接和整体整饬，以保持沙盘一致性连续性。

3. 整饬修改

整饬修改主要包括两个步骤：①制作和配制注记、方向箭标、沙盘名称、比例尺等项内容；②全面检查修改错漏之处，保证沙盘的准确和完整。

（二）战场环境电子沙盘

战场环境电子沙盘是用计算机、虚拟现实等手段构建的作战地区战场三维、仿真景观模型。其包括对自然、人文、军事要素的立体显示，以及在此基础上的动态战役、战术标图，要素和信息查询，乃至战役战术过程的动态显示和推演。它具有快速、准确、直观、形象的特点。电子沙盘系统主要模块有数字化模块、数据处理与转换模块、三维主体图制作模块、要素显示模块、信息查询模块、分析预测模块、动态标图模块等，如图 17-13 所示。

图 17-13　电子沙盘系统

七、测绘导航产品分发与提供

测绘导航产品分发与提供是指通过传统和计算机网络形式向指挥机关和部队分发各种标准测绘产品，包括纸质和数字地图（系列比例尺联合作战图、军用地形图、海图、航空图等）、正射遥感影像、大地测量与地球物理数据、导航定位与时频信息、战场军事地理与兵要地志。为指挥信息系统提供基础地理框架数据，安装使用测绘导航保障信息系统。测绘导航保障信息系统技术体系如图 17-14 所示。

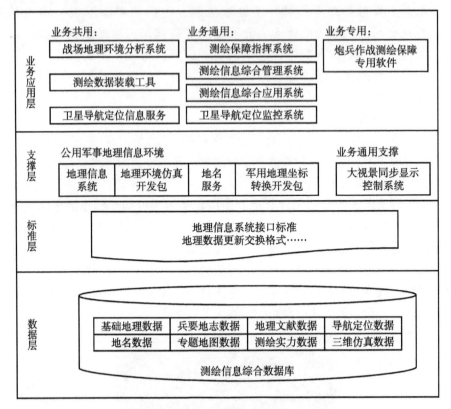

图 17-14　测绘导航保障信息系统技术体系

八、测绘导航产品存储管理

测绘导航产品存储管理应按照标准规范存储管理测绘导航产品和成果，储备纸质地图，建立地理信息数据库（数据中心）和测绘导航档案资料库，为综合信息服务大数据提供基础地理信息和时空框架。纸质地图与资料按规定的供管体系进行管理保障，测绘导航产品结构如图 17-15 所示。

九、导航定位与时频保障

导航时频信息作为战场态势的核心信息，能够显著提升指挥员的战场感知能力。卫星导航系统作为信息化作战的重要组成部分，有效解决了战场态势监控与共享、目标引导精确打击、战场时空信息统一等问题。

战场导航时频信息管理活动主要包括以下内容：一是修订保障方案，加强

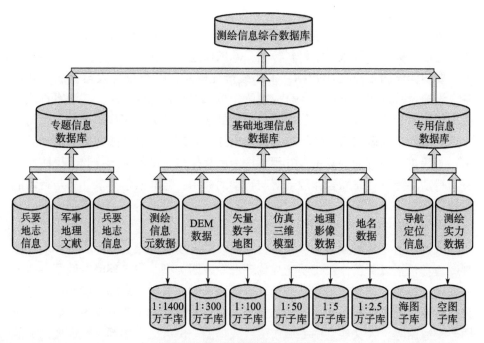

图 17-15　测绘导航产品结构

训练，补充装备器材，调整构建部队指挥关系，保持装备完好性。二是加强值班和系统防护，统筹调配系统资源，为部队、作战地域、关键时节提供稳定可靠和重点优先服务。三是综合利用某专用信息系统、北斗位置跟踪报告系统，为各级指挥机构以及军兵种及时提供位置态势服务。四是统筹利用固定守时、机动守时互为补充的自主守时系统，以及北斗、长河、网络、电话、军用标准时间钟（表）等多种手段于一体的授时系统，为各级任务部队提供时间统一服务。五是实时监测、发布战场导航信号精度、强度情况，为军兵种部队机动投送、火力打击提供导航信息保障，同时进行 GPS 干扰、对抗行动。六是视情组织重点地域、重点时节功率增强，提高任务部队抗干扰能力。

十、测绘导航技术服务

测绘导航技术服务主要形式为战场环境专题制图和军事要图标绘，为联合作战指挥机关标绘各种军事要图与综合态势图；军事专题图制作、复制与印刷，为指挥机关和部队设计制作现势情况图、地势地貌图、军事交通图、水系图、统计图以及地理地形分析图等军事专题图，快速复制或印刷地图等；提供测绘导航信息应用服务，为指挥员辅助决策提供查询、分析等服务。

（一）要图标绘

要图标绘的方法主要包括：①手工标图；②彩色颜料标图；③计算机标图；④依图标图；⑤依文字材料标图；⑥依口述情况标图。

要图标绘的重点内容包括：①作战情况标示；②单位与人员标示；③装备、设施及其运用的标示；④合成军队作战部署与行动的标示；⑤海军作战部署与行动的标示；⑥空军作战部署与行动的标示；⑦火箭军作战部署与行动的标示；⑧后方部署与行动的标示；⑨舆论战、心理战、法律战部署与行动的标示；⑩武警作战行动的标示；⑪预备役、民兵作战行动的标示；⑫人民防空部署与行动的标示；⑬联合作战部署与行动的标示；⑭非战争军事部署与行动的标示。

（二）战场环境专题制图

战场环境专题图大多为各种报告附图，具有明确的服务性。战场环境专题制图通常包括以下工作：①明确战场环境专题图类型。战场环境专题图一般分为战场环境要素图和区域综合战场环境图两大类。其中，战场环境要素图又分为自然要素图如地貌、水文、植被图等，经济要素图如工业分布图、农业分布图、交通图等，人文要素图如城市图、人口图、民族分布图等，军事要图如战略战役方向图、军事工业分布图、桥梁分布图等。区域综合环境图又分为战场环境分析成果图如越野通行图、近地隐蔽飞行图、射击观测与射界图等，动态战场环境标图如态势图和战斗经过图等。②战场环境专题图制作。包括地图设计、地图编绘、出版准备和印刷复制等流程，专题地图编绘是针对主题的在尽量不突破制图规范的基础上一定要重点突出。③制作战场环境图集。图集是针对任务需求按照统一原则编制的一组专题地图，可采取不同比例尺、投影方式，尽可能详细反映战场环境组合特征以及对给定军事问题的影响。④战场环境多媒体制作。战场环境多媒体大多为直观反映各种报告而制作，具有明确的指向性。基本制作方法流程为：一是熟悉情况，研究报告形成脚本；二是对照脚本组织材料，形成补录清单；三是实地摄制，即摄制即审；四是室内编辑，形成产品。传统的志书和评价报告编写大多侧重于陆军作战要素的研究分析，与联合作战指挥需求明显不匹配，急需构建新的研究体系，为研究分析提供基本遵循；战场感知探测体系的缺失，使战场测绘导航管理困于静态的事前保障，对辅助决策作用发挥大打折扣，未来应构建泛在的战场环境感知探测体系，突破困局形成新质战斗力保障力。

（三）测绘导航信息应用服务

利用测绘导航信息产品和保障成果，运用各类测绘导航信息保障系统和手段，为指挥员和任务部队（含武器平台）提供伴随性、配属性技术服务保障。

其主要内容包括：一是以军事地理信息系统、兵要信息服务系统、地理棋盘系统、作战推演系统为平台，运用高分辨率遥感卫星、测绘无人机等手段透明战场、标定时空，快速、准确提供基于统一时空坐标的战场测绘导航信息、部队位置信息等信息保障要素。二是以北斗导航定位系统、战场勘察系统、位置报告系统为手段，规划战场、引导机动，提供更快的战场态势可视化、军事地理地形分析、专题产品等手段，引导任务部队快速熟悉战场。三是针对精确打击武器平台提供高稳定性时间频率基准和打击目标的全球精确地理坐标、重力场参数等信息，并能通过统一的协议接口直接被智能武器装备获取使用。

十一、军民融合保障

地方有关部门拥有大量现势性很强的战场环境信息资料，并具有完备的信息更新体系，是作战测绘导航信息保障重要的协作支援力量。根据作战任务需求，通过军地协作机制，提出地方测绘导航支援，并对地方部门所提供数据进行审核整编，以使其适用于作战指挥和行动。军队调整改革后测绘力量更加精干，不宜进行大规模的基础测绘生产，要充分发挥军民融合优势全面利用地方测绘资源。测绘部队在地方提供地理数据的基础上，针对军事需求"专司主营"式加载专题信息，缩短保障周期以使战场环境保障快速高效。

事实上，战场测绘导航信息管理的根本目的是控制信息流向，实现信息的效用与价值。但是，信息并不都是资源，要使其成为资源并实现其效用和价值，就必须借助"人"的智力和信息技术等手段。因此，"人"是控制信息资源、协调信息活动的主体，是主体要素，不同的人对相同的信息处理会得出不同的结论。一个既懂作战又懂测绘导航保障业务的人提供的数据或分析报告对指战员来说"能用、管用、好用"，而一个只懂业务不懂作战的人提供的数据或报告可能就好看不好用。信息的收集、存储、传递、处理和利用等信息活动过程都离不开信息技术的支持。没有信息技术强有力的作用，要实现有效的信息管理也是不可能的。每一次测绘导航新质战斗力的形成都离不开测绘导航新技术的支持。所以，在注重对产品和服务管理的同时也要加强对人与技术的管理。

第十八章
战场空域信息管理

战场空域是陆军、海军、空军航空兵力量投送、物资输送，火箭军火力打击的关键通道，也是敌我战时激烈争夺的制高点，有效的战场空域信息管理是夺取战场空域控制权的关键环节，需要融合军地多方力量，实现高效的战场空域信息管理。

第一节　相关概念

联合作战战场空域是陆军、海军、空军航空兵遂行空中进攻、空中封锁、空中支援等战役和空降、空投、空中运输等作战任务的空中战场，是火箭军远程火力打击和威慑的关键通道。

一、战场空域

战场空域存在于国家地理空间或政治、经济利益外延的特定地理空间之中，也就是说战场空域可以包含于国家地理空间之内，可以延伸到边境线外的部分空域，也可以设定在境外的某地域所形成的外延空域。战场空域不等同于地面战场的上空，战场空域和地面战场是两个不同的集合，随着时间、环境和作战进程的变化，两个集合互为子集、互为全集。战场空域随地面战场的形成而建立并拓展，但不完全随地面战场的消失而消失，战场空域一旦形成，就会在相当长的时间内时隐时现、时紧时松。纵观国际上的几场现代战争特点发现，战争的初期，在地面战场尚未形成的情况下，空中战斗已经打响，空中战场先地面战场已经形成。

二、战场空域信息

战场空域信息由敌方控制区和我方控制区空中态势信息组成，包括指挥类信息、情报类信息、基础类信息、空中预警信息、航空管制信息、航空气象信息、地空数据类信息、电磁频谱类信息等。它是联合作战体制下各作战集群之间指挥、协同、支援等作战关系所需的指令、情报、数据等所构成的消息流，是联合战役指挥中心指挥、掌握、控制、调遣、投送空中作战集群、地面防空集群的信息集，是连接指挥机构与空中武器平台、运输工具的神经或神经元。

战场空域信息构成如图 18-1 所示。

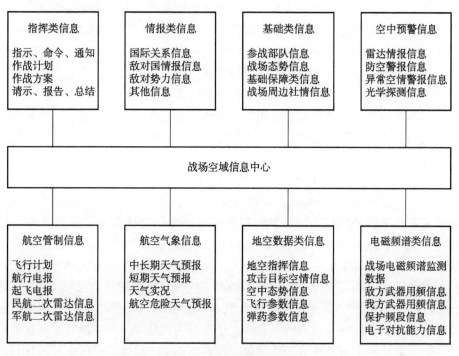

图 18-1　战场空域信息构成

（一）空天远程预警信息

太空飞行载体主要是卫星、太空空间站和运载火箭等。按运行轨道距离地球的距离，卫星可分为高轨道卫星（同步地球轨道卫星）、中轨道卫星、低轨道卫星。按其用途，卫星可分为通信卫星、气象卫星、侦察卫星、导航卫星、测地卫星、地球资源卫星等，其中侦察卫星是战场信息管理太空信息预警应重点关注的特定载体。侦察卫星是用于搜集和截获军事情报的人造地球卫星，卫星侦察范围广、速度快，不受国界限制，定期或连续监视某一个区域，使地面特征信息尽收眼底，对战场信息防护构成威胁。太空飞行载体信息管理与预警，主要收集整理外军侦察卫星运行轨迹、侦察能力、变轨能力等资料，并计算卫星临空时间。由于太空卫星繁多且国籍不同，即使同是侦察卫星，其担负的任务也不近相同，太空滞留时间又有很大差异，卫星过顶预警要根据国籍、卫星类别、威胁程度发布预警信号。

太空空间站是一种近轨道长时间运行，可供航天员长期工作和科研、生活的载人航天器。太空空间站主要完成科学研究、实验任务，基本不担负军事任务，战场太空信息预警管理可以将其定性为一般威胁。

(二) 战场空域防空情报信息

战场空域空中飞行动态情报，由一次雷达信息和二次雷达信息组成。二次雷达信息主要用于航空管制，由军用航空管制和民用航空管制部门共同采集获取并综合显控，为空中交通管制提供空中飞行情报信息。空军雷达部队担负作战责任区空域的空中警戒任务，采用一次雷达或一、二次雷达信息合一的雷达装备监测空中态势，并以雷达群为单位形成综合空情。

异常空情空中态势广播，采用有线专向、卫星广播和短波通信广播的方式同时播出。各作战部队及政府人民防空部门自行选择接收方式实时接收，并按各自职责进行处置。

(三) "低慢小" 目标信息

"低慢小" 目标，是指低空或超低空飞行且速度小、体积小的空中飞行目标，是不易被预警监控系统和其他探测手段发现的实体目标。防范处置 "低慢小" 目标，是日常防空战备天天应对、实时防范的作战任务，是随时可能突破空防安全的现实威胁。梳理中华人民共和国成立以来空军处置 "低慢小" 目标的情况看，每每国家举行重大活动或军队执行重要任务的区域上空，"低慢小" 空中目标就会频繁出现。这些目标中有业余飞行爱好者的、空中体育运动爱好者的空飘业余摄影爱好者的，还有不明国籍者等的空飘气球挂载危险物等，这其中不乏有不法分子、团体利用小型和空中载体进行侦察、骚扰等破坏活动。管控处置 "低慢小" 目标是世界难题，在战场空域信息管理上，我军要敢于面对、勇于担当，强化源头管理，创新管控手段，加强联防联控，提高战场空域 "低慢小" 目标管控防范能力。

"低慢小" 目标，通常是指飞行高度 1000m 以下、飞行速度小于 200km/h、雷达散射截面积（RCS）为 $2m^2$ 以下的飞行目标。"低慢小" 目标分类有多种，大体划分为 4 类，即有人快速目标、有人慢速目标、无人快速目标和无人慢速目标。①有人快速目标，主要包括轻型或超轻型飞机、轻型直升机、滑翔机、三角翼（悬挂滑翔）、动力三角翼（动力悬挂滑翔）等。这类目标具有动力装置、载荷量较大、飞行速度较快（可达 200km/h）、活动范围广、续航时间长等特点，对战场构成威胁。②有人慢速目标，主要包括热气球、热气飞艇、滑翔伞、动力伞等。这类目标飞行速度相对较小（≤80km/h），利用空气动力产生浮力，也可装载动力装置，对战场构成一定的威胁。③无人快速目标，主要包括航空模型、小型无人机等。这类目标具有动力装置，巡航速度相对较快，以无线遥控或自主程序控制为主的无人小型航空器。无人快速目标，可自主飞行或进行远程引导，具有载荷量大、活动范围广、续航时间长等特点，对战场安全构成较大威胁。无人快速目标，可以挂载各类装备、设备，对飞行空域、地域进行摄像、照相，有的军事用途明显。④无人慢速目标，主要包括空飘气球、风筝、系留气球、孔明灯等。这类目标无动力装置，主要依靠空气浮力升空，飞行速度与风速基本一致，完全取决于气象环境。无人慢速目标可挂载侦查、照相、电子探测等器材，是战场空防重点防范的威胁目标。

目前，针对"低慢小"目标信息主要采用自动雷达侦测系统进行侦测随着先进雷达装备的部署和雷达组网系统的应用，发现和掌握"低慢小"目标的概率大大提升，为有效实施战场空域"低慢小"目标信息管理，提供了管控手段。近年来，西方国家高度重视提升"低慢小"目标的预警探测和处置，注重摸索探讨成熟可靠的手段和方法，研究探索采用实用高效的处置运行机制予以应对。美空军评估认为，美防空系统无法对高度360m以下空域进行有效监控，对时速110km/h以下的空中目标难以发现跟踪。美军正加紧部署低空、超低空探测雷达进程，应对美本土和驻海外基地来自"低慢小"目标的威胁和恐怖袭击。

三、战场空域信息管理

战场空域是战时敌我激烈争夺的制高点，有效管控战场空域信息是夺取战场制空权的关键环节。战场空域信息管理是指在战场信息管理机构的集中管控下，结合空中作战集群、地面防空集群作战特点和信息需求，结合其他作战集群的协同关系信息需求，建立融合军地多方力量，对战场空域实施全面、高效、融合、共享的信息管理。战场空域信息管理，既要掌握战场驻军状况，又要掌握战场周边甚至具备远程投送能力且远离战场的特种部队部署、兵力、武器等信息。战场空域信息获取以雷达探测、电子侦察和谍报信息相结合的方式进行综合管理。

第二节　战场空域信息管理的主要内容

战场空域信息管理的主要内容包括防空情报信息管理、空中预警信息管理、战场空域航空气象信息管理、战场空域航空管制信息管理、战场地空数据信息管理、战场空域电磁频谱管理等。

一、防空情报信息管理

防空情报信息是战场空域信息的主体，是战场空域信息的主要来源，涵盖高、中、低空，涵盖战场空域和敌后纵深，涵盖大、中、小反射体。雷达站是战场空情预警信息的主要采集手段，多部雷达组网构成雷达群，为参战的陆军、海军、空军航空兵以及各军种的地面防空兵部队提供准确的综合空情预警信息。雷达站一般部署在战场外围，若主战场大于一定面积，需要在战场内部部署机动隐蔽雷达站并组网，保障战场空域能够实现雷达信号多重覆盖。防空情报信息管理的主要内容如图 18-2 所示。

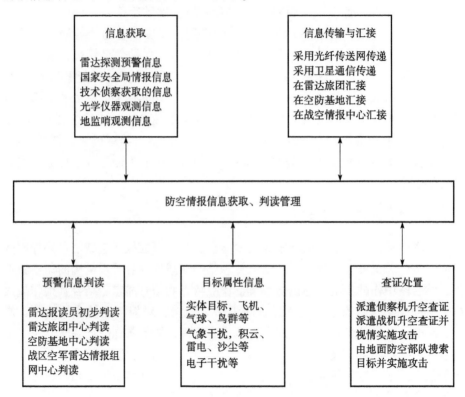

图 18-2　防空情报信息管理的主要内容

（一）战场空域空中情报信息获取

战场的形成与国家安全环境、地缘关系、人文状态、敌对势力团体等因素密切相关，存在随机性和不可预见性。战场空域是地面战场的外延，随战场形成而圈定，其空域面积是地面战场的几倍甚至几十倍。战场空域空中情报采用主动获取方式实施，要能够保障空中作战集群活动空域的空中情报信息。战场情报信息获取，主要采用以下几种方式：

1. 利用战场地域既设雷达站获取与保障

按照空军雷达站的部署，边境空域基本达到雷达探测全覆盖，能够满足边境一线空中进攻和空中防御空情预警信息保障需求；陆地空域除西部的沙漠、戈壁等区域外，东部、南部、北部等区域均达到全覆盖，国土空域与边境外延空域均在防空警戒雷达情报网探测范围；海域空域的固定雷达探测，支撑近海空域信息探测，远海空域雷达探测需要借助其他力量进行保障。战场区域雷达群包括战场地域内的雷达站和战场区域外担负空中作战集群空情保障任务的雷达站。综合梳理各雷达站雷达兵器编配、平时任务性质等因素合理编组，构建战场空域雷达探测网，为获取战场空域综合空中情报提供支撑。

2. 在战场地域增加机动雷达保障力量

战场地域既设雷达站是根据平时或未来战时空域信息需求部署，其信息探测能力与现实的作战需求将存在差距，差距主要集中在兵器性能、阵地位置、人员素质等方面。加强保障的措施宜采用在重要地域或雷达探测薄弱区域增设机动雷达站，以完成补盲或增强空域探测能力；在雷达兵器配备单一或数量不足的雷达站增配雷达兵器，提升探测区域空情预警信息质量；在平时任务不饱满或人员数量缺编的雷达站增加技术保障力量，提升空情预警信息获取、判读能力。

3. 调用空中预警机担负空中远程支援保障

空中预警机、转信飞机是空中作战集群遂行作战任务战场空域信息的重要保障手段，也是空中作战集群的重要依托。现代战争中电子战、频谱战、网络战贯穿于整个战役的全过程，是决定战役走向的重要环节。战场空域信息保障，依托地面信息通信网保障有其脆弱性，容易出现战场信息断点或断链的可能。空中作战集群作战所需的战场空域信息要求迅速、准确、保密、不间断，对电子防护能力、通信抗毁能力要求高，采用空中预警机、空中转信飞机担负战场空域信息远程、高空保障任务，是提升空中作战集群作战能力的重要战法。

4. 利用地监哨和一线作战部队光学探测获取

地监哨一般部署在战场或重要目标的周边，实时监视空中态势，弥补雷达探测盲区、非金属构造的飞行器等目标，同时也是隐身飞机预警手段之一。一线部队配备的望远镜、激光测距仪等光学仪器，具备担负空中飞行目标的观测任务，其获取的信息传送到战场信息管理中心，同样具备战场空域信息预警的效能。

（二）战场空域空情预警信息传输与汇接

1. 战场空域空情预警信息传输

联合战役战场空域信息通信网信息获取的站点分散，在时效性要求较高的空情预警信息传输与汇接工作中，通信组织与保障存在诸多困难。由于信息获取站点基本为雷达站，其编配的通信人员数量、技术能力与通信部（分）队相差甚远，雷达站多数地处高山等地形凸出部位，地理环境特殊且各类保障条件差，与战略支援部队的国防干线通信站少则十几千米，多则上百千米的距离，维护管理与技术支援困难重重。战场信息管理机构应根据联合作战信息保障需求，组织各作战集群通信力量相互补充、相互支援、相互配合的整体保障力量。

2. 战场空域空情预警信息汇接

空军雷达情报组网采用三级汇接方式运行，有效保障了雷达情报信息获取、传递、综合判读、定制分发、预警广播等信息需求。战场空域空情预警信息管理，应研究并确定汇接中心组建方案，满足战场信息需求。

（三）综合判断空情预警信息

综合判断空情预警信息主要包括两个方面要点：①统一规范，监管有序。通过雷达探测提供战场空域防空警戒信息，是空军雷达兵部队承担的主要任务。陆军防空兵和海军海岸防空兵配置的警戒雷达应纳入雷达组网，共同承担监控战场空域飞行状态，共同处置异常空情。民航部门严格掌控穿越战场空域的民用航空器，严格按计划、按航线飞行。公安部门依法查处战场及周边违法放飞的小型飞行器，严防非法进入战场空域。体育部门指导航空体育运动项目，严格组织与实施。通过规范管控，确保战场空域空情预警信息井然有序。②严格计划，防范窜扰。在战场空域严格按飞行计划组织飞行，为战场雷达信息显控提供准确判读。

（四）判明并预测飞行目的地和意图

判明并预测飞行目的地和意图主要包括两个方面要点：①及时发现，精准预测。采用远距离探测雷达和侦测，对敌纵深机场、火箭和导弹发射场实施远距离雷达监控，实时掌握其飞行动态，精准判读、预测其飞行目的地和意图，为空中打击提供准确信息。②查证识别，判明属性。当获取到不明飞行物进入战场空域信息时，战场信息管理系统应组织相关部门及时查证识别，对其威胁程度进行评估。同时，对异常空情预警信息进行广播，监控重点部队空情预警信息接收情况。判明属性并确定构成重大威胁时，及时发出警报信号。

二、空中预警信息管理

战场空域空中预警信息获取、处理、显控任务，由海军雷达兵、空军雷达兵部队以及其他部队配属的雷达分队共同担负。海军雷达兵重点担负沿海地区和海域空中预警探测任务，空军雷达兵担负陆地空中预警探测任务。空中预警信息管理基本任务是严密组织对空探测，及时发现空中目标，实时掌握空中态势，为各级指挥机构、作战部队、人民防空部门提供空中情报。

空中预警信息管理的主要内容：①根据联合作战空中预警信息的需求，结合雷达兵器的数量、性能以及战场地形条件，合理部署并组网，制定空中预警信息保障预案、反隐身飞机预警保障预案、预警系统抗干扰保障预案；②周密制定保密计划，精心组织对空警戒保障，充分发挥雷达兵器性能，尽远、尽早发现目标，及时报知探测预警信息，采用多手段传递处理，减少预警信息传递环节，提高预警信息的时效性；③根据作战进程和战场空中态势的发展变化，适时加强主战方向和重要空域的兵力部署，空中预警信息能有效覆盖敌占领区空域，保证空中攻击集群以及其他部队完成作战任务；④提高抗干扰能力，提高隐身飞机探测能力，能够迅速查明电子干扰的性质、种类、强度及其影响范围，能够多方位、多频率探测隐身飞机，提高反隐身预警能力；⑤组织战场雷达组网提升预警信息综合处理能力，陆军、海军、空军雷达兵部队以及其他探测部队密切协同联合预警，充分发挥雷达组网的整体威力，确保空中预警信息迅速、准确、不间断。战场空域信息管理，在严格管控地面雷达预警信息的同时，要注重预警机、空中侦察信息的管理。在平时，预警机不担负空中预警任务，战时预警机升空直接参与空中作战指挥、预警等任务，是空中作战飞机执行作战任务赖以生存的重要依托。预警机是作战能力的重要组成部分，其空中预警信息应能够与地面指挥机构融合、共享，能够及时为作战飞机提供攻击、规避和防护目标，为空中战机提供强有力的信息支撑。

三、战场空域航空气象信息管理

战场空域航空气象信息是空中作战集群空中作战的重要保障信息之一，战场空域航空气象信息管理主要依托空军各指挥机构、航空兵场站所属的气象部（分）队自行保障。在联合作战体制下，战场空域航空气象信息同时保障陆军、海军、空军航空兵及其他作战部队的空中气象信息需求。战场空域航空气象信息保障的基本任务是为指挥员指挥决策和战役作战行动提供战场空域有关的天候、气象资料，为指挥员作战指挥提出正确运用天候、气象条件的决心建议。

战场空域航空气象信息管理的主要内容：①参与战役计划制定，根据战役作战行动对气象保障的要求，制定气象保障计划，针对可能出现的各种复杂天气和敌方实施气象封锁等困难情况，制定气象保障预案，立足在复杂、困难的情况下实施气象保障；②根据战役作战行动的需要，调整气象保障组织和气象信息通信网，调配、补充气象装备，组织气象保障协同；③利用多种手段，协同友邻部队和地方气象部门，获取战场空域的气象信息，必要时，组织飞机气象侦察和气象探测，连续不断地掌握战场空域的天气实况，特别是及时掌握空中打击目标、空中突击目标、空中伏击等空域的天气实况；④在联合作战的各个阶段，对多机种、多任务的气象保障要求，加强天气会商，及时做出战场空域天气预报，提供相关气象资料和气象保障建议；⑤根据联合作战需要，积极采用人工影响局部天气的措施，创造短时有利的作战天气条件。

四、战场空域航空管制信息管理

战场空域根据管控面积，可能涉及多条民用航空航路，保障作战飞机正常活动与民用航空运输安全实施，是战场空域航空管制的重要任务。在国际上，民用航空客机闯入战场空域被地面防空兵，或者航空兵直接击落的案例有多起，给平民的财产造成了损失，同时也引发了国际纠纷。战场空域航空管制的基本任务是组织实施战场空域飞行管制，严密监视空中飞行活动，严格监督和控制战场空域内飞行的航空器，维护飞行秩序，保障飞行安全。

战场空域航空管制的基本内容：①根据联合作战任务、战场区域机场分布情况和战场兵力部署，周密制定战场空域航空管制方案，划定战时航空管制区和空中禁区、限制区、危险区、空中走廊，严密监管战场空域飞行态势；②组织民航等拥有航空飞行器的相关部门会商、通报战时空中交通管制方案，严格把关战时各飞行器拥有者的各种飞行申请及批复工作；③准确掌握战场空域的各种飞行活动，实施飞行调配，及时向有关部门通报空中飞行态势；④掌握飞行动态，根据作战需要，及时提出净空、禁航、停飞避让或作战飞机避让的建议；⑤认真组织专机、重要飞行等任务飞行保障工作，掌握任务飞行动态，保障专机、任务飞行安全。

五、战场地空数据信息管理

战场地空数据信息，主要依托地空数据链对空中武器平台作战信息实施管理。地空数据信息管理的主要内容：①地空指挥信息，主要传递命令、指示、领航、目标指引等信息；②机载数据信息，主要传递机载数据单元自动提取的发动机、机载雷达、油料、弹药等机载航空数据信息，为地面指挥员、领航员提供定性分析论证、综合比对、兵器最大作战效能分析等实时的数据信息；③空中作战保障信息，主要是战场空域预警信息、气象信息等，地面领航员实时根据预警信息选定攻击目标或需规避的敌进攻力量遴选并推送，保证空中飞行员时刻掌握空中态势，为领航员实施粗略或精准指挥引导提供信息支撑，为领航员实施超低空或复杂电磁环境下的指挥引导提供信息支撑；④空中侦察信息，主要是传递空中侦察机或机载侦察吊舱获取的空中和地面态势录像、照片、电磁频谱等侦查情报信息；⑤常态化组织地空数据信息实战化应用，在日常飞行训练、转场等任务飞行的地空数据链常态化应用，空中作战集群频谱管理部门定期给飞行部队地空数据链电台制定跳频或扩频通信方案，根据机型为地空语音指挥通信电台制定跳频或扩频通信方案，促进飞行机务保障人员、地面通信保障人员熟练掌握战时通信保障模式，提升地空数据链、地空语音指挥通信平战结合的保障能力。

六、战场空域电磁频谱管理

战场空域电磁频谱管理是空军战场信息管理的重要组成部分，是涉及空中作战集群胜负的关键所在。战场空域无线电频谱管理的基本任务是按照作战任务和参战部队频谱需求进行频谱规划，组织监测战场空域频谱态势并查证，指导电子对抗部队侦察和压制敌方用频设备，指导陆军、海军、空军参战航空兵部队合理用频并安全通信。战场空域电磁频谱管理示意图如图18-3所示。

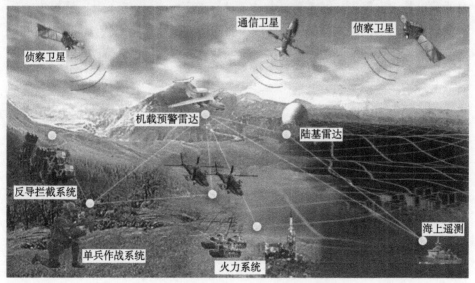

图18-3　战场空域电磁频谱管理示意图

第三节 战场空域信息管理的主要活动

未来战争战场空域敌我双方展开激烈的侦察与反侦察、干扰与反干扰、欺骗与反欺骗对抗，战场空域信息管理活动贯穿作战行动全过程，渗透到作战各要素，将对作战行动和武器装备效能的发挥产生严重影响。

一、战场空域空中预警信息处理

战场空域空中预警信息处理主要通过地面预警雷达和空中预警机等进行空中预警信息的探测与分发、空中预警信息敌我识别与判读、战场空域防空警报与预警信息处置等。

（一）空中预警信息的探测与分发

战场空域预警信息探测由空军雷达站承担，其流程为雷达站配属的警戒雷达、引导雷达、测高雷达探测的信息，传送到各级指挥机构进行综合分发。

（二）空中预警信息敌我识别与判读

空中预警信息敌我识别判读，有以下两种方式：①雷达兵器自动识别。担负预警任务的所有雷达均安装了敌我识别探测器，我军飞机安装了敌我识别应答机，采用"询问-应答"的方式完成敌我识别过程。当雷达探测的预警信息没有回应为我机信号时，自动显示为敌机，指挥机构防空情报同步显示该批信息为敌机并发出警告。②空防情报中心人工判读。雷达旅（团）情报中心进行敌我识别人工判读。

（三）战场空域防空警报与预警信息处置

战场空域防空警报是经过判读为敌机并对我领空、阵地、居民构成空袭威胁的空情预警信息。防空警报通常由战区指挥机构空军分中心或空军空防基地指挥机构利用无线电台、卫星专向、警报专线等手段立即并循环播发。作战责任区内的作战部队根据目标来袭方向、距离、高度以及敌机型号、数量等信息做好战斗准备。地方人民防空部门收到防空警报后，立即按照作战方案或防空转进方案组织实施。当空袭警报解除时，采用同样的手段立即并循环播发警报解除信号。

防空警报信息管理涉及战场秩序、作战程序、作战等级转进以及各部队、地方政府部门协同等作战行动，防空警报信息判读、预警和广播的流程是战场空域信息管理的重点，应加强梳理与规范。

二、战场空域航空气象信息处理

战场空域航空气象信息是空中作战集群执行作战任务的重要战场信息之一。航空气象信息主要是指与航空兵部队起飞、降落的机场区域天气预报与实况，航路、航线和经停机场的天气预报与实况，作战区域天气预报与实况等气象信息。由于飞机机型、飞行员技术能力的差异，对气象条件的要求各不相同，气象部门应按照规定严格把关放飞条件。机场气象台担负本场飞行区域气象实况观测和短期天气预报，并将实况观测方向、风速、云低高、云层厚度、能见度、高空气流等数据上报空军空防基地气象中心或战区指挥机构空军气象中心。气象中心根据各机场气象台上报的数据以及作战责任区内各省级气象中心分发的气象报、危险天气报、卫星云图等数据，会商预报各作战责任分区的短期、中长期天气预报。各作战责任分区的天气实况和短期、中长期气象预报，按规定时间周期更新并推送到指挥信息系统气象信息数据库，各级指挥机构和机场塔台，根据飞行任务需要，通过指挥专网按权限调阅查看。

航空气象信息管理要特别注重航空危险天气信息管理，空军气象管理部门针对航空危险天气形成了规范的信息管理流程。航空危险天气是指对航空飞行构成威胁，易造成危害飞行器安全的各种恶劣天气，主要有积雨云、雷暴、冰雹、热带气旋、龙卷风、强沙尘暴等影响航空飞行的恶劣天气现象。航空危险天气的形成有其随机性、局部性、不可预测性，无论在国际、国内或军内航空史上，出现过多次由于恶劣天气的影响，引发航空器飞行中发生灾难性飞行事故、人员伤亡和重大经济损失的案例，加强航空危险天气信息管理，规避风险掌控安全，是战场空域信息管理的重要工作。

航空危险天气信息管理的主要流程包括：①航空危险天气信息主要由上级气象部门、地方气象台、卫星云图判读、气象实况观测等方式获取。②气象部门组织力量及时对航空危险天气准确定位（区域）、研判属性、判定威胁程度。③通报各级指挥机构、飞行部队规避危险天气空域或停止飞行。④收集整理资料存档。

三、战场空域航空管制信息处理

航空管制的主要信息是作战（训练）飞行计划、军航运输机飞行计划、民航飞行计划等，管制信息主要依托军用地面雷达空中预警信息和民用二次雷达信息，采用程序管制和雷达信息管制相结合的管制方式实施管理。

飞行结束时，及时通报相关部队、部门，结束任务保障。航空管制工作信息流程如图 18-4 所示。

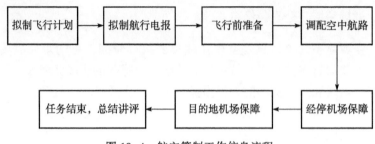

图 18-4　航空管制工作信息流程

四、战场空域电磁频谱管理

未来战争战场空域电磁环境呈现出空域上相互交织、时域上动态变换、频域上交叉重叠、能域上跌宕起伏的复杂电磁态势，需要根据任务需求，组织实施高效的战场空域电磁频谱管理。战场空域电磁频谱管理的主要流程包括：

（一）组织战场空域频谱管理预先规划

组织战场空域频谱管理预先规划主要包括三个步骤：①了解战场空域太阳黑子、耀斑爆发引发的电离层闪烁、骚扰和地磁暴现象基本规律，分析可能对我通信、雷达等装备产生的影响，特别是对短波通信、侦察预警的影响，选择合适的短波工作频率。②了解战场空域敌方通信、侦察预警、电子战装备的性能、使用特点、部署位置，以及对我军武器装备频谱使用的影响。③准确掌握参战兵力用频需求、用频装备数量、用频台站位置、使用频率、发射功率、使用时机，涉及用频的作战行动（空中进攻作战、地面防空作战等），以及精确制导武器使用等情况。根据参战力量、兵器装备、行动需求统一组织预先用频规划，防止在战场空域交叉用频、随意用频、相互干扰、误用禁频，确保有限频谱资源的有序使用。

（二）组织战场空域用频筹划

用频筹划是根据战场空域部队作战任务、频率需求和用频装备特点，针对各部队之间用频矛盾，统筹分配武器装备的用频频率，避免相互干扰，保证武器装备有频可用、作战行动用频有序，保障用频武器装备发挥作战效能。首先要收集部队用频需求。战场空域频谱管理部门与情报、信息、地防、气象等部门对口梳理对接，分别汇总上报本系统武器装备用频需求计划。其次同步组织用频筹划。频谱管理部门依据国家无线电频率划分规定和上级分配的频率资源，根据兵力部署和装备使用情况，统筹协调参战武器装备和作战行动用频资源，分析存在的用频冲突或潜在的电磁干扰，制定作战行动武器装备用频分配计划。最后协调批复用频计划。频谱管理部门根据战场空域参战诸军兵种上报的用频需求计划，组织用频协同，形成战场空域综合用频计划方案，下发相关任务部队执行。

（三）组织战场空域用频协同

用频协同是解决战场空域武器装备用频矛盾冲突的重要方法。主要根据筹划阶段梳理的用频冲突矛盾，按照区分任务和时间、空间、频率等方法，组织装备用频协同、行动用频协同。其中，武器装备用频协同主要明确同频段用频装备的频率间隔、地理间隔和使用时机，行动用频协同主要明确保护频率的通报权限、方法、区域和优先等级等。协同方式可分为计划协同和临机协同。计划协同是频谱管理部门预先与作战、领航、地防、电抗等用频部门对接作战行动计划、电子对抗行动计划和相关作战保障计划，依据兵力规模、方式、时间、航线、机载雷达和空地导弹等使用频率，以及面临的电磁威胁程度等情况，设定保护频率，避开禁用频率，明确不同作战阶段各作战行动的用频优先级排序，并明确电子对抗干扰频率、功率、时间、空域，防止实施电子干扰期间对我方重点保护频率带来影响。临机协同是在作战进程中，由于作战计划或装备用频发生变化，导致航空兵、地防、雷达、电抗、通信等在行动出现用频冲突时，频谱管理部门按照管控原则向指挥员提出用频建议。

（四）组织战场空域电磁频谱管制

根据任务需求及《中华人民共和国无线电管制规定》制定下发电磁频谱管制令，明确频谱管制时间、地域、频段、对象、功率等，采取无线电静默、临时关闭、禁止发射等措施，对战场空域部分军用和民用用频设备进行管制，确保主战武器装备、主要作战行动有效用频、安全用频。

（五）组织战场空域电磁环境监测和电磁干扰查处

组织固定和机动频谱监测力量，构建战场空域频谱监测网系，对战场电磁环境进行监测，掌握战场空域电磁态势，监测新出现的电磁信息，分析研判电磁威胁的程度，使用监测、测向装备，对有害电磁信号进行测向、定位，确定干扰源，消除或者规避有害干扰，全力保障重要部队、主要行动、关键时节的用频安全，净化战场空域电磁环境，防止互扰、误伤。

第十九章
战场目标信息管理

战场目标信息管理是军事信息管理的重要组成部分。一般情况下，是指在作战行动实施过程中，对战场目标进行侦察探测、跟踪掌握、信息获取，并对侦获信息进行存储、加工、处理、分发、利用及安全防护等活动。组织战场目标信息管理研究，是提升战场目标信息管理水平的重要手段，也是增强指挥决策、打击行动和效果评估的重要支撑，对打赢信息化条件下局部战争具有重要意义。

第一节　相关概念

目标工作自古有之，随着信息技术的不断发展，其作战内涵也发生了很大的变化，不同国家由于技术水平的高低不同也有较大的差异。因此，厘清含义是做好战场目标信息管理的基础，区分明晰军事目标、战场目标、战场目标信息等基本概念是达成战场目标信息管理的重要途径和方法。

一、军事目标与战场目标

作战行动是指在特定时空范围内，为实现不同军事目标而展开军事活动行为。结合作战行动，需要区分两个概念，即军事目标与战场目标。2011 版《中国人民解放军军语》给出了军事目标概念，主要指"具有军事性质或军事价值的打击或防卫的对象，如军事设施、军事要地、军事机构、作战集团等"。战场目标的含义更为广泛，其不仅涵盖军事目标，也包括随着作战行动的推进，与战场各类活动相关联的，能够对作战行动产生积极或消极军事影响的各类固定目标、高价值移动目标以及各类民用目标。因此，从信息化条件下的联合作战角度看，可以将战场目标定义为：在实施指挥筹划和作战行动的战场范围内，作战计划、火力打击、封控、夺取或保卫的对象，包括有生力量、武器装备、军事设施，以及对作战进程和结局有重要影响的其他各种目标。

二、战场目标的分类

战场目标理论萌芽形成于19世纪的西方，随着时代发展和战争形态变化，其理论范畴也随之变化。一般情况下，不同国家分类方法不尽相同，同一国家在不同历史时期内科技水平、作战能力等差异，其目标分类方式也呈现出不同。因此，主要可以从目标的层次、类型、属性等角度进行细分，这样更便于研究和把握不同层次、不同类别的目标特征及其运行规律。

（一）美军的分类

第二次世界大战及冷战期间，美军目标理论发展相对比较成熟和完善，其先后提出了"工业网""五环""基于效果"等先进理论，促进了战场目标分类的发展与丰富，一般情况下，美军将作战打击目标分为核力量、常规军事力量、指挥机构、经济与工业目标4类。核力量包括洲际导弹、中程导弹基地及其指挥控制中心，核武器储存基地，导弹核潜艇基地，携带核武器飞机的机场等。常规军事力量包括兵营、军队集结地、坦克与车辆储存场、港口、普通机场、弹药库和补给仓库等。经济与工业目标包括支援战争的可生产坦克、火炮、车辆、弹药等的工厂、火车站及修理厂，对战后经济恢复有重要作用的工业，如煤炭、石油、电力、钢铁、铝及水泥工业。

（二）（苏）俄的分类

俄军目标理论源于苏联，主要起始于冷战时期，其作战思想是与美全面对抗，其作战目标分类也基本上与美军对应，主要分为核力量与核袭击兵器、常规军事力量、行政政治中心三类。核力量与核袭击兵器主要是指洲际导弹、潜射导弹、中远程导弹发射装置，指挥控制中心，预警雷达，航空母舰及其他有核攻击能力的舰只，具有核攻击能力的飞机及其基地，巡航导弹基地，核大炮、核武器仓库等。常规军事力量主要是指后勤仓库、燃料库、海军基地和机场等。行政政治中心主要是指重要城市，即执政当局及下属机构所在的中心城市。

此外，苏联根据作战能力与自身特点，对目标分类又进行了深化完善，其中，《苏联军事百科全书·战争理论》（1976—1980年版）中提出："习惯上将军事目标分为战略、战役和战术目标。"还可以从不同的角度对目标进行分类，如按空间位置，目标可分为地面、地下、空中、海上、水面、水下等目标；按编成，目标可分为单个目标（坦克、飞机、军舰等）和集群目标（配置在有限面积内的若干个单个目标的总和）；按大小，目标可分为点状目标和有量度目标，后者可能是面状目标（目标正面与纵深的长度比不超过 3：1）或线状目标；按活动性质，目标可分为积极目标（即能直接影响己方的目标，如机场、导弹基地等）和消极目标（即对己方无直接影响的目标，如仓库、渡口等）；按防护程度，目标可分为暴露目标、掩蔽目标和装甲目标。核打击目标，可分为军事类目标、政治类目标和经济类目标。

（三）我军的分类

我军目标理论植根于中国革命战争实践，并随着战争形态、作战思想、武器装备的发展而不断丰富完善，初步形成了独具特色的目标理论。其中，《中国军事百科全书》（1997 年版）对目标分类进行了详细表述："军事目标按作用和地位可分为战略目标、战役目标、战术目标；按空间位置可分为地面目标、地下目标、水面目标、水下目标、空中目标、太空目标；按结构强度可分为硬目标、软目标；按目标幅员可分为点目标、面目标、线目标；按可动性可分为固定目标、活动目标。此外，对战略目标又从不同的角度作进一步的划分。按性质，分为军事目标、工业目标、交通目标等；按抗压强度，分为硬目标和软目标；按面积大小，分为面目标、线目标和点目标；按状态，分为固定目标和活动目标。"这次目标分类，很大程度上借鉴了美苏两军的分类方法。随着我军对信息化条件下对目标工作深化认识，对目标分类方法增加了新的思想内涵，归纳起来主要有以下三种。

（1）按照社会大系统的传统分工及其属性，将目标分为军事目标、政治行政目标、战争潜力目标和公共设施目标。①军事目标，指具有军事性质的目标，如指挥机构、雷达站、军用港口、军用机场等。②政治行政目标，是指具有政治性质且与军事目的或作战行动有直接关联的目标，如权力机构、政府官邸、新闻传媒等。③战争潜力目标，是指用于社会生活或物质再生产且对军事行动有重要支撑作用的目标，如电力企业、石化企业、兵工制造企业等。④公共设施目标，是指与民众日常生活密切相关的目标。如供水、供气设施。

（2）根据全局影响程度，可将目标分为战略目标、战役目标和战术目标。①战略目标，是指对战争全局有重大影响，或对达成战略目的有重要意义的目标。既包括核武器打击的目标，也包括对战争全局有重大影响的目标。如敌对国家或地区领导机构和高级指挥机构、重兵集团、核心军事基地、关键武器装备特别是核武器及其发射设施、卫星系统、中心城市等。②战役目标，是指对战役进程和结局有重要影响的目标。如作战集团（集群）指挥机构，重要军事基地，主要兵力集团、武器装备等。③战术目标，是指对战斗进程和结局有重要影响的目标，如部队人员，火炮、车辆、飞机等武器装备，阵地、工事等军事设施，机场、铁路、公路、桥梁等交通运输设施等。

（3）按照目标的地理位置随时间变化而改变的情况，可将目标分为固定目标、移动目标和时间敏感目标。①固定目标，是指目标的地理位置不随时间变化而改变的目标。如军港、机场等。②移动目标，是指目标的地理位置随时间变化而改变的目标。如车辆、舰船、飞机、卫星等。当移动目标在某一地理位置滞留的时间大于一定值时，可视其为固定目标。③时间敏感目标，是指那些对己方造成危害需立即作出反应的目标。

（4）按照目标所处的空间位置，可将目标分为太空目标、空中目标、地面（或地下）目标和水面（或水下）目标。①太空目标是指卫星、空间站、航天飞机等。②空中目标是指处于空中的目标，如飞机、导弹等。③地面（地下）目标是指处于地面或者地下的目标，如机场、重兵集团、雷达站、导弹发射井、地下指挥机构等。④水面（水下）目标是指处于水面或者水下的目标，如水面舰艇、潜艇等。

三、战场目标信息

战场目标信息，是将作战地域内所获取的目标数据加工处理，提炼出能够直接用于指挥筹划、作战行动的有用产品，主要包括战场目标的外在特征、时空位置、本质属性等。从满足作战指挥决策和武器作战使用角度来看，战场目标信息主要包括目标基本情况、地理位置及与遂行打击行动使用的武器装备平台性能，所拟订的联合作战方案、打击目标清单、毁伤评估模型等各种信息。

第二节　战场目标信息管理的主要内容

在实际作战行动中，战场目标信息种类多、数量大，在不同作战场景下，指挥机构和作战部队对其需求也不尽相同，因此，本节研究的战场目标信息管理，主要针对以下几类典型的战场目标对象。

一、战场指挥场所目标

战场指挥场所是指军队指挥员及其机关指挥作战的机构和场所，主要是指挥员、指挥机关、保障单位运用所列装或配置的各种指挥通信设备在安全的工作场所，可组织所属部队实施稳定不间断的作战指挥与具体行动。其根本目的是有效行使指挥职能，充分发挥指挥效能，最大限度地提高和发挥部队的战斗力，确保作战胜利和其他任务完成。

战场指挥场所目标分类多样，从编制体制上，可分为军种级指挥机构、军级指挥机构和旅团级指挥机构等；从作战规模上，可分为战略、战役和战术指挥机构；从军种上，可分为陆军、海军和空军指挥机构等；从兵种上，可分为步兵、炮兵、坦克兵等指挥机构；从空间位置上，可分为地面（地下）、空中、海上等指挥机构。

（一）地面指挥机构

地面指挥机构一般设立在人员相对聚集地区，如大中城市、城镇或兵营中，建筑设施为地面建筑，部分附带地下楼层，结构较为坚固，多由数个建筑体系构成，少部分建筑顶部或周边建有直升机起降坪，便于人员输送。地面指挥机构办公场所一般设在建筑内，根据担负的不同职能任务，其建筑尺寸大小不一样，如担负战略、战役行动指挥任务的指挥机构，建筑长宽均可超过百米，较为宏伟壮观；担负战役、战术行动指挥任务的指挥机构，建筑长宽仅数米，体型较小，便于隐蔽行动。

（二）地下指挥机构

地下指挥机构常设在地下或坑道中，通常作为基本指挥机构或预备指挥机构，结构较为坚固，部分具备防重磅炸弹、防原子弹和防化学攻击能力，生存能力较强。

二、战场军用通信设施目标

战场军用通信设施目标是指综合运用通信手段、网络和指挥信息系统，来传输、交换、存储和处理军事信息，保障国防和军事领域各项工作顺利进行的场所设施，一般是军用通信设备和通信机构的统称。该类目标是实现指挥控制、侦察预警、信息对抗等各类信息系统互联互通的基础，是确保及时、顺畅和不间断实施预警、指挥、协同、定位导航等作战行动的基础。从行动上，可分为固定和野战通信设施；从用途上，可分为民用和军用通信设施。通常情况下，民用通信设施在战时也可以转为军用。常见目标分类包括通信枢纽、卫星地面站、海缆登陆站等。

（一）通信枢纽

通信枢纽是指担负通信设备的开通、维护、管理和通信勤务等任务的专业机构，一般是指挥机构的力量配置组成部分，主要通过汇接调度通信线路来传递交换信息，建立并保持指挥机构与相关各领域方向通信联络，保证军队不间断指挥，是一定作战区域内集成多种多类通信人员与设备的有机体。从保障任务，可分为指挥机构、干线和辅助通信枢纽。其中，指挥机构通信枢纽按设备安装与设置方式，又分为固定通信枢纽和野战通信枢纽。固定通信枢纽是把大型通信设备和指挥自动化设备，安装配置在地面建筑物或坑道内的一种永久性通信枢纽，具有通信容量大、方向多、距离远以及隐蔽性好、抗毁能力强等特点。野战通信枢纽一般由数台通信保障车辆组成，构建形成临时指挥场所，具有机动部署、灵活便捷、迅速高效等特点。

（二）卫星地面站

卫星地面站是指可向卫星发射信号并接收由其他地面站经卫星转发信号的设施，一般包括信道终端、大功率发射系统、高灵敏度接收系统、天线馈电系统、伺服跟踪系统、电源系统和监控系统等。

从站址特征上，卫星地面站可分为固定站、移动站和可拆卸站。其中，固定站可细分为大型标准站和小型非标准站，大型标准站多用于国际通信和国内大城市间通信，小型非标准站多用于国内中、小城市或军事通信。从用途上，卫星地面站可分为民用、军用、广播、航海、实验等地面站。

（三）海缆登陆站

海缆登陆站是指传送、接收、处理海底通信电缆和光缆信息的有线通信设施，具备传送文本、音频、视频、图像等多源信息能力，通信领域广泛，一般用于越洋两地通信。该类目标主要由终端设备、光中继器和海底光缆等构成，一般为低矮建筑，平时属于国家或地区重要的关键基础设施，战时可作为军事通信设施的重要备援。

三、战略预警设施目标

战略预警设施是指利用探测和监视手段，发现、识别、跟踪、监视对手战略性威胁目标，为防卫或反击作战提供情报保障的综合系统。此类设施是国家安全体系中的关键组成部分。从作战功能上看，可分为防空预警、反导预警和空间目标监视系统；从空间位置上看，可分为陆（海）基预警监视、空中预警和天基预警监视系统。

（一）陆（海）基预警监视系统

陆（海）基预警监视系统主要包括预警、监视、雷达、导弹预警、空间监视等系统，可遂行防空预警、反导预警和空间目标监视任务，并对空间目标进行监视和编目，确定空间目标属性、位置、轨道以及陨落时间地点，监测空间目标并可跟踪弹道导弹目标。

（二）空中预警监视系统

空中预警监视系统一般不受地球曲率影响，可减少探测盲区，延长探测距离，便于机动部署。其主要由预警机系统和气球载雷达系统组成。

（三）天基预警监视系统

天基预警监视系统主要包括预警卫星和空间监视系统，主要担负弹道导弹预警、空间目标监视等任务。

四、港口类目标

港口类目标是具有水陆联运设备和条件，供船舶安全进出和停泊的运输枢纽，主要包括军用港口和民用港口。

（一）军用港口

军用港口是指专供军舰使用，可遂行保障海军兵力驻泊、补给等活动的港口，多设在地理位置重要、自然条件良好的海湾或江河沿岸，一般规模较大、保障功能和防御体系完善。该类目标通常由水域、陆域两部分组成，包括码头、油库、办公场所等设施。

（二）民用港口

民用港口一般是水陆交通的集结点和枢纽，是船舶停泊、装卸货物、上下旅客、补充给养的场所，是重要的交通基础设施。多作为联系内陆腹地和海洋运输（国际航空运输）的一个天然界面。

五、机场类目标

机场类目标一般是指保障航空器起飞、降落和地面活动而划定的区域，包括相关建筑物和保障设施，可分为军用机场和民用机场。

（一）军用机场

军用机场是指保障军用飞机或直升机起飞、着陆、停放及飞行活动的固定场所，可提供作战、训练保障以及油料、弹药补给，是空中作战力量的陆基依托。该类目标分类多样，按航空器类型，可分为飞机场和直升机场；按修筑位置，可分为陆上机场、水上机场、公路跑道等；按设施性质，可分为永备机场和野战机场；按保障机型，可分为战斗机、轰炸机、运输机机场。一般情况下将设施完善、保障能力强的大型机场称为空军基地。该类目标一般包括塔台、跑道、滑行道、机库、油库等。

（二）民用机场

民用机场一般分为运输机场和通用航空机场，也有可供飞行培训、研制试飞等使用机场。根据不同大小，机场设有塔台、停机坪、航空客运站、维修厂等设施，并提供机场管制服务、空中交通管制等其他服务。

六、导弹阵地目标

导弹阵地是指准备和实施导弹突击场地，通常包括指挥机构、储存库、技术阵地、通信及防护设施等，从阵地构筑上，可分为地面、半地下和地下（井式）阵地；从作战使用上，可分为基本和预备阵地。通常部署在内陆纵深、交通方便、地形隐蔽的地域，便于提高生存能力。

（一）地地导弹阵地

地地导弹阵地是指以地地导弹为打击平台，从陆地发射攻击陆上目标的设施。该类目标一般建有指挥场所，储备一定数量保障物资，是导弹作战的重要依托。按照阵地设置，地地导弹阵地可分为固定发射阵地和机动发射阵地。固定发射阵地，一般由发射场和有关保障设施组成，形状、尺寸设计基本相同。机动发射阵地，不同国家导弹，其发射场坪形状、尺寸都不尽相同。

（二）防空导弹阵地

防空导弹阵地是指以防空导弹为基本装备，从陆地发射攻击空中目标的设施，具备反导能力的防空导弹阵地亦称反导阵地。按阵地构筑形式，防空导弹阵地可分为永备阵地、预备阵地和野战阵地等。永备阵地一般由制导区、发射区和技术保障区组成，位置比较固定，且占地面积较大。

（三）岸舰导弹阵地

岸舰导弹阵地是指以岸舰导弹为基本装备，从岸上发射攻击水面舰艇的设施。所配属导弹一般由舰舰导弹改装，该类目标是岸舰导弹武器系统发挥作战功能的陆基依托，按构筑形式，岸舰导弹阵地可分为固定式和机动式两种。

七、政治机构类目标

政治机构类目标是指具有政治性质且与军事目的有直接关联的设施，主要由各级政府机构、党派团体机构以及首脑官邸等组成，一般担负一个国家或地区的政策制定、具体执行、宣传监督等职能，是保证国家或地区正常运转的组织和领导中枢，对国家政治行政安全具有重大影响。

八、传媒机构类目标

传媒机构一般是指以某种传播媒介专门从事向大众进行传播服务的社会组织的统称。传统分类中，主要包括报社、广播电台、电视台和杂志社等机构，也为新闻机构。随着信息产业的发展，互联网服务机构正成为第 5 种传媒机构。

九、金融机构类目标

金融机构是指从事与金融产业相关的金融中介机构，主要包括银行、证券、保险、信托、基金等行业。一般包括货币当局、监管当局、银行业存款类金融机构、银行业非存款类金融机构、证券业金融机构、保险业金融机构、交易及结算类金融机构、金融控股公司和新兴金融企业 9 类目标。

十、电力工业设施目标

电力工业设施一般指利用石化燃料、核燃料、水能、风能、太阳能等能源资源经发电设施转换成电能，再通过输电、变电与配电等流程进行电力保障的相关设施。主要包括发电、输电、变电、配电等综合设施。其中，发电设施包括火力、水力、风力和核能等发电厂；输电设施主要为输电线路；变电站是通过变换电压、控制电力流向并调整电压级别的电力设施，通过变压器将各级电压的电网联系起来，是配电保障的基础。

十一、石化工业设施目标

石化工业设施一般指以石油和天然气为原材料，进行生产活动的工业设施。主要是通过对原油裂解、重整和分离，产生以乙烯、丙烯、苯、甲苯等基础原料，以此生产甲醇、甲醛、乙醇等有机产品。该类目标主要为炼油厂，按照产品成果类型，可分为以生产汽油、煤油等为主的燃料油型、以生产燃料油和润滑油为主的燃料润滑油型、以生产燃料油和化工产品为主的燃料化工型和以可生产各类产品的综合燃料润滑油化工型四种类型。

第三节　战场目标信息管理的主要活动

根据流程特点，整个战场目标信息管理活动主要包括战场目标信息搜集、分析生产和分发使用管理三个阶段，通过各阶段的紧密衔接，战场目标信息实现了由采至用的贯穿，保证了其向指挥机构和作战部队的顺畅保障。

一、战场目标信息搜集

战场目标信息搜集是指紧贴上级作战意图，结合实际作战需求，通过专业部门，利用多种手段，获取作战环境及敌方信息并进行简单处理加工的过程。主要任务包括五项：一是信息搜集需求转化；二是信息搜集方案制定；三是稳定搜集渠道构建；四是格式内容规范；五是成果初步加工。

（一）战场目标信息搜集的基本要求

战场目标信息搜集主要是指针对信息需求，组织对相关数据进行处理的过程。根据功能不同，可分为三个方面：一是搜集需求制定；二是搜集活动管理；三是数据加工处理。其中，搜集需求制定主要是明确搜集任务内容，确保信息能够满足作战保障需求；搜集加工处理主要是确定数据搜集方法，确保稳定的信源渠道达成数据搜集目的；数据加工处理主要是明晰信息转化方式，将多源汇集数据建立关联关系，将其转换为可直接使用的有用信息。

1. 搜集需求制定工作的基本要求

搜集需求制定工作的基本要求主要包括四个方面：①明确需求，详制计划。主要结合作战行动实际，梳理现有数据，搞清现势性与完整性，确定可用性，如满足需求将直接进入下一阶段，若无法满足，需重新确认搜集需求并详尽制定搜集计划。②分析比对，确保可用。其主要是深入分析获取资源的可用性和常态保障能力。在本阶段，相关信息搜集人员需将关键要素、可用资源要素、作战环境要素等各种条件综合比较，确定合适的搜集资源。关键要素是指能够与可用作战信息特征相比对的参数，如目标特征、时效性和数学基础等；可用资源要素是指可与关键要素进行对比的可用传感器、系统平台等的能力和局限，如信息覆盖范围、定位精度和完成单个搜集任务的所需时间等；作战环境要素是指影响搜集手段的地形、光照和天气等客观因素。③制定策略，分配任务。搜集资源确定后，信息搜集人员按照优先次序分配任务，对关键节点、计划步骤等相关内容加以控制和管理。同时，尽可能将搜集需求与正在进行、计划进行或即将进行的搜集任务结合在一起，最大限度地提升搜集效力和效率。④跟踪评估，掌握实情。搜集人员及时对相关搜集结果进行及时分析评估，并与相关需求单位或人员建立联络渠道，确认结果是否满足需求，如已满足，可停止搜集；如未满足，则需分析研判问题，重新制定可行性计划，继续组织相关搜集活动。

2. 搜集行动管理的基本要求

搜集行动管理的基本要求主要包括三个方面：①尽早确定信息搜集需求。搜集人员需提早考虑影响搜集活动的各项因素，有针对性详细制订搜集需求计划，确保计划周密翔实，增强信息搜集时效性、完整性和灵活性。②合理区分优先等级。以现实状况为基础，结合作战决策的时间，搜集人员合理区分搜集需求的优先等级，及时有效搜集、处理、加工相关信息。③优化信息渠道资源分配。在本级所掌握的信源渠道不能满足需要时，信息搜集人员要及时请求上级、友邻或下级单位提供搜集支援，要利用各种资源满足目标相关需求。

3. 数据加工处理的基本要求

数据加工处理的基本要求主要包括三个方面：①合理组织分工。紧密结合所搜集信息类别特点和数据体量情况，选择合适的信息处理加工方法手段，合理调配人员力量，科学安排工作任务，确保信息处理加工与上级优先需求保持同步。②注意计划协调。着眼解决信息内容多、专业知识深、涉及领域广、处理平台复杂等问题，加强协调专业部门，重点关注核心环节、调配专用处理设备，实现科学统筹协调，保证信息处理的弹性，确保加工生产状态。③加强分析判断。围绕时间敏感信息、定位精度信息等内容需初步研判的情况，要加强搜集信息可用性筛选，打牢信息分析生产基础。

（二）战场目标信息搜集的主要内容

根据战场目标信息种类的不同，下面具体分析几种典型战场目标信息的准备。

1. 战场目标信息情报资料准备

战场目标信息情报资料准备主要包括两个方面：①资料搜集。综合运用多种手段，搜集目标相关资料，形式上主要包括文本、照片、录像、影像以及其他格式等，内容上包括地理空间和气候气象、地质水文、人文社会等资料。②数据处理。主要是指将搜集到的原始数据进行转换，形成可供相关用户使用的信息的过程。主要包括图像的初步加工、数据转换与关联、图形绘制、文件翻译、录像制作等。

2. 战场目标信息遥感影像准备

战场目标信息遥感影像准备主要包括两个方面：①影像获取。主要是指利用太空遥测手段，获取战场目标的可见光、高光谱、合成孔径雷达以及红外线等各种波段的中、高分辨率的遥感影像的过程。②影像选取。按照优先挑选分辨率高、现势性好、表达清晰的遥感影像选用标准，选出需求目标影像，并对所选影像进行光调处理，确保影像清晰立体，有助于判读量测，并确保影像精度符合作战要求。

3. 战场目标信息测绘资料准备

战场目标信息测绘资料准备主要包括两个方面：①资料收集。收集目标区的正射影像、大地控制数据、地形图、海图、航空图、数字高程模型等地图资料。②数据处理。主要是指对测绘产品坐标系统、投影方式和数学精度等方面进行分析，并将其改变为作战活动所需成果的基本过程。主要包括地图内容处理、坐标投影处理和数学基础处理等内容。

4. 战场目标信息气象水文资料准备

战场目标信息气象水文资料准备主要包括两个方面：①资料搜集。搜集气象测站地面和高空定时观（探）测资料，以及海洋观测站、浮标等的海洋水文定时观（探）测资料。②数据处理。数据处理主要是指根据天气动力学原理，对历史统计数据及现势性气象统计数据进行描述、融合、推断的过程，主要包括气压、气温、湿度等方面分析，分析方法多采用诊断分析、雷达分析、云图分析等。

5. 战场网络电子目标资料准备

战场网络电子目标资料准备主要包括两个方面：①资料搜集。综合运用各种手段，主要搜集网络电子目标的基本情况、地位作用、系统组成、拓扑结构、设备指标、战技性能、防护措施以及环境信息等。②数据处理。数据处理主要是指通过对搜集的网络电子目标情报资料和侦获的网络电子目标的特征参数进行筛选识别、分类整理、多源印证、关联分析、综合研判、去伪存真，确保所获目标情报资料准确可靠。

二、战场目标信息分析生产

战场目标信息分析生产主要是指从目标特征、系统功能和节点关联等角度出发，完整分析特定作战任务所涉及各类目标情况，保障指挥员对敌方作战体系所涉及目标的全面认识和理解，为其拟制作战方案、定下作战决心、指挥作战行动提供精确目标保障的过程。

（一）战场目标信息分析生产的基本原则

战场目标信息成果是保障作战指挥决策和作战行动实施的重要支撑，其精准性和及时性直接关乎战争胜败，同时也是平时部队建设的重要依据。确保战场目标信息质量的关键是强化分析生产环节的科学统筹和重点实施，需把握好目标情况可靠掌握、目标数据准确分析和目标信息及时保障。同时，针对目标信息分析生产中出现的信息过载、渠道多源和情况多变等特点，需要加强对各种资料和数据进行选用和甄别。其基本原则包括以下几个方面：

1. 资料选用要真实可靠

一般情况下，在目标信息分析生产流程中，需要对各个来源渠道的资料进行去伪存真的选择，通常采用原则是：官方材料与民间材料比，应以官方材料为主；内部发表的材料与公开发行的材料比，应以内部发表的材料为主；上级机关公布的材料与下级单位提供的素材，应以上级机关公布的材料为主；新材料与旧材料比，应以新材料为主。严格资料选用流程，确保"真品"资料保障，才能实现信息生产的可靠有用。

2. 数据采用要精准实用

采用数据首先要进行可靠性分析和针对性研究，确保资料保障针对有效。一般情况下，通过情报或开源渠道得来的战场目标数据，要经过详细核查、甄别后可选择使用；通过己方情报侦察手段获取的战场目标数据，可直接分析使用；在上述情况都不具备的条件下，数据采用专用目标图上量算或类比分析研究成果。

3. 情况使用要确保时效

战场环境瞬息万变，战场目标信息数据要以最新情况为主。根据战场目标信息成果现势性要求，在梳理加工生产过程中，资料运用要选择最新资料，确保成果能够反映目标的现实情况。同时，也可利用最新信息对已有成果进行更新。

（二）战场目标信息分析生产的基本要求

从总体上看，战场目标信息分析生产基本要求包括来源可靠、要素齐全、分析正确、文表一致、文精语顺5个方面。①来源可靠。是指运用多种手段及时有效地获取目标情报信息，并经过综合分析印证，保证目标情报资料来源可靠、数据准确、现势性好，能够反映目标的真实情况。目标情报信息主要包括文字信息、遥感信息、地图信息、多媒体信息和各种图片信息等。这些数据和情报资料是通过各种渠道获得的，有公开出版的报刊、地图和照片，也有经过秘密渠道获得的情报资料，必须加以去伪存真，综合分析印证，确保使用资料的可靠性。有条件的可以通过有关渠道进行实地核查，搜集第一手可靠的目标情报。②要素齐全。是指根据作战过程中目标信息需求的要素组成要求进行目标资料分析整理，确保目标成果内容要素完整。③分析正确。是指对目标基本情况某些要素进行科学、合理、客观分析，主要包括地位作用、要害部位和目标毁伤效果等方面。其中，地位作用分析是指立足体系或系统高度，通过对目标规模、能力、驻军、装备、任务、产品种类及流向等因素进行分析，正确判断该目标的地位作用。特别是对城市目标地位作用分析时，要加强目标在战争体系中的战略价值研究以及打击后对政治、经济、军事等方面的综合影响分析。要害部位分析是根据目标组成特点和作用，对单个目标、目标体系或系统关键节点和核心部位的具体分析，得出该目标物理和功能的核心区域。毁伤效果分析是研究确定目标遭打击后，对该目标系统，乃至全局造成的影响，一般描述的是定性分析结果。④文表一致。目标基本情况的文字、表格和其他图片等，对目标名称、位置、性质、特性等属性信息的表述必须一致，文字和表格中的同一数据必须一致；在不同目标成果中，对同一目标情况及同一地名的表述必须一致，目标数据信息也必须一致。⑤文精语顺。在进行目标基本情况的文字编写中。要求文字精练、语句通顺，语法规范、标点正确，条理清晰、术语专业。

（三）战场目标信息分析生产的主要内容

战场目标信息分析生产的主要内容包括两个方面：①情报资料分析比较。主要是指通过对多源渠道的数据资料进行汇集、分析、评估和诠释，将生产出的信息产品转化为情报知识成果，并根据用户不同需求进行产品准备的过程，是战场目标信息管理活动的重要阶段，具有决定性作用。分析生产成果形式为情报产品，主要为指挥员或指挥机构参谋人员提供战场最新目标情报知识，确保其及时正确决策。该情报产品表现形式和保障方式多样，既可是口头陈述，也可是出版物或电子产品、数据库等。从生产目的来看，可分为目标预警情报、目标动态情报等。②影像资料判读生产。主要是指通过遥感影像获取的目标地物信息，专业人员根据物体成像特性进行研判并形成初判结论的过程。影像资料判读生产主要有两种方法：一是目视判读，即凭着光谱规律、地学规律和判读员经验，对图像高度、色调、位置、时间、阴影、结构等各种特征研判地面景物类型。二是计算机自动分类，即以计算机系统为支撑，利用模式识别与人工智能等技术相结合的方式，结合目标地物在遥感影像中呈现的各种图像特征，结合专家知识库和样本库目标地物解译经验与成像规律等知识进行分析和推理，完成对遥感图像的解译。

三、战场目标信息分发使用管理

根据作战使用需要组织目标成果分发、印制，目标成果分发以数据包为主，必要时可印制。

（一）职责分工

全军侦察情报力量负责基础目标成果的推送共享；战区目标保障力量负责指挥决策目标成果分发、印制及目标成果清单推送；军种目标保障力量负责武器作战目标成果分发、印制及目标成果清单推送；队属目标保障力量负责指挥决策目标成果和武器作战目标成果分发、印制及目标成果清单推送。目标成果印制应由具有保密资质的工厂负责。

（二）作业流程

目标成果分发（指挥决策、武器作战）通常按照提出申请、机关审批、数据制备、数据领取的步骤组织实施。一是提出申请。根据作战使用需要，提出指挥决策、武器作战目标成果请领需求。二是机关审批。主管业务部门办理成果审批事项，向所属目标保障力量明确目标成果分发任务。三是数据制备。相关目标保障力量受领任务后，按目标成果清单及任务需求制备目标成果数据。四是数据领取。作战准备阶段和实施阶段，各作战力量根据作战计划领取相应战场的目标信息数据。

第二十章
战场电磁频谱信息管理

　　电磁频谱是一种稀缺的战略资源，为了使有限的电磁频谱资源得到合理、有效的利用，维护空中电波秩序，需要对电磁频谱实施管理。电磁频谱管理是未来信息化、智能化条件下联合作战指挥、部队行动、武器装备效能发挥以及维护电磁空间安全的重要保障。信息化战争是基于信息的战争，信息是支撑体系作战的基础要素。基于网络信息体系的联合作战，预警探测、信息传输、指挥控制、武器制导、电子对抗和导航定位等用频装备部署密集，民用电磁辐射源众多，战场电磁环境复杂，敌我"制电磁权"争夺激烈，战场电磁管控无论是组织用频筹划、频谱指配，还是组织频谱管控以及电子对抗，都离不开电磁频谱信息管理的支撑。建立面向联合作战应用的电磁频谱信息管理体系，是实现实时频谱态势感知、用频精确筹划、频谱动态管控的前提，也是保障用频武器装备效能充分发挥的关键基础。

第一节　相关概念

　　随着以电磁频谱为主要特征的信息化武器装备在战场上的密集部署和广泛运用，以及武器装备信息化程度的提高，电磁环境日趋复杂，电磁环境对作战活动的影响也越来越大。因此，明确把握战场电磁频谱信息及其管理的内涵和特点，是实现战场电磁态势动态实时全面发布和对战场电磁频谱精准掌控的基础。

一、电磁频谱资源

　　熟悉电磁频谱与航天器轨道资源的概念内涵、主要特征和军事应用，是管好、用好电磁频谱信息和做好电磁频谱信息管理工作的基本前提。

（一）电磁频谱概念

电磁频谱是把电磁波按波长或者频率排列起来所形成的谱系。像家谱一样，是按一定规则有序排列的。家谱主要按辈份和年代排序，成倒树状结构。电磁频谱是按频率或者波长排序，成条状结构。各种电磁波在电磁频谱中占有不同的频率范围，无线电波占的频率范围称为无线电频谱，其频率范围为0~3000GHz，如图20-1所示。电磁频谱中的一段，称为频段；某一点表示一个频率，也可称为频率点。

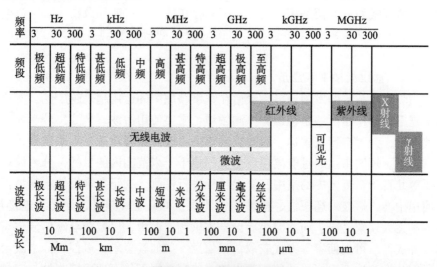

图 20-1 电磁频谱划分图

从电磁频谱划分图中可以看出，无线电波分成12个频段或波段，频段是和波段一一对应的。如长波对应低频，中波对应中频，短波对应高频，米波对应甚高频。分米波、厘米波、毫米波和丝米波，这些波的波长很短，统称为微波。从理论上来说总体呈现出这样的规律，电磁波频率越低，波长越长，传播过程中的能量损耗越少，绕射（绕过高楼、树木等障碍物）能力越强，有效传播距离也越远。相反，电磁波频率越高，绕射能力越弱，有效传播距离越近，但穿透物体的能力越强。这些特点决定了不同频率的电磁波在传播方式和应用领域方面存在较大的差异。

（二）电磁频谱特性

电磁频谱如同土地、矿产、石油一样，是一种自然资源，又是一种无形的特殊资源，属国家所有。其具有如下特性：一是资源有限性。从理论上讲电磁频谱资源是无限的，但受科学技术发展水平和电波传播特性的制约，目前能够利用的无线电频谱在275GHz以下，主要集中在30Hz~40GHz范围内，而绝大部分用在 3GHz 以下，频谱资源的使用受到了很大限制。二是共享共用性。任何频段的电磁频谱资源都不归某一国家、军队或组织独自占有，电磁波的传播不受国家边界或政治组织的制约，为全人类共同享有。三是三域分割性。电磁频谱具有空间域、时间域、频率域的特性，可通过区分空间、时间、频率的方法，有序使用频谱资源。四是永不消耗性。与矿产、石油、水等自然资源不同，任何一段电磁频谱资源都可反复利用，而这段资源本身并不会产生任何损耗。五是相互交融性。不同使用者所用的电磁频谱资源在空间上相互之间难以有明确的界线划分，而是相互交叉、共同存在的，这可能导致在作战中以电磁频谱为媒介所携带的信息能被不希望的对象所截获或受到有意、无意的电磁干扰。

（三）电磁频谱军事应用

随着信息技术的发展，电磁频谱在军事领域中的运用越来越广泛，发挥着越来越重要的作用。一是在预警探测领域：主要使用短波、米波、分米波、厘米波频段，为对空警戒雷达、对海观通雷达、舰载预警雷达、空中预警机提供频谱保障。短波雷达通过电离层反射探测数千千米范围内的目标，分米波雷达主要对几百千米范围内的空中和海上目标进行探测。二是在情报侦察领域：主要使用中波、短波、超短波、微波、红外线、可见光等频段，为无线电接收、有人和无人侦察飞机、侦察卫星等设备提供频谱保障，以截获电磁信号、雷达和红外成像、可视侦察等方式获取情报信息，如侦察卫星，可使用分米波合成孔径雷达探测地面目标，并使用厘米波将侦察数据下传至地面接收站。三是在信息通信领域：使用长波、中波、短波、超短波、微波等全部无线电频段，为无线电台、接力、卫星、散射、移动等通信系统提供频谱保障，以保证部队指挥、协同、警报、后方和装备保障等通信畅通。数据链系统使用微波波段，实现与武器系统的交链。四是在导航定位领域：主要使用长波、中波、超短波、微波频段，为无线电信标、卫星和雷达提供频谱保障，对飞机、舰艇、车辆、单兵等目标，实施引导、测距和定位。GPS 导航定位卫星，用户终端和卫星使用了微波频段的频谱资源。五是在电子对抗领域：主要使用短波、超短波、微波、红外线和可见光频段，采用通信对抗、雷达对抗、光电对抗等方式，实施电子侦察、干扰、欺骗和攻击。反辐射无人机，通过截获敌方微波雷达信号，锁定雷达位置，实施精确打击。电磁脉冲炸弹，通过非核爆炸形式，把普通炸弹的机械能转化成高强度的电磁脉冲能量，能使半径数十千米内所有的电子设备无法工作，甚至造成严重的物理损伤。六是在武器及制导领域：主要使用超短波、微波、红外线、激光等频段，为武器及制导系统进行火控、检测、遥测、遥控提供频谱保障。地空导弹，使用微波频段的照射制导雷达锁定空中目标，实施打击。七是在气象、水文和测绘领域：主要使用超短波、微波和红外线、可见光频段，为气象雷达、探空气球、气象卫星、气象辅助通信、海洋资源卫星、遥测遥感卫星等提供频谱保障，实施气象、水文监测、预报和地理测绘。气象卫星使用微波频段，传输卫星成像的气象云图。

二、电磁频谱管理

为了避免和消除频率使用中的相互干扰，维护空中电波秩序，使有限的电磁频谱资源得到合理、有效的利用，以最大限度地满足用户的需要，需要对电磁频谱实施管理。

（一）电磁频谱管理概念内涵

电磁频谱管理是指军队领导机关和电磁频谱管理机构制定电磁频谱管理政策、制度，划分、规划、分配、指配频率和航天器轨道资源，以及对频率和轨道资源使用情况进行监督、检查、协调、处理等活动的统称。从理论上而言，军事电磁频谱管理包括对无线电、红外线、可见光、紫外线、X 射线、伽马（γ）射线等频谱管理。电磁频谱管理中，无线电频谱的使用与国家和军队活动密切相关，且容易产生相互干扰，对国家和军队活动产生重大影响，目前世界各国和军队所称的电磁频谱管理或无线电管理，主要是对无线电频谱的管理，可以说，无线电频谱管理是电磁频谱管理的主要内容。

信息时代，电磁频谱管理已渗透到军队建设和作战的方方面面，成为军事信息系统、主战武器装备系统、信息化支撑环境，以及政治工作"三战"的主要依托。电磁频谱管理已从通信、导航频率管理为主拓展到以武器系统为重点的全频域、全时域和全空域管理。

（二）电磁频谱管理主要特点

随着信息技术的快速发展和运用，导致军事电磁频谱管理呈现出许多新特点，主要表现在以下方面：

1. 电磁频谱军民交融，管理协调任务繁重

改革开放以来，我国信息产业得到了超常规的发展，仅通信设备的种类、数量每年就以 30% 以上的速度增加，广播电视、民用移动通信、无线电寻呼以及航空、公安、交通等特殊行业开展的 40 余种无线电通信业务使无线电信号几乎覆盖了全国各个角落，工、科、医等辐射电磁波的非用频设备也以超常规的速度发展。这些用频装备和非用频设备，辐射的电磁波军民交融，平时训练、演习和战时作战，民用电磁信号将与诸多的军用电磁信号交织在一起，难解难分，相互干扰。军民协调涉及众多地方部门和生产、销售、进出口、建设、运用、管理等环节，与国家经济建设、人民群众生活、社会稳定，乃至与

国家政治和外交斗争直接关联，电磁频谱管理任务将极为繁重。

2. 用频业务种类繁多，频管组织十分复杂

随着部队装备的各类高新技术用频武器装备数量日益增多、速度越来越快，对频谱的需求量也越来越大，投入平时训练、演习的用频业务种类也越来越多，加上不少部队驻扎在城市或城市近郊，在一定空间内，需要展开大量的通信、电子设备和信息化武器装备。这些用频装备分属不同的频谱运用领域业务，用途各不相同，性能千差万别，虽然在空间上相互分离，但其辐射的电磁波却共处于一个共同的空间，相互交融，天地一体。军事电磁频谱管理部门要管理、组织好这些频率的使用，保障好这些用频业务开展，将是一件非常复杂的工作。

3. 平时开展军地联训，频管部门权力有限

由于军队、地方频率使用相近，频谱管理业务相通，部队电磁频谱管理力量有限，而国家和地方无线电管理力量强大，为了维护共同的蓝天，保障好用频装备正常使用频率，发挥正常功能，根据平战一体的原则，平时需要对频管预备役人员进行强化军事训练，提高他们的军事素质，达到战时参战要求。战时根据各部队承担作战任务情况，战时可能需要动员地方无线电管理力量、征用地方频率资源，因此，频管预备役人员平时就要加强军事训练。同时，电磁频谱管理部门平时也要加强与国家、地方无线电管理机构的横向联系，为平时开展军地联训、战时进行频管力量动员，打下坚实基础。然而由于机制问题，电磁频谱管理部门与国家、地方无线电管理机构协调渠道不畅，自 1986 年军地无线电管理机构分离后，军队电磁频谱管理机构对国家、地方无线电管理机构不再有指挥权，如若开展活动，需要履行相关报批手续才能实施，权力有限，协调的难度就非常大。

（三）电磁频谱管理基本任务

电磁频谱管理的基本任务体现在以下 4 个方面：

1. 科学统筹频谱资源

科学统筹频谱资源，就是统筹协调国防和军队建设用频，拟制电磁频谱（卫星轨道）资源使用中长期发展规划，划分、规划、分配和指配军队使用频率。对电磁频谱资源的管理，是电磁频谱管理的根本目的和最重要的任务。频谱资源是信息化社会高度依赖的战略资源，作为一种有限的、开放性和公用性自然资源，广泛应用于国家广播、电视、民航、气象、交通、电信以及军队的众多领域，为国家经济社会发展和军队作战提供重要支撑。尤其是未来天基信息系统、精确制导武器、全球导航定位等信息化武器系统建设对频谱资源需求更大，作战指挥、部队行动、兵力运用对电磁频谱的依赖性更强。

2. 严格管理用频秩序

严格管理用频秩序，就是对用频装备的科研和采购、用频台站（阵地）的设置使用、航天器的使用频率和轨道资源、辐射电磁波的非用频设备、涉外使用的频率和用频台站的设置使用进行严格的电磁频谱管理，组织实施电磁频谱检测、电磁环境监测、干扰查处和电磁频谱管制。

3. 积极服务国防建设

积极服务国防建设，就是履行电磁频谱管理职能任务，充分发挥维护电磁空间安全的"电子警察"作用，为首长机关提供电磁频谱决策支持，为部队战备建设提供电磁频谱服务保障，为用频武器装备建设发展提供电磁频谱技术支撑。

4. 有效保障作战行动

有效保障作战行动，就是通过制定战时频谱使用计划，动态调配作战频谱资源，组织用频协同，实时进行战场频谱监测，发布电磁态势，及时查找有害干扰，实施干扰处置，联合组织频谱管制，进行监督检查等行动，确保作战指挥的顺畅和武器效能的充分发挥。

三、战场电磁频谱信息管理

战场电磁频谱管理是战时为保障各类主战武器装备用频安全，确保作战行动顺利实施，在指挥员的统一指挥下，对频谱资源、用频台站（阵地）及其使用情况进行的筹划和控制活动。战场电磁频谱信息管理是战时指挥员及其指挥机构组织作战筹划、控制协调部队行动、管控用频秩序的重要支撑，是确保主战用频武器装备和重要信息系统效能发挥的关键性因素。

（一）战场电磁频谱信息管理概念内涵

战场电磁频谱信息管理是电磁频谱管理机构或部（分）队等有关部门将收集到的电磁频谱信息经过加工、处理，利用各种手段和方法为部队与机关提供电磁频谱信息产品和服务，以满足电磁频谱信息需求的一种有组织的活动。

（二）战场电磁频谱信息管理关键技术

战场电磁频谱信息管理关键技术主要涉及战场电磁频谱数据采集、数据挖掘、信息共享、信息安全等关键技术。

1. 数据采集技术

战场电磁频谱信息种类多、涵盖范围广，需要通过多种途径获取相关数据，其主要获取途径不仅包括自身的频谱监测感知体系和民用及军用用频台站/设备数据库，还需从其他有关信息系统中获取用频台站/设备、目标情报、部队部署、作战计划等相关信息。数据种类繁多，格式庞杂，不仅包括监测数据、探测数据、检测数据、装备数据、台站数据、空间数据等频谱管理专业领域，也涵盖军、地及相关部门的第三方数据和信息，各种异构采集手段难以做到互联互通，多源数据之间的结构融合问题难度较大。为解决上述问题，战场电磁频谱数据采集应构建互联互通的频谱数据并发采集环境，利用物联网技术，将数据采集触角延伸至底层末端，最终使各型用频装备、各类终端都变成频谱数据的采集点；采集平台不仅要涵盖现有监测站、斜测站等手段，更要覆盖武器平台、手持设备、升空平台和网络空间，形成多层次、多维度、多节点、多手段采集环境，采集的数据要能够通过高速网络传输至各级数据中心，为后续的数据集成、分析奠定基础。

2. 数据挖掘技术

当前，电磁频谱管理已经积累了大量的用频台站、装备频谱参数数据以及频谱监测数据等，但是现有的数据应用手段还比较单一，对数据的深度挖掘还不够，如何利用好已有的频谱海量数据支撑联合作战已成为现在面临的一个难题。当今信息技术的发展进入了大数据时代，大数据中隐藏着巨大的应用价值。为此，在电磁频谱信息管理方面应有效地组织和使用大数据的方法，利用云计算和数据挖掘技术，处理海量复杂的数据，从海量数据中识别出有效的、新颖的、潜在的、有用的以及最终可理解的信息和模式，如趋势、特征及相关性等信息和知识，挖掘电磁频谱信息的内部价值，找出电磁频谱信息与作战行动之间的深度关联关系，从而为战场电磁管控决策提供多层次和多功能的信息管理。

3. 信息共享技术

电磁频谱信息中包含跨部门、跨领域的多类信息，电磁环境、电波传播模型等部分频谱专业数据可在频管部门内获取和掌握，但民用台站数据、监测数据以及其他大部分数据需要从其他部门甚至地方相关机构获取。为此，构建战场电磁频谱信息管理体系应开发一体化综合信息管理共享平台，将异网异构的各类电磁频谱监测系统、电磁频谱信息平台集中到一个统一的系统中，通过网络传输直接采集原始底层监测数据，按照统一的格式和标准进行处理分析，并根据一定的共享规则，实现电磁频谱信息交互式按需共享。一是开发一体化集成控制系统，对各类监测、探测等感知设备实行集中控制。二是基于安全共享策略设计信息"共享池"，并实现共享信息的实时操作和维护。三是构建统一的电磁频谱信息维护管理平台，标准化数据格式和接口，规范数据的请领渠道和方法，明确请领使用要求，为满足作战行动需要提供电磁频谱信息共享分发服务。

4. 信息安全技术

战场电磁频谱信息因为涉及用频武器装备特性参数等，其安全性显得尤为重要。电磁频谱信息的安全技术主要建立在保密性（Confidentiality）、完整性（Integrity）和可用性（Availability）三个安全原则基础之上。针对敏感电磁频谱数据管理的安全隐患及泄密途径，可以采取动态的加密机制、层次化密钥管理、完善的认证机制、灵活的访问机制、全面的审计机制等方法和措施，提高对敏感数据的安全管理。通过增加频谱数据安全等级设置、频谱数据分级加密、频谱数据传输加密、核心机密数据临战加载、数据访问权限设置、数据访问用户/系统/角色控制、数据访问审计等，实现电磁频谱信息从存储管理、网络传输、数据应用全过程、全环节的安全保密。

第二节　战场电磁频谱信息管理的主要内容

在联合作战过程中，战场电磁频谱信息管理的主要内容包括电磁频谱基础数据管理、电磁环境感知信息管理、电磁频谱管控信息管理以及电磁频谱辅助决策工具管理四部分内容，便于指挥员综合运用各种频谱信息，达成作战目的。

一、电磁频谱基础数据管理

电磁频谱基础数据管理主要是对自然电磁环境数据、用频装备台站数据、电磁频谱资源数据和电磁频谱管理法规数据的管理。电磁频谱基础数据信息管理是战场电磁频谱信息管理的基础，是作战数据信息管理的重要组成部分，在平时需要重点建设，战时才能随时调用。电磁频谱数据需要及时更新，以便指挥人员对我军装备实力与战场环境信息全面准确掌握。

（一）自然电磁环境数据信息管理

自然电磁环境数据信息管理主要是指对宇宙噪声电磁环境数据、地球大气噪声电磁环境数据、地区内部噪声电磁环境数据、静电现象电磁环境数据等四类电磁环境数据的管理。太阳产生的宇宙噪声对战场电磁环境的影响最大，爆发型太阳活动释放强大的电磁辐射和粒子辐射，对空间气象、电离层和地磁状态产生扰动，影响电磁波的正常传输，对联合作战指挥和通信信号产生干扰。太阳黑子、耀斑的变化，以及太阳射电等会使电离层密度产生明显变化。同时，水汽密度、降雨率、雨顶高度、折射率梯度及介电常数和电导率等也会对电磁波传输产生影响。自然电磁环境数据管理在功能上为联合作战指挥机构提供四类电磁环境数据信息的检索查询，为指挥员制定作战计划提供参考依据。

（二）用频台站（装备）数据信息管理

用频台站（装备）数据信息管理包括对用频台站名称、主要战备任务、设备型号和数量、发射功率、使用频率、拟设台站的具体位置、天线程式及高度等信息的管理。用频装备台站数据信息以用频武器装备、卫星通信设备、雷达设备，以及用频台站的名称、所在经纬度的范围、台站的类别、发射功率范围、使用频段作为检索条件，提供各种条件组合、模糊检索，提供地图矩形框选和圆形选择等图上检索操作，用列表和地图标绘两种方式显示检索结果。

（三）电磁频谱资源数据信息管理

电磁频谱资源数据信息管理主要对频谱划分数据、频谱规划数据、可用频率带宽、国际国内保护频率、武器装备保护频率和空间频率轨道资源等数据进行管理。特别是对国际国内保护频率为国际和国内遇险通信，航空器的搜索营救，以及水上移动通信实施保护。保护频率为重要用频武器装备在作战实施过程中正常使用提供相应频段的频率保护。空间频率轨道资源是地球轨道空间可供卫星等航天器运行的频率和轨道资源。电磁频谱资源数据信息管理提供符合相应条件的频谱划分数据、频谱规划数据、可用频率数据、频率保护数据和频率轨道资源数据等信息的查询服务，为战时各类武器装备投入作战运用，协调有序工作提供可用频谱资源数据信息。

（四）电磁频谱管理法规数据管理

管理的电磁频谱管理法规数据主要包括国际电信联盟（ITU）频谱法规、国家频谱法规、军队频谱法规和一般性的标准规范，国际电信联盟（ITU）频谱法规主要有《国际电信联盟组织法》和《国际电信联盟公约》，旨在使联盟各成员国之间保持和扩大国际合作，以合理使用各种电信频段。国家频谱法规主要指 1993 年 9 月颁布的《中华人民共和国无线电管理条例》和 2010 年 8 月颁布的《中华人民共和国无线电管制规定》，以及 2014 年 2 月颁布《中华人民共和国无线电频率划分规定》等法规，军队频谱法规主要有《中国人民解放军电磁频谱管理条例》及《军地无线电管理协调规定》等法规文件。电磁频谱管理法规数据服务将上述法规文件收录进数据库，供各类指挥人员进行检索调阅。

二、电磁环境感知信息管理

电磁环境感知信息主要包含电磁环境分布状态感知信息、电磁信号参数与内容感知信息、电磁辐射源属性感知信息和电波传播媒介特性感知信息等。电磁环境分布状态感知信息主要是作战空间内电磁信号的基本情况，主要为战场指挥、预警、侦察、导航、火控、气象、电子对抗等领域的军事行动提供用频决策依据。电磁信号参数与内容感知信息为不同辐射源的特定电磁信号，包括信号的幅度、频率、相位、场强、频谱占用度、带宽、调制参数等，主要为战场频谱管理、情报侦察和电子对抗等行动提供支援。电磁辐射源属性感知主要通过感知电磁辐射源的数量、类型、部署、用途、网络关系、通联规律等情况进行目标识别。电波传播媒介特性感知主要对战场空间电离层、战场地理环境、气象环境和电波传播环境进行感知。根据感知手段和反馈方式，电磁环境感知信息管理可分为电磁频谱监测信息管理、电磁频谱探测信息管理和电磁频谱检测信息管理。电磁环境感知信息管理是通过在线发布各类电磁环境感知信息，辅助作战人员在作战过程中最大限度地发挥用频武器装备效能。

（一）电磁频谱监测信息管理

电磁频谱监测信息管理主要包括短波频率监测、超短波频率监测、微波监测和在轨卫星频率监测，以及在战时对作战地域、作战关键时段进行监测的数据。电磁频谱监测信息管理主要管理重要作战地域、频段、时间段内的电磁频谱监测数据，分析选定监测任务下的数据，得出频段扫描的场强信息和频段占用度信息，以及频段底噪信息等。其中，卫星信道监测信息主要提供重点应用卫星信道监测设备采集的上下行频率以及电离层闪烁数据，并提供电离层闪烁指数值等信息。电磁频谱测向信息主要提供重要战场地域、频段、时间段内的电磁频谱测向数据，分析选定监测任务下的数据，包括单频和宽带测向任务下的数据，得出测向任务定位结果信息。电磁频谱监测信息管理通过对监测所得的重要地域和时段内的监测数据信息进行实时发布，提供战场电磁频谱信息管理支持。

（二）电磁频谱探测信息管理

电磁频谱探测信息管理是利用电磁波对电离层进行探测，预测得出短波链路优质频率和卫星通信链路质量的有关信息。探测信息主要是指重要地域，时间段内指定探测站的电离层探测数据，包括垂直、斜向和斜向返回式探测数据，进一步得出垂测的24h变化数值和斜测电离图，为各级频谱信息管理部门对短波链路和重要信道的短波频率指配以及短波频率动态调整提供技术支持。卫星通信链路质量探测信息，主要用于探测重点地域及周边区域内、任意频段的地空链路信道实时状态，以及电离层闪烁效应对卫星链路的影响。电磁频谱探测信息管理通过对电离层和磁层进行探测，向作战指挥员准确发布探测信息，为战场短波通信和卫星通信频率优选提供有效参考。

（三）电磁频谱检测信息管理

电磁频谱检测信息管理是管理战场用频装备的功率、频率、发射带宽、频率误差、杂散发射、噪声系数、接收机带宽和灵敏度等相关信息。电磁频谱检测按照测试大纲、测试细则，通过用频武器装备电磁干扰发射检测和用频武器装备敏感度检测获取电磁频谱检测信息。电磁频谱检测信息管理将战场用频武器装备的检测信息汇总至数据库，在前期准备阶段将使用计划报至信息服务中心，信息服务中心核对用频武器装备参数，确保用频武器装备间电磁兼容，在作战实施过程中可正常有序工作。

三、电磁频谱管控信息管理

联合作战电磁频谱管控信息管理主要通过技术手段为各类指挥员提供电磁频谱管控信息，进而为各类指挥员组织实施作战指挥提供管控信息支持。电磁频谱管控信息管理将战场频率管理信息、电磁频谱态势信息、电磁干扰查处信息和战场频谱管制信息提供给联合作战各级指挥机构指挥员，为指挥员提供电磁频谱管理信息。

（一）战场频率管理信息管理

战场频率管理信息管理主要包括对战场频率的分配信息和频率的指配信息的管理，战场频率管理信息管理可分为战场频率分配信息管理和战场频率指配信息管理。战场频率分配信息是指各军用武器装备根据其频谱特性和作战需求所分配的频率、使用区域、使用时段等信息，战场频率分配信息管理即通过频谱特性频率分配法和用频对象需求频率分配法将用频时间、用频地域、使用频段进行合理分配，而后将分配结果信息发送至作战部队，保证用频武器装备有效使用。频率指配信息指将分配给作战部队的频率具体指配给用频台站使用的频率信息。战场频率指配信息管理即通过采用频率、空间、时间三维分割的方法，按照频率的使用权限和规定，对已分配好的用频台站频率信息通过信息管理中心发送至作战部队，进行具体指配的服务。

（二）电磁频谱态势信息管理

电磁频谱态势信息管理主要包括对电磁辐射源与用频力量部署态势信息、战场电波传播环境态势信息、战场电磁信号分布态势信息、战场电磁环境效应态势信息和战场电磁频谱管理态势信息的管理。电磁辐射源与频谱力量部署态势信息主要描述各电磁辐射源的空间位置、属性、频谱参数、工作状态和相互关系等。战场电波传播环境态势信息主要描述地面高程、对流层和平流层的高度、电离层的高度、电参数（电导率、介电常数）、气象参数（气压、温度等）和等效电参数等影响电波传播的环境特性，以及对电波传播的影响。战场电磁信号分布态势信息主要描述用频武器装备的电磁信号在一定时空和频率范围内的能量分布情况及变化，以及自然、人为电磁噪声的分布及变化。战场电磁环境效应态势信息主要描述电磁辐射对人体、易燃易爆物品和用频武器装备的影响状态与形势。战场电磁频谱管理态势信息主要描述战场电磁频谱管理力量、网系部署和频谱管理能力的现状及变化趋势。电磁态势信息管理是从战场电磁态势信息中分析、加工、提炼出关于战场电磁活动的内在规律，以保证信息化武器装备发挥最大作战效能。电磁态势信息管理内容主要以图形、图像的形式显示，配以必要的文字、表格说明，以便及时准确地掌握和判断战场电磁态势。

（三）电磁干扰查处信息管理

电磁干扰查处信息是指对作战部队用频装设备产生有害电磁干扰的查处信息，主要包括单位名称、部署地域、受扰设备、受扰频率、干扰类型、干扰程度、干扰处理意见等信息。电磁干扰查处应遵循带外业务让带内业务，次要业务让主要业务，后用让先用，以及无规划业务让有规划业务的原则实施。电磁干扰查处信息管理是指电磁频谱管理部门接到受扰申诉后，得到受扰信息，通过查阅信息服务中心电磁频谱基础数据信息，得到有关台站资料，组织监测后确定干扰源位置，向产生有害干扰的机构和被干扰的单位同时发布干扰处理意见，通过上级协调，消除电磁干扰的过程。

（四）战场频谱管制信息管理

战场频谱管制信息管理是指电磁频谱管理机构根据战场实际，实施强制性管制的无线电发射源和电磁辐射时间、区域、频段范围信息，作战过程中保护我重点用频武器装备频率使用的电磁频谱管制措施。战场频谱管制信息管理是电磁频谱管理信息管理的重要内容，贯穿于电磁频谱管理信息管理全过程。战场频谱管制信息管理通过电磁频谱管理机构将战场频谱管制信息实时发送至信息服务中心，由信息服务中心发送管制开始时间和结束时间、管制区域范围、管制频段范围和管制形式等管制命令信息，以及管制实施过程信息到各机构和单元。

四、电磁频谱辅助决策工具管理

电磁频谱辅助决策工具管理提供辅助决策工具，是电磁频谱信息管理的重要内容。辅助决策工具包括电波传播预测工具、频谱工程计算工具、频谱应用分析工具，为指挥员科学准确地制定作战计划，适时调整方案，有效调控行动提供技术手段。

（一）电波传播预测工具软件管理

电波传播预测工具软件是电磁频谱辅助决策工具服务的重要组成部分，电波传播预测计算工具通过网络发布，利用该工具可正确判断战场电磁环境对用频武器装备和用频台站的影响。在功能上，电波传播预测工具软件由地面固定业务和移动业务电波传播预测、地空固定业务和移动业务电波传播预测等功能组成，其中，地面固定电波传播预测软件包含对长波、中短波、超短波和微波波段电波传播预测分析；地面移动电波传播预测覆盖了地面航空、海事和陆地移动业务电波传播预测分析；地空移动电波传播预测软件覆盖了地空航空、地空海事和地空陆地移动电波传播预测分析。

（二）频谱工程计算工具管理

频谱工程计算工具软件管理是通过频谱工程计算工具软件计算通信链路通视、传输距离、覆盖区域和方向性能等要素，科学部署雷达和通信台站等重要用频台站的开设地域，确保在作战地域内雷达和通信台站设置发挥最大效能。在功能上，频谱工程计算工具软件由地球物理特征计算、链路通视及性能分析、通信台站覆盖区域、雷达有效距离分析、地球站协调区域及天线方向性能计算等功能组成。

（三）频谱应用分析工具管理

频谱应用分析工具软件管理是运用频谱应用分析工具，设计建立短波、超短波和微波接力通信链路，科学组网雷达系统，以及查询战场地域电磁环境特征情况。在功能上，频谱应用分析工具主要包括短波系统、超短波系统、微波系统和雷达系统开设。①短波系统开设通过分析天波传播链路以及电离层特性参数等实现对短波系统组网、链路频率预报以及链路天线架设的参数设定等；②超短波系统开设通过分析超短波通信链路以及直射、反射以及菲涅耳区等实现超短波组网系统中每条链路的天线架设参数设定，以及工程实施参数标准；③微波系统开设通过微波通信链路以及直射、反射、菲涅耳区以及发射损耗等，实现微波中继链路中每条链路的天线架设参数设定以及工程实施参数标准；④雷达系统开设通过分析雷达作用距离和方位关系实现组网雷达覆盖区以及在受干扰条件下受压制区的覆盖图形显示。

第三节　战场电磁频谱信息管理的主要活动

根据战时电磁频谱管控职能任务，电磁频谱信息管理按照"体系构设、统分结合、按需保障、支撑决策"的思路，开展以电磁频谱信息管理为核心要素，以电磁频谱信息管理需求为牵引，以管理机制为规范，以频谱感知网系为支撑的组织电磁频谱信息管理活动。

一、明确战场电磁频谱信息管理要求

战场电磁频谱信息管理在平时和战时有不同的管理要求。

（一）平时电磁频谱信息管理的要求

平时电磁频谱信息管理的要求体现在六个方面。一是平时训练的要求，平时训练电磁频谱管理知识的学习，以及频管装备操作知识的学习与实践训练等，平时电磁频谱管理组织与实施知识的学习与训练的要求。二是战备值勤的要求，战备值勤需要大量的平时实时电磁频谱感知数据，包括大量的电磁频谱感知数据及其分析数据等，需要电磁频谱信息管理。三是干扰查处等任务的信息要求，在进行干扰源查找时，需要主要任务区域的辐射源信息、平时电磁频谱感知数据信息的支持。四是大型演练区域频管相关信息的要求，在进行大型演练时，需要演练区域内的辐射源信息、平时电磁频谱感知积累信息、演习前和演习中电磁环境信息的支持。五是部队频管意识提高和知识普及的要求，电磁频谱管理的重要性越来越强，部队的频管意识也需要进一步加强，对于频管知识的要求也越来越高，对电磁频谱信息服务和管理的要求也越来越明确。六是用频装备效能发挥的要求，无论平时战时，都有大量部署的用频装备，这些装备的组织运用，涉及大量的频管知识、电磁环境信息以及频率分配的信息，需要电磁频谱信息管理的支持。

（二）战时电磁频谱信息管理的要求

战时电磁频谱信息管理要求体现在四个方面。一是要求用频辅助决策信息精确合理，信息化条件下联合作战，将在陆、海、空、天、电多维空间展开，用频装备部署运用复杂，自扰互扰问题凸显，频谱资源供需紧张，用频矛盾突出，可能降低用频武器装备效能，给装备部署运用带来难题。二是要求频谱资源使用策略信息实用高效。战时诸军兵种一体作战，作战行动复杂，电子攻防转换频繁，特别是电子进攻行动，既可对火力打击、空中突防等行动提供有力支持，但也易对用频武器装备产生干扰，加之攻防行动转换频繁，在一定程度上增加了协同各参战力量作战行动的难度。为此，不同作战阶段作战行动频率使用策略及情况处置建议必须实用有效地提供技术支撑。三是要求影响装备组织运用的电磁环境信息及时准确。信息化条件下联合作战是体系和体系之间的对抗，敌我双方投入大量信息化武器装备，电磁空间争夺异常激烈，加之自然电磁环境和民用电磁环境的影响，使得战场电磁环境更加复杂难控，加大了快速处理用频情况的难度。为此，要求影响装备组织运用的电磁环境信息及时准确，才能为用频情况处置提供支撑。四是要求频谱感知数据实时多源。战时，战场情况错综复杂，作战阶段衔接紧、攻防节奏快，电磁信号密集交织，必须准确地研判战场电磁态势，全面掌握战场情况。为此，必须牵头整合军内军地多源频谱感知数据，生成集敌情、我情和频谱信息于一体的战场综合电磁态势，为决策提供有力支撑。

二、构建战场电磁频谱信息管理网系

构建战场电磁频谱信息管理网系主要包括构建战场电磁频谱信息管理基础网络、战场电磁频谱信息管理感知网系和战场电磁频谱信息管理平台。

（一）战场电磁频谱信息管理基础网络

战场电磁频谱信息管理基础网络由基础传输网络和承载网络两层构成，其中，基础传输层由光缆通信网、卫星通信网、短波通信网和联合战术通信系统构成，战场电磁频谱信息通过基础传输网络进行传输。战场电磁频谱信息以数据的形式通过承载网络进行传输。

（二）战场电磁频谱信息管理感知网系

战场电磁频谱信息管理感知网系，按照"机固同步、军民融合、全域覆盖、实时感知"的原则，将短波监测、电离层探测、卫星监测网系作为支撑，将固定超短波监测网作为主体，将机动监测网作为延伸，依托组网、节点转换、网间推送等方式构建。战场电磁频谱感知网连接短波监测站、电离层闪烁监测站固定卫星监测与干扰定位站、短波斜测站，依托军事综合信息网搭建，并引接电子对抗、情报侦察、预警探测等部门所获取的电磁环境、用频装备等频谱信息。

（三）战场电磁频谱信息管理平台

1. 平时电磁频谱信息管理平台

平时电磁频谱信息管理平台，按照"机固一体、军民融合、全域覆盖、有效感知"的原则，依托既设信息基础网络，以军地短波监测、卫星监测、电离层探测网系为支撑，以承担任务地域固定超短波监测网为主体，以机动监测网为延伸，构建军民融合一体的平时电磁频谱管理网系。平时电磁频谱管理网系主要依托军事综合信息网构建。依托军事综合信息网，贯通短波监测站、短波斜测站、电离层闪烁监测站、固定卫星监测与干扰定位站，建立战略支援频谱感知网；依托 2M 专线，连接机动超短波监测车，建立超短波监测局域网。

2. 战时电磁频谱信息管理平台

战时电磁频谱信息管理平台依托某专用信息系统搭建，为战场用户提供分析计算、推送、搜索查询等功能服务，战场电磁频谱信息管理平台由固定功能模块和专业服务软件两部分组成。①固定功能模块：主要包括频谱信息分发、用频筹划、用频协同、仿真和搜索查询等模块。频谱信息分发模块，由有用频谱信息分发、电磁态势分发、空间态势分发等部分组成；用频筹划模块，由用频需求、矛盾分析、频谱资源管理保障方案制定等部分组成；用频协同模块，由作战行动计划导入、用频协同计划制定、用频协同分析等部分组成；仿真推演模块，由推演环境建立、推演模拟、评估等部分组成；搜索查询模块，由检索器、搜索器、索引器和用户接口等部分组成。②专业服务软件：包括电磁频谱数据信息服务软件和辅助决策工具服务软件两部分，电磁频谱数据信息管理软件包括频谱基础信息管理软件和频谱态势信息管理软件，电磁频谱分析工具服务包括电波传播预测工具软件、频谱工程计算工具软件、频谱应用分析工具软件和频谱干扰分析工具软件。战场电磁频谱信息服务软件构成电磁频谱信息管理平台的主体，分布在各频谱信息管理节点，对各频谱数据节点信息进行采集处理，经由各信息管理中心综合分析，最终将电磁频谱信息分发至各级用户。

三、选取战场电磁频谱信息管理方式

战场电磁频谱信息管理方式，应当根据战时任务，面向指挥机构，以及武器装备和应用系统等用户，针对各种不同状态的信息，运用即时分发、目标订阅、智能获取和个性推送等电磁频谱信息管理模式，确保在适当的时间、适当的地点，运用适当的方式，将信息内容传送给用户。电磁频谱信息管理模式如图 20-2 所示。

（一）电磁频谱信息即时分发服务模式

1. 电磁频谱信息即时分发的内涵

即时分发是指信息由服务中心利用特定的途径和方式实时向用户分发的模式。电磁频谱信息处于不断变化的动态之中，信息的时间敏感性较强，不同时间点，战场频谱态势不同，即时分发是提供频谱信息管理主要方式之一。各级信息服务中心电磁频谱业务部门，在处理频谱基础数据、频谱感知数据和频谱态势信息等动态信息时，应进行即时分发。电磁频谱信息由空中电磁信号信息转化为电磁数据信息再融合汇聚成电磁态势信息，形成全方位、立体式，全维多域的战场电磁频谱态势信息，最终将信息即时分发到信息服务中心信息平台；信息管理平台按接收人员的级别和权限，将频谱基础数据、感知数据和频谱态势信息分发到指挥机构的各个席位，经处理后传输至相应武器平台和管控系统，为决策提供信息支撑。

2. 电磁频谱信息即时分发的方式

即时分发模式可以将用户需要的目标信息即时自动地分发到用户的客户端上，然而由于信息不断变化，且信息数据量非常巨大，信息服务中心提供的频谱信息数据量远远超出实际信息需求，有效的作战信息可能被海量的数据所淹没，因此，信息服务中心应能够主动预判用户对于目标信息的需求，使共享的

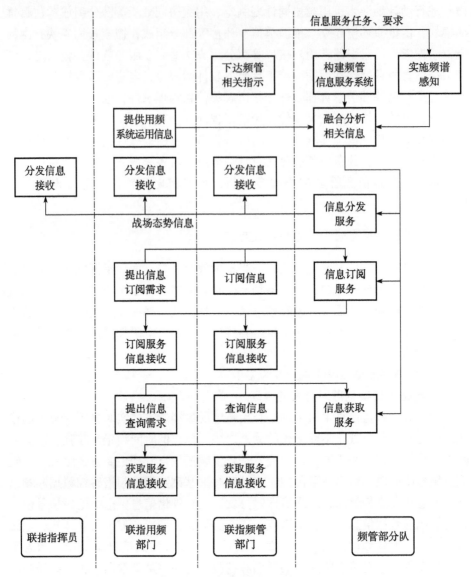

图 20-2　电磁频谱信息管理模式

频谱信息主动发送至目标用户，提高频谱信息资源共享效率。即时分发可分为四种主要分发方式：一是固定频道分发。将相关频谱信息的网页定位成浏览器的固定频道，各频谱信息频道实时提供频谱信息，用户通过选择浏览器中的频道来选择所需目标信息，各类信息综合集成在频道之中。二是及时消息分发。用及时消息系统或电子邮件等方式将相关频谱信息发布给在各列表中的用户群，用户群按级别和任务分类，频谱信息针对不同级别和不同类型的任务将信息实时分发至各用户。三是定制网页分发。针对不同的频谱信息，定制不同网页，在定制网页上将频谱信息实时分发至目标用户。四是点对点直传分发。将频谱信息加密后，通过点对点直传的方式，将实时信息发送给指定用户。

3. 电磁频谱信息即时分发的服务方法

即时分发的频谱信息管理主要采用频谱信息分发的服务方法。其主要表现为频谱信息管理与服务部门根据目标用户需求，将频谱信息有针对性地分发至目标用户面前，主动为各用户提供频谱信息服务。频谱信息管理与服务部门将利用各种手段和途径获取、分析、加工与筛选的信息，分发到用户工作区。用户根据自身需求从中提取数据信息。信息通信部门将获取的电磁态势信息，实时向下级单位与友邻部队发送，即为一种典型的频谱信息分发服务模式。

（二）电磁频谱信息目标订阅服务模式

1. 电磁频谱信息目标订阅的内涵

目标订阅是指用户结合自身频谱信息需求目标，向信息管理中心订购信息的服务模式，即用户按照自身的目的和要求，设置频谱信息的来源方式，甚至定制传送到用户终端的频谱信息，以备需要时查看或离线阅读，提高查找效率。信息管理中心对特定地域或频段内频谱信息进行加工处理，存储于信息数据库中，满足用户的频谱信息需求。

2. 电磁频谱信息目标订阅的方式

对于某地域内的重要目标和时间段的电磁频谱信息，通过信息服务中心频谱信息管理平台的订阅功能，利用按需订阅方式完成所需频谱信息管理。用户根据自身任务及权限，提出作战地域内电磁频谱态势、用频武器装备分布、可用频段分配等信息定制需求，频谱信息管理平台及时将频谱信息订阅清单转发至各数据处理终端，数据处理终端制作频谱信息管理产品，并推送到频谱信息管理平台，频谱信息管理平台根据用户定制的频谱信息需求，通过话音、图像、文本和视频等不同方式按需要和权限分发传递相应频谱信息。

3. 电磁频谱信息目标订阅的服务方法

目标订阅的频谱信息管理方法，主要采取"推送后拉取"或"拉取后推送"的服务方法。"推送后拉取"或"拉取后推送"，是指频谱信息推送模式与频谱信息拉取模式先后协调，灵活组合。"推送后拉取"服务方法是频谱信息服务中心先推送即时的频谱信息，用户浏览发布的频谱信息后，又产生新的信息需求，再搜索和拉取针对性更强的频谱信息。"拉取后推送"服务方法是各用户根据自身需求，先拉取所需频谱信息，然后信息管理中心根据各用户键入的关键词和相应主题的频谱信息，实施有针对性的主动推送。

（三）电磁频谱信息智能获取服务模式

1. 电磁频谱信息智能获取的内涵

智能获取是指用户利用搜索引擎从信息管理中心获取所需频谱信息的服务模式。智能获取可以解决用户对频谱信息在资源共享过程中的信息储存位置和方式的获取。信息管理中心将频谱基础数据、频谱感知数据和频谱态势信息等统一整合为频谱信息资源池，构建统一的频谱信息管理资源目录，用户利用查询语言从信息资源池获取所需的频谱信息。对于频谱基础数据信息、监测台站分布信息等静态信息，可以在信息管理平台上进行索引，让用户通过自主查询的方式获取频谱信息服务。用户可依托战场频谱管理信息系统，按设置的级别权限登录相关频谱信息管理网页，利用目录索引，调阅和查取各类频谱基础数据信息、频谱感知数据信息、频谱态势信息以及台站管控信息等各类频谱信息；对频谱信息服务的需求较大的用户，可以利用目录索引、电子邮件、短报文收发、即时定向通信等多种服务方式，自主获取频谱信息管理。

2. 电磁频谱信息智能获取的方式

智能获取的主要方式可分为搜索引擎和数据挖掘。搜索引擎主要基于网络实现，可分为目录式和关键词式搜索引擎两类。数据挖掘是指运用数据挖掘的技术，从网络上的文档及服务中自主发现和获取信息的过程。数据挖掘可分为以下四步：首先，检索发现所需的网络文档信息资源；其次，选择和处理从网络资源中得到的有价值信息；再次，从搜索得到的各站点间发现相似关键词的信息；最后，对相似关键词进行挖掘和确认，并给出解释。

3. 电磁频谱信息智能获取的服务方法

信息拉取是在运用智能化查询的过程中采取的主要服务方法。其思路主要是根据用户自身的频谱信息需求，通过网络和频谱信息管理系统自主搜索获取所需的频谱信息，而后提取所需频谱信息到各自工作区。智能查询服务模式以满足用户需求为前提，主要表现为，对于具有明确频谱信息需求的用户，运用网络和搜索渠道，在相关频谱信息数据库中，查询、筛选、获取所需频谱信息的过程。较为典型的信息拉取服务方法是通过网络挂载的搜索引擎和检索工具，依据自身频谱信息需求，搜索所需频谱信息，而后将信息拉取到相应的工作内。

（四）电磁频谱信息个性推送服务模式

1. 电磁频谱信息个性推送的内涵

个性推送是指依据用户自身目的和需求，通过技术手段的运用推送专项频谱信息管理的服务模式。个性推送的过程是，通过收集建立用户信息库，分析用户信息，而后根据分析结果在适当时间向用户推送其所需的频谱信息。个性化频谱信息获取是一种个性化服务，是指可以满足用户个体频谱信息需求的服务，即用户可以根据自身目的和需求，针对特定的网络功能和服务，自行设定频谱信息的来源、形式，以及指定的网络功能和其他信息管理方式等，或者对用户个性和使用习惯进行分析，主动向用户提供其所需的频谱信息管理。个性推送主要包含三层含义：一是服务时空个性化，用户在所需的时间和地点获得相应信息管理；二是服务方式个性化，以用户获取信息目标和特点提供服务；三是服务内容个性化，根据各用户的不同需求，为其提供相应的频谱信息服务，实现各取所需的目的。

2. 电磁频谱信息个性推送的方式

个性推送的频谱信息管理方式主要可表现为两种情况。一是按用户要求订制频谱信息开发个性化的频谱信息管理软件，让用户根据自身需求订制专门的频谱信息，以实现网络搜索、时间提示、事件提醒等功能，为用户建立个性化的频谱信息空间。二是按用户兴趣模式提供频谱信息发现用户兴趣模式，主动提供频谱信息管理，成为智能型的频谱信息提供者。主动提供的信息内容包括：当新的相关信息出现时，立即告知用户；当用户访问时，根据用户关注度，利用个性化界面推送相关频谱信息；用户关注点发生改变时，通过数据挖掘，重新发现用户需求进行推送服务。

3. 电磁频谱信息个性推送的服务方法

用户对频谱信息管理需求不同，为其推送频谱信息的方式不同，使用方法手段也不相同。①对于指挥员用户，主要通过频谱信息管理保障系统，登录各自相应级别的频谱信息管理界面，通过目录索引或搜索工具查阅各类频谱信息，自动获取、个性定制或主动调阅战场频谱基础数据、频谱感知数据和频谱态势信息数据等信息，通过视频、文电、邮件和即时通信等工具发布用频计划和管控信息。同时，依据战场变化发展态势，即时传递各类频谱态势信息、用频协同信息和其他频谱保障类信息。②对于信息服务中心用户，要使用栅格化信息网络为频谱数据、频谱态势信息等信息产品的分发、推送提供安全稳定的传输信道，要使用大型存储设备为频谱管控系统、频谱信息推送网站和频谱数据库等业务系统提供足够的存储空间和良好的运行环境，要使用网络计算资源实时进行多源频谱信息的计算任务，生成动态更新的战场电磁环境态势图等情报信息态势，要使用目录系统提供订制频谱信息资源服务系统入口，同时，要分级分类管理用户的系统使用权限，确保频谱信息安全可管可控，要使用信息服务基础设施建立的安全防护和容灾备份子系统，提供建立安全防护设施的手段。③对于群队人员可通过系统终端登录频谱信息管理窗口，按照岗位查阅和获取与行动相关的符合授权的频谱数据信息、频谱感知信息、频谱态势信息、所在地域用频装备信息、监测台站信息等。

四、实施战场电磁频谱信息管理行动

组织实施战时频谱信息管理是指战时以信息系统保障军事需求为牵引，以辅助首长决策、支撑作战行动、保障装备效能发挥为目标，按照"统一汇集、多源融合、分类处理、按需服务"的思路，有效组织频谱信息管理产品生成，按需提供所需频谱信息。

（一）汇聚融合多源频谱感知数据，生成分发战场综合电磁态势信息

利用电磁频谱管控网系，持续采集作战区域电磁环境变化数据，通过本级管控中心逐级报至信息管理中心，由信息服务中心融合生成战场综合场强态势。同时开启军地协调机制，调用录入地方用频台站数据，加载军队用频台站（阵地）数据，整合生成战场台站整体部署态势。台站整体部署态势与场强态势叠加后，形成的战场综合电磁态势，依托指挥平台采用主动推送、按需订制等方式推送；同时信息管理中心还提供指定地域、指定频段电磁态势搜索查询服务。利用信息管理中心提供的战场综合电磁态势，一方面可评估战场电磁环境对作战行动用频影响，进行用频台站（阵地）部署电磁兼容分析，推演飞机、导弹等主战武器装备飞行航迹受扰情况，另一方面还可据此分析指定地域、指定频段频谱资源占用情况，既设频谱感知网系覆盖范围，为作战行动期间调配频谱资源、调整频管力量部署、管控用频秩序提供有效数据支撑。

（二）统计分析作战地域电磁环境监测数据，提取分发有用频谱信息

利用所属超短波监测网系，对作战地域机场、港口、导弹发射阵地等重点地域和关注频段实施保护性监测，实时采集原始监测数据，由管控中心进行统计分析，提取出专用频率占用、关注区域频段频率资源使用信息后，逐级推送至各级信息管理中心。利用既设短波监测网和电离层探测网，统计分析指定地域短波频段频谱资源占用情况信息，以及指定链路短波通信最佳可用频率和电离层闪烁对卫星通信质量影响的有关信息进行推送。信息管理中心将上述信息汇聚融合后，依托平台采用主动推送、按需订制等方式推送至部队；同时信息管理中心还提供了指定地域、指定频段有用频谱信息搜索查询服务。利用信息管理中心提供的频谱信息管理，一方面，可据此修改完善频率分配指配方案，快速定位查处有害电磁干扰，另一方面，可据此调整武器部署运用，优选装备最佳可用频率，最大限度地避免电离层闪烁对短波和卫星通信影响，为信息系统组网建链、作战行动顺利组织实施提供技术支撑。

（三）汇集处理国际国内多源天基系统监测数据，生成分发空间动态态势信息

利用既设卫星监测网系，实时获取东经 50°～180°卫星工作轨位和频谱参数监测数据；收集整理各国向国际电联申报、各国卫星操作者公开、美国空间目标监测等数据，实现对天基信息系统相关数据的多源汇聚和融合处理。在此基础上，利用地球环境对航天器的影响模型和汇聚的数据，进行仿真计算，生成全球在轨卫星和碎片实时动态的空间分布态势及变化趋势、国际典型卫星星座的空间布局态势、卫星星座设计的模拟仿真分析结果等空间频率轨道资源信息，并推送至信息管理中心。信息管理中心依托平台采用主动推送、按需定制等方式推送至部队；同时，信息管理中心还提供了空间态势搜索查询服务。利用信息管理中心推送的空间动态态势信息，一是可据此分析预测卫星在轨运行、星座部署和敌我双方空间资源使用状态，为组织作战筹划、制定作战计划和征用卫星频率资源、实施无线电管制提供辅助决策支持信息。二是可据此查询敌侦察预警卫星过境信息，提前做好行动隐蔽伪装准备。三是据此提供的天基信息系统轨道与上下行频率信息，筹划卫星电子对抗，制定电子对抗方案，评估电子对抗效果。

（四）综合运用技术支撑手段进行计算推演，分发提供频谱管理决策支持信息

汇聚融合多源频谱感知数据、生成推送服务产品，同时承担本级赋予的分析计算、推演仿真和方案评估等任务。战时依托频管分系统，可汇总整理作战用频需求，分析计算装备部署运用时的用频冲突和电磁兼容情况，推演仿真导弹、无人机等主战武器装备飞行航迹受扰情况，评估频谱资源分配方案可行性，据此提出用频冲突解决措施、频率保护、征用管制建议，按约推送至频谱管理人员，为其提出用频决心建议提供决策支持。

参考文献

[1] 游雄. 战场环境仿真 [M]. 北京：解放军出版社，2012.

[2] 张官海，魏长智. 军事信息技术基础 [M]. 北京：蓝天出版社，2006.

[3] 龚艳春，武文远，吴王杰，等. 物理学与军事高技术 [M]. 北京：国防工业出版社，2006.

[4] 于海斌，曾鹏，梁韦华. 智能无线传感器网络系统 [M]. 北京：科学出版社，2006.

[5] 苏宣. 军事信息技术 [M]. 北京：解放军出版社，2007.

[6] 刘顺华，刘军民，董星龙，等. 电磁波屏蔽及吸波材料 [M]. 北京：化学工业出版社，2007.

[7] 徐步荣. 军事信息技术 [M]. 北京：中国大百科全书出版社，2008.

[8] 童志鹏，等. 综合电子信息系统：信息化战争的中流砥柱 [M]. 2版. 北京：国防工业出版社，2008.

[9] 穆勇，彭凯，等. 政务信息资源目录体系建设理论与实践 [M]. 北京：北京大学出版社，2009.

[10] 肖占中. 军事信息管理 [M]. 北京：解放军出版社，2009.

[11] 戴剑伟，吴照林，朱明东，等. 数据工程理论与技术 [M]. 北京：国防工业出版社，2010.

[12] GROSSMAN D A, FRIEDER O. 信息检索算法与启发式方法 [M]. 张华平，李恒训，刘治华，等译. 2版. 北京：人民邮电出版社，2010.

[13] 解放军理工大学. 军事信息技术概论 [M]. 北京：军事科学出版社，2010.

[14] 潘雪峰，花贵春，梁斌. 走进搜索引擎 [M]. 2版. 北京：电子工业出版社，2011.

[15] CROFT W B, METZLER D, STROHMAN T. 搜索引擎信息检索实践 [M]. 刘挺，秦兵，张宇，等译. 北京：机械工业出版社，2011.

[16] 吴军. 数学之美 [M]. 北京：人民邮电出版社，2012.

[17] 刘晓明，裘杭平，等. 战场信息管理 [M]. 北京：国防工业出版社，2012.

[18] 马费成，宋恩梅. 信息管理学基础 [M]. 2版. 武汉：武汉大学出版社，2013.

[19] CORMEN T H, LEISERSON C E, RIVEST R L, et al. 算法导论：第3版 [M]. 殷建平，徐云，王刚，等译. 北京：机械工业出版社，2013.

[20] 陈为，张嵩，鲁爱东. 数据可视化的基本原理与方法 [M]. 北京：科学出版社，2013.

[21] 李朝明. 信息管理学教程 [M]. 2版. 北京：清华大学出版社，2014.

[22] 戴宗友. 陆军战场信息管理 [M]. 北京：国防大学出版社，2014.

[23] 林平忠. 军事信息管理学概论 [M]. 上海：上海世界图书出版公司，2015.

[24] 陈红. 通用作战态势信息保障 [M]. 北京：国防信息学院出版社，2016.

[25] 刘红军. 信息管理概论 [M]. 北京：科学出版社，2016.

[26] 张红旗，杨英杰，唐慧林，等. 信息安全管理 [M]. 2版. 北京：人民邮电出版社，2017.

[27] 高庆德，程英. 美国空间侦察研究 [M]. 北京：时事出版社，2017.

[28] 郭秋萍. 信息管理学 [M]. 2版. 北京：化学工业出版社，2017.

[29] 周明. 信息管理学 [M]. 2版. 重庆：重庆大学出版社，2020.

[30] 马费成，宋恩梅，赵一鸣. 信息管理学基础 [M]. 3版. 武汉：武汉大学出版社，2020.

［31］ 西勤. 战场地理环境综合保障系统研究［D］. 郑州：中国人民解放军信息工程大学，2003.

［32］ 陈鸿. 战场环境建模与态势生成关键技术研究［D］. 长沙：国防科学技术大学，2010.

［33］ 范纬. 通用战场地理信息管理平台的设计与实现［D］. 成都：电子科技大学，2011.

［34］ 王丹丹. 信息化战场指挥信息系统信息安全保障体系研究［D］. 郑州：中国人民解放军信息工程大学，2012.

［35］ FEA Program Management Office of the OMB of the United States. The Data Reference Model［EB/OL］. (2013-11-17)［2022-10-28］. http://www. whitehouse. gov/sites/default/files/omb/assets/egov_docs/ DRM_2_0_Final. pdf.

［36］ The Program Manager, Information Sharing Environment. Sharing Environment Enterprise Architecture Framework Version 2. 0［EB/OL］. www. ise. gov/sites/default/files/ISE-EAF_v2. 0_20081021_0. pdf.

［37］ SADAGE P J, FOOLOR M. NoSQL 精粹［M］. 爱飞翔，译. 北京：电子工业出版社，2013.

［38］ 高俊. 地理空间数据的可视化［J］. 测绘工程，2000，9（3）：1-7.

［39］ 游雄. 基于虚拟现实技术的战场环境仿真［J］. 测绘学报，2002，31（1）：7-11.

［40］ 刘勘，周晓峥，周洞汝. 数据可视化的研究与发展［J］. 计算机工程，2002，28（8）：1-2，63.

［41］ 丁昭华，李建华. 企业服务总线在企业应用集成中的研究与应用［J］. 计算机应用与软件，2008，25（9）：199-202.

［42］ 贺全兵. 可视化技术的发展及应用［J］. 中国西部科技，2008，7（4）：4-7.

［43］ 许世虎，宋方. 基于视觉思维的信息可视化设计［J］. 包装工程，2011（16）：11-14，34.

［44］ 陈伟锋，罗月童，吴向阳，等. 基于感知的体可视化综述［J］. 计算机辅助设计与图形学学报，2012，24（10）：1259-1265.

［45］ 丁治宇，陈海东，吴斐然，等. 多变量空间数据场可视化综述［J］. 计算机辅助设计与图形学学报，2013，25（11）：1597-1605.

［46］ 赵国庆，黄荣怀，陆志坚. 知识可视化的理论与方法［J］. 开放教育研究，2005，11（1）：23-27.

［47］ 方洁，颜冬. 全球视野下的"数据新闻"：理念与实践［J］. 国际新闻界，2013，35（6）：73-83.

［48］ 中华人民共和国国家质量监督检验检疫总局. 政务信息资源交换体系　第1部分：总体架构 GB/ T 21062. 1—2007［S］. 北京：中国标准出版社，2007.